COLOR
CORRECTION SECOND EDITION
HANDBOOK PROFESSIONAL TECHNIQUES
FOR VIDEO AND CINEMA

调色师手册

电影和视频调色专业技法

第2版

[美] Alexis Van Hurkman 著   高铭 陈华 译

人民邮电出版社

北　京

图书在版编目（CIP）数据

调色师手册：电影和视频调色专业技法：第2版 /
（美）阿列克谢·凡·赫克曼（Alexis Van Hurkman）著；
高铭，陈华译. -- 北京：人民邮电出版社，2017.6
ISBN 978-7-115-45361-7

Ⅰ．①调… Ⅱ．①阿… ②高… ③陈… Ⅲ．①调色—
图象处理软件 Ⅳ．①TP391.413

中国版本图书馆CIP数据核字(2017)第080508号

◆ 著　　　　[美] Alexis Van Hurkman
　　译　　　　高　铭　陈　华
　　责任编辑　王峰松
　　责任印制　焦志炜

◆ 人民邮电出版社出版发行　　北京市丰台区成寿寺路 11 号
　　邮编　100164　　电子邮件　315@ptpress.com.cn
　　网址　http://www.ptpress.com.cn
　　北京九天鸿程印刷有限责任公司印刷

◆ 开本：787×1092　1/16
　　印张：25.25　　　　　　　　2017 年 6 月第 1 版
　　字数：620 千字　　　　　　2024 年 8 月北京第 33 次印刷
　　著作权合同登记号　图字：01-2013-8477 号

定价：198.80 元

读者服务热线：(010)81055410　印装质量热线：(010)81055316
反盗版热线：(010)81055315
广告经营许可证：京东市监广登字 20170147 号

内容提要

　　本书是影视数字调色领域的经典畅销书，其内容涵盖了各类调色系统环境下专业调色师所广泛使用的技术，无论你是使用专业调色系统，还是视频编辑系统中内置的色彩校正插件，本书都可以为你提供专业的指导——从最基础的整体画面评估和校正，到最复杂的针对性调色以及常见色彩风格的介绍，本书为调色师提供了一站式指南。同时，本书配套提供高质量的实例素材供读者实操练习，读者可以从异步社区下载。

　　本书适合专业调色人员和影视相关专业人员进阶自学和资料备查，同时也适合作为调色入门夯实基础的教学参考书。

献词

献给我的太太和伴侣凯琳
我仅仅创造了美丽的表象，你却无论在哪里都能使世界美丽起来……

推荐语（按姓名拼音排序）

曹轶毅 [1]

著名调色师

要想"跑"之前先要学会"走"！把基础打好比什么都重要，不要相信一个 LUT 可以拯救世界的鬼话！认认真真踏踏实实地走好每一步。这是本非常好的调色基础入门教程。感谢高铭老师和陈华老师为中国调色行业做出的贡献。

崔巍

ABOUTCG 合伙人，调色师，视频设计师

很多年前，当我在美国亚马逊搜索调色方面的书籍的时候，出现在首位的就是这本调色师手册。过了两年，继续搜索，没想到还是调色师手册独占鳌头，不过已经升级成了第二版。这确实是一本集大成的调色方面的著作，包含了这个领域几乎所有的重要知识，而且从不止于泛泛而谈，全是干货，想要深入了解视频调色，有这本书就足够了。

在本书中，我的好朋友高铭老师负责调色部分，陈华老师负责数字影像工程部分的翻译以及全书的审校，我看着他们精益求精，数易其稿，终于翻译出这本传达精准的经典大作，也对他们在专业上的认真执着深表钦佩。

所以这是一本内容和翻译都无可挑剔的调色必备书，剩下只有买买买这三个字可以说了。强烈推荐！

邓东

filmaker.cn 总编辑

我们有幸身处于电影从胶片向数字演变的大时代。中国电影业的硬件已不逊于好莱坞，但软实力依然落后。就 DIT 和调色这两个制作环节而言，相关中文书籍十分稀缺。高铭和陈华呈现的合璧之作必定对中国电影发展产生深远影响。

丁登科 [2]

著名广告调色师

当初进入调色这个领域的时候，由于没有任何有系统又循序渐进的书来引导自己有效率的学习进而深入这个领域，只有像学徒般跟着师父进行无系统的自我摸索，如今无论是从理论基础还是实作经验方面，对于对这个行业有兴趣的人来说，本书都确实是一本值得研读学习的好书。

范立欣

艾美奖最佳纪录片《归途列车》导演

纪实影像质朴而直接，潜藏了无穷生活的原力，但天生缺少了视觉层面的某种魅力与表达。在华语纪录片不断演进的数十年中，创作者与观众把粗砺的画质合谋为"真实"的审美俨然已是历史。源于现实并在视觉艺术层面对"真相"进行再创造、再表达的纪录影像在今天愈显其重要。无论网络化纪实视频，抑或大银幕纪录电影，"影像表达"越来越成为与"真实性"一样重要的美学标准。在与高铭老师的多年合作中，无比幸运的正是我们在对真实素材与影像美

学之间关系认识的高度一致性。技术与艺术的同步发展推动了电影的发展，纪录影像也得益于像高铭老师这样站在技术顶端对本土纪实影像表达进行不懈探索的勇士。我相信她的这一重要译作定会成为推动中国纪实影像发展又一重要工具。

郝大鹏

pmovie.com 主编

俗话说，色字头上一把刀。这足以说明调色师是一个"高危"的职业，颜色从采样到还原，各个流程环节中的转换和呈现都是一次次在变量中找规律的过程，而且对于色彩，每个人都有不同的感受和心理预期，用技术的方式诠释艺术和情绪，要想游刃有余，很难，但是我们起码要有最基本的标准和流程意识。我有时就在不断地暗示自己，不要相信眼睛，也不要相信自己的感受，值得相信的永远是示波器和图表，忘记自我多一些，就离真色彩近一些。好在这本书正是讲授色彩标准和流程的，学习它并不是学习教条的程序，而是要找到色彩管理的仪式感，学习这种规范和思考方式是对调色行业的尊重，比起行业中鱼龙混杂的芸芸众生，我们起码可以比他们更"色"一些。

吕乐

著名摄影师，导演

高铭和陈华翻译的《调色师手册》，在程序和原理上诠释了更多细腻表达电影影像色彩的可能性，以及如何弥补前期拍摄中影像的缺憾，这样系统的工具书不只为调色师，也应该为摄影师们所备。

吕尚伟

UGC 学院院长，前《数码影像时代》执行主编

影视制作全程数字化的今天，传统后期阶段的"调色"已成为确保节目品质的全流程管理工具。这本被全球制作人奉为"圣经"的《调色师手册》中文版，不但是调色师的必读宝典，同时也推荐给广大影视制作者参考。

马骁瑞

《合约男女》视效指导，Base Academy 教学副总监

华少与高老师合译的《调色师手册》终于与大家见面了。行业同仁们等待这本书已经等得太久。我也早已离开了从事多年的调色师岗位，致力于推进国内视效制作与国际接轨工作。其间在色彩管理上与华少多次合作，常常感慨引入成熟标准与流程的重要性。而多次观摩高老师的调色和教学，她对色彩精确的掌控能力令我叹为观止。这二位倾力协作共同翻译的这本手册，适合摄影、调色、特效乃至影院管理等诸多领域的从业人员人手一册，当做工具书随时查阅。

曲思义[1]

著名调色师

调色师最重要的就是沟通，沟通最重要的就是知识的积累，而书本就是最容易、也是最廉价的知识积累！能在资深的调色师旁边看他怎么做是机缘，但看他的毕生经验写成的书则是机会，如果能把机会掌握在自己手上，就是财富了！

1　1987 年进入调色行业，近 30 年的调色经验，从胶片时代到数字时代累计的电影作品过百部，是两岸三地首屈一指的调色师。

孙琳

《影视制作》杂志副主编

陈华和高铭，一位钻研数字工作流程，一位专注于数字调色，当影视的后期制作流程逐渐趋同并走向数字化的今天，可以说两人携手翻译的《调色师手册》正是珠联璧合，无疑会成为调色师人手必备的一本宝典。

汪士卿[1]

电影摄影师

我和高铭、陈华两位合作快 10 年了。特别的一次是 2010 年我使用 5D MarkII 相机和 CP2 镜头拍摄了一部低成本数字电影，他们两人为我优化了制作流程和数字调色，一次性通过了电影局的技术审查，否定了很多质疑的声音。2012 年电影《爱未央》后期调色中，我们曾半夜到影院检查 DCP 封装和投影灯泡亮度及设置。2015 年他们两人参加了电影《长城》的 DIT 和现场调色工作，向美国大片取经。陈华是技术派，高铭毕业于艺术院校，影视色彩管理是一个系统的技术与艺术的结合，而他们两人也共同致力于提高国内影片工业制作品质，是绝佳的搭档，祝贺他们的译著问世。

熊巍

filmaker.cn 合伙人，技术爱好者

任何人学习一门技艺都会经历一个过程，我把这个过程大概总结为：眼低手低，眼高手低，眼高手高。"眼低手低"多是初次接触，只能调出满足自己的颜色；大多数人会"眼高手低"，知道什么是好的，但是调不出来；到"眼高手高"就很难了，许多人一辈子都不一定能到这个境界，能想到，也能做到，是谓心手合一。

这本书难得的一点就在于并不仅仅着眼于简单的操作，而是在原理上探究，让读者不仅仅只是学会怎么去看怎么去做，更是如何理解，让眼界与实际的水平都能有实质的提高。

张明珠[2]

著名调色师

自从影视工业进入数字时代，更多的专业人士，诸如剪辑师、精剪特效师、摄影师甚至导演本身都进入了调色这一领域。这一现象容易给人一种错觉，以为调色很简单，但本人从事调色 18 年的经验反而越发觉得，色彩这一"大染缸"里蕴含着太多需要不断学习与穷究的技术与心理感知的诸多秘密。很庆幸华人世界终于在本书英文版出版 7 年后，迎来了中文版的问世。Alexis 这本兼具所有调色专业所涉及的理论与实务操作的畅销书，无疑将不仅仅成为调色师进修的工具书，更会成为无数对影像调色有兴趣的朋友必备的入门书。

1　2008 年美国 RiverRun 电影节最佳摄影奖，2008 年美国电影之眼 cinemaeyehonors 最佳摄影提名，2009 年美国艾美奖 Emmy Awards 最佳摄影提名，2012 年洛杉矶亚太电影节最佳摄影奖（联合）。

2　数字王国（Digital Domain）中国区高级调色师，近 18 年的调色经验，广告及 MV 调色作品过两千支，电影调色代表作品有《决战食神》《恶棍天使》《痞子英雄 2》《新步步惊心》等。

中文版序一

影视色彩是影视艺术中重要的造型元素。随着数字技术在影视制作中的广泛应用，影视色彩处理早已从早期的数字图像处理工具，发展演化为兼具艺术表现特征的润色加工手段，进而升华为集影像色彩管理与视觉造型风格完美统一的美学表现元素。环视当下影视行业，可谓是"无影像不调色"。从拍摄、制作到输出诸环节，摄像机、数字后期技术以及显示技术的快速迭代及其应用，使得宽色域、高画质、大动态范围的影像不断为我们呈现出精彩纷呈的影视画面。而作为重要创作手段的影视色彩更是极大地拓展了影视艺术的表现空间。

在数字影视时代，"所见即所得"的实时高效的调色工具使得以往成本高昂的调色工作现在已经成为高质量影视制作的重要生产工艺流程，影视调色人才已经成为数字影视后期制作环节中与剪辑、合成并重的三个重要岗位。而调色人才的培养与调色教材密不可分。由于数字调色是近年来兴起的全新技术手段，在影视制作领域涉及这方面的教材并不多见，尤其是将理论与实践相结合的优秀著作更不多见。由陈华、高铭翻译的《调色师手册：电影和视频调色专业技法》可以说在一定程度上填补了空白。

译者陈华是一位技艺兼备的影视后期人才。他在1999年考入原北京广播学院最为热门的文艺编导专业，但对影视制作技术却有着非常执着的追求。2001年我在原北京广播学院电视系创办剪辑艺术与技术方向，首届学生转招自原北京广播学院各专业，陈华即是其中脱颖而出的一员。在毕业后从业15年的经验积累，使他已经成为业界资深的数字影像工作流程专家。

另一位译者高铭毕业于天津美术学院数字媒体艺术系，有扎实的美术功底。她师从国际著名调色师，不仅精通多种调色软件，有多年的后期电影调色经验，还为前期拍摄设计数字处理流程，曾参与《长城》等电影项目的前期现场调色和DIT。而他们共同创立的可见光色彩机构（VisibleLight）一直致力于影视色彩管理，追求色彩艺术与技术的完美契合。这本译著可以说是他们多年来实践经验的结晶。

目前业内涉及影视调色理论的专著并不多见，举凡此类教材，多体现为技术手册、说明书、案例教程等形式。这部译著既非软件的翻译手册，也不是单纯的制作案例分析，而是一个凝聚了丰富调色经验的理论与实践的总结，其内容具有普适性和长期的参考价值。

本书开宗明义，紧紧围绕调色过程中的诸多环节，旁征博引、信手拈来，利用多个生动、形象的作品实例，借助多种调色软件工具，以深入浅出的语言讲解和阐述了调色技术的方方面面。尤其是两位译者本身既精通影视技术基础知识，又具有丰富的调色经验，将晦涩难懂的调色知识翻译得专业而贴切，所添加的译者注释也恰到好处，这些对原书的内容来说是一种提炼与升华。

阅毕本书，如同享用一份影视调色技术的饕餮大餐。相信本书对国内的影视调色人员有着极大的参考价值，希望它成为业内人员的必备锦囊！

张歌东

中国传媒大学动画与数字艺术学院教授

2016年12月于北京

中文版序二

与高老师相识源于一次饭局，久闻其做调色培训，席间相谈甚欢，留下联络方式之后互道珍重。翌日突然收到消息，要我替她翻译的《Color Correction HandBook》写序，惊喜之余深感惭愧。

惊喜在于调色师一职来到中国已 15 年有余，相关的培训课程林林总总，但很少有一部专著详解，今日有人愿投入宝贵时间翻译这样一部国外作品实属不易。惭愧在于自己从业也近 10 年有余，调色电影作品也近百部，但从未留下一字一文给自己和他人。自知是懒惰二字在作祟，与高老师一比更是相形见绌。

写书本不易，翻译我自认为更难。要将英文作者的意图全盘领会，再用中文娓娓道来，这一进一出着实要有几分功力才驾驭得了。想必高老师定彻夜不眠，每一笔落下当如履薄冰、字字珠玑。

在本书即将付梓之际，写下此序作为祝福。相信此书定能帮到想学习调色的朋友，让他们在这个行业中实现梦想、找到归宿。

愿色彩不仅让画面更动人，也可让我们的生活更多彩。

张亘[1]

2016 年 12 月 9 日于洛杉矶

1　张亘，数字王国（Digital Domain）中国区副总裁、高级调色师。作为调色师完成了近两百部电影作品，主要代表作有：《九层妖塔》《罗曼蒂克消亡史》《捉妖记》《太平轮》《钟馗伏魔：雪妖魔灵》《中国合伙人》《非诚勿扰》等。

英文版序

我一直在等待这样一本书：对于调色师和立志成为调色师的人来说，它是一本调色领域的权威书籍。

我从 1983 年就开始从事后期制作。多年来，我已经给超过 3000 部音乐视频（MV）、无数的广告以及大量的电视节目做过调色。我想象不出其他哪种工作能够对流行文化产生如此大的影响。我爱我的工作，同时我很高兴这本书将指引更多的人实现他们的调色事业。

我调色的职业生涯是在加拿大多伦多开始的，是在一个叫 Magnetic North 的后期制作公司里。那个时候色彩校正还是一个新兴职业。我们有一个 Rank Cintel 的 flying spot scanner 胶片扫描仪和一个拥有一级校色控制的 Amigo 色彩校正器（Color Corrector），没有二级调色工具，也没有太多别的东西。而现在时代已经变了！今天的调色师们拥有大量基于图像视觉风格的控制方式，并且有多种色彩校正器[1]供其选择，来帮助他们实现自己的调色目标。

早在 20 世纪 80 年代，如果你想成为一个调色师，唯一的方法就是在一家后期公司或者电视台工作。你要从磁带助理开始做起，然后学习所有关于视频的基础知识，例如给在线剪辑师[2]排好磁带顺序，还有需要理解什么样的视频指标才可以达到播出要求。通常你需要花费几年时间才有机会坐到"调色师"这个位置上。

早年那些日子里，我们通常是给胶片校色的，对于允许我们把他们珍贵的底片放在一部可能随时会将其刮伤的机器上，我们的客户们仍然会十分紧张。由于对图像色彩的控制很有限，所以在胶片到磁带的处理过程中，我们调色师被视为是"必要的恶魔"（这是最好的说法，哈哈）。

幸运的是，在 1984 年，达芬奇的调色系统出现了，这使我们在图像操作上有了很大的空间。突然间，有才华的胶转磁调色师变成了后期制作中更重要的部分了，变得吃香起来，活儿还很多。我们的大部分工作来自广告、MV 和电视节目。而胶片电影的校色仍然只是光化学层面的。

在 20 世纪 80 年代，很多从事后期工作的人都有电视背景，所以当我们调色师开始做一些调色实验，包括压掉黑位和操作色彩，有很多技术人员会盯着他们的示波器挠头，因为担心广播电视网可能会因为这样的画面而拒绝播放。现在回想起来，这些经历还是挺有趣的，毕竟当初有那么多的人告诉我，我不仅切掉了黑位还丢失了图像所有的细节。我那时到底在想什么呀？

20 世纪 90 年代，我们从模拟过渡到数字。在模拟世界里，有各种各样的问题可能使调色师早衰。胶转磁本身经常会有一些色彩跑偏，为了避免这个问题，在给一个画面调过色之后，我们会立即将它录制到磁带上。甚至当胶转磁本身是稳定的时候，静帧存储器里的色彩也可能会跑偏，丢掉所有已经匹配好的色彩。一想到这种情况我就很闹心。然而随着数字时代的到来，好多诸如此类的问题都消失了，而且通常情况下，我们也有了更稳定的色彩校正环境。

当时，最好的调色师成为了后期制作领域的明星。导演和摄影指导们也有最喜欢的调色师来对他们的项目进行后期调色。和以前相比，调色师们对色彩有了更多的控制权。因为当 MTV 音乐频道播出大卫·芬奇（David Fincher）、马克·罗曼尼克（Mark Romanek）和迈克尔·贝（Michael Bay）导演的音乐视频时，肯定会引起全世界的注意。更重要的，在商业世界里的说法是，音乐视频引起的关注度是和它的视觉风格化成正比的。同时广告公司也需要顶尖的调色人才。

但是，对于那些想要把调色作为职业的人来说，调色领域仍然停留在比较封闭的状态。你仍然不得不通过后期公司这个体系来进入这个行业，而且你一定要有天赋、幸运和足够的耐心来慢慢建立客户群。

那个时候是没有任何书籍可以帮助你学习调色这门手艺。学习调色的话，就是需要反复的实验摸索以及面临各种挫折。当时一套调色系统的成本可能会超过一百万美金，而且需要大量的技术支持。众所周知，这在今天已经完全是另外一回事了。调色仍然需要技术知识和艺术技巧来建立客户群，但是已经比以前容易太多了。

由于黄金时代的来临，数字调色师们开始意识到给故事片调色的可能性，但是仍有障碍。其他方面不谈，单是调色所需的存储容量看上去几乎就是不可想象的。最终，在 2004 年，Company 3 公司建立了第一

1　这里指调色软件或系统。

2　使用线性编辑系统的剪辑师。

套电影故事片 DI 系统，届时我也开始调色第一部故事片《地狱神探（Constantine）》，基努·里维斯（Keanu Reeves）主演，弗朗西斯·劳伦斯（Francis Lawrence）执导。在此之前我已经给超过 50 部音乐视频调过色。在这行摸爬滚打多年后能够为电影大银幕调色，这是多么令人兴奋。

在过去的 7 年里，大部分的电影和广播电视领域已经从胶片过渡到数字。数字电影对我们调色师的工作方式也产生了诸多影响。既然我们已经有能力来依照原始素材的剪接顺序进行色彩校正，那我们现在就可以更精确、更细致地来给一个项目调色了。而且我们可以充分利用调色系统中所有改进的优势来工作，例如先进的二级调色控制、遮罩、LUT，以及更多其他的工具。

在我们这个职业领域，这是一个激动人心的时刻。事物更新换代的速度极快，这么多年后，调色终于引起了大家的注意并得到了它应有的尊重。我认为 Alexis Van Hurkman 的这部新版本的《调色师手册：电影和视频调色专业技法》来的正是时候。

我是 Alexis 这本书的超级粉丝。对于任何一个想知道"他们是如何得到那样的画面？"的人来说，这本书是非常棒的工具。无论你是一个立志在此行业有一番作为的新手，还是一个经验丰富的职业老手，你都会发现这本书真的是一个惊人的学习工具，或者说是一本很棒的参考书。对于新人来说，本书内容的组织方式，使得相当先进的理念都变得很容易理解和效仿。对于像我一样有经验的职业调色师来说，这里提到的一些技术也激发了我尝试用不同方式来实现调色目标的灵感，这是以前不曾有过的。而且这本书几乎涵盖了所有主要的色彩校正问题。

而这一切都呈现在简洁、易于理解的方式上。阅读这本书，仿佛是在上大师班的调色课。每一页都带着作者满满的经验，在你任何需要参考它的时候都陪在你身边。

——戴夫·赫西（Dave Hussey）[1]
写于 Company 3，洛杉矶

1　戴夫·赫西（Dave Hussey），高级调色师，美国著名调色公司 Company 3 的创始成员之一，主要负责广告和音乐 MV 调色，作品包括有迈克尔·杰克逊的《Black or White》，Lady Gaga 的《Bad Romance》等众多巨星的著名 MV。

前言

"色彩就是生命，因为在我们看来，没有色彩的世界就像死了一样。色彩是我们最原始的灵感；原始的无色光的孩子，是无色的黑暗。火焰引发了光，光滋生了色彩。色彩是光明之子，光就是色彩的母亲。光，世界上的第一抹奇迹，它通过色彩向我们揭示了精神和活着的灵魂。"——约翰·伊顿（1888—1967）[1]

这本书是为那些渴望在严肃调色领域提升艺术和技术水准的调色师们所写的。这本书融入了我职业生涯中，在叙事性（电视剧、电影）以及纪录性（电视节目、纪录片）项目中获得的经验和技巧。纂写此书也给了我一个很好的理由，让我能深入研究这些调色经验和技巧，而这些经验不仅仅是对于画面调整的高效掌控，其中还包括创作思路，比如说调色顺序的次序处理，以及在用不同的调色手法时，是如何与观众的视觉感知相互影响，由此我们得以在工作过程中更加直接、高效和深入地掌控画面。

虽然，本书通常是写给专业调色师的，而他们大多都是在客户主导的情况下完成工作的。但是本书的内容对于想让自己的项目更加完美的人士，或渴望让自己的技能更上一个台阶的从业人员，从独立制作人到创意视频剪辑师都适用。

胶片配光师、胶转磁操作员，还有当时仅限于广播电视的调色师，这种类型的圈子无论是人员还是设备在过去是非常小众和昂贵的。由于专业调色需要大约价值 50 万美元的专用硬件设备，所以机房很少。以前学习操作这类系统需要从学徒做起（一般都是从磁带操作员开始），之后是成为初级调色师，再有机会在资深调色师身边学习，还要做样片调色和加夜班，最终通过证明你的能力，才能参与到更重要的工作中去。

现在情况不同了。随着高质量的、专业桌面级的调色系统的发展，之前的 50 万美元门槛不复存在，越来越多的小型后期制作公司可以提供真正的专业服务，更不用说独立制作人和制片部门放心大胆地用着自己的调色设备。

所以，剪辑师和特效合成师都想多学上色彩校正这门手艺。自然了，这也是我认为这本书对后期制作行业很重要的诸多原因之一。现在一个老练的专业学徒不吃香了，这个行业对人才的需求日益增强，越来越多以前从未在工作流程中加入调色这一环节的制作人意识到，没调色的影片不算完成。

然而，尽管色彩校正在后期流程中日益被关注，我还是对专业调色师应当工作在特别调试过的设备和调色标放（即调色影棚）的作用进行过激烈的争论。我认为，在家庭办公环境里做调色是没有问题的，但是，不管你把设备放在哪里，如果想得到专业的结果，起码应该在符合标准的环境，以及在符合标准的显示设备上监看（正如我在第一章里提到）。我将调色工作间比作录音棚：无论音频还是视频，最好的选择就是找专业的人做专业的事，而且要在符合标准的工作环境里，这样才能深度掌控好整个过程。

虽说调色是整个后期制作的一小部分，但是现在很多软件都具备专业调色功能。本书在编写期间，业界上较醒目的软件有：DaVinci（达芬奇）Resolve，FilmLight Baselight，Assimilate Scratch，Adobe SpeedGrade，SGO Mistika，Digital Vision Film Master，Autodesk Lustre，还有 Marquise Technologies 的 RAIN。

以上这些软件，在实时处理能力和对用户介面（UI）的整体处理上都不一样，但都提供了很相似的功能，一旦你掌握了基本的三路色彩矫正、曲线、lift/gamma/gain 对比度调节、HSL 选色以及遮罩的运用，学会如何读懂示波器，还有了解调色工作管理（流程），你就可以在以上任何一个软件下完成手头的项目。

再者，我特意选择了能配备专业调色台的软件做介绍，使用专业调色台能让调色师感到舒服和高效，而且能在大型的调色项目中提高效率。

以我在本书中提到的软件而言，不太可能就每个软件的功能进行全面的考察和介绍。因此，在本书中提及的软件操作，是指在特定情况下我认为最适宜使用某个软件中的某个常用功能。 当然，书中案例用的是

---

1 约翰·伊顿（Johannes Itten）（1888.11.11-1967.5.27），瑞士表现主义画家、作家、理论家、教育家。他是包豪斯最重要的教员之一，是现代设计基础课程的创建者。

我写本书时电脑里装的 4 个软件：达芬奇 Resolve，FilmLight Baselight Editions，Assimilate Scratch 和 Adobe SpeedGrade。但是我会尽量确保多数案例能适用于其他软件。

本书中探讨的这些技术不仅适用于专业调色软件。由于后期软件业已经很成熟，高级色彩校正工具被集成到大量后期软件中，这些软件包揽剪辑、合成、完成片全流程功能，如 Autodesk Smoke，和 Avid Symphony，还有更倾向于非线性编辑的软件如：Avid Media Composer，Apple Final Cut Pro X，Adobe Premiere Pro 和 Sony Vegas Pro。如果这些内置于非线性编辑软件的调色工具你觉得不好用，还可选择第三方插件，如 Red Giant's Colorista II 和 Magic Bullet Looks 和 Synthetic Aperture 的 Color Finesse，可以更大地扩展非线性编辑软件的功能。

最后至关重要的一点是：合成软件如 Adobe After Effects 和 The Foundry's Nuke 有内置的色彩校正功能，但是它们的主要设计用途是做特效合成，对于一个劲儿用这类软件来做调色工作的猛人，笔者深感勇气可嘉。

对于所有这些软件，如果你有机会接触到我前面提到的这些基本工具，那么你就能在这本书中找到适用的技术。我发现，在解决特定的画面问题或创建独特的色调的背后，获得解决问题的思路比得到一个步骤列表、照本宣科地学习操作要重要得多。一旦你得到解决问题的思路，那么解决问题的过程就会充满乐趣，在调色软件中找到对应的解决工具就变成了其中一个简单的细节。出于这个原因，我有意选择把创造力放在第一，并尽可能地将调色软件的功能普适化，这样，书中的示例和技巧就能广泛地应用在各个软件中。

色彩校正 VS 调色

就在不久之前，色彩校正（color correction）还特指在视频领域进行色彩方面的调整，而调色（grading）则特指在胶片电影领域的配光工作。

随着电影和视频工具的合流，时代也变了，色彩校正和调色的概念经常混淆在一起。尽管如此，我坚持认为色彩校正在本质上更倾向于技术性的调整，纠正图像本身的明显的问题，将其调整至常规状态，而调色指的是对图像整体风格的控制，和项目的叙事及艺术性相关。

事实上，你会发现我在书中上下文的不同环境下提及校正和调色。当我描述对一个镜头的处理时，校正指很具体的某个参数调整，而调色指的是对一个镜头进行多项参数调整从而获得某种影调。

这本书的技术编辑，调色师 Joe Owens[1] 在他写给我的注解中描述得很传神："色彩校正是单挑，而调色是战争。"

调色师的六项职责

这部分，在我之前给另一个调色软件写的手册里提到过，但是估计没多少人会去仔细阅读用户手册，我觉得放在这里的话看到的人会更多些，当然内容是更新过的。

在后期制作流程中，调色通常是视频部分的最后一个步骤。但是在前期拍摄数字化的推动下，调色师们越来越多地介入到整体流程的前端，如现场调色、数字样片校正，以及在项目进行中做同步调色。

不管怎么说，最终你所做的每个项目都要用到下列步骤的组合。

修正拍摄时的色彩和曝光错误

数字拍摄的图像初入手的时候几乎都不是最佳曝光和色彩平衡。比如说数字摄影机为了避免无意中损失暗部细节，在录制时都不会让黑位于 0 的位置。

此外，还会有拍摄事故发生。例如，某些人在拍室内采访的时候（通常是荧光灯光源）白平衡没正确设置，结果素材全部偏绿。这时候你的事情就来了，除非你的客户是沃卓斯基（Wachowski）姐弟的电影《黑客帝国（The Matrix）》的忠实粉丝。

1　乔·欧文（Joe Owens），加拿大调色师，是 Presto!Digital 的拥有者和调色师。

使画面中的关键元素看起来正确

对观众来说每个场景都有关键元素。在故事片和纪录片里通常最有可能是每个镜头里的人物。在广告片里，重要元素肯定是要销售的产品（产品包装的色彩或者汽车的光泽）。不管这些关键元素具体是什么，你的观众会对其外观有某些预期（书中称为受众偏好），你的工作就是让原始素材里的关键元素符合图像的首选特征。

一个常见的例子就是调色的指导原则之一：在通常情况下，同一个场景里的所有人的肤色都应该看起来和真实情况一样（甚至更好）。

同场景镜头色彩匹配

多数电影或纪录片项目的素材来源很广泛，这些素材很可能是在不同地点拍摄的，拍摄周期更有可能是几天、几周甚至是几个月。尽管有专业灯光组和摄影组参与，但是同场景的不同镜头也经常会出现色彩和曝光不一致的情况。

剪辑完成后观看整个时间线时，这些色彩和反差不一致的问题会更明显，这会影响观众对剧情的注意力。

通过细致的色彩校正，把有色彩和曝光差异的镜头匹配一致，让观众看起来觉得每个镜头都是在同一时间同一地点用相同的灯光拍摄的。这个操作在传统上被称为场景间色彩校正，在本书中称之为镜头匹配和场景匹配。

创建色彩风格

调色不仅是把项目中的每个镜头进行色彩和对比度方面的校正，它还能像声音一样，通过巧妙的混合与调整，达到另一个层次的戏剧性控制。

通过富有创意的调色，你可以让图像观感丰满饱和或者沉默压抑，你可以让影调偏暖或偏冷，提升或者减少画面暗部细节，由此控制场景对观众的情绪传达和营造氛围，而这一切只需转一转旋钮或轨迹球。

创建深度

正如维托里奥·斯托拉罗[1]在1992年的纪录片《光影的魅力（Visions of Light：The Art of Cinematography）》中所说的，摄影师的任务之一，就是在二维平面中创建深度。在目前常用的调色软件中，这个任务可以由调色师来参与和分担了。但是，在立体电影制作中这方面就没有什么要太多调整的，因为在各种二维场景中，颜色和对比度才会影响人眼对深度的感知。

图像的质量控制

以广播播出为目的的项目通常一定要保证遵循质量控制（QC）指南，它规定了信号的"合法"限制——正如最低黑电平，最大白电平，还有最小和最大的色度和复合RGB限制。遵守这些播出标准是很重要的，这样才能确保节目可以用于广播，因为当节目进行编码以用于传输时，"非法"值可能会引起问题。QC的标准不尽相同，所以提前检查确认这些标准是什么就很重要。

调色师和摄影师的关系

很多人会或多或少地参与后期制作的过程。作为一名调色师，由于项目的不同，就会和不同的制片人、导演和摄影师打交道。

在拍摄期间，摄影师的工作是与导演制定拍摄计划并执行拍摄。选择某个特定的数字格式或确定使用胶片的类型、摄影器材和镜头以及确定用光的方式，这些都是摄影师职责范围内的，目的是最终得到高质量画

1　维托里奥·斯托拉罗（Vittorio Storaro），摄影师，凭借《现代启示录（Apocalypse Now）》（1979）获得第52届奥斯卡最佳摄影奖；凭借《赤色分子（Reds）》（1981）获得第54届奥斯卡最佳摄影奖；凭借《末代皇帝（The Last Emperor）》（1987）获得第60届奥斯卡最佳摄影奖。

面。基于这个原因，摄影师是对调色师所做的工作最感兴趣的人。

值得强调的是，如果在拍摄中没有得到一个好的色彩和对比度范围，没有这些必需的数据，调色师就无法很好地完成工作，因为如果没有这些数据信息，调色师根本无法在上面添加任何东西。在这方面，你要想到摄影师并不是单独工作的，还要考虑到美术部门（置景、舞美、道具、服装）这些对于拍摄颜色的实际范围有着直接影响的人。视觉上来讲，电影制作的过程就是艺术家们用油漆、布料、光和光学创造出图像，并最终托付给调色师处理的交响乐。

尽管调色师的最终创作和画面的决定权往往掌握在制片人或导演手里，其实摄影师也该参与到色彩校正的过程中来的。这个通常取决于项目的规模和预算，以及主创人员的关系。通常情况下，预算越高，摄影师参与后期的可能性越大。

和摄影师不同的合作方式

图像的生产流程是由前期制作决定的，这也是摄影师需要参与调色的另外一个因素。从传统意义上来说，一个项目的整体风格基本是由摄影机、胶片类型的精挑细选、镜头滤镜的选用、白平衡控制（视频）和灯光设计决定的。

虽然，"特意为后期调色来控制图像曝光"这一理念正在渗入摄影领域，但是，仍然有足够大的空间和需求让摄影师们坚持传统的做法，在片场用心地拍摄。当对比度和色彩被调整到最初状态，根据记录格式的宽容度，我们需要小心地平衡各种照明设备，从而达到和同一场景中其他角度覆盖范围的最佳匹配。这么做的话，后期调色的需求并不是简单的最小化，而是为创造更壮观的画面提供更大的潜力。

另一方面，随着数字调色越来越经济实惠和灵活，一些摄影师在拍摄胶片和数字媒体时也开始使用这种方式，牺牲每天即刻回放样片的便利，为后期的调色处理保留最大的图像数据。（译者注：现在的数字拍摄，借助 DIT 部门的能力可以做到快速回放正常化的样片。）这些方法包括轻微（也只能是轻微）将阴影过曝而高光欠曝，以减小由于数字削波和压碎所带来的细节损失（胶转磁操作员在胶片转制视频时，为实现安全转换也会做同样的事情）[1]。在调色过程中，我们必须可以很容易地通过调节反差来强调图像的某一部分，从而让图像达到我们所期望的样子。

当影片的风格已经在拍摄时的摄影机中就被决定了的时候，调色师的工作就是依据原本预期的照明方案实现色彩的平衡和校正。如果为了后期的数字调整，图像特意以最大化的图像数据来曝光，那么就会有更大的空间来实现调色师的创作了。无论是在哪一种情况下，摄影师的参与都是非常宝贵的，因为他们会通过告诉你图像原本预期的样子，来指导你完成后期调色，使得你不必做出假设（与不可避免的后续版本修改），并且为你节省时间来关注真正重要的创作问题。

反过来，当出现以下问题时，例如在后期编辑的过程中影片发生了变化、图像原始素材有问题或者是制片人和导演对最初呈现的照明方案有异议时，摄影师会考虑需要替代方案，这个时候你的工作就包括给摄影师提供替代方案。当制片人、导演和摄影师在某些画面呈现上意见不合的时候，你也会发现自己还要扮演"和事佬"的角色。

最后，送往地面广播或卫星广播的项目一定要解决好质量控制的问题，并且为了确保信号合法，必须牢记要抑制那些会导致信号不合法的客户要求。在调色项目开始前一定要先商讨说明 QC 标准，并机智地找到替代方案，或者直接否决那些违反标准的调整。

学会沟通

增进与导演和摄影师关系的最好方式之一，以及同样会提高作为一名调色师的职业技能的方式，就是花时间来学习更多关于给胶片和数字拍摄打光的艺术和技术。你越了解摄影师控制色彩和反差的各种工具和方法，就越能更好地分析和调整每一个画面。此外，你越了解剧组的拍摄工作方式，就能越好地进行必要的分析工作，弄清素材之间不匹配的原因。（比如，是不是有风吹动了在主光源的前面的滤纸？这个插入画面是在一天中什么时候拍摄的？在反打镜头拍摄时，是不是有一个照明装置失效了？）

电影摄影，和其他学科一样，是有自己的语言的。当你对于低调（low-key）和高调（high-key）、不同

1　clipping 削波，通常在高光部分；crushing 压碎，通常指暗部。这两者在正文中都会多次提及。

的布光方式、电影胶片、数字媒体格式和色温这些术语越熟悉的时候，你对摄影师想要达到的目标以及理解他们提出的建议就越容易。

特别鸣谢

首先，我想衷心地感谢在这部书里，慷慨大方地允许我公开使用其作品的电影制作人们。下面提到的所有项目，都是我亲自调色的，而它也代表了你会在实际工作接触到的基本范围。所有这些作品都是和这些非常好的客户合作完成的，我真心感激他们对于本书的贡献。

- 感谢 Josh（导演）和 Jason Diamond（导演），书中选用了 MV《Jackson Harris》和故事短篇《Nana》的截图。
- 感谢 Matt Pellowski（导演），书中选用了《丧尸围城》的截图。
- 感谢 Sam Feder（导演），书中选用了纪录片《Kate Bornstein：A Queer and Pleasant Danger》的截图。
- 还有选自我自己的故事短片《The Place Where You Live》（导演：我自己），这部短片也起了很重要的作用，感谢 Autodesk 的 Marc Hamaker 和 Steve Vasko，是他们赞助的这个项目。
- 感谢 Gianluca Bertone（摄影指导），Rocco Ceselin（导演）和 Dimitrios Papagiannis（技术指导）精彩的 "Keys Ranch" F65 素材。
- 感谢 Yan Vizinberg（导演），Abigail Honor（制片人），和 Chris Cooper（制片人），书中选用了电影《Cargo》的截图。
- 感谢 Jake Cashill（导演），书中选用了他的长篇惊悚篇《Oral Fixation》截图。
- 感谢 Bill Kirstein（导演）和 David Kongstvedt（编剧），书中选用了《Osiris Ford》截图。
- 感谢 Lauren Wolkstein（导演），书中截图来自她的获奖短片《Cigarette Candy》。
- 感谢 Michael Hill（导演），书中截图来自他的 16 毫米短片《La Juerga》。
- 感谢 Kelvin Rush（导演），书中截图来自他的超 16 毫米短片《Urn》。
- 感谢 Rob Tsao（导演），书中截图来自他的喜剧短片《Mum's the Word》。
- 感谢 Paul Darrigo（导演），书中截图来自他的电视试播节目《FBI Guys》。

另外，还有一些示例片段我并没有参与制作，这些朋友给我提供了很有价值的示例片段，我必须表示额外的感谢。

- 感谢 Crumplepop 的好伙伴们，包括 Gabe Cheifetz，Jed Smentek 和 Sara Abdelaal（素材拍摄者）在内，他们给我提供了大量有价值的视频录像，还有和来自 Crumplepop 的扫描胶片颗粒库以及胶片 LUT 分析。
- 感谢 Warren Eagles（调色师）和他的 Scratch FX 库，他提供了一些胶片和视频效果（在 fxphd 上可以购买）。
- 感谢苏珊·贝克（Suzann Beck，肖像画家），书中的图片来自她的私人作品（译者注：详见第 8 章）。
- 感谢 Peter Getzels（制片人 / 导演），Robert Lawrence Kuhn 博士（执行制片），和 Robbie Carman（调色师），节选了纪录片系列《Closer to Truth》的一个片段。
- • 感谢 John Dames（导演，Crime of the Century），节选了《Branded Content for Maserati Quattroporte》其中一个片段。

我还想特别感谢一下 Kaylynn Raschke，她是一名富有才华的摄影师（同时也是我可爱的妻子）。她负责本书封面上的图像（包括本书先前的版本和现在的版本）和本书中出现在示例里的大量的图像。她还要忍受我没日没夜的工作，因为我除了出版了这本书以外，还有很多其他的作品要亮相。

还要感谢摄影师 Sasha Nialla，她为第 8 章中的肤色研究汇集模特、组装模型并进行了图片的拍摄。这个很重要又时间紧迫的事情，仅仅靠我自己是不可能完成的。

此外，如果没有各种公司里那么多的个人的帮助，我是不可能完成这部书的，这些公司也包括调色行业内的真正巨头（排名不分前后）。

- 感谢 Grant Petty，Blackmagic Design 的 CEO；Peter Chamberlain，达芬奇 Resolve 的产品经理；达芬奇的软件工程总监 Rohit Gupta。能与他们合作这么多年，我感到非常幸运，感谢他们在这本书的上一个版本和现在的版本里所分享的一切有价值的知识。

- 感谢 Bram Desmet，Flanders Scientific 的总经理，在刚刚过去的中国北京 BIRTV 展的一周内，他迁就了我无数的问题。并且几个月来他一直给我提供取之不尽的技术信息，以及关于专业监视器制造行业很多价值无可估量的行业知识。

- 感谢 FilmLight Baselight 系统的主要开发者 Martin Tlaskal，销售主管 Mark Burton 和技术作家 Jo Gilliver，感谢他们为我提供了那么多关于 Baselight 的有用信息和 Baselight 系统的屏幕截图。

- 还要特别感谢 Richard Kirk，他是 FilmLight 的色彩科学家，给我提供了关于 LUT 校正和管理的深度细节的信息，以及胶片模拟程序和过程背后的色彩科学信息。

- 感谢 SGO 的调色师 Sam Sheppard，也给我提供了大量的信息，感谢他给我演示 Mistika 以及提供 Mistika 的截图。

- 感谢 Steve Shaw，Light Illusion 的所有者、CEO，他给我提供了关于 LUT 校准和色彩管理的很深入的信息，以及给我提供了胶片模拟 LUT，让我可以在第 2 章中作为例子使用。

- Klein Instruments 的 Luhr Jensen（CEO）和 Jenny Agidius，感谢他们提供的硬件代替品和关于 Klein K10 色度计交互操作性的大量信息。

- Autodesk 的用户体验设计师 Marc-André Ferguson，首席培训师 Ken LaRue 和高级产品市场经理 Marc Hamaker，感谢他们解答了我关于 Autodesk Smoke 和 Lustre 的问题。

- 宽泰（Quantel）的销售经理（纽约）Lee Turvey，高级产品专家 Brad Wensley 和研发组组长 David Throup，感谢他们给我提供的宝贵信息、软件的屏幕截图以及宽泰的 Rio 和 Pablo 调色工作站展示。

- Assimilate 的 "assimilator" Sherif Sadek，感谢他为我提供了 Scratch 的 Demo 版本、屏幕截图，以及回答了我在整合 Scratch 示例时提出的大量问题。

- Adobe 的 Patrick Palmer 和 Eric Philpott，感谢他们提供的关于 Adobe SpeedGrade 的信息以及一贯支持。

- X-Rite 的研发（数字影像部门）负责人 Tom Lianza 和高级产品经理（Pantone）Chris Halford，感谢他们提供的有关色彩校准的关键细节，Tom 还努力做出了第 8 章中出现的数学转换。

- 感谢 Tangent Designs 的运营总监 Andy Knox 和技术总监 Chris Rose，提供了调色台并且一直在进行如何做出迷人的控制面板设计的讨论。

- 苹果的产品经理 Steve Bayes，作为我们中伟大的一员，总是在必要的时候做一些适时的信息引进。

- 感谢 RTI Film Group 的 Mike Ruffolo，他给我提供了 Filmlab Systems International Colormaster 色彩分析仪（color analyzer）、Hazeltine 色彩分析仪以及 BHP 干 / 湿胶片印片机（BHP wet/dry film printer）的图片，这些都在第 9 章中出现。

- 感谢泰克 Tektronix 的产品市场经理 Ronald Shung，他提供了 Tektronix 示波器的色域示波器的波形截图，在第 10 章中。

- 调色师 Rob Lingelbach 和 TIG 精英社区，感谢他们的支持和在数年来一直分享大量有价值的信息。

- 感谢 Mike Most，他具备调色师、特效师、技术专家和数码怪才等多种身份，我们对 log 调色进行过大量的、很细节的交流，这些交流记录都广泛加入到了本书的各章节中。

- Warren Eagles，国际自由调色师，数月以来我们进行了大量的交流讨论，而且在调色社区里，他很开放地给我们分享了他的知识。

- 感谢 Giles Livesey，自由调色师和神秘的国际人物，他和我分享了一些调色的关键技巧，并且针对英国后期调色工业的商业广告风格化这一历史发表了深刻见解。

- Splice Here 的高级调色师 Michael Sandness，他既是我的好朋友也是我在 Twin Cities 的同事，我们两个之间有过非常多的讨论，他也是一位很好的智囊。并且在我写作闭关的很长时间内，他总能及时跟我 "说点人话"（即使只是关于调色）。我这周末要好好休息休息，Michael....

还要特别感谢我这本书第二版本的技术审稿人，从数码影像的权威专家及作家 Charles Poynton[1] 说起，

---

1 查理斯·波伊顿（Charles Poynton），加拿大人，著名色彩科学家，精通数字色彩图像系统。本书多次提及他以及他的著作《数字视频和高清电视：算法和接口（摩根考夫曼出版社，2012）》（Digital Video and HDTV：Algorithms and Interfaces（Morgan Kaufmann，2012））。

他很细致地审阅了第 2 章和第 10 章，对我的一些说法提出了质疑，并且纠正了我在数学方面的错漏，他还很慷慨地给我提出了一些很专业的意见。也要感谢 Company 3 的高级调色师 Dave Hussey，这位资深的艺术家和行业内真正的巨匠。尽管他的日程十分忙碌，但是他仍然同意审阅所有的章节。感谢他对我的鼓励和对这本书的肯定，以及提出的一些宝贵建议。另外，我深深地感谢他对这本书所做的前言。

仍然要感谢第一版本的审稿人，坚持捍卫视频工程的信仰、对于大量调色话题的线上论坛都有慷慨贡献的调色师 Joe Owens（Presto!Digital），审阅了我的原始版本章节并提供了很多了不起的反馈。

对于我这本书所有的审阅人，我实在亏欠你们太多的啤酒了。现在市面上已经有很多相关的读物，但我仍然信心满满地发表了这本书，希望在这些素材的基础上，本书能在行业内起到一盏导航灯的作用。

我个人也想感谢一下 Karyn Johnson（高级编辑，Peachpit 出版社），最初她推荐了本书的第一版本，在时机合适时，她还鼓励我出版第二版本。她就像用绳子拉着我一样持续往上走，还给了我创作这两本值得参考的书的动力。Karyn，每一个买了这本书的调色师都欠了你一个人情。

最后，我一定要特别感谢主编 Stephen Nathans-Kelly，这本书的两个版本他都是逐章审阅的，而且他还将书中乏味与技术性的内容进行了润色，这个可不是那么容易编辑的。因为有了 Karyn 女士、Stephen 先生和 Peachpit 出版社的支持，我可以完全按照自己的设想创作这两本书，没有任何的妥协。我希望你能喜欢它们。

关于图像保真度的提示

在所有的情况下，为了在这本书里呈现真实的调色场景，我花费了大量的精力。但某些调整往往需要调得夸张一点才可以被注意到（因为是纸质书）。不幸的是，我突然得知这本书也将要提供数字版本，但是针对纸质和数字两个版本，我却只能提供一套图像。

不过没有关系，我认为配图是有助于明确主题的，虽然我不能保证这些图像在所有数字设备上呈现出一致的效果。对于那些在平板电脑、手机、智能手表、VR 设备或者谷歌眼镜上阅读本书的朋友，我希望你们同样会喜欢你们看到的内容。

关于下载内容的提示

通过这本书，你可以看到各种概念和技术被应用于商业制作场景中的实际案例。可下载的内容里包括各种 QuickTime 素材，你可以通过使用本书所述的技巧，进行实践操作。这些素材，都是书中每个示例的原始素材，你可以将其导入任一款兼容苹果 ProRes 素材的调色软件。中文版读者请访问异步社区本书页面可下载相关资源。

目录

第 1 章

调色的工作流程

调色工作开始前，必须将影片项目导入调色软件中。正如许多文章反复提及的，理解工作原理很重要！所以我们就从这里开始学习。本章并不打算对后期制作的工作流程做详细叙述，也不打算涵盖调色师工作中所遇到的每一种格式。相反，本章旨在向你打开一扇更好的窗户，展示调色师如何适应和融入后期工作流程，以及做怎样的决定可以让你得到满意的画面效果。

本章的内容是基于中等规模的调色机构来讲解的。在小公司工作的调色师或完成片剪辑师有很多需要考虑的问题，但在顶级制作机构工作的调色师通常不会在意这些，他们主要注重调色的艺术。我认为，本书的读者多数处于中等水平，所以，如果你对自己的调色工作很在意，或者希望后期监制对（你所设计的）工作流程感到满意，请认真学习本章。

我要为电影院（电影）、广播（电视），还是网络调色？

这是个有欺骗性（技巧性）的问题，因为这根本不是问题。不管你的项目是要在 300 家电影院播放的电影故事片，或者是在有线电视网播出的连续剧，还是在 YouTube 或 Vimeo 上播出的科幻网剧，它们都需要被调色。如果你用专业方式处理你的项目，你会发现，即使工作流程不完全相同，也会比较类似。尤其是你的客户还会说："我觉得我的项目拍得就挺好，我真不知道为什么需要调色……"

有人认为色彩校正或者调色主要是为了给前期拍摄"收拾残局"，或者只是解决广播安全问题，这是错误的观点！如果这样定义的话，假设你的视频拍得不错，没有纰漏而且直接可以播出或放到网络上，调色就没什么意义了，完全可以不做。实际上，虽然修复问题（给前期"擦屁股"）是调色工作的重要部分，但绝对不是将调色这一步骤加入工作流程的主要原因。

调色，是为了让项目看起来尽可能好看，是要保留或者增强重要的图像细节，并在必要时赋予影片色彩风格，从而巧妙地处理影片的视觉风格。而且，当你拍摄时使用的摄影机是 RED Dragon，ARRI Alexa，KineFinity，5D Mark III 数码单反或者绑在头盔上的 GoPro 时，调色是必须要做的工作。

调色师该何时介入？

就像我喜欢说的那样，色彩校正最好从试片就开始，不用等到后期制作的最后阶段再来做（尽管经常是到最后才做）。你作为一名调色师，可以用多种方式对试片、前期拍摄制作和后期制作做出有意义的贡献。

- **试片（Preproduction）**：在试片阶段，对要求特别高的项目，基于后期制作需要的拍摄格式，你可以与导演以及摄影师一起测试和评估各种摄影机在不同拍摄条件下的各种调色风格，然后将这些风格文件转换成评估 LUT，这些 LUT 可以被 DIT（数字影像工程师）部门加载到现场监视器，用于观看和输出样片（dailies）。
- **前期拍摄制作（Production）**：DIT（数字影像工程师）把相当一部分调色师的技能吸收到他们的工作范围中。例如：协助摄影师评估拍摄素材质量，监测信号质量，进行现场调色，输出用于后期制作的样片。对于工会拍摄，不属于摄影师工会的调色师是不能直接参与现场调色的，所以 DIT 和调色师之间的交流必不可少，尤其是在有大量调色数据（例如 LUT，CDL 或者其他预存的调色数据）要和拍摄的原始素材一起进行交接的时候。
- **后期剪辑（Editing）**：在剪辑前，要将拍摄获得的 RAW 格式文件，以及高压缩的 long-GOP 或 H.264 压缩媒体转换为适合编辑的 QuickTime 或者 MXF 格式，这是因为摄影机的原始文件格式通常不适合用于后期编辑 [1]。转格式这类处理，通常被称为输出"数字样片"，其中还会包含处理音频同步和加

---

1 在本书翻译期间，已经有很多剪辑软件能直接编辑上述格式的文件，请查看具体的软件说明书，以及参考摄影机厂商建议的工作流程。

载调色数据。这样，剪辑师和导演就不会在后期制作期间，对着低饱和度的、未调色的素材"郁闷"。这项工作有时由 DIT 在现场完成，有时由调色师在后期部门完成，在剪辑接近完成时，调色师有时会被要求对整个项目做快速的"离线校色"，用来在银幕上测试播放。这时做出的校色数据（或调色决定）有些会被用在最终调色中，有些不会。

- **视觉效果(特效 VFX)**：在创建视效的过程中，调色师经常被要求对绿幕拍摄素材做色彩匹配或者调色；或者对已经做完的特效镜头，在交付给剪辑师之前做反复调色。通常影片的 VFX 和色彩在项目最终完成前经常会反复修改。

- **调色（ Grading ）**：对于调色师而言这是最重要的事情。一旦完成最终剪辑，包括所有素材和 VFX 都 picture lock（通常一次性定剪只是个愿望，祝你好运），时间线上所有的离线格式都要回套到摄像机原始格式。回套通常在调色软件中完成，大公司通常有助理完成这项工作，而小公司就是调色师自己做了。在这个环节，调色师要调整项目中每个镜头的颜色、对比度、色彩风格和画面感觉。

- **完成片（ Finishing ）**：部分或者完整的完成片流程包括以下内容：最终确定标题；添加标识信息，像彩条、千周这类导前信息；做最终修改；添加混音完成的音轨；处理类似 VFX 的任务，比如做些光效，合成，对画面中无授权的元素打码。而上述的工作，有可能全部推给调色师做。做不做这类工作，通常取决于公司的规模和你同事的工作技能。大公司里的顶级调色师只专注于调色，但小公司的调色师有可能会更多地参与到这类工作中来。

- **母带制作（ Mastering ）**：逐渐地，最终完成项目的母带工具被加入了调色师们使用的调色系统里，无论这个项目最终是输出到磁带，还是渲染生成并拷贝到 SSD 上作为数字母版，或是制作影院发行的数字电影包（DCP），某些高端的调色系统也能完成这些工作。同样的，大公司的专业调色师通常不会参与这类工作，但是小公司的调色师是完全有可能要完成这项工作的。

上述这些都是在试片和后期制作中调色师有可能要做的工作，当然，这取决于实际项目的预算和工作流程。通常，多数项目的情况是后期监督（监制）在影片完全剪定后给你打个电话，然后你就去完成你的工作。

理想的情况是，他们在剪辑过程中就早早地联系你，这样你就可以告诉他们，在他们用的非线性剪辑设备和你用的调色设备之间如何有效地交接工作。通常来说，尽早沟通可以省去很多麻烦。

拍摄之前：选择录制格式

如果有人真的问你："调色师，我在前期拍什么格式才能获得最佳的后期体验？"通常你会回答"你能负担的最高格式"，但是，答案并不是这么简单，虽然这个答案是理性的第一反应。实际上，我们有各种方式来获得适合调色的高质量素材，这取决于预算、拍摄进度和影片采用的拍摄风格。

我慎重决定不在本节中讨论某种特定的摄影机。对调色师而言，媒体格式比用哪个特定的摄影机重要得多，虽然大家都希望摄影师用最好的设备进行拍摄。此外，数字摄影机行业变化很快以至于在出版物中讨论基本没有意义，等你看到本书的时候早就有更新型号的摄影机推出了。然而，摄影机的记录格式几乎不会有太快的变化，而且，格式之间的特点有着显著的不同，所以，媒体格式是你应该熟悉和掌握的。

胶片

如果有人问你是否应该使用 35 毫米胶片拍摄，而他们又有足够的预算，你要回答应该使用。虽然本书主要针对数字的调色工作流程和技巧，然而，胶片可以用胶片扫描仪来数字化，这很容易（但不便宜）。胶片扫描仪将胶片（负片或反转片）逐帧扫描后，存储成带有卷信息和基于帧数时码的 2K 或者 4K DPX 图像序列。胶片扫描所得的 DPX 序列有很大的宽容度，便于之后的（色彩）调整，可以很容易地转码成便于剪辑的离线格式或者在线质量（online-quality）的格式，这些技术在本章中都有涉及。你可以用转码后的在线格式来调色和制作完成片，也可以用定剪的时间线回套 DPX 序列，进行调色和制作完成片，从而获得最高质量。

胶片扫描工作流程，在胶片不作为主要拍摄格式后还会使用很长时间，因为全世界还有很多胶片存档必须数字化，比如老电影的数字修复，和在当下项目中使用胶片存档的素材。如果你对胶片数字中间片工作流程感兴趣，可以参考杰克·詹姆斯（Jack James）[1] 的《胶片和视频数字中间片（爱思维尔出版社，2006 年）》（Digital

---

1 杰克·詹姆斯（Jack James），著名数字影像和软件工程师，他的另一本著作是《在后期制作中解决问题：后期流程解决方案（2009）》（Fix It In Post: Solutions for Postproduction Problems）。

Intermediates for Film and Video，Elsevier，2006）来入门。

RAW VS"母带级（Mastering-Quality）"编码

任何数字拍摄，在拍摄前需要做一个最基本的决定：在拍摄时录制 RAW 格式（如 RED raw, ARRI raw 或 CinemaDNG），还是录制"母带级（Mastering-Quality）"格式（即录制为 Quick Time 或 MXF 这类较高压缩的编码[1]，下一节中讨论）。多数数字摄影机有能力录制这两类格式，并且越来越多小型摄影机可以录制 RAW 格式，例如 BMD 公司出品的那些摄影机，还有对相机使用的第三方固件开源的魔灯项目（Magic Lantern project）。

RAW 格式将感光器获得的线性光线数据直接存储到文件。某些摄影机则使用压缩，将可能很大的格式变得适合后期处理（RED RAW 是个很典型的例子）；某些则不是。数字电影机之所以被如此命名，是因为它们都使用单片式大幅面感光器——通常来说是超三十五毫米或超十六毫米规格的感光器——关于 RAW 格式，你最需要记住的是：RAW 格式必须经过反拜耳计算（debayer，或说 demosaic，反马赛克计算）才能获得我们工作中要用到的图像。

RAW 格式的优点在于：由于 RAW 格式是将摄影机感光器的原始数据记录下来，所以在后期工作中它能提供给调色师最丰富的图像数据。通常来说，任何 ISO 或光圈设置对于 RAW 格式来说都只是元数据，你在监视器上看到的图像是由 RAW 格式加上元数据计算得到。你调整元数据并不会影响记录下来的 RAW 格式数据。摄影师在现场根据监看画面调整布光，但是录制的 RAW 格式在后期调色时可以自行调整元数据。这提供给我们非常大的灵活性。[2]

另一个优点是：RAW 格式由于本身是数据而不是图像，所以是可压缩的（即使是压缩的 RAW 格式，也可以保留原始的色彩空间），因此在数据量和带宽方面压力较小。

然而，RAW 格式也是有缺点的，这就取决于从哪个角度看待这个问题。因为 RAW 格式通常难以或不能直接编辑，必须转码编辑，在调色阶段再回套，这样就增加了后期制作的时间和复杂程度。[3] 此外，RAW 格式录制会产生大量需要存储和备份的数据。也许，录制 RAW 格式时最大的不稳定因素是：使用者必须要将大量后期制作的诀窍和知识融合到一个工作流程中去，而由此带来的好处并不会立刻凸现出来。由于以上这些原因，摄像机通常提供录制成其他格式的选项。

QUICKTIME 或 MXF 媒体格式

此外，多数数字摄影机可以录制 QuickTime ProRes（通常是 ProRes 422（HQ）编码或者 ProRes 4444 编码）或 MXF（通常是 DNxHD 编码）视频格式。此外，即使你的摄影机受限于录制其他格式，你也可以使用外置录制器通过 HD-SDI 或 HDMI 接口录制 QuickTime 或 MXF 格式。

拍摄时无论使用哪种方式录制，录制成这些格式而不录制成 RAW 的优势之一，就是它大大简化了后期制作流程。因为你可以直接从摄影机拷贝 QuickTime 或 MXF 文件到编辑系统，并且立刻开始剪辑。此外，当剪辑完成时，这类格式可以很方便地用来调色和做完成片，不需要回套到其他格式。

这些工作流程优点显著，但要额外考虑的是：在录制 QuickTime 或 MXF 时，通常可以选择 Log 模式或 Rec.709（BT.709）模式。Log 模式会在本章后面详细解释，现在简化来说，两者最主要的区别在于所录制图像的对比度。

Log 模式会将图像的对比度进行压缩，从而在有限的位深下获得尽可能大的宽容度（取决于使用的编码，通常是 10 比特或 12 比特）。这使调色师在调色时能获得最大的图像数据。未经调色的 Log 模式图像虽然看起来很奇怪，但还是很好用的。不过，这也意味着剪辑师在工作时必须先对图像进行校正或者对监视器设置进行调整，这样才能看到和摄影机输出到现场监视器上一样的画面。另一种方式是直接使用正常化后的样片（dailies）来剪辑。这不是什么大问题，但大家确实要适应一下。最好别让剪辑师面对 Log 模式的图像工作。

1　作者的说法并不严谨，QT 或者 MXF 通常作为容器存在，严格来说不能称之为编码。

2　这种工作方式通常被称为"所见非所得"，和胶片拍摄时的情况有些类似。因为直到洗印完毕观看工作样片前，摄影师是看不到胶片上的画面的。使用 RAW 格式这种"数字胶片"，并且配合 DIT 部门，我们就可以在现场看到调色后的画面，从工作流程上来说是革命性的。

3　正如之前所提到的，在本书翻译期间，已经有很多剪辑软件能直接编辑上述格式的文件，请查看具体的软件说明书，以及参考摄影机厂商建议的工作流程。

> **注意** 虽然摄影机菜单里通常将此选项显示为 Rec.709（下文中将其作为我们讨论的菜单选项），本书坚持将其命名约定为 BT.709。

另一方面来说，在录制 QuickTime 或 DNxHD 格式的视频时，录的是正常化的 Rec.709，这会让调色师极度不爽。虽然 Rec.709 极度便于监看也便于工作（因为已经正常化了，不需要校正），极大地简化了工作流程，但这对素材宽容度的影响是很大的。如果你拍的项目是需要迅速上传发布的节目，那么 Rec.709 的优势大于劣势。但如果你拍摄的项目是 MV 或故事长片，它们在后期需要更多细节来调色，直接拍摄 Rec.709 就是在给项目本身和调色师帮倒忙。如果你是摄影师，在拍摄时没有沟通清楚是否使用 Log 模式，估计会被炒鱿鱼。

H.264 格式

和数字摄影机相对的，是使用高压缩 H.264 格式的新闻摄像机、视频单反相机和运动摄像机。但是请注意，并非所有 H.264 标准都是一样的。H.264 标准有一系列标准配置文件（standardized profiles），每个配置文件都规定了不同的压缩比和色度采样比。它们主要影响录制文件的数据率，质量高数据量大，质量低数据量小。此外，每个配置文件在编码时还需要选择一个层级值（level），也就是说在给定的配置文件下，还可以对成品文件做质量和数据率的上下微调。

实事求是地说，不同摄影机在拍摄视频时会使用不同层级的、不同的 H.264 配置文件进行录制。摄影机使用不同的设置组合，会对素材画质产生很大的影响（这里是抛开镜头、图像传感器和图像处理器来说的）。因此，你所选的摄影机会直接影响着最终视觉效果，还有素材在调色时有多少宽容度。

调色师们一般都很讨厌 H.264 视频。因为高压缩比和有限的色度采样（下一节中介绍），这种致命的组合意味着调色的空间比 RAW、QuickTime ProRess 或 MXF 格式要小得多。当客户要求你将 GoPro 素材匹配 ARRI Alexa 的 RAW 时，你就只能对着素材感慨。

但精明的调色师知道，工作就是工作。这类媒体格式，估计不能满足对视觉成像要求完美的纯粹主义者。然而，拍摄这类格式的摄影机通常是体积小、重量轻、价格便宜，适合跟拍记录和低预算的项目，在某些拍摄情况下，它们能做到其他摄影机无法做到的工作。例如，前文提及的 GoPro 摄影机，你可以把它放到任何地方进行拍摄。但如果没有这种类型的摄影机，很多影片项目根本不会存在，这是我们需要记住的一点。

为了帮助大家调整心态，我来分享一些个人经验。我在模拟 Beta SP 过渡到 DigiBeta 的阶段进入调色行业，在当时业界开始使用 DV-25 视频格式作为拍摄格式。在我作为调色师的早期阶段，绝大多数工作都在为客户的 DV-25 视频格式调色，这种格式和今天的 H.264 格式相比要糟糕得多。但我还是尽可能努力和细致地进行调色。当然，你无法创造奇迹，而且稍微对图像做些大幅度调整就可能会出噪点，但是如果你停止抱怨，好好使用工具，还是可以做很多事情的。

> **注意** 正如前文所述，魔灯项目（Magic Lantern project）是让各类数码单反拍摄 RAW 格式视频的开源软件破解。虽然我既不提倡也不反对使用这些插件，但值得指出的是，RAW 格式录制正在越来越多地用在小型摄影机上。

当然，如果有人问你，你要告诉他们：要拍 RAW！

了解色度采样

为了减小录制文件的体积，不同的视频格式会舍弃信号中不同比例的色度信息，这也会影响到调色师在画面不出现噪点的情况下能将对比度增强到什么程度。这与 Log 模式和 Rec.709 之间的对比不一样，你"想要"记录尽可能多的色度信息，但色度信息是由摄影机的能力和使用的录制格式最终决定的。

4：4：4 色度采样的媒体可以存储百分之百的色度信息，因此在调色时调整空间会更大，尤其对曝光偏暗的素材而言。数字摄影机拍摄的 RAW 可以视为 4：4：4 色度采样，ProRes 4444 和 DNxHD 444 也是。多数低成本摄影机不是 4：4：4（除非连接外置录机）。

典型的高端高清摄像机使用 4：2：2 色度采样记录。4：2：2 色度采样记录给调色师的调整空间也不错。ProRes 422 和 DNxHD 格式都是 4：2：2 色度采样格式，它们对于广播来说很合适。值得一提的是，H.264 其中一个配置文件也用了 4：2：2 色度采样，但是很少有设备使用它。

大多数消费级设备和单反相机录制的是 4：2：0 色度采样的 H.264 视频格式。这种色度采样丢弃了四分之三的色度信息，这是因为在某种程度上这被认为是视觉无损（人眼感知无区别）的，同时也是为了尽量减小文件体积，使其能适应低成本工作流程。虽然，在很多情况下 4：2：0 色度采样被认为能够适用于专业级制作，但由于大量色度信息被舍弃，导致在调色时不能对素材做太大的调整（很容易出现噪点）。这种色度采样在各类视效工作中也会带来更多麻烦（例如绿幕合成）。

然而，对于许多类型的影片项目，（低色度采样的设备）在成本和易用性上的优点大于缺点。而且这种格式相当考验摄影指导的水准，因为要在如此高压缩的情况下，保证做好灯光效果和曝光控制、充分利用有限的格式带宽并减少调色师在后续工作中的困难，难度不小。

> **先对 4：2：0 的素材进行上变换再开始工作，这往往是浪费时间**
>
> 如果原本拍摄的视频是 4：2：0 色度采样，那么在进入调色阶段前将其转换到 4：2：2 或 4：4：4 色度采样，这可以增强实时解码性能，从而便于剪辑。但是这不会提高图像质量。请注意，在几乎所有调色软件的内部色彩处理中，都会第一时间将 4：2：0 色度采样转换到 4：4：4 色度采样，因为软件本身的内部工作环境就是 32 比特浮点 4：4：4 色彩空间。所以在调色前将素材做上变换是不必要的，除非调色软件不支持该素材的原始格式才需要转换。
>
> 另一方面，你肯定想将 4：2：0 最终输出成 4：2：2 或 4：4：4 色度采样格式，从而保持高画质。将 4：2：2 或 4：2：0 色度采样的原始素材在调色后输出成 4：4：4 色度采样，这样做看似很吸引，但是这么做始终对画面质量没有显著提升，而文件体积却会增大许多。但如果原始素材是 4：4：4 色度采样，输出时使用 4：4：4 格式则是保持画质的理想选择。

压缩和位深（即比特深度）

不同的摄影机提供了不同的压缩格式。当然了，压缩比肯定是小些更好。DSLR（视频单反）录制的 H.264 视频，通常数据率范围是 17 ～ 42Mbps，这取决于你选择的帧尺寸、帧率和层级值（如果层级值是用户可选的话，基本上用户不能选层级值）。而更昂贵的摄影机的录制数据率则是 145 ～ 440Mbps（由于使用不同的压缩技术，所以不是同类比较）。此外，多数低成本视频采集格式通常是 8 比特位深，而昂贵的摄像机和数字电影机使用 10 比特和 12 比特。

H.264 压缩格式被设计成尽量接近视觉无损，但是在解码时处理器负载大。在需要对画面进行夸张调色时会增大调色师的选色难度。在剪辑过程中，将 H.264 素材转换到成利于剪辑的格式再剪辑的做法很常见，这样做可以减小处理负载（将系统资源更多分配到实时效果上），通常是转换到 4：2：2 色度采样格式。这么做的优点是提高了实时性能，而不是提高图像质量（如前所述）。

和色度采样类似，将素材从高压缩的 8 比特位深格式上变换到 10 比特或 12 比特位深格式，不会对素材质量有大提升。记住，在摄影机录制时，压缩和色度采样就已经舍弃了一部分图像数据，同时当下多数调色软件在内部图像处理时，自动将所有素材提升到 32 比特浮点。最后，强烈推荐将最终调色完成的文件，输出为 10 比特或 12 比特格式。

LOG VS 正常化（NORMALIZED）媒体格式

多数数字摄影机提供 Log 模式编码的 ProRes 或 DNxHD 格式选项。此外，在调色软件中也有将 RAW 格式反拜耳计算为 Log 模式编码格式的选项。二种方式都可以创建 Log 模式编码格式，让调色师获得最大宽容度。

而每台摄影机都有针对其图像传感器定制的不同的 log 模式，许多是基于柯达 Cineon log 曲线。Cineon log 曲线的开发是为了在胶片扫描时应用，以保证 13 档宽容度，通常格式是 Cineon 或 DPX 图像序列。Cineon log 曲线尽可能在每通道 10 比特的数据下提供尽量多的图像细节。

Log 模式编码格式应被视为一种"数码底片"，直观来说，Log 模式编码格式看起来很不舒服，因为刻意降低了对比度和饱和度。这种格式提供了丰富的图像数据，在调色时有最大的灵活性。

在对 RAW 格式素材进行反拜耳计算时，Log 模式通常以某种伽马设置体现出来。在本书中包括以下标准：

- Log C：ARRI Alexa 摄影机使用，类似于 Cineon Log 伽马曲线。

- **REDLog Film**：RED 摄影机使用。可以将 12 比特的 R3D 数据映射为类似于标准的 Cineon 伽马曲线，适用于多数 Log 工作流程，包括胶片输出。
- **S-Log 和 S-Log2**：**是**索尼数字摄影机产品线专有的 S-Log 伽马设定，和 Cineon 曲线差别较大，动态范围较大。最初的 S-Log 随索尼 F3 摄影机发布。S-Log2 随索尼 F65 和 F55 摄影机发布，主要是为了应对这两台机器更大的动态范围。索尼官方建议用两种 LUT 方式来正常化 S-log 图像。一个 1D LUT 可以将 S-Log 和 S-Log2 素材转换为标准的 Cineon（或 Log-C）曲线，使其可以嵌入现有工作流程。或者可以使用专用 LUT，将其直接正常化。想获得更多关于这方面的信息可以直接在索尼官网上搜索 "S-LOG：用于数字母带制作和交换应用程序的一个新的 LUT（S-Log：A new LUT for digital production mastering and interchange applications）"。
- **BMD Film**：Blackmagic Design 的 Log 模式伽马是 Log-C 曲线的变种。主要是为了匹配 BMD 摄影机的感光器，获得尽可能大的宽容度。

尽管各家摄影机制造商的 Log 模式编码都不一样，但是，把 Log 模式的图像正常化在本质上都是对比度的细致调整。有多种方法可以完成正常化，这取决于调色系统本身的能力。把 Log 模式的图像正常化以及调色，主要在第三章和第四章中讨论。

通过"拍得平（Shooting Flat）"保证质量

通常，使用没有 Log 模式的数码单反拍摄是为了在有限的带宽中尽可能保存高光和阴影细节，可以调整摄像机设置来获得更"平"的对比度图像（例如，特艺色（Technicolor）为佳能单反开发的 Cinestyle 预置文件）。这个方法的核心是：不在拍摄时将图像对比度调整得很理想，而是尽量将更大的动态范围记录下来，然后在调色时调整曝光和色彩。

要着重指出的是，"拍得平"的真正含义是"将图像数据记录得平"。换句话说，既无必要也不需要刻意地以低对比度方式来对场景布光。按照你的喜好正常布光，但要将摄影机设置到低对比度方式，保留更多的图像数据。

和 Log 模式类似，"拍得平"的素材看起来也色彩不悦目。但这仅仅是因为没有做调色。调色过程中你会发现它们的高光和暗部细节都不错，但是也有以下几点要牢记。

首先，即使将摄影机设置到低对比度状态来避免信号底部和顶部的切割，也不能一味追求低对比度，否则会浪费每通道 8 比特的数据率，影响到中间调的细节。其次，以低对比度拍摄在后期必须进行调色，对于整体工作进度比较紧的项目，需要慎重考虑。

如果你正考虑让视频单反"拍得平"，有三种广泛使用的配置文件可以使用。

- **Prolost Flat**(www.prolost.com/flat)：导演兼摄影师 Stu Maschwitz[1] 一直提倡使用这些让调色更容易的设置，他在网页上对此进行了详尽的解释。
- **特艺色（Technicolor）的 Cinestyle**（www.technicolorcinestyle.com/download/）：调色巨头特艺色提供了录制低对比度、高宽容度的预置文件下载，可以在此页面上下载配置文件和用户指南。
- **佳能，Canon EOS Gamma Curves**(www.lightillusion.com/canon_curves.html)：由 Light Illusion 公司的 Steve Shaw[2] 创造，这些曲线配置文件可以在摄像机有限的带宽中记录最大限度的图像数据。
- **尼康，Flaat Picture Controls for Nikon DSLRs**(www.similaar.com/foto/flaat-picture-controls/index.html)：同样，这套图片风格文件为佳能和尼康相机提供了低对比度、高宽容度的起点，也号称对肤色调更好。

数字样片：后期制作的开始

在传统的胶片工作流程中，当日拍摄结束后，负片被送到洗印厂冲洗，然后制作成工作样片（workprints）并且和声音同步。工作样片对好声音后会被组装成一组素材样片（dailies），电影摄制组会在当晚或者第二天早上对样片进行评估，确认是否拍摄了足够的镜头，并检查是否有技术问题。然后样片被移交给剪辑组，开始剪辑。[3]

---

1 Stu Maschwitz 是作家，导演，电影摄影师，视效指导，还是电影《The Last Birthday Card(2000)》的剪辑师。
2 Steve Shaw,Light Illusion 的所有者、CEO、色彩科学家。他的网站 www.lightillusion.com。
3 一般情况下，在胶片流程中样片称为 workprints，数字流程中样片称为 dailies。

注意 胶片洗印厂的市场日益萎缩，这使当日拿到样片变得不太可能了，但是通过扫描获得的数字化结果可以加快这一过程。

除非你使用的摄影机连接了录音设备，并且直接记录为 ProRes 或 DNxHD 格式，这样拍出来的文件可以直接交给剪辑师并开始工作，否则，（不同形式的）数字样片工作流程还是必要的。因为 RAW 格式和 Log 模式素材仍然需要进行调整和处理，而且独立的音频文件也需要做同步。在专业的电影剧组里，每天的工作成果还是要在当天进行即时评估的。

如前所述，数字样片要么在拍摄中由 DIT 创建，要么在设备更完善的后期公司由调色师创建。可能有些特定设备会有创新的工作流程，现时数字样片的创建过程通常由三部分组成。

样片的声音同步

如果在拍摄过程中，录音设备有连接到摄影机，并且摄影机的声音录制是高质量的，那么就不需要做声画同步的工作。

另一方面，如果拍摄时使用了双系统声音录制，音频和视频是分开的，这就要求在创建样片时音视频要同步。如果录音师和摄助都很能"镇得住场面"，这件事能在几个方面实现自动化。但如果不是这个情况，你（或者你的助理）就得瞬间回到 1985 年，手动将音视频中的打板对齐（现在可能就是个 IPAD 程序）一条一条地对齐，真是美好的时光啊！但是仔细想想，现在总没让你用 Steenbeck（胶片时代的剪辑工作台，类似于车床）来干这事，已经够轻松了。

最理想的是，拍摄时使用时码同步的双系统声音录制（timecode-synced dual-system sound），在每天的拍摄中，数字摄影机和录音机的时码都会同步，并在一天中数次检查同步，以保证同步能够精确到帧。这种方法的设备和专业人员通常比其他声音录制系统更贵，这个方法能很好地管理音视频文件，在使用音视频时码对同步时，会非常快速且很少出错，几乎完美。用这个方法，我曾经只用一秒就能把三天的素材都同步好了，并且没出任何错。不用多说，这样工作实在太爽了。达芬奇 Resolve，FilmLight Baselight 和 Assimilate Scratch（还有 Scratch Lab）都可以很方便地进行时码同步。

如果没有预算做时码同步，仍然可以使用自动波形同步技术。使用这种方法时，摄影机内置麦克风可以录制和视频绑定的低质量的同期声，然后使用波形同步软件，将外置录音机的优质同期声和视频同步。例如，波形同步专用软件 Red Giant PluralEyes 就可以将其他非线性编辑软件中的声音和画面批量同步。不过现在的非编辑软件，例如 Final Cut Pro X 也开始内置此功能了。

样片调色

在创建数字样片以外，另一项等着 DIT 或者调色师要完成的工作是进行样片调色。当谈到现场调色和样片的工作流程时，有各种方法来处理，主要取决于拍摄的项目类型、预算和进度表。我打算比较全面地讲一下这个问题，记住，这里讨论的可能只是工作流程中的一些皮毛。

现场工作 VS 后期工作

以前，多数样片是在胶片洗印厂完成的，之后是在后期公司。其中初级调色师往往在他们的成长阶段轮值无人监督的晚班，而高级调色师在有监督（监制）的白天工作。现在，由于便携式调色工作站的普及，越来越多的数字工作流程由 DIT 在现场完成。

如果有 DIT 涉及其中的话，现场调色通常被限制为只做一级调色，这样摄影师就可以通过现场监视器上看到摄影机实时传来的图像来把控场景；这在 Log 模式录制的情况下尤其重要，因为这时如果不做适当调整，图像看起来会很糟糕。随着调色软件在制作生产流程中占到的比重越来越大，在有需要的情况下，越来越复杂的工作流程成为可能，这也使更复杂的调色工作得以实现。

另一方面，调色软件开发者正在提供越来越便利的双向工作流程，后期调色师和摄影师可以使用在试片阶段就设定好的色彩风格，作为之后 DIT 监看和现场调色所用。

调色数据交换

由 DIT 做的调色可能会被"烧录"进数字样片，这样对剪辑师和导演比较方便，而且，这些调色数据同样可以交付给后期调色师，以此作为最终调色的起点。当然，这些数据不会总是用得上，但是至少可以传达摄影师在前期拍摄时的意图。这些调色数据有多种方式可以保存和向后期移交。

- **摄影机元数据**：数字摄影机通常在录制的文件中存储 ISO、曝光值和其他元数据。调色软件与特定的 RAW 格式兼容的话，就可以读取和操作图像调节的元数据，这会对该媒体图像处理中的反拜耳计算产生影响。
- **色彩查找表（LUT，Lookup tables）**：广泛应用在商业拍摄的某些环节，LUT 是预存的图像处理操作，可以在现场监视器上挂载并监看。LUT 是很有用的，因为它可以被加载到各种现场监视器上，也可以交付给后期调色师用来参考或作为调色起点。
- **色彩决定表 (CDLs)**：CDLs 作为一种工业标准文件格式，它由美国电影摄影师协会技术委员会研发。CDL 文件格式类似于 EDL（剪辑决定表），一般来说被认为是在典型 EDL 中嵌入了 SOP（即 Slope（斜率）、Offset（偏移）、Power（幂））和 SAT（即 Saturation（饱和度））值作为元数据。CDL 被用于电视和电影长片的现场色彩数据组织管理。使用 CDL，在不同地点拍摄的素材的一级调色数据可以被组织管理并向调色师移交，用于参考和作为调色起点。

在拍摄现场使用调色软件

虽然，有很多便于现场调色和数字样片工作流程的专用软件，但是由于本书的重点是调色专用的系统和软件，所以在本书的其他部分将重点放在三个后期调色软件上，也便于将现场工作流程作为其功能的一部分。当然，如果你有基础，那就可以在现场工作中使用任何调色软件，但是某些软件会更好用一些。

- **Scratch Lab** 是 Assimilate Scratch 的一个版本，其设计用途是在各种便携式 Windows 和 OS X 计算机上使用的专用现场工作软件。它内置了：一级调色、输入输出色彩查找表（LUT，Look Up Table）、CDL 支持、调色匹配以及其他处理样片的功能。使用此软件可以输出 LUT 和 CDL 到其他软件中使用，也可以直接将现场工作项目导入完整版的 Scratch 中开始工作。

> **注意** 如果要做现场调色，有一台高质量的、精密色彩级的专业监视器（第二章会提到）是至关重要的，并且尽可能将遮光做好（在忙碌又复杂的现场环境中工作，你能做的可能只有这么多），这样才能很好地判断图像的对比度。否则，被移交给后期的调色数据就不能在后期工作中真实反映图像数据的转换。在前期的现场工作环境下越接近后期监看条件，向后期移交的调色数据就越有用。

- FilmLight 开发了"盒子中的 Baselight（Baselight in a box）"，即 **FLIP**，相当于将一套完整的 Baselight 系统很方便地整备在 DIT 车上的盒子里。FLIP 可以实时获取摄像机的输出信号，DIT 在剧组里除了录制视频还可以现场调整画面风格，还可以做样片同步、LUT 和 CDL 交换，以及 Baselight 能做的媒体处理。如果是以端到端方式使用 Baselight，FLIP 可以保存包含了整个 Baselight 调色的 BLG 文件（Baselight Grade，[1]），其中包括了使用的 LUT、设定的关键帧、两个参考静帧（stills，一个调色后，一个未调色）以及时间码元数据。BLG 文件可以在各种版本的 Baselight 里通用，包括针对 Avid, Final Cut Pro 和 Nuke 的 Baselight editions 插件，以及针对后期完成片使用的完整版 Baselight，这样调色数据就可以贯穿整个流程，从剪辑、特效，到最终调色，BLG 文件可以作为最终调色的起点。
- 达芬奇 Resolve（无论完整版还是精简 Lite 版），可以在 Linux，Windows 或 OS X 系统下运行，它有个功能叫"Resolve Live"，这个功能可以对摄影机输出的画面实时调色并在达芬奇 Resolve 中监看，同时可用 HD-SDI 输出监看，在剧组工作中保存所有的调色数据，包括图像的静帧和时码元数据，都可以轻松地与以后导入的摄影机原素材相匹配、同步。达芬奇 Resolve 也支持和在后期工作室一样的、全部的 LUT 和 CDL 兼容流程，样片同步处理以及媒体处理能力。

其他软件也具备类似的特性，这证明了现场调色和后期调色正在日渐紧密地联系在一起。

---

1 即 Baselight 自己的调色数据文件。

粗调（ONE LIGHT）VS 精调（BEST LIGHT）

在生成数字样片时有两种方式。如果现场保存的调色数据或者摄像机元数据对同一卷素材都适用，那么粗调（也就是将单一的简单调整应用于整个相似的素材集合中）对开展剪辑工作来说，这样的样片素材就足够好看了。如果不够完美的话，只需要在最终调色的回套过程中，将离线编辑文件替换到在线文件即可。

另一方面，如果导演特别挑剔，或者摄影机原始素材要转换为完成片使用的在线质量格式[1]，那么，为了保证最佳交付质量，最好对每条素材做更细致的调色。这通常被称为"精调"，由调色师在后期公司完成。

摄影机 RAW 格式的转码工作流程

当拍摄 RAW 格式素材时，创建数字样片的另一个方面就是决定用哪种方式进行转码，生成有用的离线或在线媒体。虽然非线性编辑软件都开始支持摄影机 RAW 直编，但是我认为这么做不明智，至少在撰写本书时是这样。实时反拜耳计算对设备的性能要求很高，而剪辑师们的趋势是使用便宜和便携的设备，而不是为了满足摄影机格式去使用高性能的桌面系统（尽管想要这么做的人我也不会阻止）。

此外，尽管压缩 RAW 格式的存储要求低于非压缩的母带格式，但仍远高于剪辑使用的低带宽离线编码格式。因此，使用文件体积更小、带宽要求更低的离线质量媒体格式可以显著提高剪辑软件的效能，以及大大降低存储需求。

这意味着在 RAW 工作流程中创建另一组匹配的数字样片是很典型的。如果首选的工作流程是拍摄 RAW 格式并创建数字样片，那么有以下三种处理方式。

- **RAW 转码成离线格式**

对 RAW 格式进行反拜耳计算并转码成低质量离线格式，这样占用的带宽低，文件体积更小，整体更易编辑，但是在调色和做完成片时需要回套至原始媒体。虽然回套让工作流程多了一步，但 RAW 格式给调色师的工作提供了最大的灵活性（前提是你所用的调色软件支持这种工作流程）。

- **RAW 转码成 DPX**

对 RAW 格式进行反拜耳计算并生成 DPX 图像序列（通常是 Log 模式编码），从而获得无压缩的、母带级质量的媒体文件；这样，在某些不能直接使用 RAW 格式，对画质要求又很高的情况下（例如有大量 VFX 的项目），就可以使用 DPX 序列来完成工作了。DPX 素材文件体积巨大，在长项目中对存储容量要求极高，而且通常不适合非编软件直接编辑，所以也需要生成具备时码和卷信息且适合编辑的离线文件，并在做完成片时回套到 DPX 序列。这样做失去了 RAW 格式的灵活度，但是 Log 模式编码的 DPX 文件可以具备所有图像信息，前提是拍摄时摄影机的元数据设置都是合适的。

- **RAW 转码成母带级格式**

对 RAW 格式进行反拜耳计算并转码成母带级质量的格式，即适合非编软件剪辑的完成片格式（QuickTime ProRes 或者 MXF），如果想在之后的调整中留有较大余地，使用 log 模式编码是比较理想的。这样生成的媒体素材不需要回套到其他格式，但是它是被压缩的（取决于编码器），而且，如果选用高质量编解码器（例如 ProRes 422（HQ），ProRes 4444, DNxHD 220M bit/s, 或 DNxHD 444）会有更高的存储需求。然而，由于现在存储的价格很便宜，所以对不同的项目而言，这可能不是个问题。将高质量素材填满存储系统的好处是，在完成片阶段不用再进行回套至原始的摄影机 RAW 这项工序，牺牲 RAW 的灵活性（因为有些项目可能需要 RAW 的灵活性，也可能不需要）但是减少工作流程中的一步，会减少可能出现的麻烦。

这些流程都有铁杆粉丝，但我不会倾向于某个流程。使用哪个流程取决于你手头项目的特点，我三种流程都用过——RAW 到离线然后回套，RAW 到 DPX 和离线然后回套，RAW 转码到母带级质量在线格式编辑并完成——每个项目的结果都令人满意。

这里的关键是：如果决定要将 RAW 转码到母带级质量的格式，那么一定要使用高质量的编解码器，并且检查元数据设定，必要时可能还要做一些小调整来确保反拜耳计算文件有合适的 ISO 和曝光设定，最好能使用 log 模式编码（接下来讨论）来保证在下一阶段的调色中有可调整空间。

1　例如把 R3D 素材转成 DPX 或 ProRess 4444。

往返工作流程（Round-Trip workflows）

虽然有一些例外，调色软件通常设计为可以导入非编系统输出的 EDL，XML 或者 AAF 文件，然后也可以将完成调色的项目输出对应的 EDL，XML 或者 AAF 文件到原来的非编系统中，这个过程被称为一个往返，这一节阐述了通用的往返工作流程（round-trip），帮助你了解什么时候该进入这个流程，还告诉你如何进行这个工作流程。

通常往返工作流程大体如下。

1. 定剪。

2. 准备交接定剪的时间线。

3. 输出剪辑表并整理与之配套的媒体。

4. 对项目调色。

5. 重套最终的视效，重套购买的素材。

6. 渲染输出最终调色完成的文件。

7. 输出调过色的时间线，并重新导入到非线性编辑或者完成片系统中。

每个软件会用不同的方式完成这个流程。例如，Adobe SpeedGrade 可以直接导入 Premiere Pro 的项目，而不使用 XML 或者 AAF 交换格式。然而，你需要灵活地组织这些步骤（我强烈建议这么做），以适用到你所使用的、各种不同的后期软件组合中去。

调色开始之前：定剪

前面已经说了很多关于一些软件或系统能支持这些流程的好处，它们能支持更灵活的工作流程、允许时间线在剪辑和完成片部门之间来回反复。最终极的愿景是改变整个剪辑行业，消除"定剪"的概念，从而使项目在最终输出前可以对任何一点做随时改动。

虽然这听起来很理想，而且这样的灵活性在程序交互性方面肯定很受欢迎，但是（尽早）定剪还有具备许多关键性优势，其中最重要的是成本节约。我认为其风险在于，定剪并不是由于技术限制，而是作为落实整个项目进度的里程碑。

导演和制片人迟早都要下定决心定剪并进入完成片阶段。这个过程越长，在完片阶段将会有更多修改，那么调色部门不得不花更多的时间对这些临时变化做重新套对。紧接着要对每个更新的场景做调色，然而这都是工作都是计时的，最终都会在账单上体现出来（后期公司当然希望这样）。如果这是个有两亿美金预算的暑期大片项目，那么钱不是问题。但是如果只是个五十万美金的独立电影，或者十万美金的纪录片，制作周期越长超支就越多，不仅仅是因为调色的费用。

通常情况下，混音会和调色同时进行，任何剪辑点的修改都会对声音制作和调色产生相同的影响。因此对于小成本制作来说，在进入完成片阶段前定剪，尽量避免最后的临时修改从而节约成本。

这一切并不是指你不能再更换标题、更换视效镜头、购买最终版素材或替换其他媒体。这些一对一的素材替换是不可避免的，而且，现代调色软件让这些更换操作起来相对容易。真正有问题的是重排素材位置或多个场景的时长变化，这些都有可能会改变整个影片的时长，从而对项目产生彻底的变化，如果没有仔细的、系统的管理，整个项目将很快变得非常复杂。

底线：能定剪就尽快定剪！如果不能定剪，需要有人提出为什么不能。因为每件事都有结束的时候。

调色前的剪辑准备（整理时间线）

在把剪辑好的序列进行调色之前，提前做一些准备工作总是好的。每种调色软件兼容不同组合的剪辑和渐变效果，实际上总会有一些不支持的效果和媒体类型。尽管通常情况下，这些效果要么会被忽略要么被保留，并在调色完成之后被送回到原来的非线系统去，这可能会导致讨厌的麻烦，因此，一些时间线的管理能让事情更有序。一般来说，我建议把定剪序列复制出来，以方便下面将提到的时间线管理。

将剪辑片段移到第一轨

最好把所有的、不做合成的素材移动到轨道一（V1）。许多剪辑师会叠加素材，但这些叠加素材并不是用来产生层叠合成效果，而是将场景编辑到一起。尽管这些叠层素材在非线性编辑系统里没有太大问题，但调色师要面对一个有成百上千个分散在几个视频轨道上的素材，对这样的项目进行调色，任务太艰巨了。如果多个图像是在同一个视频轨道上，调色师可以顺畅地复制调色参数，显然会简单得多。

另一方面，用于合成或透明操作的一部分叠加素材应该被放在一边。许多调色系统包含了基本的合成功能，所以你所用的软件很可能可以导入这些效果，或者至少能重新创建这些效果。

单独挑选出调色系统不支持的特技效果

预先检查所用的调色系统，检查它所支持和不支持的时间线特技，这对在完成片系统做重套工作的人来说很省时间。其中一种方法是，把调色软件不支持的所有素材都移动到一个叠加视频轨道上。比如，很多调色软件不支持长时间静止的图像文件、非编系统的静帧、特定非编系统的生成器（效果器）、奇怪的合成操作等。当你用 XML 或 AAF，从非线性编辑系统输出一个项目到调色软件时，这些素材要么不出现，要么会变成离线的或者不连续的。有时这些不支持的效果被内部保留，从而让它们在返程时被送回到原来的非线性编辑系统，但有时并不会。

如果在项目中有这种不需要调色的素材，那大可忽略它们。举个例子，你通常不用麻烦地去对一些素材进行颜色校正，比如标题、下三分之一处的标版，或者其他的为特定项目而制作的电脑图像，但前提是，你要了解特定广播或图像输出的规格限制。

另一方面，如果有静帧或者你确实需要调色的合成效果，这有一个工作流程示例。

1．将调色软件不支持的素材移到叠加的轨道上。

2．将它作为一个自包含的媒体进行渲染，输出为母带质量编码的文件。

3．将这个输出后的自包含文件重新导入到你的工程中去，并把它放回序列的轨道 V1 中。

此时，你可以删除在 V2 轨道上原来的叠加素材，若把它留在那儿其实也可以，当你在决定对原始效果做出修改时，能够更容易地定位和重做。现在，那些效果已变成一个普通的媒体文件，这样就可以像任何其他素材一样进行调色。

找出做过速度效果的镜头

调色软件都支持不同的速度效果，尤其是变速特效，所以需要提前检查你所用的调色软件是否支持从非编系统中导入的速度效果。如果不能，我们有很多方法来处理，比如使用内置的工具、插件或用专业合成软件的“optical flow（光流工具）”来预处理高品质速度效果，这样就能生成高质量的独立媒体文件，以替换原来受速度影响的素材。在你把素材移到调色软件里之前，需要完成上述操作（这和在上一部分展示的工作流程相似）。

整理时间线上的效果插件

调色软件并不支持非线系统里所使用的效果插件——至少不能用相同的格式。在调色之前，如果你想把插件效果永久应用到素材上，则需要先对该素材调色，然后再将这些调色后的素材重新导入，如同前面描述的“baked”（烧入）。然而你需要考虑它是哪种效果，如果它是调色插件，或者是调色师能做得更好的效果或者调色预置，那么你应该在交付之前，先把这些效果从剪辑时间线中剥离（挑选）出来。

然而，在挑选时间线上的调色特效和套用过的色彩预置之前，可以先输出一个带所有这些效果的离线文件，以了解客户的需要或喜好。可以渲染输出整个 QuickTime 或 DNxHD 格式的自包含文件，整个工程和原素材一起输出。输出的参考影片有多个作用：它提供了素材剪辑顺序的参考，防止在导入过程中出错；它提供了每个素材的位置参考，以防套对出错；它也提供了一种可视参考，除了可以对比尺寸的变化，还能知道应用到项目中的其他特效效果，你可以判断是否需要在调色软件中重新创建（或超越）该效果。

贴士　戴夫·赫西（Dave Hussey）是 Company 3 的高级调色师，他向我提到“临时的爱（temp love）”这个现象，这是指客户已经爱上了临时的音乐或者片段中暂时的调色，以至于他们很难公正评价正在被替换的原始工作。这是调色师面临的又一次挑战，它会同时测试你的销售技巧[1]和你的耐心。

1　向客户推销你的调色风格，让客户接受调色师的色彩创意。

整理素材

正如所有完成片工作流程，尽可能使用最高品质的素材，无论是已被内嵌的素材还是转码后的素材，保证最高质量是很必要的。一般而言，有两种方法可以做到这一点，这要取决于编辑素材的种类。

用高质量编码素材进行剪辑的项目

如果你正在做的项目从一开始就用 ProRes 422（HQ）、ProRes 4444、DNxHD 220 或 DNxHD 444（或任何适合母带级后期处理的编码），对这些母带品质的媒体进行剪辑，那所要做的很可能就是导出剪辑序列的 XML，AAF 或 EDL，将素材进行媒体管理拷贝到移动硬盘，并把这些东西交给调色公司，以便他们能够在调色工作站上快速套对该工程。

用离线样片进行剪辑的项目

编辑时为了方便，会使用像 ProRes 422（Proxy）或者 DNxHD 36 这类离线质量的格式来编辑，然后输出 XML，AAF 或者 EDL 进行套对。套对——将离线格式替换为原始素材或在线媒体——是大多数调色系统的核心功能。使用这类流程的项目，这些离线媒体有的是用高质量摄像机录制的原始素材转码出来的，也有的是从项目中转码生成的在线质量素材。

套对时，通常组合使用文件名、元数据（Unique Identifier，简称 UUID）、时码、卷号信息来匹配离线小样的画面，目的是在时间线上将低质量素材替换成对应的高质量素材，准备调色。因此在整个后期制作流程中，小心处理元数据是必要的。

如果离线格式的素材是由同一款调色软件输出的话，那很容易就能套对回原始素材来输出样片。如果是这样的话，事情就会很迅速、容易地解决。另外，将摄影机的原始数据拷贝到储存系统，从头再套对项目也不太难。

自动检测剪辑点（场景侦测）

有时你会遇到这种情况，你需要对整条母带素材进行调色。这样的话，你可以用指定的 EDL 在调色系统中将整条素材切割成一个个单独的片段。如果你没有 EDL，有些调色系统（包括但不限于：达芬奇 Resolve，FilmLight Baselight 系统和 Adobe SpeedGrade）能自动检测文件中的编辑点（根据颜色和对比度的改变来侦测），然后建立一个编辑列表，这样你可以检查确认并使用这些剪辑点，将文件切割成单独片段便于调色。在处理那些档案留存下来的胶片和母带时经常会用到这种方法。

导入项目以便调色

几乎每个调色系统都能导入各种不同格式的项目交换文件，包括 XML，AAF 和 EDL 文件，这些格式在非线性剪辑软件中都不是实际存储的格式，它们是由非线性剪辑软件输出的，专门用于转化项目中的素材及其效果到另一个软件的。同样，读取一种或者多种这些格式也是调色系统的核心功能。你需要确定哪种格式是最适合你所用的编辑软件和调色系统。

渲染输出调色后的素材

调色完成后，一般的工作流程是，在将调好的影片发回到原始的非编软件或到完成片系统之前，需要渲染输出，生成一系列调色后的完整文件。以下有两种输出方法。

渲染输出单个片段

在已完成调色的项目中，如果客户只是考虑最后被更改的某些镜头，那只需要在时间线上对这部分内容进行渲染输出，就能得到全新的、经过调色处理的文件。每个可靠的调色系统都有这样的功能。基本上，你会得到一个个和时间线对应的、调色后的视频文件，这些新输出的媒体素材会与从调色软件输出的 XML，AAF 或者 EDL 文件一同发送回非线软件或者完成片系统。

渲染输出整条成片

另一种情况是，项目很好地完成了，这时候你需要输出整个时间线，作为一整条单独的数字文件。通常这条成片需要导回非编软件或完成片系统，来添加最终的标题、片尾滚屏字幕和其他需要在输出最终成片和交付之前添加的一切内容。

将剪辑点或最终输出文件发送到最终完成片

将调色后的项目渲染输出，无论是输出单个片段或直接输出整条的、大文件成片，你都需要将渲染输出的文件移回非编软件，准备做接下来的工作（后续工作包括：添加字幕，转换格式，贴上最后的特效，合成音效音乐等）。如果你渲染输出单个媒体素材，特别是对于反复修改颜色的情况，那么你需要将 XML、AAF、EDL 发送回非编系统或完成片系统，以保证剪辑结构不变，这就是它称之为"Round-trip（也称之为回路、往返流程）"的原因。

一旦项目进入完成片系统（假设这是必要的），工作人员可以进一步添加成片需要用到的一切素材，做出最后的母版文件并最终交付。

何时该结束调色并进入完成片步骤？

调色系统和完成片系统，这两者之间曾经有着明确的界限，但是随着行业内主流的调色软件的演进，这条明确的界限已经变得越来越淡了。完成片软件的界限，主要取决于你和哪种工作人员讨论。但总体来说，完成片系统能完成以下操作：剪辑调整、添加字幕、重设尺寸、支持多格式及格式转换；特效方面，包括使用数字绘制移除（digital paint）之前未发现的瑕疵、用模糊效果跟踪消除画面中无授权的内容等；以及输出至磁带，输出成某种数字格式，以及制作其他类型的、数字化交付母版，例如，为数字电影制作用于发行的数字电影拷贝母版（DCMs）。

随着时间的推移，上述功能（和特性）正逐渐地、越来越多地渗入各类调色软件，成为调色系统的工具之一。在某些情况下，假设可以直接从调色软件中输出成片，那完整的往返流程就变得没有必要了。但实际上，大部分工作流程都会包含返回原始编辑软件这个环节。

第 2 章

调色工作的环境设定

就像你做饭之前要先找一间厨房一样,想要成功做好色彩校正,调色师需要使用一台可以准确显示调色图像的监视器[1],以及在一个专门用于调色项目评估而搭建的调色环境中工作。

这意味着:你所选择的监视器以及观看图像时所在的空间,这两个环节都需要通过长时间的实践来获得(适合项目的)最佳的配置方式。从这个方面来说,色彩校正比剪辑、合成甚至电视频道包装的要求还要严苛,当然,若你(不是从事上述工作的话)在这些环节中注重监视器和环境因素,也会从中受益。

这一章节提出了如何选择监视器以及布置工作间所需要遵循的标准,这样,你就可以高效、舒适并准确地完成任务。

你可以通过多种渠道来实现调色间的最佳设置:有意识地、精心地选择监视器并研究其放置方式;包括考虑墙体颜色,还有环境灯光,这些都是至关重要的考虑因素,将会影响你对视频图像的认知。当你领悟到这些因素的影响力之后,就可以按照你的具体需求来布置所需的色彩校正环境了。

本章内容对于那些乐意付出时间和金钱,而且希望将现有的制作室改造为调色室的专业人士最为适用;再有,本章中的一些建议对于空间有限的个人从业人员以及对于剪辑师来说也是有参考意义的,特别是那些需要完成色彩校正的剪辑师们来说。

基于监视器的色彩管理

参照现今视频色彩管理的方法,理解色彩管理的关键在于认识到它是基于监视器的色彩管理,而不是基于由相机拍摄的或扫描获得的图像的色彩管理。而基于监视器的含义,是指图片的色彩保真度是根据监视器上的影像而评判的,在视频文档中没有内部颜色处理。

我一直强调,在视频制作流程中,保证监视器的质量和校准至关重要。无论你作为完成片剪辑师还是调色师,基于"它们在你的监视器上看起来如何"这一原则,对视频片段的色彩及对比度做出的调整将会决定最终成片的色彩。

> **注意** 有些人可能会问,"ACES 色彩管理系统怎么样?"在这本书的创作时期,ACES 还没有广泛投入使用,大部分的工作流程仍然采用基于监视器的色彩管理。但是 ACES 系统是一次重要的技术进步,如果希望了解更多关于 ACES 的知识,可以访问:http://www.oscars.org/ science-technology/council/projects/aces.html。另外还可以参考调色师 Mike Most 在 http://www.mikemost. com 上的文章"ACES 详解"。

观众们没有色彩管理系统

当我们将视频节目输出并制作视频拷贝母版时,你会发现事情会变得更糟:一旦人们通过网络、电视、广播或光盘观看到影片时,你无法控制最终影像的效果。

事实上,许多消费类电视节目的卖点之一就是它们有许多色彩预置,可以根据观众的兴致将图像变得更艳丽或减少几分色彩,色调偏冷或偏暖,亮度增加或降低。在数字视频信号经由开路广播或有线传输时,不会包括色彩配置信息(即 color profile)。同样的,网络上的视频信号也不包含色彩配置信息。

然而,假设从摄像机到后期制作过程中的色彩管理的参数也同样控制着由后期制作到观众收看之间的色彩管理,那么:电视一般会使用 BT.709 色彩标准,gamma 值设定为 2.2 到 2.4 之间。而网络视频用户则会使用 sRGB 色彩,gamma 值设定为 2.2。

---

1 原文"DISPLAY"有显示器、显示设备的意思。鉴于本书是专注严谨的、专业的视频色彩校正书籍,并不讲述一般的电脑 UI 显示器。有关"DISPLAY"的内容,一律翻译为显示设备或监视器。

视频的色彩管理至关重要

为了避免前文中提到的，"在工作流程中保持颜色准确度的尝试是毫无意义的"这一观点使你感到失望，下面我将阐述色彩管理至关重要的原因。

多设备工作流程

许多视频项目是由多名后期制作人员在不同地点使用多个监视器来完成的。因此，如果每个工作人员都没有使用常见的显示标准，你将会承担巨大风险，一旦你将各个片段组合到一起，它可能会变成各种视频电平的大杂烩。

广播和数字光盘交付

广播公司和数字光盘分销商都假定你将交付的文件是在 BT.709 标准下制作的，即与观众在电视屏幕上的观看标准是相同。如果你不对监视器进行色彩校准并把你的视频文件向该标准靠拢，你可能会冒很大的风险：因为最终播映的文件并不是你希望看到的结果。

发烧级观众

这里要感谢家庭影院发烧友，色彩校准师（color calibrators）以及 THX 消费级部门付出的努力，让大众逐渐深入认识到色彩保真度对家庭影院的重要性。现在，你可以很容易就买到有 THX 品质认证的大屏电视，这多少保证了其符合 BT.709 色域标准，且伽马值合理（稍后详述），这也意味着内置菜单设置可以调整显示设备达到 BT.709 标准——这个出厂设置(或多或少)就比较接近标准了。如果你不使用这个公认的标准，发烧友们就无法看到你希望呈现给他们的内容了。

基于监视器的色彩管理操作

在整个后期制作流程中，严格使用符合标准的监视器是至关重要的，因为观众使用的电视机、投影仪和电脑显示设备总是"变幻莫测"。不同制造商、不同型号的电视机会将同一个图像显示得各不相同，这是你所不能控制的。但是你可以控制图像的参考基准，在有参考基准的前提下，其他后期制作机构、电视网络以及有线广播公司就可以用参考基准来评估图像。

下面举个例子来说明这一点。

1. 你对一则广告进行调色，你所使用的是一台经过严格校准的监视器，并对图像进行精致的调色。
2. 之后你将广告送到其他工作间（或其他制作机构）进行完成片制作，他们将会在该广告上做以下操作：添加图形，制作特效，将高清格式转化为标清格式，还会在输出到磁带前将信号合法化等。进行后期处理的部门需要保证图像不会改变。因此，完成片制作方的监视器及其设置需要与你调色时的监视器相匹配。
3. 最终，广告成片被递交到广播公司进行播出，播出方需要确定该广告符合他们的质量监控标准，也就是说他们要在另一台监视器上观看广告，如果这台监视器的设置与你的不同，他们就会认为有问题，但实际上并无问题。

换言之，你的监视器必须与后期完成片的监视器匹配，后期完成片的监视器又需要与播出方的监视器匹配，在这个前提下，可以避免有人错误地调整了图像从而改变了你最初调好的图像（图 2.1）。

图 2.1　此流程图模拟了历经两次后期调整之后的、理想的信号链

若能保证所有参与制作的工作人员所使用的监视器都是经过精确校准并符合标准，在这个情况下，才可以保证视频信号无损。

如果，调色师、后期完成片环节和播出环节，三方使用的都是未经校准且相互不匹配的监视器，就相当于在没有校准的监视器上对图像进行"色彩校正"，这种不严谨的、糟糕的操作会不断改变图像，使观众无法看到制作方希望他们看到的画面。（图2.2）

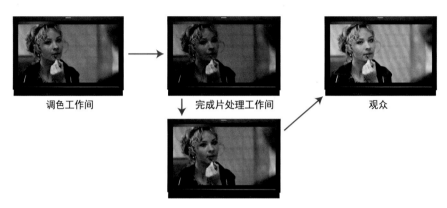

图2.2 在完成片环节的工作间所使用的监视器未经校准（过暗），因此，我们会对图像做出
调整以"修正"图像（调亮）。但结果是最终交付的图像比调色师预期的要亮

只要所有参与评估和调整的工作人员使用相同的标准，最终的播出画面在不同观众的电视上显示不同也没有关系。是否要花时间调整自己的显示器或电视来还原图像本来的画质，这是由观众自己去决定的。只要播出的图像忠于母版质量、只要观众是处于整套"信号调整"链条的最后一环，那么观众仍然有机会看到高保真的图像质量[1]。

无论如何，如果在节目播出前没有保持一致性，谁都不知道播出的画面将是什么样子，也不能保证观众所看到的就是节目的本来面貌。

挑选监视器

我最不喜欢回答的问题之一就是该选择哪种监视器，因为这个问题没有最佳答案。现在各种各样的显示技术被用于精密色彩监视器[2]中，每一款设备都有其优势与劣势。鉴于广播级的专业色彩监视器是调色师评估图像的首要工具，它可能是你所拥有的最重要也是最昂贵的工具。

最后，调色师需要做一些研究、查找相关资料来帮助自己选择监视器，也可以对监视器进行实际测试，根据设备的真实表现以帮助你做出最佳决定。你所选用的监视器的级别很大程度上取决于项目的规模和预算的多少。但是，调色师所进行工作的种类[3]对于监视器的选择更加重要。

监视器的类型（面板类型）

在本书写作期间，市场上有五种专业显示技术可供选择（包括几种液晶面板和两种投影仪）。

LCD

液晶显示（LCDs）的优势是色彩准确而稳定，这使它成为了众多项目毋庸置疑的选择。最近，你可以找到各种型号的精密色彩级液晶屏，从适合现场使用的17英寸显示屏到适用于多用户端的50英寸显示屏一应俱全。近些年，广播级液晶监视器的黑位及对比度逐渐改进，而且，因为它可以显示出精确并让客户满意

1 即观众可以选择使用符合标准的电视来观看图像。
2 原文color critical monitoring，关于color critical monitoring有几个中文译名：色彩极限级监视器、精密色彩级监视器、专业色彩监视器，以下统称精密色彩级监视器。
3 即影片种类，是广告、MV、电视剧还是电影项目。

的图像而与等离子显示屏比肩。如今，液晶显示屏在全世界广泛用于精密色彩级监看。

此外，10 比特液晶显示面板如今较以往更加常见，这也使高位深度（high-bit-depth）监看可以轻易实现。在价格方面，液晶面板可能会比同规格的等离子监视器更贵，但是在本书写作时它比 OLED 便宜。

适合广播级工作的 LCD 监视器配有调节色彩标准的菜单设置，有的还配有可以使用外置探头的内置校准软件，很多监视器还可以装载诸如 LightSpace CMS 这些色彩管理软件所生成的 3D LUT，作为监视器的外部校准。

在一些机型中，布满整个面板的中性衰减片（ND 滤镜）增强了黑色显示，通过减少外界不必要的反射及眩光增强了对比度。这很有效，因为 ND 滤镜对监视器发射的光线只衰减一次，但它对工作间中的反射光线有两次衰减作用。然而，对于液晶面板黑电平和对比度的改良意味着新型液晶监视器并不一定要与 ND 滤镜搭配使用。

> **注意** 基于 ND 滤镜的工作原理，如果监视器被置于一间无自然光的暗室中，因为没有反射光或眩光，ND 滤镜将收效甚微。

对于不带 ND 滤镜的监视器来说，镜面屏消除了因防眩光表层而产生的细微杂光，所以在对比度方面有了显著的提升。但是，根据所处的周边环境，你仍然要面临防眩屏与镜面屏的抉择。如果调色师是在有光线调节的房间里工作（调色环境本应如此），镜面屏不会带来什么麻烦，因为反射光微乎其微；若调色师不得不在自然光线充足的环境中工作，那么防眩光屏的确有其价值。但是，如果这个面板因素对输出图像的整体效果影响甚微，那么选择哪种面板技术就变成个人喜好问题了。

液晶显示屏也可以按其使用的背光种类进行区分。现在使用的主要有三种类型：CCFL 荧光背光源，白色 LED 光源和三基色 LED 光源。

- **宽色域的 CCFL 荧光背光面板**是一度应用最广的面板型号，现在也广泛普及。因为其所使用的 CCFL 荧光灯的特性，高品质的 CCFL 背光面板的色域比白光 LED 背光面板要广，可以达到标准 DCI P3 色域的 97%（余下的 3% 是完全饱和的绿色）。对于使用多个显示设备的工作间来说，CCFL 背光的光谱输出有助于 LCD 和等离子监视器，或者 LCD 和使用氙气灯的影院投影机能实现更好的匹配。另一方面，CCFL 背光灯打开 30 分钟后才能稳定下来使用。在校准稳定性方面，如果不间断使用的话，有必要每半年重新校准一次，但是间歇性的使用则可以延长重新校准的间隔时间，最长可以一年校准一次。

- **白光 LED 背光屏**最近才常见于精密色彩级的监看应用之中，这也要归功于白光 LED 制造业在质量和一致性上的进步。与 CCFL 背光不同，白光 LED 不需要预热时间，几乎一启动就可以投入使用。但是，白光 LED 背光面板的色域比 CCFL 背光面板窄（一般是标准 DCI P3 的 74%）。但是，对于使用 BT.709 色彩标准的视频来说，这不是问题，因为这个色域对于电视播出的视频来说已经绰绰有余了。对于配有多个显示设备的工作间来说，白光 LED 的光谱输出与使用汞蒸气灯的数字放映机，以及大部分新型液晶监视器更为匹配，它们中间大部分使用的也确实是白光 LED。从校对稳定性来讲，LED 背光两次校准的时间间隔可以相当长，有人告诉我，高品质的边缘照明式面板可以两年不进行色彩校准，而其色彩精确度仍不会有很大偏差。[1]

- **三基色 RGB LED 背光**是一套较为复杂的系统，用于少数高端液晶广播级监视器，最有名的要数杜比 PRM-4220。这种技术是指由第二面板上的、三个一组可控变化的红绿蓝 LED 来照亮主面板上的小规模像素点，杜比将其称为"双重调制"。它扩展了监视器的色域，增加了比特位深；同时也通过控制图像固定区域的背光输出，制造了更深的黑位以及精确的暗部细节。因此，杜比监视器的色域宽度覆盖了 BT.709 和百分之百的 DCI P3，还可以很便捷地调节色温和参考亮度。RGB LED 背光启动后需要预热时间，并且，与不间断（24 小时 ×7 天）使用的 CCFL 背投一样，需要每半年校准一次。在上述三种显示科技中，RGB LED 背光系统是最为昂贵的。[2]

---

1 从实际应用中的经验来说，目前 LED 背光在同等时间内的偏移量反而大于 CCFL 背光。另，边缘照明式面板的稳定程度比矩阵照明式面板好，但是两年内不校准，色彩还无大偏差在译者看来是十分夸张的说法。

2 作者这里关于 RGB LED 背光的描述有些以偏概全了，总体来说大多数 RGB LED 背光的应用是直接混合出不同色温的白光来作为 LCD 面板的背光。像杜比 PRM-4220 这样的"双重调制"应用方式可以说极为罕见。除了这种方式的应用以外，RGB LED 背光并不昂贵。

等离子（PLASMA）

顶级的等离子监视器在调色环节上已经使用了很多年，它既可以作为主控级监视器，也可作为普通客户端的监视器。等离子监视器的优势是：很深的黑位、优越的对比度表现，还有对于客户喜爱的大机身而言等离子监视器相对低廉的价格。很多人使用等离子监视器做播出端或播放广告，这是因为它在有光线的环境中效果很好。

一般来说，高端机型允许通过机内的菜单设置进行精确校准，但等离子机型通常会使用外置校准硬件进行校准，此内容在本章的"校准"一节中会具体介绍。因为其技术特性，等离子监视器相比起大部分液晶监视器来说需要更频繁的定期校准，在稳定下来进行精密色彩级应用之前需要三十分钟预热。

但是，等离子监视器在价格和尺寸方面的优势与其两个不足之处相互抵销了。首先，是等离子屏在极暗区域的图像细节显示不如液晶屏或 OLED 屏，这是因为等离子技术中细节噪点模式的固有缺陷。这并不是特别严重的问题，但是要注意。

另外，等离子监视器都有自动亮度限制器电路（auto brightness limiter（ABL）），在图像亮度超出特定阈值后，会自动降低屏幕亮度以降低能耗。这可以通过测试图像看出来，或者在使用大型电脑绘图软件时，也会造成一些问题。但是，大部分传统的实景拍摄视频并不会触发电路，而且在各种情况下限制电路都不会影响等离子作为专业监看的应用。[1]

OLED

有机发光二极管（OLED）监视器一度是小规模实验性质的，如今，它逐渐在众多高端监视器经销商那投入大规模销售。自发光的 OLED 显示屏不需要背光源照明，可以显示超低黑位以及无与伦比的对比度，这归功于它没有漏光的现象，能够彻底"关闭"一些像素点以显示绝对的黑。色彩和对比度都很棒，使用 OLED 显示屏工作就好比透过巴黎圣母院的彩绘窗向外张望——画面很漂亮，同时还可以看到视频信号的最佳画质。

如上文所示，OLED 显示屏很昂贵，并且，在实际应用中只能应用到 24 英寸及以下尺寸的监视器。这两个因素要归于 OLED 大规模生产很困难。工厂生产的 OLED 面板很少，因此只能限量供应。[2]尺寸小且价格昂贵这两个因素综合起来限制了 OLED 监视器对于消费级用户的吸引力，这也意味着你在工作时始终可以看到完美图像，而电视观众们却可能无福消受。关于对与观众看到画质不同的图像进行调色这一做法是否正确的争辩，事实上并无正确答案。

早期的 OLED 显示屏离轴观看[3]效果较差，其之后的型号在这方面有了显著的改进。在本书写作时期，OLED 显示屏的另一个问题是在多监视器工作环境中，它很难与其他类型的监视器匹配使用。[4]而且，每个人对 OLED 屏显示的色彩与其他监视器显示的色彩在感知上不匹配，在色彩感知上是有个体差异的。有趣闻报道说：在 OLED 和其他类型的监视器边靠边（side-by-side）的对比中，不同年龄的人对 OLED 显示屏的观感可能会出现将淡绿色看成淡品红色色偏这种情况。当工作室中只有 OLED 一种监视器时，这种色彩偏差大部分会消失，但它是你设计工作环境时要注意的问题。

尽管如此，OLED 仍然是一种重要的新兴技术。与等离子及 CCFL 背光的 LCD 监视器一样，OLED 显示屏在稳定下来用于精密色彩级显示应用之前需要三十分钟预热。

为什么我的监视器不匹配？ 关于同色异谱失败的简单解释

这是一个难以一言以蔽之且非常复杂的课题，我尝试快速地总结，让你不再纠结于为什么两台经过校对的监视器仍然在视觉感知上不尽相同的问题，以及鼓励你在精密色彩级环境中不要使用多台主控监视器来进行色彩评估。以下四点要牢记：

* 不同监视器采用了不同的发光技术，因此每种监视器输出的光谱分布都会略有差别。
* 根据 CIE 1931 标准中针对色彩度量的标准观察者模式，允许使用红绿蓝三基色光谱的不同分布来产生相同的测量颜色。只要每种光谱在视锥体细胞上可以产生相同的吸光率即可（我们知道人眼的视锥体细胞对长波（红色）、中波（绿色）、短波（蓝色）光线敏感）。这种经过测量的匹配被称为条件等色。

---

1 作者在这里希望说明的是等离子监视器更适合用于视频监看，而不是 CGI 图像。本书翻译时等离子面板已停产。
2 本书翻译时 OLED 面板供应能力已有增加，并且大尺寸 OLED 面板发售在即。
3 离轴观看，即观者不在水平方向垂直 90 度观看显示屏。
4 这是由于 OLED 的对比度实在太好，以至于和 LCD 观感差异大。

- 当你把不同光谱分布输出光线的、不同型号的监视器并排比较时，即使测量仪器显示色度已经一致，但我们的肉眼还是可以感知光谱之间的差异。同色异谱失败指的是：即使应用了经过测量的条件等色，我们仍然可以看出不同光谱之间的差别。

- 在对比监视器时，监视器的照明方式（即背光方式）所使用的光源带宽越窄，不同的生物个体差异就越容易使其看出细微的色彩差异。这也是不同人在看同一个 OLED 显示屏时产生不同观感的原因，因为 OLED 面板使用更纯的光源进行面板照明，这对于试验阶段的激光放映机也是一个挑战。

总之，监视器的背光方式会影响你对图像的感知，尤其是将两台使用不同背光方式的监视器放在一起时，你的眼睛可以通过同时对比两种光源的辐射度差异进行比较。当你在合适的环境中单独观察一台监视器时，这种感知差异几乎就消失了。

如果想对这个主题深入了解，可以在弗兰德斯科技（FSI/尊正数字视频）Flanders Scientific technical 的资源网页上找到相关视频 (www.flandersscientific.com/index/tech_resources.php)。

视频投影机

对于要在影院放映的影片，调色时使用数字投影仪观看更适合。所有的数字投影仪都是通过某种装置来聚焦光束，在前置投影银幕上产生影像。数字放映机可采用多种技术，但其中最适用于精密色彩级调色的技术是硅基液晶（LCOS, Liquid Crystal On Silicon）和数字光处理（DLP, Digital Light Processing）。我们可以做出如下概括。

- **专业级别的 DLP 投影仪**是进行高端数字影院调色的理想选择；但需要注意的是，能够显示 DCI P3 色域的投影仪较为昂贵，并且专业级别的 DLP 投影仪对调色影厅的大小、隔离噪声和散热方面的基础设施有更高要求。

- **DLP 和 LCOS 投影仪**是专为高端家庭影院市场设计的，对于使用 BT.709 色域标准来制作的低成本项目（例如专为电影节放映的或家庭观影制作的独立电影）也很有用。

除了使用不同的投影技术，投影仪会采用以下四种光源中的一种：氙灯、汞灯、LED 和激光（在本书创作时期还处于试验阶段）。因为任何专业投影仪都可以进行校正，所以某些照明技术在特定市场中会更适合影院展示，因此你也需要考虑此问题。我将会在本章后续详细介绍投影工作环境的相关内容。

关于监视器的重要事项

显示技术正突飞猛进，就像电脑一样，每年各个公司的监视器的型号都会升级换代，所以推荐一款半年后还未淘汰的设备型号相当困难。

但是，无论你对哪种技术感兴趣，当你评估各种各样的监看解决方案时，都要在脑海里牢记以下标准。

要符合播出及发行标准

你选择的监视器，应当可以支持你制作的视频所需的色域（色彩范围）及伽马（亮度重现）。

目前，电视广播和电影产业中的电子显示装置，其色彩和亮度重现特性是由三个标准以及一个新兴的消费级标准控制的（图 2.3）。

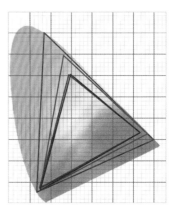

BT. 709色域
DCI-P3色域
Rec. 2020色域
SMPTE-C (NTSC)色域
EBU(PAL)色域

图 2.3　这个示意图比较了现在使用的各个显示标准的色域范围，我们可以看到这几个色域在标准 CIE 色度图（在背景色彩渐变近似得出的二维色彩空间可视图）中标示出的三角形范围。每个三角型的顶点都代表每个色域的三原色值）

- **BT. 601 RP 145 标准（ITU-R 建议标准 BT.601）**在标清视频领域占统治地位，它设定了由 SMPTE RP 145 三基色定义的色域（前几代专业 CRT 显示屏使用了 SMPTE-C 荧光粉）。
- **BT. 601 EBU** 规定了一组不同定义的 PAL 及 SECAM 色度指标，其色域与上述稍有差别（与其他 CRT 专业监视器的 EBU 荧光粉相匹配）。
- **BT.709（ITU 建议标准 BT.709）**是高清视频领域的标准，指定了高清设备的色域和伽马值。
- **DCI P3** 是数字发行及放映的标准，是由数字电影发行母版（DCDM）所规范的色域。

不同的显示技术可以用不同方法应对处理色域及伽马响应，因此，从生产厂商那边确保监视器是否符合使用的标准，这是非常重要的。专业的监视器通常可以用菜单进行预校准。

但是，高端消费级的设备可能没有这种保障。某些高端电视机的"电影"模式可以大概接近播出标准，但其色域过宽，且伽马不准确。尽管制造商正逐渐开始进行接近 BT.709 工业标准的预设校准（适用于带有 THX 视频评级的电视），但最好还是购买可以机内校准、有色域及伽马调整选项的专业监视器，或使用可以做 3D LUT 处理的外部校准设备（硬件），来调节监视器以符合标准。

关于推荐的标准：ITU-R BT.2020

为了能够让电视机比现今显示出更多种颜色，ITU（国际电信联盟）提出了如何规范高分辨率（上至 7,680×4,320）、高帧率（上至 120fps）和宽色域视频信号。但是事实上，现在使用的监视器没有一款可以包含整个 ITU-R BT. 2020 色域，据我所知，只有激光可以达到相应的色度值，而激光显示技术在本书写作时仍然处于试验阶段。

我不止一次听到调色师们讽刺 REC.2020 标准直到 2020 年才会生效，但也许在未来，你打开任何一台监视器时，会对这种无可救药的乐观主义或悲观情绪报以一笑。

显示技术的位深（BIT DEPTH）

一般来说，视频信号是每通道 8、10 或 12 比特（DCP 工作流程中，影院投影仪的信号通常是 12 比特）。高于 12 比特位深则不能用于视频监视器。消费级显示设备一般是每通道 8 比特，但每通道 10 比特的数字监视器在专业领域的使用正日趋广泛。根据调色师的工作类型，在购买监视器时，要考虑该监视器是否支持每通道 10 比特，这是非常重要的。不要想当然地认为任何一台监视器都支持 10 比特。

作为一台能进行精确色彩评估的监视器来说，支持每通道 10 比特不是必要条件，当然，能支持是更好的。无论是 8 比特还是 10 比特都不会影响色彩显示。但是，每通道 10 比特允许你精确观察并评估 10 比特信号范围内的渐变平滑度。而 8 比特的话，可能在显示浅蓝色天空和阴影的渐变时会出现条带现象（banding），影响你做出不必要的修改。[1]

另外，一些厂商谈到可以进行"32 比特处理"的显示。这其实并不是对显示面板的性能描述，而是指通过 LUT 支持进行色彩校正，以及进行缩放（resizing）或去交错（deinterlacing）之类的内部图象处理。

广播标准色温

简单来说，色温指的是监看设备上的"白色是什么"。在低色温设置的监视器上，图像会显得"暖"或者更橘色，同一个图像在色温设置更高的监视器上会看起来更"冷"或者更蓝。当你观看纯白时，切换两种不同的色温设置，这个现象更明显。

以下是专业领域中监视器和投影仪的色温标准（在色温测量中的工业级标准单位是开尔文，或称 K）：

- **5400K（D54）**：SMPTE 标准 196M 指定 5400k 为胶片投影的色温标准。尽管此标准和数字监视器还有数字投影无关，但是作为有着悠久历史的胶片投放标准，还是需要了解的。
- **6300K**：根据 DCI 标准指定，6300K 是数字电影投影机的色温标准。
- **6500K（D65）**：北美和欧洲的高清和标清广播视频的色温标准。
- **9300K（D93）**：根据索尼提供的资料，9300K 是日本、韩国、中国和其他一些亚洲国家的广播标准色温。[2]

1　这种现象在国内经常被错误的称为"色阶"，这是完全错误地说法。

2　原文这里很明显是错的，这些国家的广播视频标准色温现在都是 6500K。

消费级显示设备与专业监视器的另一个关键区别在于色温的可调节性。尽管这些标准是色彩校正过程中"参考预览"的最佳方式，但一般来说，观众看到的实际图像却是相当不同的。

矛盾的是，尽管高档的消费级显示设备正逐渐配备与播出标准近似的色温调节设置，但它们的平均色温却通常会比播出标准更冷一些，范围一般是 7200K 到 9300K。对专业人士来说不幸的是，由于色温高的白色显得更明亮，普通观众在电器商店对比选购时更倾向于色温较高的显示设备，而不是它边上使用 D65 标准的显示设备。

电影院也有自身的差异，色温会基于影院里氙灯的使用时长而变化。氙灯使用的时间越长，其色温就越低，投影出来的图像色彩就越暖。

在调色过程中记住上述内容很有用。为了保持后期制作与播出的一致性，调色师还是要确认你所用的监视器适用于目前地区的色温标准。

高对比度，合理黑电平

对于许多人来说，对比度是色彩校正用于显示技术中最直观和最重要的特征之一。如果你的监视器无法显示较宽的对比度，包括深黑和纯白，你将无法对你所校正的图像做出正确的评估。特别是当你使用黑位浑浊（即黑色呈深灰色）的监视器时，你（或你的客户）为了弥补图像显示上的色彩缺陷，可能会有暗部超标的风险[1]。

之前 CRT 监视器在调色工作中占主导地位的部分原因是：在合适的观看环境中，它们的高对比度可以显示深邃、饱满的黑以及纯正的亮白。

尽管现在有诸多显示技术想要在调色间内占一席之地，你还是要选择一台能给你和 CRT 类似的对比度体验的监视器。如果你在准备购买一台经过精密校准的监视器，但它的黑色显示偏灰，那你可能要考虑别的型号。

在本书的创作时期，函括黑电平标准并在市面发行的资料，只有 EBU（可上网搜索 EBU 消费者平板显示器购买指南（EBU Guidelines for Consumer Flat Panel Displays）），它建议黑电平的测量值低于 1 cd/m²。根据与我交流过的厂商的说法，目前几乎所有监视器都可以做到这一点。

这也就是说，不同的显示技术采用不同的黑电平，以及相应的不同对比度。当涉及测量对比度时，并发对比度（concurrent contrast，有时也称为 simultaneous contrast，同时对比）可能是类比不同监视器时最有用的基准，它通过显示棋盘格测试图的黑白对比来同时体现白色的峰值与黑色的最小值，以反映调色师们最关心的问题：最亮与最暗区域的真实差异。

在本书写作时期，以下显示屏的并发对比度被认为是同类中较为出众的。当然，这些数据将会随着新一代设备的出现而进步。

- **液晶**显示屏的对比度每年一直在大幅提升，使用白色 LED 或 CCFL 背光的高品质镜面屏机型的并发对比度达到 1400 ：1 或更高。带有防眩光涂层的雾面屏监视器对比度稍低，在 1100 ：1 左右或更高。
- **等离子**显示屏在深黑电平方面与液晶显示屏相比仍旧有略微优势，它的对比度稍高（但在深黑处有噪点），达到 1800 ：1。
- **OLED** 显示屏可以显示令人惊叹的深黑电平，且对比度惊人。索尼公司的惯用数据是 1,000,000 ：1，但更贴合实际的对比度是 5000 ：1 或更高。尽管这个数字比其他现有种类的监视器的数字高得多，但很明显的是，在 OLED 显示屏上显示的图像与在 LCD 或等离子显示屏上展现的图像不尽相同。这到底是有益于高清信号的主控级显示，还是仅仅要与众不同而已？大家仍然在争论之中。[2]

广播标准伽马

伽马（gamma）指的是电视或电脑显示器亮度的非线性表达，技术上称为电光学传递函数（EOTF，electro-optical transfer function）。但不同的监视器会有不同的伽马值，它会显著影响视频的呈现效果。调色师务必确认你所用的监视器设置了合理的伽马值。

> **注意**　尽管不同制造商出厂的消费级电子设备所设定的伽马值一般为 2.2，但仍要注意不同品牌的电视机和投影仪设置可能采用了不同的伽马调整，这可能会导致显示伽马失调，这也让调色师及导演们头疼不已。

1　由于视觉上认为黑位不够，所以调色师有可能会继续往下压暗，导致黑位信号被裁切。

2　由于 OLED 是自发光技术，所以对比度可以说趋近于无穷大。对于 OLED 和其他显示技术在观感上带来的差异，主要是由于发光体本身的光谱特征造成的。简而言之，OLED 这种更好的光谱特征会导致不同观察者的主观感受差异增大。

在查理斯·波伊顿（Charles Poynton）[1] 的《数字视频和高清电视：算法和接口（摩根考夫曼出版社，2012）》（Digital Video and HDTV：Algorithms and Interfaces，Morgan Kaufmann 2012）的图像渲染一节中——这也是我在本章要阐释的——波伊顿解释道，视频监视器所重现的图像的亮度比拍摄时原始场景的亮度降低很多。亨特效应[2] 说明随着亮度的降低，色度会降低。因此，如果我们在监视器上线性重现拍摄原始场景的 UC 值，其结果是我们会感觉到显示的图像色彩缺失且对比度低，这会让我们感到失望。

事实证明，我们的视觉系统（眼睛及大脑的特定区域）对于光线表现出非线性知觉响应，其中亮度大约是场景相对亮度的 0.42 幂函数。同时，CRT 显示屏输出的亮度是输出电压的非线性函数，调色工作间参考CRT 显示屏的伽马响应平均值设定为 2.4，这恰好接近人类视觉系统将亮度到明度转换函数的倒数。

> **注意** 因为上述原因，严格遵循拍摄图像亮度的线性显示并不能有效利用现有视频系统的可用带宽或位深。因此，在录制 BT.601 及 709 视频的设备内部直接应用反向调整，这样既可以正常显示图像，同时可以保存更多图像细节。紧接着，广播监视器及电脑显示器采用了相应的反转伽马校准，其显示基本接近图像的真实效果。

鉴于我们已经转向使用数字监视器，带着这些问题，视频影像专家们认为再对亮度进行严格的线性表达已不合适，因而将继续使用类似 CRT 的伽马值以保持拍摄（以及调色后）场景在监视器上的最佳感知表现。

上述连同巴特尔松－布雷内曼效应（Bartleson-Breneman effect）[3][4][5]，这个效应表明随着环境光（稍后讨论）的增加，图像的感知对比度也会增加——这意味着将监视器的参考亮度和伽马值与环境光的亮度相匹配是很重要的。这就是有不同的伽马设置可供选择的原因。

尽管关于广播监视器的标准已经有明确的定义，但是当我们要评估可同时用于网络播放及广播电视播出的监视器时，我们还是会很容易感到迷惑。以下是目前使用的标准。

- **2.6** 是在没有环境光的、黑暗的影院环境中的数字影院投影的伽马标准。
- **2.4** 是 BT.1886 所述的、用于高清视频显示的推荐伽马设置。2.4 伽马值与 CRT 监视器的平均测量伽马值相同，这也一度是精密色彩监控的标准，被拟用于有 1% ～ 10% 环境照明的观看环境中，而 1% 的环境照明基本上是现今高端主控级工作环境中的使用标准。
- **2.35** 伽马已被 EBU 采用，用于"昏暗"环境下的监视器。
- **2.2** 是民用电视机的常规伽马设置值，用于有 5%（昏暗的客厅中）至 20%（办公环境）环境照明的观看环境中。
- **sRGB 2.2**：与民用电视的 2.2 伽马标准值不同，sRGB 显示设备使用由 IEC 61966-2-1:1999 规定的伽马设置值。这是所有连接到运行 Windows 或 Mac OS X 系统的电脑显示器使用的系统默认值。sRGB 2.2 同时也拟使用于环境照明有 5%（昏暗的客厅）至 20%（办公环境）的观看环境中。

向专家了解更多关于伽马的知识

在此，我已对涉及后期工作的伽马进行了扼要总结。想要了解更详细的技术细节以及伽马在广播、电脑和电影中广泛应用的说明，请见 www.poynton.com 上关于伽马的常见问题解答。相关技术也可参考查理斯·波伊顿（Charles Poynton）的著作《数字视频和高清电视：算法和接口（摩根考夫曼出版社，2012）（Digital Video and HDTV：Algorithms and Interfaces（Morgan Kaufmann，2012））》。

1　查理斯·波伊顿（Charles Poynton），加拿大人，著名色彩科学家，精通数字色彩图像系统，本书多次提及他的著作。

2　亨特效应（Hunt effect），物体的色貌随着整体的亮度变化发生明显的改变。即色度随着亮度的变化而变化，这就是所谓的亨特效应。

3　巴特尔松－雷内曼效应（Bartleson-Breneman effect），在 1967 年，巴特尔松和布雷内曼研究发现，具有复杂刺激的图像的知觉对比度随亮度和周围环境变化的规律。实验结果指出，在图像周围环境亮度由暗到亮的过程中，图像的感知对比度也随着逐渐增加。这种现象被称为巴特尔松－布雷内曼效应。

4　巴特尔松（Bartleson C.J.）美国人，伊斯曼柯达公司研究实验室的研究员。

5　布雷内曼·艾德温（Breneman Edwen.J.）美国人，伊斯曼柯达公司研究实验室的研究员。

IRE 设置

近些年因为主要使用数字信号，IRE 设置（有时也称为 Pedestal（基架））或监视器应使用的黑电平一直是大家的困惑之源。如果你只阅读了本段，那么请记住，所有数字视频信号的黑电平值都是 0%（IRE 或毫伏）。如果图像中存在绝对的黑像素点，它们应当处于你的视频信号（波形监视器、RGB 分量示波器、直方图）上 0 的位置。就是这么简单。

下列内容与和模拟磁带及录像机（例如 Beta SP）存档打交道的人有关。大部分的专业监视器可以选择 7.5 IRE 或 0 IRE 标准。以下是判断何时选择 7.5 IRE 的规则。

- 7.5 IRE 的设置仅用于使用模拟分量 $Y'P_BP_R$ 信号，并由模拟 Beta SP 录放机播放或录制的标清 NTSC 视频。对于大部分视频接口来说，在驱动软件妥善安装的情况下，这是应由视频输出端口负责的模拟信号问题，通常是用菜单选项或设置面板来设置的。
- 除上述情况外，均应使用 0 IRE，包括日本的标清 NTSC 视频、各国的 PAL 制视频、由 SDI（串行数字接口）输出的全部标清数字信号，以及通过模拟或数字端口输出的全部高清视频。

需要强调的是，如果你不使用模拟 Beta SP 录放机进行输入或输出，就绝对不应使用 7.5 IRE。所有的数字及高清信号的设置，黑电平值都是 0。

亮度输出

为了准确评估图像的质量，监视器输出的峰值或参考亮度可根据制作机构或设备的差异进行调节，这是非常重要的。有一个控制峰值亮度的输出标准非常重要，因为同样的图像在高亮度输出时会看起来饱和度和对比度更高，而在低亮度输出时则会饱和度较低而且对比度较低（Hunt 或 Stevens 效应[1]）。因此，监视器的亮度输出对调色决定有重大影响。

参考亮度的设定，决定了当监视器被输入一个设置为 100% 纯白的视频信号（或 100IRE（700 毫伏），取决于你如何测量信号）时所显示的图像，以及使用探头测量亮度输出时得到的数值。

出人意料的是，现在却没有相关的 SMPTE 指导标准来专门规定高清监视器的白色亮度参考值。在实际操作中，过去的 CRT 监视器所使用的白电平参考值被视为非正式的标准。监视器制造商们的推荐值各有不同，但以下是主要的参考值。

- $80 \sim 100$ cd/m² ：LCD、OLED 或等离子在较暗光照并且监视器周边有环境光照射的环境中的亮度值是 $80 \sim 100$ cd/m²。一份测量 CRT 监视器在精密色彩级应用的调查报告显示，这些监视器的实际输出亮度值范围在 80 和 100 "尼特" 之间。一些和我聊及此话题的专业影像人士认为，这取决于调色间中客户区的环境照明的强度，这是有一定的个人倾向的。查理斯·波伊顿建议亮度为 100 cd/m²。
- 120 cd/m² ：LCD、OLED 或等离子在正常光照并且监视器周边有环境光照射的环境中的亮度值是 120 cd/m²。根据现已停用的 SMPTE 推荐操作文件 RP166-1995（在本文撰写时，该文件仍无替代方案），120 cd/m² 其实是数字后期制作监视器的传统推荐。这种亮度输出依然适合灯光环境较明亮的客户环境。

当需要选择监视器的伽马和亮度输出时，考虑该监视器的显示环境非常重要，当然这一切的前提条件是：在一个精心设计好灯光环境的工作间内，而且有一个专业的、经过校准的监视器。

消费级显示器的亮度通常要得多，可达到 $150 \sim 250$ cd/m² 甚至更高。事实上，欧洲广播联盟对此的推荐标准为：对角线长度最大为 50 英寸的消费级显示器，其输出亮度应不低于 200 cd/m²。（作为参考，在较暗的影院环境且没有环境照明的数字投影机，DCI 推荐的光输出值为 48 cd/m²）

但是，也有人支持更亮的白电平参考值。例如，杜比 PRM-4220 监视器号称拥有高达 600 cd/m² 的亮度输出，且不需要更改监视器的黑电平。在杜比 PRM-4200 的白皮书里，杜比声称在涉及拍摄的现场监视条件时，"由于亮度上限的扩大，使得 DYN 模式即使是在具有挑战性的高亮环境光下，依然可以让影像清晰"。

> **注意**　正确校准后，屏幕上 SD 或 HD 的彩条，其底部左侧白色方块的输出值应该等于白电平参考值。

1　Stevens 效应是指明度对比度会随着亮度增加而增加。Stevens 与 Hunt 效应是密切相关的。

尼特（NITS）VS 英尺－郎伯（FOOT–LAMBERTS）

在美国，监视器和投影仪的亮度输出，其传统度量单位是英尺－郎伯（ft-L）。不过业内也逐渐倾向于使用坎德拉／平方米（cd/m^2），并且将尼特（nit）作为亮度测量的标准单位。它们之间的转换关系为：1 英尺－郎伯（ft-L）= 3.4262590996323 坎德拉／平方米（cd/m^2）。

监视器的可调节性

监视器的可调节性不只是为了精确显示。监视器其实是一个工具，就像你的视频示波器一样，它可以让你仔细检查图像的各方面信息。有时，为了了解信号在不同情况下的效果，你可以从默认校准状态手动调整亮度、色度或对比度。

监视器的可调选项应具备以下基本内容。

- **欠扫描（Under scan）**，便于评估安全范围外的显示。
- **对亮度／色度／相位／对比度（Bright/Chroma/Phase/Contrast）的调节**，可以刻意模拟出失调监视器[1]，以评估你的调色项目在失调监视器上的效果。
- **黑白单色按钮（Monochrome only）**，用于评估图像对比度，以及关闭第二台监视器的色彩，这样就不会影响到你或客户。

监视器的分辨率

对于质量控制来说，用于工作的监视器可以全分辨率显示各种标准的视频，这一点是很重要的[2]。虽然几乎所有的专业监视器都能根据接收到的显示信号切换分辨率，但是根据屏幕或图像处理芯片的结构，大部分数字监视器还是有着固定的原生分辨率。

> **注意** 顺便一提，如果你用过多格式 CRT 监视器，就应该知道由于电子束绘制的图像投射到阴极射线管的表面的方式不同，所以分辨率也不同。最专业的 CRT 监视器基本使用 800 ～ 1000 线的分辨率。这在色彩校正工作中虽然可以接受，但还是远低于现代数字监视器的原生分辨率。

一台标准清晰度（SD）的监视器，应该能处理 NTSC 和 PAL 两种分辨率。另外，虽然标清视频通常是 4∶3（1.33）的宽高比，但专业的监视器均有一个变形模式（通常是一个按钮或菜单选项），可以将图像纵向压缩，以便 16∶9（1.78）宽高比的宽屏使用。分辨率如下。

- 720×486 for NTSC。
- 720×576 for PAL。

为了适应广泛的高清（HD）格式，高清监视器应能在其原生的 16∶9（1.78）宽高比下显示两种标准全光栅高清帧尺寸。

- 1280×720。
- 1920×1080。

一些新型的监视器也适用 DCI 规定的数字电影分辨率。从技术上来说，符合这些分辨率的投影机应能显示 DCI P3 色域。这些分辨率应在 1.85（学院）或 2.39（电影宽银幕／变形宽荧幕）宽高比下都能显示（图 2.4）。

- 2048×1080 是 2K 分辨率的数字投影标准。
- 4096×2160 是 4K 分辨率的数字投影标准。

新一代的消费级电视机与以往的产品不同，它们拥有更适用于广播的分辨率，比如超级高清电视（Ultra-high-definition television）、超高清（Ultra HD）或 UHDTV。适用于广播指的是，它们采用的分辨率为 1920×1080 高清标准的倍数，这样对向后兼容来说，下变换就更加容易。值得注意的是，ITU（国际电信联盟）已经将这种分辨率纳入到目前推荐的 BT.2020 标准中。以下这些分辨率对应的都是原生 16∶9（1.78）宽高比。

1　未校准的监视器。
2　简而言之，即像素点对点。

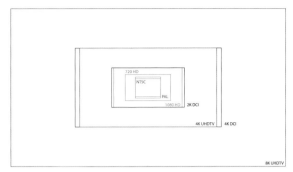

图 2.4 不同帧尺寸的对比图。需要注意的是，2K 和 1080p 之间只有 128 像素的水平差异
从外框到内框，分辨率从大到小依次排列：4KDCI、4KUHDTV、2KDCI、1080HD、720HD、PAL、NTSC

- 3840×2160 是 4K UHDTV 的标准。
- 7680×4320 是 8K UHDTV 的分辨率，被日本 NHK 认定为超高清的标准格式。

本文撰写时，只有高端投影机才有 4K 精密色彩级的显示能力，但这种情况会随时间逐渐改变。

为什么监视器的原生分辨率很重要？

应该注意的是对于任何的数字显示屏，最锐利的分辨率还是它的原生分辨率。原生分辨率以外的其他分辨率在显示时为了适应显示区域都需要进行缩放。如果处理不好就可能会导致图像的软化。

但部分监视器有一种 1∶1 模式来禁用这种缩放。这种模式下我们使用的是原始分辨率，尽管图像显示区域相比屏幕会比较小。

宽高比

拥有高清分辨率的专业监视器的屏幕宽高比为 16∶9。如果其他类型的视频要在高清监视器上播放，那么其他格式的视频应按照如下操作在帧内进行匹配。

- **标清视频在高清监视器上播放时**，应当以邮筒模式（Pillarboxed）播放，图像的左边和右边都有垂直的黑条，保留了 1.33 图像的尺寸和形状。
- **比 DCDM 分辨率更宽**的长宽比在高清监视器上播放时，应当以信箱模式（letterboxed）呈现，在屏幕上方和下方会有水平方向的黑条来保持 1.85 或者 2.39 的图像（图 2.5）。

邮筒模式　　　　　　　　　　　　　　信箱模式

图 2.5 左图，纵向黑边是由将标清图像嵌入到高清监视器中造成的。
右图，横向黑边是由将 16∶9 的高清图像嵌入到标清监视器中造成的

隔行扫描

另一方面要注意的是，数字监视器是如何处理隔行扫描的。这两场中，一个包含图像奇数编号的水平线，另一个包含图像中偶数编号的水平线，两个场被组合到一起以形成视频的每"帧"。数字监视器本身是逐行

显示的，每个画面显示全帧。这对于完成 24p 项目来说是非常好的。然而，很多用于广播的节目使用标清或高清格式的隔行扫描来拍摄和完成，这是由于广播公司的要求（和带宽的限制）。

专业监视器应该具备以可见方式处理隔行扫描的能力，理想来说，应该具备可评估当前播放的场是否以正确次序播放的模式（意外的场序颠倒是很大的质量控制问题，必须能够及时发现）。有的监视器通过模拟场接场播放的方式来实现，而另一些只是以去交错方式播放视频，并在播放暂停时将两场合并显示。[1]

注意 如果你还在使用 CRT 监视器这就不成问题，因为 CRT 监视器是为隔行扫描信号设计的。

图像尺寸

图像尺寸是影响监视器价格的最大因素之一。理想情况下，你会想要一个足够大的监视器，对调色师和客户来说能够坐在舒适的距离观看图像，然而，往往大于 24 英寸的监视器会十分昂贵。

有两个重要因素需要谨记：调色间的大小以及你合作的客户类型。当监视器可以在一个理想的家庭影院环境中观看时，大一点的监视器会令评估调色效果更容易。而且，在图像在经过大幅调整之后，使用大尺寸监视器也更容易识别出颗粒和噪点，让我们判断这些噪点是否被夸大到无法接受。

然而，相对于你的调色间来说监视器太大这也是完全可能的[2]。理想情况下，调色师需要对整个图像一目了然。当你匹配两个镜头的颜色时，这也会帮助你较快地做出决定，而且它也会避免调色师的脖子因为来回转动观看图像而引起肌肉痉挛。

- **液晶面板的监视器**，现在从 17 英寸和 24 英寸到 32 英寸、42 英寸、50 英寸都可以从经销商处买到。[3]
- **等离子面板的监视器**可以更大——通常是 42 英寸到 65 英寸对角线或更大——而且对于大的配有专用客户区的调色间来说，作为客户监视器是一个很好的选择（要确保监视器是已经做好正确校正的前提下）。
- **视频投影仪**只适用于大型调色间和调色影院，投影图像从 80 英寸到 142 英寸，投射环境是大调色间或更大的调色影院。

关于监视器的布置和视频投影仪安装的更多信息，稍后将在本章中叙述。

悼念 CRT

高端 CRT 监视器在过去很长一段时间内是色彩校正环节的唯一选择。然而，欧盟对于电子设备中铅含量标准的规范给 CRT 制造业带来了灭顶之灾。结果是，大部分制作机构已经淘汰了那些老化的 CRT 监视器，由于显像管有限的寿命，还有转向使用数字监视器进行精密色彩级监看的趋势，这使 CRT 成为行业的历史脚注。

谁在制造监视器？

几家公司正在研发色彩极限级应用的高端监视器。在本书写作期间，弗兰德斯科技（FSI/ 尊正数字视频）（Flanders Scientific）、索尼、杜比、FrontNICHE、惠普、松下、Penta Studiotechnik 和 TV Logic 的产品都值得深入研究。

谈到适用于精密色彩级使用的专业级等离子显示屏，在本书编写期间，松下是专业后期制作工作室的不二选择。[4]

专业监视器的视频接口

调色师肯定希望在进行色彩校正时，确保自己所见的图像是最高质量的图像。同时也要记住，监视器的准确性是整个视频信号链里最薄弱的一环。无论你的工作间使用哪种监视器，都要确保它能够支持（或升级到可支持）你的调色系统或剪辑系统的视频信号接口所输出的最高质量视频信号。

这里有一些建议。

---

1 这就是使用电脑显示器而不是技术监视器评估带场视频容易出问题的原因。
2 比如你购买了一台 50 英寸的监视器，放在一个狭小的工作间。
3 17 英寸适合于现场使用，24 英寸适合小调色间。
4 本书翻译期间松下等离子产品已停产。

- 如果你是在一个设备较陈旧的工作室中进行标清节目制作，使用 Y'P$_B$P$_R$ 或者 SDI 将电脑中的视频输出到监看设备，这是比较好的选择。
- 如果你在制作高清节目，你应该使用 HD-SDI 进行监看。
- 只有视频格式或设备需要更高带宽的4：4：4色度采样的信号时，**双链路 HD-SDI 和 3G SDI** 才是必要的。
- 只有需要在 4K 监视器或投影仪上监控 4K 信号时，才会用到**四链路 HD-SDI 和 6G SDI**。
- HDMI 是高端家庭影院设备的唯一可选的连接方式。尽管这是一个高级标准，你可能仍需要 HD-SDI 到 HDMI 格式的转换器才能将其纳入系统之中。下面的章节将会展示每一个用于高品质视频输出的视频接口标准，还有关于哪一种接口更适合你的设备以及每种接口的最佳电缆长度的建议。

Y'P$_B$P$_R$

Y'P$_B$P$_R$（这不是首字母缩略词）是一个三线缆专业模拟分量视频端口。它通过三根独立的视频信号线传输每个视频信号分量（一个亮度，两个色差分量），与 Bayonet Neill-Concelman (BNC) 插头相连（BNC 插头通过正确连接后可快速锁固）。

Y'P$_B$P$_R$ 尽管不再广泛用于现代化数字后期制作间，但它仍然适合监看标清和高清信号，而且它是用于专业视频监看的最高级的模拟信号通道。

> **注意** Y'P$_B$P$_R$ 是一种模拟视频标准，不可与 Y'C$_B$C$_R$ 混淆。Y'C$_B$C$_R$ 是数字分量视频信号标准，可通过多种数字接口的一种来执行。

Y'P$_B$P$_R$ 的最大电缆长度一般是 100 英尺（30 米），根据电缆质量的不同有时甚至长达 200 英尺（60 米）。

SDI

串行数字接口（SDI,Serial digital interface）通常用于数字化、无压缩的标清视频的输入输出。SDI 是进行标清视频监看时可使用的最高质量的数字信号。所有三个信号分量，亮度（Y'）和两个色差通道（CB 和 CR），被多路复用到一根 BNC 电缆上。

若使用高质量电缆，SDI 的最大电缆长度是大约是 300 英尺（90 米）。SMPTE 259M 中有计算 SDI 电缆传输长度的具体指导。

HD-SDI、双链路 SDI、3G SDI 和 6G SDI

高清晰度数字串行接口（HD-SDI, High-definition serial digital interface) 是高清版本的 SDI，能够传输4：2：2数字视频信号。

双链路 SDI（使用两根 BNC 电缆）和 3G-SDI（使用单根 BNC 电缆的更高带宽信号）被设计为用于输入输出高清无压缩4：4：4视频信号（例如索尼 HDCAM SR 设备拍摄或播放使用的信号）。

四链路 SDI 用于传输 4K 信号，需要 4 根 BNC 电缆。最新的 6G SDI 标准允许 4K 信号使用单线缆进行传输。

HD-SDI 的最大电缆长度根据你使用的电缆质量，大约为 300 英尺（90 米）。在 SMPTE 292M 中提供了计算 HD-SDI 电缆传输长度的具体指导。

HDMI

高清晰度多媒体接口（HDMI, High-definition multimedia interface）是一种支持多种格式、经由多触点电缆传输音频和视频的"全合一"标准。虽然 HDMI 被设计为用于易操作的消费类电子设备，它仍可以根据你的设备搭配用于小型的视频后期工作室中。

HDMI 是一个不断发展的标准，后续版本持续增强功能。为确保信号通道的准确，输出设备和监视器必须采用同一版本的 HDMI 标准。当前可用的 HDMI 版本如下。

- HDMI 1.2 支持每信道 8 比特传输的标清和高清 Y'C$_B$C$_R$。
- HDMI 1.3 增加了对上至 2560×1600 的 2K 分辨率的支持,同时增加了对 10、12 和 16 比特每信道的"高倍色彩还原"的支持，以及采用4：2：2或4：4：4的 Y'C$_B$C$_R$ 和使用4：4：4 RGB 格式的支持。
- HDMI 1.4 增加了对 3840×2160 分辨率的超高清 4K（每秒 24，25，30 帧）的支持，以及对 4096×2160 分辨率（每秒 24 帧）的 DCI 4K 的支持。它还支持各种 3D 立体格式，包括可选图场（隔行扫描）和帧封装（包括顶部及底部的全分辨率帧），以及 HDMI 1.4a 和 1.4b（可支持立体 1080p 60 帧）中使用的其他立体格式。

- HDMI 2.0 增加了 4K 分辨率下的 60 帧回放和 $Y'C_BC_R$ 4：2：0 色度二次采样，以支持更高分辨率下的更高压缩率、25 帧的立体 3D 格式、多种视频和音频流支持，21：9 屏幕宽高比支持，以及上至 32 通道的音频（包括 1536 kHz 的音频）支持。

> **注意** 需要了解更多关于 HDMI 的详细信息，可登陆 www.HDMI.org 查阅相关说明。

要注意，虽然特定版本的 HDMI 支持特定的位深、分辨率或色域，但并不意味着你输出或连接到的设备会支持这些。举例来说，尽管大部分较新版本的 HDMI 支持 10 比特彩色，但许多设备的 HDMI 接口仍然只输出 8 比特彩色。如果你打算使用 HDMI 进行信号路由，要先检查设备，确定它可以输出并显示你希望使用的信号。

使用高质量屏蔽电缆传输 HDMI 的最大电缆长度为 50 英尺（15 米）。如果你使用极限线缆长度播放 1080p 的视频，建议使用二类认证的 HDMI（Category 2-certified HDMI，有时也称为高速 HDMI）连接线以保证质量。

DISPLAYPORT[1]

DisplayPort 是下一代接口，用于电脑显示而不一定用于播出显示。DisplayPort 可传输 6、8、10、12 和 16 比特每通道的 RGB 和 Y'CBCR 信号（适用于 BT.601 和 709 视频标准），使用 4：2：2 色度二次采样，并且支持多种分辨率，包括 1920×1080 及更高。

有趣的是，DisplayPort 可以向后兼容 HDMI 信号（但 DisplayPort 设备的制造日期将决定与 HDMI 的哪个版本兼容）。

这意味着专门设计的转换器电缆可以轻易地在其支持的设备上将一种格式转换成另一种格式。此外，因为 DisplayPort 是一个多功能接口，制造商正在研发可以将 HD-SDI 信号转换成 DisplayPort 信号的视频信号转换器。请参阅下一节关于信号转换的详细内容。

DisplayPort 在全分辨率（2560×1600，70 Hz）下的最大电缆长度为 9 英尺（3 米），在 1920×1080（1080p 60 帧）分辨率下是 49 英尺（15 米）。

将一种视频信号转换为另一种

较新型号的监视器有时需要使用信号转换硬件来将色彩校正系统中的 HD-SDI 输出变成 HDMI 或 DisplayPort 信号。有以下可用选项（按字母顺序排列）。

- AJA 的 HI5 和 HI5 3G。
- Ensemble Designs 的 BrightEye 72 和 72-F 3G/HD/SD 转换器。
- Gefen 的 HD-SDI 和 3G-SDI 至 HDMI 定标器盒（HDMI Scaler Boxes）。
- Miranda 的 Kaleido-Solo 3Gbps/HD/SD-to-HDMI 转换器。
- FujiFilm 的 IS-Mini。
- Pandora 的 Pluto。
- SpectraCal 的 DVC-3GRX。
- Blackmagic Design 的 HDLink Pro。

那 DVI 接口呢？

尽管许多早期高清设备支持数字视频接口（DVI），单链路 DVI 只支持 8 比特每信道输出。双链路 DVI 支持 12 比特每信道输出，但它在视频设备中并不常见，且从未用于专业视频软件。

对于视频设备来说，DVI 已被 HDMI 取代。对于计算机应用程序，DisplayPort 是新兴标准，并且在不断完善。

---

1 简称 DP 接口。

我的调色工作间是否应该配备两台监看设备？

　　我的建议是每个工作间中只配备一台可供所有人参考的主监视器，但许多工作室仍然采用双监看。其中一台较小，更严格符合标准的监视器供调色师进行调色工作；而另一台较大的（经常是等离子监视器）用于客户观看，更有视觉冲击且看起来更舒服。

　　使双监视器正常工作的关键：首先，要确定两台监视器使用的背光技术的光谱输出是相对兼容的；其次，它们应尽可能得精确校准，且能够保持这种状态。但是，如果你使用的两台监看设备采用不同的显示技术，那么无论你多么精心地校准，仍然会有视觉色差的存在。

> **注意**　投影仪与 LCD 或 OLED 组合是最具挑战性的双监看组合。投影仪需要在黑暗的影院环境中才能展现最佳效果，而自发光监视器则需要用背光来"淡化"人眼对其丰富的光输出和"淡化"自发光监视器导致的图像高饱和的感觉。在黑暗的房间中，摆放在投影仪旁边的自发光监视器显示的图像总是看起来比投影的图像更亮，更饱和；如果你不能很好地对这个差别进行解释，客户会非常困惑。

　　最危险的情形就是客户跟你提出"能否使那个监视器上的图像与这个监视器上的看上去一样？"在这种情况下，你最好鼓励你的客户只针对其中一台设备的图像做出反馈。

监视器的完备性检查

　　另一个建议是手边有一台普通电视机（通常在专门做评估的阶段使用），这样你就可以检查你的视频文件在普通电视上看起来如何了。另一种方法是有一台可以存储多个 LUT 的监视器。只要你在其中储存一到两个用较差的监视器采样生成的 LUT，就可以将精密色彩级监视器转换为"垃圾模式"，这样你就可以看出你的图像在低端的电视机上将会变成什么样了。

　　一些调色师还喜欢有一台小型的、专用的单色监视器：可以是桌面级的小型监视器，或者是一台可进行单色视频预览的示波器；还可以是把另外一台监视器的色度设定为 0。这对仅用于评估图像的对比度是很有用的，因为没有色彩的单色显示，客户们一般也不会太多关注到它。

监视器校准

　　对于专业数字监视器来说，显示面板的设计、图像处理和背光（如果需要的话）必须被设计成符合之前提到的 BT.709 或 P3 DCI 标准的色域和伽马值，很多监视器能通过简单的菜单选择来切换各种预校准标准。

　　然而，虽然某个监视器品牌可以广告宣传说它符合标准，但这并不意味着它出厂时就是很精确的。因此，购买一台能够根据你需要的标准来尽可能准确地进行校准的监视器也是很重要的。即使你的监视器出厂时已经做过精密的色彩校准，它仍然会随着背光系统的老化及其他因素而产生色偏。保持监视器标准状态有以下三种方式。

买一台预校准过的监视器

　　许多专业监视器在出厂前都预校准了。尽管许多新型监视器有很好的色彩稳定性，但最终它们都需要进行重新校准。如果你预算有限，提前看一看你想购买的监视器的制造商是否提供免费的返厂重新校准服务。如果提供，那么你将可以省下租用校准仪器的费用，或省下购买昂贵的校准仪器及软件（以及学习它们）的费用了。

　　其中一个提供返厂重新校准服务的公司是弗兰德斯科技（FSI/ 尊正数字视频）。只要你支付监视器往返服务中心的运输费用，他们将会对你的监视器进行重新校准，该公司所使用的设备比大多数自由职业者使用的设备要高端得多。另外一些制造昂贵的高端监视器的公司，如杜比，为 PRM- 4220 型号提供了可供订购的年度服务项目，你可以享受到校准仪定期空运至贵公司进行重新校准的服务（因为杜比监视器较大不便运输）。其他制造商也都有自己的策略，最好提前查看哪一个更适合你。

购买可以让专家校准的监视器

另一种办法就是让专业校准师现场进行校准，这种方法对于为家庭影院市场设计的发烧级监视器尤其有用。THX 要求监视器和投影仪制造商为监视器提供必要的内置控件用于校准，以符合 BT.709。你需要雇一名有资质的专业校准师，以确保你的监视器被校准得符合规范。旧型号的监视器需要专用硬件以调整色彩输出，但目前的这代监视器件不需要额外的校准硬件。

专业探头的价格区间从一千二百美元至最高超过两万六千美元，如果你购买了这些设备来自用，可以满足相当长时间内对色彩校准的需求。你在校准师身上的花费，会让你省下高精度色度计或光谱辐射仪（简称探头）的费用。

此外，校准师还拥有其他一些对于校准工作很有用处的软硬件；测试图形发生器可以为分光光度计的测量输出各种色彩测试域，色彩管理软件校对读数并控制整个校准过程。如果需要的话，结果数据将通过监视器内置控件或外部硬件来调整其伽马和色域参数。

更多专业人士的校准工作也基于 LUT 来完成，在下一节中会介绍到。

购买校准软件及探头

这种方式使用监视器探头也可以完成，校准软件并不会将自动的测量值整理成一系列对监视器参数的独立调整，而是会数字化地处理测量值并生成一个 LUT 文件，用于计算怎样基于监视器本身的特性，将监视器的伽马和色域转换成符合用户的目标色域。

这个 LUT 文件可以被加载到兼容的外部校准硬件（连接在计算机视频输出接口和监视器之间）来处理发送到监视器的信号，它也可以被直接加载到有内置 LUT 校准的监视器的控制软件上，还可以在提供该功能的非线性编辑系统或色彩校正软件中，将其以显示 LUT（display LUT）的方式加载。

优质的探头和校准软件会非常昂贵，但利用它们你可以根据需要随时进行重新校准，对于有多个监视器需要定期校准的公司来说，探头和校准软件最终还是为你省钱了。

检查监视器的校准

即使你决定使用返厂校准或雇佣校准专家让你的监视器符合标准，定期检查监视器准确程度以确定是否需要进行重新校准，这是很有必要的。两家软件厂商都有通过测试检查监视器是否精准运行的方法。这种测试通常使用廉价的探头和软件，来检验监视器的校准是否达到规范。你可以使用它追踪偏差，并提醒你任何会影响显示精度的故障，这样你就可以将监视器送去进行保修。

- LightSpace DPS 是适用于 Windows 系统的免费软件，可以使用任何兼容探头（包括廉价的 X-rite i1d3 探头）以检验监视器校准程度，可与图像信号发生器同时使用，或从运行 LightSpace DPS 的电脑输出测试图像的 AJA T-Tap 同时使用 (http://www.lightillusion.com/lightspace_dps.html)。
- CalMAN ColorChecker 的工作方式与 LightSpace DPS 类似，一同使用图像信号发生器和与 ColorChecker 兼容的探头，以测试监视器的校准程度（www.studio.spectracal.com）。

LUT 校准的工作原理

监视器校准是色彩校正这个晦涩的学科中更晦涩的部分。然而，一旦你知道操作原理，自动校准就是一个简单而直接的过程。从根本上讲，你可以使用色彩管理软件来控制色彩探头和图像信号发生器一起工作，以测试监视器（图 2.6）。图像信号发生器可以是独立硬件，或是在计算机上运行的、通过某种视频接口来输出测试图像的软件。色彩管理软件控制图像发生器，使它在你要校准的监视器上输出一系列色块，色彩探头测量每个色块，然后软件保存测量结果。

通过测量数百个甚至数千个不同颜色色块的过程，我们获得了监视器的特征数据，或者说获得了有关监视器显示能力的数据。这可以让你看到你的监视器是如何从高清视频 BT.709 标准的理想色彩空间发生偏移的，以及偏移的程度是怎样。一旦获得了监视器的特征数据，那么，理想的校准值和实际显示的差别就被用来通过数学计算产生一个 LUT 文件，你可以用它来将任何输入到监视器的信号，转换为在理想校准监视器上看起来的样子。

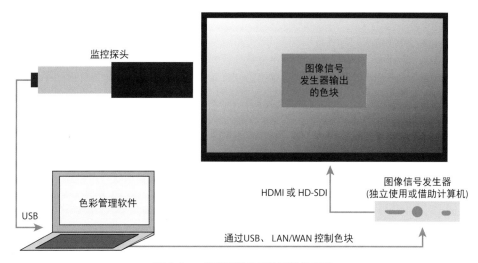

图 2.6　一套典型的色彩管理软件系统

可能你会对基于 LUT 文件的自动校准过于兴奋，所以，你需要知道它不能做什么。LUT 校准只有在监视器的原生色域的大小达到或超过你需要的校准标准的全色域以后，才能够产生良好效果。例如，如果要将一台可以达到 BT.709 标准的高端等离子监视器校准到严格符合 BT.709 标准，是完全可以的。但如果试图让它符合色域明显更宽的数字影院 DCI 标准，那可能就要失败了。

LUT，特别是 3D LUT 立方体，是根据每个 RGB 输入值自动计算其输出值的数学表格。3D LUT 用于校准时能够让宽色域匹配窄色域，但你绝对没有办法让窄色域监视器正确地显示宽色域。物理上这是完全不可能的。

在没有找到合适的监视器之前，你是用不了 LUT 校准技术的；你仍然需要调研并购买你财力范围内的、最好的监视器。LUT 校准技术并不是要让劣质的监视器变好，而是要让好的监视器变得精准。

深入探究校准技术——LIGHTSPACE CMS 的工作原理

为了让你更好地理解色彩管理软件在后台究竟做了什么，我认为应该更详细地对一个特定软件进行剖析。当然，不同的校准软件有不同的工作方法，但鉴于我使用 LightSpace 已经有一段时间了，由于对于它的工作流程比较熟悉，所以 LightSpace CMS 更便于我描述色彩管理（感谢其开发公司 Light Illusion 的负责人 Steve Shaw 的帮助）。

LightSpace CMS 是一个基于 LUT 的专业色彩管理应用程序，它兼容多种探头和图像信号发生器，并在全世界的调色机构中广为应用。LightSpace 的原理是将监视器特性数据采集，从产生 LUT 的过程中剥离出来。操作开始之前，通过使用一些基础测试图来调整监视器基础设置，从而保证监视器设置正确。使用 LightSpace 校准监视器的第一步是运行一系列测试色块，然后测试色块显示结果，并收集整理监视器在每个亮度等级下色彩输出的 RGB 数据。

在获得监视器的整体特征数据后，LightSpace 在接下来的步骤中分析相关数据：识别和处理红绿蓝分量的交叉耦合，例如，本应只影响蓝色信道的颜色变化却同时影响到了绿色和蓝色信道，导致错误校准。另外，在计算中可能被认定为数据集错误的探头测量值可以在数据进一步使用前得以改正。

LightSpace 会在下一步生成实际的校准 LUT。在这个过程中，只需选择监视器校准的目标标准（如 BT.601，BT.709，DCI P3），之后 LightSpace 通过数学计算帮助监视器实现精确转换。你也可以在多监视器工作室中用此程序实现多显示设备之间的相互匹配。

随着上述步骤完成，你可以选择将 LUT 校准结果文件输出成各种格式。也就是说，你输出的 LUT 文件，可以应用于支持内部硬件挂载 LUT 的监视器，也可以应用于 LUT 校准硬件，还可以应用于可以内部挂载 LUT 文件的调色软件。LightSpace 还提供了连接或合并多个 LUT 文件的额外选项——例如在数字中间片的工作流程中，你想要将一个监视器校准 LUT 文件和一个胶片模拟 LUT 文件合并起来，这样就可以在调色中提前看到在使用特定胶片打印后的放映效果。其他工具可以满足手动调节和补偿，以及其他有特殊工作流程要求的高级用户进行微调的需求。

除了通过数学分析获得精准性（归功于先取得监视器特征数据，再生成 LUT 文件的操作），整个项目的进程可以大大加快。另一项额外的好处是，你可以只对监视器进行一次测量，然后生成用于不同显示标准或模拟软件的多种 LUT 文件，不需要进行多次测量。

色彩管理系统

在撰写本文时，有三套软件可用于监视器的测量和 LUT 生成。

- FilmLight 公司的 Truelight 胶片色彩管理系统（www.filmlight.ltd.uk），是一个全面解决方案，该系统包括 FilmLight 自身的 Truelight 投影机、监视器探头和软件。
- Light Illusion 的 LightSpace 色彩管理系统（www.lightillusion.com），是另一套实用软件工具，用于监视器测量、LUT 生成、LUT 转换和再处理，以及其他许多实用功能，例如探头匹配。
- SpectraCal CalMAN 视频校准软件（www.spectracal.com），它是进行监视器校准和 LUT 转换的第三个可选软件。[1]

监视器探头

这是个很大的话题。老实说，对于推荐给你的应用软件适合使用哪一款探头，以及哪一款探头兼容性更好更适合这两个问题，要详细说明实在是太复杂了。总体来说，有两种类型的显示探头：分光辐射度计和色度计。它们各有利弊。

- 目前来看，**分光辐射度计**更昂贵。它们的工作原理是通过测量光线的绝对光谱能量分布，获取大量读数并生成可以转化为色度坐标的三刺激值，对计算转换非常有用。分光辐射度计可以保证很高的精准度，但获取读数慢，尤其在低亮环境下。
- **色度计**相对较为便宜，它通过与 CIE 三刺激值匹配的三片滤镜，使用三个离散型探测器来获取一组更有限的光谱能量读数，生成测量结果色度坐标。为了使色度计正常工作，需要知道光源类型以计算读数。

色度计因为价格低廉，相比于专业校准和大型机构中常见的分光辐射度仪，色度计更常见于私人使用。色度计不如分光辐射度仪通用，也不如它精准，但对于测量监视器这一特定目的来说，色度计是非常合适的。事实上，色度计速度更快，它的内置模型更利于记录低亮读数。

但是，由于滤镜生产过程中出现的变数，还有滤镜老化，以及在廉价的色度计中湿度对滤镜敏感性的影响。鉴于上述情况，先使用分光辐射度仪对色度计进行校准变得至关重要（此举可通过制造商或校准软件实现），并且要确保色度计根据所校准的监视器类型来正确设定。

以下是一些常用的监视器探头。在决定使用哪一种之前，最好做足相关调查，并与你打算使用的色彩管理软件开发方核对相关事宜。根据你的监视器、你的客户和你的应用程序（用于校准或完备性检查）来确定购买探头的准确数量，没必要多买或少买。以下是可用于 LightSpace CMS 和 CalMAN 的探头示例。

- X- Rite i1 Display Pro，i1 Pro 2 色度计（www.xrite.com）。
- Basiccolor Discus 色度计（www.basiccolor.de）。
- Klein K-10A 色度计（www.kleininstruments.com）。
- Jeti 1211 分光辐射度仪（www.jeti.com）。
- Photo Research PR-655，PR-670 分光辐射度仪（www.photoresearch.com）。
- Konica Minolta CA-310，CS-200 分光辐射度仪（www.sensing.konicaminolta.asia/products）。

测试图发生器（PATTERN GENERATORS）[2]

色彩管理系统在对监视器进行测量时，需要有准确的色彩测试信号输出至监视器，让探头进行测量。测试图发生器可以通过多种方式进行操作。

---

1 从使用的广泛程度和软件功能来说，LightSpace 是事实上的工业标准。
2 也称图像信号发生器。

- 一般来说，测试图发生器是由色彩管理软件控制的，并具备视频输出功能，连接到被校准监视器的专用硬件。专用测试图发生器，例如 Accupel (www.chromapure.com) 公司生产的就是这方面很好的例子。
- 一些多功能信号转换器和 LUT 校准盒，如富士 IS-Mini（稍后详述），也可以当作可控测试图发生器使用。这样很方便，因为你同样需要使用它们挂载校准 LUT 文件。
- 测试图发生也可以通过软件完成。例如，LightSpace CMS 可以通过连接到运行 LightSpace 的 Windows 系统计算机的 AJA T-TAP，自身进行测试图发生。或者说，如果你正在使用有 LightSpace 插件的调色系统，例如 DaVinci 调色软件（包括免费 Lite 版），Assimilate Scratch 及 SGO Mistika，这些调色软件不需额外设定即可作为测试图发生器。[1] 而 CalMAN 用户可以选择在 OS X 系统下运行 SpectraCal 的 VirtualForge 测试图发生器。

使用硬件挂载 LUT 文件

许多监视器都能够通过自身集成的硬件来挂载 LUT 文件。此外，大多数调色软件将校准 LUT 文件用于显示目的，作为调色过程中的一部分。

> **注意**　如果你使用外置视频示波器，那么使用外置硬件 LUT 校正也是校准监视器最好的方法。

但是，如果你的软件及监视器都不能加载 LUT 文件，那么出于校准的目的，可以将 LUT 文件加载到外部校准硬件，并将其插入从调色工作站硬件输出到监视器的信号链中。你可以从电脑上用 USB 接口将 LUT 文件加载到这种设备上。

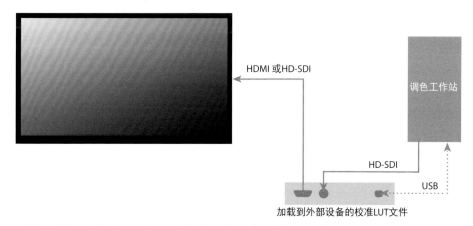

图 2.7　在你的调色工作站输出和监视器输入之间，放置外部校准 LUT 盒，从而将信号修改为精确校准状态

以下是本书写作期间可用的 LUT 盒。

- **FilmLight Truelight SDI**（www.filmlight.ltd.uk）是多功能设备，预加载了 15 个 1D LUT + 16×16×16 点 LUT 立方体组合。它像一个带有柔化裁切技术（soft clipping）的硬件合法器一样工作，它也可以作为测试图发生器。需要配合 FilmLight 的 Truelight 软件使用。
- **Pandora Pluto**（www.pandora-int.com）既可以用于信号转换也可以用于 LUT 文件校准，提供双链路至单链路以及从 HD-SDI 到 HDMI 的转换。LUT 校准支持 16，17，32 和 33×33×33 立方体。它与 FilmLight Truelight、LightSpace CMS 和 CalMAN Studio 兼容。
- **eeColor processor**（www.eecolor.com）是另一个 HDMI 输入输出格式的、廉价的信号处理设备，你可以在它上面加载一个 64×64×64 LUT 立方体用于监视器校准。它兼容 LightSpace CMS 和 CalMAN Studio。
- **富士的 IS-Mini**（www.fujifilm.com/products/motion_picture/image_processing/ is_mini/）是设计用于现场摄影机预览和基于 26×26×26 LUT 文件的监视器校准，从 HD-SDI 到 HDMI 的信号转换以及测试

1　调色软件和 lighspace CMS 通过网络实现通信控制。

图发生的多功能设备。它兼容 LightSpace CMS 和 CalMAN Studio。

- **Lumagen Radiance**（www.lumagen.com）是专为高端家庭影院校准、多信号切换以及信号转换设计的一系列校准盒。Radiance 20XX 系列型号增加了对 1D LUT＋9×9×9 LUT 立方体校准的支持，而其他型号只支持 5×5×5 LUT 立方体。它兼容 LightSpace CMS 和 CalMAN Studio。

- **Blackmagic Design** 的 HDLink Pro（www.blackmagicdesign.com）是一种价格低廉的信号转换设备，也可以使用 16×16×16 点的 LUT 立方体来进行信号处理和校准。它与 LightSpace CMS 和 CalMAN Studio 兼容。[1]

- **Cine-tal 的 Davio** 是另一种多功能设备，可以使用软件插件进行扩展。它可以调用多个 64×64×64 点的 LUT 立方体之一用于校准，可以合并两个 LUT 以结合校准和模拟预置，并可以作为帧存储区和立体图像处理器。虽然 Davio 已不再生产，但很多还在使用。它与 LightSpace CMS 和 CalMAN Studio 兼容。

这些硬件设备，被设计成用于单链路或双链路 HD-SDI 输入，用 LUT 处理视频信号，以及输出 HD-SDI、HDMI 或 DisplayPort 信号至监视器。每个设备支持的 LUT 立方体的大小不同。对于精密色彩级监看来说，人们普遍认为 16×16×16 点 LUT 已经足够，而 32×32×32 点和 64×64×64 点 LUT 立方体通常用于处理数字电影和数字中间片工作流程中的图像数据。

当被问及基于 LUT 的精密色彩级监视器校准所需的最低精度时，调色师以及 LightSpace 开发者 Steve Shaw 说："假如调色系统内部使用的插值好的话，那么 17 点以上就没必要了。但如果插值不好，那么使用更高点的 LUT 立方体会有帮助，但大部分系统都有良好的插值。"

> **注意** 有关 LUT 校准和数字中间片工作流程的详细信息请见 Steve Shaw 的 Light Illusion 网站，访问 www.lightillusion.com 并查看"working with LUTs"页面。

此外，英国 FilmLight 公司的色彩科学家理查德·柯克（Richard Kirk）指出，Truelight 的色彩管理系统结合了 1D LUT 和 16×16×16 的 3D LUT 用于显示校准。"我不能代表所有的客户，"他告诉我，"但对我来说 1D+16×16×16 3D 一直很好用，我所接到的投诉最终总会被证明是用户的测量或计算失误，LUT 立方体精准性很好。"

LUT 校准和胶片输出模拟

如果你要调整工作流程的设置以适应影片输出，那么还要记住另一件事：LUT 校准可以为两种目的服务。第一个是获得显示数据及校准监视器至符合规范，第二个是获取胶片打印机和胶片的特征数据，以在特定监视器上模拟影片完成后的效果，并帮助你对调色做出好的决策。

为了更好地理解它的工作原理，让我们快速浏览一下 LUT 文件的转换过程。LUT 变换的基础是将 RGB 值压入 3D 空间。换句话说，定义数字图像中所有可能的红绿蓝范围的最大三刺激值被绘制成了如下 3D 立方体（图 2.8）。

特定的图像或视频标准的色域由立方体内的多边形表示，它包含的颜色的范围，标示出它的形状。每个图像标准都可以通过特定的形状表现出来。

因此，一个 LUT 只是一个包括输入值（代表被处理的图像）及其对应输出值（代表图像的显示方式）的表格，它决定某一色域的形状如何与另一色域匹配，从而实现在任何监视器上都能真实还原图像的效果。（图 2.9）

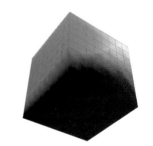

图 2.8 此图为 RGB 颜色空间的标准 LUT 立方

在图 2.10 中，你可以看到 LUT 文件是如何被用来转换图像然后输出至投影仪上，以显示它们打印到胶片后的效果。

在禁用这个"模拟 LUT"并对最终图像进行渲染然后送至洗印厂之前，在此可视化基础上，你可以对其进行适当的调整以优化胶片打印图像质量。

---

1 到本书翻译为止，HDlink Pro 依然不能正确处理 LUT，不建议用于监视器校准。

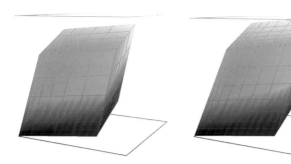

图 2.9 右图的 LUT 立方体代表数字电影使用的 P3 色域；左图的 LUT 立方体代表由
苹果 ColorSync 实用程序生成的 BT. 709 高清视频的色域

图 2.10 左图是 BT. 709 监视器上的图像，右图是应用胶片模拟 LUT 的相同图像。这使调色师可以
依照印片机和胶片在最终印片时的效果进行调色（该 LUT 由 Steve Shaw 提供，Light Illusion）

为特定的印片机和胶片组合创建胶片特征 LUT 文件，可以通过如下步骤实现。

1. LUT 测量及生成的软件开发方会为你提供一组全帧测试图像。请将测试图像交予你将要完成胶片
输出的机构或实验室。

2. 该机构使用你预先选定的印片机和胶片组合将测试图像打印出来。

3. 印片结果将会被送回色彩管理软件开发方，他们会扫描并测量每个测试图，并根据结果分析生成一
个特征 LUT 文件，你可以使用这个文件来模拟印制胶片后的最终效果。

4. 最后的步骤既可以由校准软件完成，也可以由你自己完成。合并你正在使用的校准 LUT 文件（用来使
监视器完美贴合标准）和步骤 3 中创建的胶片模拟 LUT 文件。你可以选择以下三种方法之一完成这一步。

- 通过可以由前两个 LUT 文件创建出第三个 LUT 文件的实用程序实现。

- 可以通过将校准 LUT 加载到你的监视器或外部硬件校准设备，同时将胶片模拟 LUT 文件加载到你
的调色软件软件实现。

- 通过将两个 LUT 文件都加载到被设计为用于合并两者的外部硬件校准设备实现。

布置调色工作间

观众观看节目所处的观影环境对于图像视觉效果的影响几乎与监视器质量带来的影响一样大。另一方面，
你所使用的监视器种类也决定了你需要怎样布置房间。

如果你在对视频进行精密色彩级评估，那么观影环境与你所使用的监视器相匹配是至关重要的。

注意 本章的内容主要来源于 SMPTE 推荐的实践文档"用于评估的彩色电视图像精密观影环境
（Critical Viewing Conditions for Evaluation of Color Television Pictures）"（RP 166-1995 号文档）以
及《索尼监视器基础》手册（Sony Monitor Basics）。关于 DCDM 标准的信息则摘自数字影院促进
会有限责任公司的《数字影院系统规范（1.2 版）》，以及格伦·凯纳（Glenn Kennel）[1] 所著的《数
字电影色彩及母版制作，焦点出版社，2006》（Color and Mastering for Digital Cinema，Focal press

---

1 格伦·凯纳（Glenn Kennel），色彩科学家，从 2010 年至今担任阿莱总裁兼首席执行官。著有《数字影院系统规范（1.2
版）》，以及他所著的《数字电影色彩及母版制作，焦点出版社，2006》（Color and Mastering for Digital Cinema，Focal
press 2006）。本书在后面也会多次提及。

2006）。上述资料都可以作为重要参考。

视频调色间 VS 调色影院 [1]

一般来说，视频工作间是使用一台中等尺寸监视器（LCD 或等离子）监看所调整图像，房间面积较小。一般使用弱光，参考监视器背后采用环绕照明。视频工作间适合于广播节目及低预算的长期连播节目。

调色影院是使用视频投影仪（或数字影院投影仪）监看图像的较大房间。因为使用投影仪的缘故，调色工作需要在"暗室"条件下完成，除工作区域的有限照明外，其他区域都没有环境光。调色影院最适合用于电影院放映的项目。

监视器周围的区域

如果你正在布置监视器，调色间的整体布置应该是低调而且饱和度不高的。最重要的是，监视器后部被称为环绕墙的可见区域，应该是中性灰色。

你可以将墙壁粉刷成中灰，或使用幔帐及纺织品进行遮盖。无论选择哪种方式，理想的墙面应该是18% 灰，且使用的涂料或材料在合适的环绕光线下仍然能保持中性（参见下一节）。使用的材料务必是中性的，要确认涂料或纺织品不会偏蓝或偏红。（墙面）确切的明度可能会不同，只要不是黑或白就可以（根据DCDM 规格布置的数字放映间另当别论）。索尼推荐的灰色环绕墙的面积是显示屏大小的 8 倍，不过当你直视显示屏时，最好把视野所及的墙面全部涂成中灰。

建立这样的环境有两个好处。第一，在确定墙面没有任何特定色调倾向后，调色师可以在监视器上不受任何外界干扰地评估图像。因为我们的视觉系统会根据周围的颜色来判断色彩，如果环绕墙是橘色的，会让你不自觉地对视频图像做出过度补偿并导致不精确的调整，之后在标准环境下观看时，就会看到不准确的图像。

第二，监视器显示图像的对比度会受到环绕墙亮度的影响。当对电视节目进行调色时，如果墙面过亮或过暗，你可能要承担误判图像亮度的风险。

顺便说一下，照明不要太均匀。SMPTE 推荐实践文档 RP 166-1995 第 5.4 节提到，"实践证明，均匀照明不是最佳选择，从顶部到底部或由底部到顶部的渐变式照明效果会更合适。"

通过避免在环绕墙上过分均匀地安装照明，并计光线渐变，来实现不均匀照明。另外一个有意思的方法就是用中性的、有纹理的材料，例如用粗织布料或隔音材料拼接起来覆盖环绕墙。总的来说，通过产生对视野内背景的变化来防止视觉疲劳，这样你就不用一整天都盯着单色墙面了。

如何找到中性灰的涂料和纺织品

如果你要涂刷环绕墙，你可以在网上找到不同制造商生产的各种中性涂料配方，有些会很合用。但如果你对准确性有严格要求，也可以找一找基于孟塞尔颜色系统的、光谱精准的中性灰涂料。GTI 图形科技公司生产两种符合孟塞尔 N7 及 N8 标准灰的中性灰涂料（N8 是浅灰，N7 深一些）。eCinema 公司也生产名为 SP-50 的光谱平灰涂料。其他涂料及纺织品生产商也销售符合孟塞尔色标的产品，其中 N0 代表纯黑色，N10 代表纯白色。

如果你想自己调涂料，弗兰德斯科技（FSI/ 尊正数字视频）Flanders Scientific technical 的资源网页上提供了涂料配方：www.flandersscientific.com/index/tech_resources.php

---

监视器周边环境照明

视频工作间中的环境亮度对于监看图像的精确评估有极其重要的影响。这在一定程度上归因于巴特尔松－布雷内曼效应（前面有关于这个效应的注解），该效应说明图像的感知对比度会随着周边环境光线的增加而增加。（见 Mahdi Nezamabadi's [2] 的博士论文《图像尺寸对图像色彩重现的影响（The Effect of Image Size

---

1 即小型调色间和调色影棚。
2 Mahdi Nezamabadi，图像色彩科学家，工程师，现任佳能（美国）资深科学家。

on the Color Appearance of Image Reproductions）》，罗切斯特理工学院，2008））。

　　因此，让环境照明与监视器的参考亮度和伽马相匹配很重要。想要更加精准可以使用点测光表测量环境光线亮度，它可以用英尺 - 朗伯（ft-L）和勒克斯（lux）测量光强度和亮度。

　　以下是推荐的参考方案。

- 100 cd/m^2 **伽马值 2.4**：80 ～ 120 cd/m^2，伽马 2.2 ～ 2.4 这个较为宽泛的范围涵盖了大部分监视器的个人偏好设置值。如果你使用符合 BT.1886 标准的伽马以及现在推荐的监视器参考亮度值 100 cd/m^2，那么，目前实践中，广播母带制作所用的环境光线值应不高于 12 cd/m^2。换句话说，环绕墙反射的环境光应该是监视器上显示的 100 IRE 白色信号亮度的 1% ～ 10%。虽然这个数值听起来很昏暗，但是许多专业机构在高清母带制作时就是使用 1% 的环境照明。

- 200 ～ 320 cd/m^2，**伽马值 2.2**：适用于起居室及办公室等有可控照明的环境下，以及有适度照明的剪辑（非母带制作）工作间，这里比较合适的环境照明是监视器上显示的 100 IRE 白色信号亮度的 20%。

监视器周边环境照明的色温

　　在大多数南北美及欧洲国家，环境照明的色温应该为 6500 开尔文（D65 标准）。这与正午天光的色温相匹配，广播监视器和电脑显示器的色温也应依此设置。

　　确定照明准确最简单的方法之一，就是使用色彩平衡荧光灯。你可以轻松获得 D65 级灯管，新型的电子镇流器可以立刻点亮。电子镇流器也可以消除老式荧光照明装置造成的令人不愉快的闪烁。

　　在一些亚洲国家，包括中国、日本、韩国，标准色温广播显示为 9300K（标准化为 D93），因此白色更"蓝"。[1]

监视器周边环境照明的色彩准确性

　　光的显色指数（CRI，color rendering index）是对在此光照射条件下的、一组测试对象反射率的色彩真实性测试。[2] 如果使用高 CRI（90 及以上）光源，那么测量出的颜色可能比较准确。

　　CRI 的度量范围是 0 到 100，其中 65 是典型的商业照明设施的设定值，它会不均衡地输出不同波长的光，而 100 则代表着可以均匀输出光谱所有波长的完美光源。

> **注意**　在选择环境照明的灯具时，任何涉及 LED 照明的方案都需要万分小心。虽然这项技术正逐年进步，但廉价的 LED 固件仍以其低 CRI 水平和糟糕的色温准确度而声名狼藉。荧光照明仍然使用最为广泛。

　　实际上，你要找的是 CRI 在 90 及以上的灯具。如果你打算安装荧光照明设备，你可以轻松找到具备合适 CRI 值且可点控亮暗的荧光灯管。

监视器周边环境的照明灯具的推荐

根据布置房间的方式，会有很多色彩平衡照明灯具的选择。以下是一些简单建议。

- 其中一个简单办法是使用 CinemaQuest 的家庭影院理想照明灯具系列，它是为大型平板显示器提供精准环境照明而专门设计的。
- 如果你更愿意自己动手配置，可以考虑 Sylvania 的 Octron 900 T8 电子镇流荧光灯系列，它的 CRI 值高达 90。这种灯泡同样也可以在大型工作室中的暗槽照明中提供环境光。

调色间的照明及布置

　　调色间内其他区域的照明也应严格控制。工作间中不需要太多环境光，因此如果房间内有外窗的话，最

　　1　这里作者显然是错的，我国广播电视的标准色温一向是 D65 标准。所谓"日本使用 D93 标准"，是早期在 CRT 显示时使用的民用电视机习惯，而不是标准。

　　2　指物体用该光源照明和用标准光源（一般以太阳光做标准光源）照明时，其颜色符合程度的量度，也就是颜色逼真的程度。以 Ra 表示，最大为 100。当光源光谱中很少或缺乏物体在基准光源下所反射的主波时，会使颜色产生明显的色差，色差程度越大，光源对该色的显色性越差。

好用遮光材料彻底遮挡住。混纺织物或其他遮光织物都可以有效遮光，但是无论用哪一种材料，一定要确保它是完全遮光的，否则光线透过织物射入，潜在风险会很大，情况会更糟。

一旦遮住所有外部光线，调色间的室内照明应该根据以下章节中描述的准则进行细致地布置。

照明位置

工作间中使用的所有照明都应该是非直接的，也就是说在视野范围内不能看到光源。将灯具隐藏在桌后，操作台旁或置于某种壁龛中，再经由墙壁或天花板反射光线是常见布置方式。

绝不能有灯光从前面反射到监视器上。只要有任何光线从正面漏到监视器上，就会导致光幕反射，这是一种会使图像模糊的半透明反射，同时会降低图像在屏幕上的表现对比度。使精确评估黑电平、阴影处细节和整体对比度变得困难。这也是使用间接照明方式的另一个原因。如果你使用顶部照明，可以通过使用灯具前的蛋架遮光格将光线向下导至操作区，这也同时消除了两侧漏光现象。

照明强度

SMPTE RP166-1995 文档（现已停止使用）中对照明强度有具体的建议，它仍然可以对如何将光线引导至你和客户需要的区域提供相关指导。

- **调色师工作区照明**：推荐做法是将调色师工作区用 3 ～ 4 ft-L (10 ～ 13 cd/m²) 的光线照明，这种亮度应该刚好能看清调色台。不可以有光漏到监视器上。工作区域的色温应该与监视器背景环境色温相匹配。
- **客户工作区照明**：客户需要能看清他们的笔记来和调色师沟通，SMPTE 推荐的客户区照明强度是 2 ～ 10 ft-L (6 ～ 34 cd/m²)。照明光线应垂直降落在客户的桌子附近，且不能漏光到面向监视器的墙上（可能会导致不必要的反射）或直接漏光到监视器上。

由于房间中的环境光会对感知对比度有很大的影响，根据经验，工作间中的环境光最好与目标受众所处环境的环境光亮度相匹配。换句话说，如果你正在调色的项目，将会在客厅这种普通环境中观看，那么应当适当调高环境光亮度。而如果你在做的项目，对将要在黑暗的影院环境下播映，并且你没有使用投影仪来调色，那么应降低环境光线亮度。

用于环境照明的灯具

如果你打算将卤素灯用于客户和工作区照明，Ushio 公司提供白星卤素灯系列产品，可以达到 5300K 和 6500K 的平衡色温。如果与覆盖灯泡的小型蛋架遮光格协同使用，可以为工作照明提供有效且精确的光线来源。

更多室内环境照明相关知识

在较小的房间里，充足的室内环境照明可以通过监视器周边、调色师工作台和客户端桌面区域的照明获得。较大的房间可能需要额外的环境光，这可以通过沿墙壁设置的灯槽或嵌壁灯实现。现在有争议的话题是：工作间内客户的环境照明的色温应当如何设置。

> **贴士** 一些调色师在房间中设立"白点"，指的是在墙上纯净的、非饱和的白色区域，并通过 D65 标准照明。你可以把它看成是给眼睛使用的白卡。在长时间工作后，由于眼睛的视觉疲劳，你对白色的感知可能会产生偏差。这时，瞥一眼墙上的"白点"可以让你重新获得对中性白的正确感知。你也可以通过观看输出到监视器上的白色静帧来达到此效果。

有一种观点是：所有额外的环境光色温都应与监视器及其周边照明的色温相匹配，以保持房间的中性化。调色师工作区和客户区之间的色温变化，会使调色师在评估图像与和客户交谈之间来回切换的时候感到非常头疼。如果你追求绝对精确的话，在这点上一定不能错。

另一方面，一些调色师认为，在昏暗的房间中一整天使用 D65 照明会显得客户区很冷色调，而且不舒服，又因为调色师希望客户能再次光临，所以他们决定安装暖色灯具，例如 5500K 或 4100K 的灯具。只要这种照明的光线处在调色师背后，不在他们的视野范围内，且光线不会直接漏到监视器上，我也不太反对这种方式。

无论你怎样设计，最后一点，记得要通过精心布置所有你安装的环境光源，来避免在监视器上产生光幕反射。这也包括避免对监视器后面墙壁的直接照明。

很明显，这些都是理想化的情况，在你的调色间里不一定会适用。但是，如果由于忽视这些建议而产生负面影响的话，那么后果只能你自己承担了。过暖和过亮的室内照明会对调色师评估图像的感知造成明显的影响，这样也会对调色师做出的调色决定产生明显的影响。你肯定不希望因为漏到屏幕上的光使你看不清调色图像的真正黑电平，从而对黑色过度压缩。

舒适、中性的办公家具

你肯定希望把工作台设置得尽可能舒适，座椅、键盘及鼠标的高度适宜；监视器依照人体工学调整，从而避免背颈部疼痛或手腕疲劳。因为你会长时间坐在工作区内，所以你最好能身体放松从而专注于工作。

你的椅子应该耐用、舒适、可调节高度（你不可能为了一把好椅子花太多钱）[1]。而且你最好确保客户也有舒适的座椅，这会使他们的态度大有改观。

为了营造中性环境，应避免使用亮色及反光材质的桌面。亚光黑色是桌面颜色的好选择。同时，桌面材料应当是无反射的，以避免光线漏到监视器上。

工作间内的装饰

就工作间环境而言，你无须穿着灰色连衣裤坐在灰色房间，在灰色的家具上进行调色。当不在调色师视野范围内，并且不会将光反射到监视器上时，使用些许雅致的哑色也无妨。

近期我见过的大部分调色工作室倾向于在工作区使用深浅不同的灰色，在非环绕监视器背景的区域使用彩色。SMPTE RP 166-1995 中建议："如果工作室中的其他区域需要改变中性色背景环境，那么首选清淡的（柔和）颜色。孟塞尔颜色体系以"近中性色"来定义这类可选色。如果你想知道这些"近中性色"看起来是怎样，请参考 X-Rite/Munsell 出版的《孟塞尔近中性色手册》（Munsell Nearly Neutrals Book of Color）。

建立一个母版级别的制作工作间，除了技术需求以外，调色师还应该记住，客户来找你不只是为你在技术和创意方面的专业技术，他们还想找一个乐于花时间待着的地方。真皮沙发、有异国情调的咖啡桌和书可能会显得有些可笑，但是在设计房间时花些时间，为即将合作的客户的喜好考虑一下是很有必要的。有一个舒适、装饰有品位且实用的客户工作区，并配备有无线上网和可以小憩的区域，可以让客户有家一般的感觉，这也是他们再次前来的重要因素。

监视器放置

剪辑用的广播监视器更多是为客户准备的，而调色工作间的技术监视器应该放在一个对你和客户来说看起来都很舒适的地方，因为你们在工作中全程都会盯着它。

> **注意** 很常见的是，客户有时会指着电脑显示器上的调色界面说："你能不能让这个图像看起来更像那个？"尽管这个请求很合理，但这会让人很郁闷，而且很难对客户解释他们为什么不应该以电脑显示器上的图像为准。[2]

为了使自己保持理智，你最好和客户观看同一台监视器。尽管某些情况下使用多台监视器更有利（例如你配备了超高画质的投影仪和另外的技术监视器），请务必确定客户在描述他的要求时，他所参考的监视器始终只有一台。

如果你的工作室较小，监视器也较小，那么把它放在电脑显示器边是很合理的，但是在工作台上给客户预留一个位置是个好主意，因为客户很可能需要坐在你旁边参与整个调色过程。

如果工作间的大小（和预算）允许，那么推荐购置一台较大的技术监视器并且将其置于电脑显示器后方正中的位置（见图 2.11）。这可以使客户坐在指定区域观察图像，并且有助于防止电脑显示屏的光线对技术

1　建议读者根据工作强度来选择优质的椅子，好的椅子花费也不少。
2　本章的前面有提到这个问题。

监视器造成眩光。

图 2.11 这是我目前在明尼苏达州圣保罗的工作室

被合理放置的高清监视器，应当可以让你和客户都能轻松地查看，应将监视器置于电脑显示器后侧，以防止眩光导致的漏光现象。技术监视器到调色师的距离应该是图像垂直高度的 3.3 倍。调色师应当确保监视器所摆放的位置，能在每次眼睛视线在监视器与电脑显示器之间切换时不需要将头上下左右来回摆动。

根据工作间和监视器大小，你可能会发现自己和监视器的距离比指导手册中推荐的要近一些，而客户则坐在相应显示屏大小推荐距离的外缘。要记住，你离监视器越近，就越有可能看到图像的像素点，这并不是我们想看到的。坐在适当的位置可以保证图像的像素融为一体[1]，这样，调色师才能进行适当的评估。

- 24 英寸（对角线长度，下同）显示屏：建议的理想座位距离是 1 米（3.5 英尺）。
- 32 英寸显示屏：建议的理想座位距离是 1.3 米（4 英尺）。
- 42 英寸显示屏：建议的理想座位距离是 1.7 米（5.5 英尺）。
- 50 英寸显示屏：建议的理想座位距离是 2 米（6 英尺）。

此外，索尼公司建议将监视器置于离墙 2 ～ 6 英尺的位置，这样可以使背光照亮监视器周边环绕区。

显然，调色间的实际大小决定了你是否可以按这些建议推荐来布置，但当你对购买监视器的尺寸做出决定时，一定要牢记这些建议。如果你准备买较大的监视器，那么工作时可以一眼就看到整张图像是最好的。可以说，如果你的监视器太大或距离太近，你可能会只见其木，不见其林。

另外，不要忘了你的客户。他们和你一样需要看技术监视器。最理想的情况是你买的监视器足够大，可以让他们舒服地坐在客户区就可以看到准确的图像（在那里摆上舒适的皮制家具、一张工作桌、杂志、糖果、乐高玩具，并配备无线上网，从而在工作较枯燥无聊时分散他们的注意力）。

> **注意** 前置投影银幕有不同的距离要求，稍后在本章介绍。

如果你的预算既不允许你购买大型监视器，也不能布置昂贵的客户区，那么你需要在你的工作台旁边给客户留一个位置，以便你们一起评估图像。

配置调色影院

调色影院的目的是创建一个理想的参考环境，以尽可能接近观众在影院观赏你的调色作品的环境。

与平常的那种监视器（有背光）加柔和环境光的小型视频调色室不同，调色影院需要完全控制亮度，而

1　即要保证看到图像的整体而不是局部。

且调色工作是在黑暗环境下进行的。如果你调色的节目均为广播所用，那么使用调色影院就毫无意义。但是，如果你是在为大银幕项目进行调色，使用调色影院环境对调色师和客户来说都是无与伦比的体验。

> **注意**　本节中的信息均从以下文档中摘出：SMPTE 推荐实践文档 RP 431-2-2007，《数字电影质量参考投影机与环境》（D-Cinema Quality–Reference Projector and Environment）。还有 Thomas O. Maier 的文章《数字电影的色彩处理 4：测量与公差》（Color Processing for Digital Cinema 4: Measurements and Tolerances）（2007 年 11-12 月刊登于 SMPTE Motion Imaging Journal）；以及格伦·凯纳（Glenn Kennel）的《数字电影色彩及母版制作，焦点出版社，2006》（Color and Mastering for Digital Cinema，focal press，2006）。

有两种建立调色影院的方式（见图 2.12）。较低预算的方法是建立一个使用 BT. 709 规格，适用于制作高清 1080p 的"迷你影院"。这适用于电影节巡演或限定区域小规模放映的小型制作，特别是使用如 Frauenhofer 出品的 easyDCP 之类的软件可以将 BT. 709 项目轻松打包成 DCP。此工作流程唯一的限制是，你既无法监看也不能控制数字电影 P3 色域所能达到的最饱和值。但是，如果你的调色项目最终是通过蓝光、Netflix、付费电视或广播的方式进行家庭播放的话，那么这也算不上是一个缺点。

图 2.12　位于圣莫尼卡的 CO3 公司内的调色影院。

第二种方法是购置一台成熟的 DCI P3 参考投影仪，建立一个 2K 或 4K 分辨率的工作环境，这么做代价不菲。但是，如果你手上是大预算项目、要进行大规模影院放映，那这是唯一一种可以得到完整数字影院体验的控制方式。

以下各节所述的准则适用于你所采用的任何一种方法。请记住，工作间、银幕的大小以及使用的投影仪类型之间都是相互关联的，这些因素决定了你将如何布置你的调色间。

用于后期制作的数字投影仪

显然，设置调色影院完全是为了让调色师使用投影仪做出调色决策。正面投影仪的显示特性与大部分自发光监视器（如液晶，等离子及 OLED）很不一样，在投影环境内进行调色，保证了调色后的画面效果与观众最后看到的图像可以达到最佳匹配。

视频投影的优点

除了在观看效果上更让人印象深刻外，视频投影仪有以下几个优势。

- 采用的 LCoS 或 DLP 技术的投影仪在本书编写时是最顶尖的产品，只要使用相匹配的投影银幕，就可以显示出超高对比度和精准且深邃的黑电平。

- 若正确安装并使用合适的投影银幕，在广视角观看时的色彩及亮度偏差小到可以忽略不计。
- 调色厅足够大的情况下，根据投影仪的光输出，能够产生用于观看的超大图像。这可以为在大银幕上放映的作品提供较极致的完整性检测。

最后这一点是很重要的。你在后面的章节中将会学到，图像的大小对图像的色彩有重要的影响。如果你不在符合影院体验的银幕上进行调色，你将会做出完全不同的调色决策。

当我通过投影仪调色时，客户通常是第一次见到他们的影片以如此大的尺寸展示出来。这是一个好机会，让他们发现那些无效的视效镜头，以及发现在 24 寸监视器上看起来良好却在大银幕上显示出焦点软掉的镜头，这样，客户仍然有时间对这些镜头进行修改。

使用投影仪放映也是对特定图像的颗粒或噪点进行评估的好方式。需要再次说明的是，一些在小型监视器上看起来还可以接受的噪点，只有用大银幕放映时才会暴露出本质。

视频投影仪的缺点

使用视频投影对小企业来说，最大缺点是成本过高。请记住，成本中包括了合适的高质量银幕以及投影仪校准、灯泡更换等产生的必然费用（很昂贵）。用于调色的、可接受的高清投影仪的最低价格一般处于家庭影院设备的最顶端，而成熟的 2K 投影仪通常起价在 30000 美元，且会轻易超出这个价格。

另一个重大缺陷，是使用投影仪的调色厅需要进行全面的光线控制。调色间内只要有一丝环境光都会降低显示图像的质量，所以你必须注意设计遮挡工作区和客户区的照明，防止任何光线透漏到银幕上。投影仪只适用于在全黑环境下，满足影院需要的调色。如果你是为电视节目进行调色，那么使用投影仪不是一个好选择。

最后一点，视频投影仪需要小心安装，再有，投影仪比别的显示方式需要更大的空间，所以要预留好足够空间。投影仪镜头到银幕的距离必须提前规划好，投影仪安装的高度也必须与银幕的位置和尺寸相匹配。你选择的银幕类型会影响到图像亮度。根据你的具体情况，有很多不同种类的银幕可供挑选。

选择视频投影仪

选择视频投影仪的标准与选择其他类型监视器的标准是一样的。在采购后期制作投影仪时，一定要牢记以下需要避免的事项。

- **避免购买不支持全高清分辨率的投影仪。** 许多为会议室或展示厅设计的投影仪，其实并不支持视频及数字影院使用的 1920×1080 或 2048×1080 的原生分辨率。
- **避免购买依赖 "高级光圈" 或 "动态光圈" 机制以增进对比度的投影仪。** 这种机制的工作原理是根据视频信号亮度的突然变化（场景变化），来进行一系列不可控的自动对比度调整。这种自动调整使我们无法对图像进行客观评估。你所需要的投影仪应具备始终如一的高 "原生" 对比度。
- **提防那些没有符合 BT. 709 或 DCI P3 标准的内置校准控制的投影仪。** 许多家庭影院投影仪色域更宽，或者基色不符合正确的色彩坐标。这可能会导致色彩过饱和或偏移，例如显得过于 "橙色" 的红色。这种投影仪可以使用外部校准硬件校正，但是这会增加额外成本。
- **避免购买对于你的调色间来说过亮或过暗的投影仪。** 一台合理校准过的投影仪在参考环境中显示平面参考白场输出的光应该是 48 cd/m^2。如果图像太过明亮，长时间的调色会使你产生视觉疲劳。如果图像太暗，那么色彩就会不生动，在调整图像饱和度时会导致错误调整。
- **始终提前对选定的投影仪进行评估，以确保它不会出现 "纱窗" 效应及 "彩虹" 效应。** 纱窗效应是指可见的像素行分离现象，而彩虹效应是指在高对比度，快速移动的场景中的短暂失色。

用于监看数字电影母版的精密色彩级投影仪的特性

根据格伦·凯纳（Glenn Kennel）所著的《数字电影色彩及母版制作，焦点出版社，2006》（Color and Mastering for Digital Cinema，Focal press 2006），适用于数字电影母版制作的视频投影仪应当具备以下特质。

- 参考投影仪的白色峰值输出应为 48 cd/m^2。
- 投影仪的伽马值应为 2.6，允许有 ±2% 的公差。
- 色温应为 5400 开尔文（D55 标准）。
- 大部分数字影院投影仪使用氙气灯。
- 从银幕上反射的环境光应低于 0.01 cd/m^2。

- 投影机应该能够显示 1.85 ：1 和 2.39 ：1 宽高比。
- 对于真正的数字电影母版，投影机应可以涵盖 DCI P3 色域，且校准后精度应为 ±4 delta Eab*，其中 Eab* 表示在 a* b* 色彩坐标中的误差量级。SMPTE RP 431.2 关于参考投影仪的部分提供了校准所需的信息。

视频投影仪厂商

较为低端的投影仪是 JVC 的 D-ILA 家庭影院投影仪系列，均适用于那些采用 BT. 709 色域及伽马值标注的小型工作室。D-ILA 技术是 JVC 基于 LCoS 技术的变种；它提供深邃的黑电平以及良好的光输出，拥有 1920×1080 原生分辨率，适用于最大达 9.75 米（16 英尺）宽的银幕。最好可以提前预约一位专业校准师，以找出现有型号中经校准后最符合你需要的投影机型号。

> **注意** 请记住 1920×1080 的高清分辨率只比 DCDM 标准 的 2 K 分辨率 2048×1080 在横向上少 128 个像素。

另一家值得关注的、制造高端高清分辨率家庭影院投影仪的公司是 Sim2，他们出品了 SUPER PureLED 照明 DLP 投影仪系列。

如果你正在考虑购买成熟的数字电影投影仪，要注意，家用视频发烧友使用的投影机与数字电影调色所用的投影仪在价格和性能上都有很大差异。数字影院使用的投影仪光输出更大，而且为了稳定运行需要更大的空间。

较为高端的是使用 DLP 技术（备受数字影院应用青睐）的三个供应商，使用 2K 2048×1080 分辨率并符合 DCI P3 色域及伽马值标准。

- **巴可（Barco）** 公司有专为配合后期设备而设计的视频投影仪系列，适合于 10 米（32 英尺）及以下宽度的银幕。
- **科视（Christie）** 也生产紧凑型数字电影放映机，适用于 10.5 米（35 英尺）及以下宽度的银幕。
- **NEC** 生产较小的专业数字电影放映机，适合后期制作使用，适用于宽达 8.5 米（28 英尺）的银幕。

选择和安装银幕

在根据需求选定了合适的投影仪后，另一项重要决定就是银幕的选择。

你要选择的银幕类型，应该是可以在任何角度观看都反射相同的光谱能量且无色彩变化（被称为朗伯（Lambertian））的银幕。不推荐使用有孔幕，这样可以避免图像混淆。[1]

建议购买 1.0 增益的平面哑光银幕。银幕的增益是指它反射光线的能力如何。某些投影银幕实际上是灰色的，增益 0.8（或更低），这样可以降低投影图像过亮的黑位，或者在非理想光照条件下增加对比度。其他的银幕有更多高反射涂层，令银幕增益达到输出亮度级的 1.5 倍，这可以弥补一些投影仪的光输出不够的情况，但可能会在图像中表现出可视噪点。你所需要的就是最简单的——平面哑光银幕——且增益值越接近 1 越好。[2]

银幕的大小取决于调色间的大小、投影仪的性能以及调色监看时离银幕的距离。SMPTE 推荐的调色监看距离是银幕高度的 1.5 ～ 3.5 倍，而距离是银幕高度的 2.0 倍则是"甜点"（即理想情况下你应该坐的地方）。据上所述，调色观影间一般分为两类。

- 对于使用高端投影仪的、严肃的数字影院母版制作来说，15 英尺的银幕是最小适用尺寸，较大规模的调色公司会使用 20 至 30 英尺宽的银幕，以复制商业影院的规模。
- 在较小的调色厅进行母版制作使用的银幕宽度从 5 英尺到 10 英尺不等。尺寸越大，效果越好，但是经校准后，投影仪的性能达到 48 cd/m² 的理想状态会限定银幕尺寸。

另外一个是针对锐利的、不反光的哑光黑色银幕框架的建议。很多生产商，他们生产包在吸光黑色天鹅绒中的粗边固定框，这是非常理想的边框设计。明显的黑色边框可以改善图像的感知对比度，同时会消除漏到银幕边缘的光线。最后一点，如果你正对宽高比有变化的项目进行调色，你会用到某种哑光黑色遮片系统来遮盖由信箱模式或邮筒模式产生的黑边。如果你资金充足，可选择可以具备该功能的自动系统。研发前投式银幕的生产商有（按字母表顺序）Carada, Da-Lite, GrayHawk, Screen Innovations, 以及 Stewart。

1　感兴趣的读者可以自行搜索关键字"朗伯反射"。
2　高增益银幕的另一项缺点是银幕中心和边缘的亮度差异大。

投影仪安装

决定银幕尺寸之后，就可以找出放置投影仪的理想位置。

一般来说安装投影仪有三种方式。小型的家庭影院投影仪既可以固定在房间后部，靠墙放置的架子上，也可以通过一个高强度底座固定在天花板上。专业的数字影院投影仪一般会更重，声音更响，因此它们必须被放置于房间后墙之后的投影间内，玻璃的放映窗可以让光线通过。无论你准备怎样安装投影仪，它到银幕的距离是根据投影仪的**光输出量**（通常可以调节），以及你想要投射到的**银幕宽度**以及投影仪镜头的**投射比**决定的（也就是投影仪想要反映出固定尺寸的图像所需的到银幕的距离）。

大多数适合调色工作的投影仪具备变焦镜头（例如 JVC D-ILA 投影仪有 1 倍至 2 倍变焦）或一系列定焦镜头，你可以根据具体的环境选择不同的投影距离。

设定投影机到银幕的距离

你可以通过镜头的投射比乘以银幕宽度，计算出投影机到银幕的理想距离。目的是保证投影仪的白电平输出尽可能贴近 48 cd/m^2。

计算出银幕到投影仪的适当距离后，就要将投影仪安装在位于银幕宽边的中间位置，投影仪的镜头应当完全包括在银幕的竖直高度之内。尽管大部分投影仪带有梯形变形控制，允许在投影偏离中心时对图像进行几何调整，不过，要是把投影仪在首选位置上安装好，会更省时间（不用手动修改几何调整）。

严格控制照明

使用数字投影仪进行调色观察需要工作间具备全黑条件。这意味着需要总体光控，绝对不可以出现没有遮光帘的窗户，这可不是开玩笑。

我们鼓励使用哑光黑涂料、帘布、地毯家具及装饰，虽然暗灰色也很好（可能会让工作间看起来更舒服）。其根本原因是要尽可能消除房间内任何（物体）表面产生的环境反射光。

当然，你需要能够看到工作区的操作台，但任何工作区照明都必须严格控制。虽然，无论是 SMPTE 建议的数字电影参考环境，还是 DCDM 规范，都没有提供特定的调色工作区和客户区光照水平的标准。但无论如何，银幕上都不能出现漏光。这使最小强度的定向性照明成为必要，尽管以我的经验来看，在完全黑暗的环境下工作从来不是个问题，实际上这能让客户更加专注于工作。

有关调色参考投影仪和其环境设置的更多信息，可以参考格伦·凯纳（Glenn Kennel）所著的《数字电影色彩及母版制作，焦点出版社，2006》（Color and Mastering for Digital Cinema，Focal press 2006）。

调色所需的其他硬件

色彩校正平台可以分为两大类：一类是"交钥匙系统（turnkey color correction systems）"，在特定的硬件上运行特定的软件并使用特定的存储系统，另一种是基于软件的"DIY"调色软件（例如 DaVinci Resolve），使用第三方硬件组装自己的系统。

市场是不断变化的，本书不可能涵盖其中所有调色系统的每个细节，但你在做调色设备集成的时候有些东西需要格外注意。总的来说，需要特别注意的是你所选的设置，因为它们直接关乎到你对视频图像的直观评估，所以，尽量使用在你预算范围内能承受的、最高质量的视频接口和监视器，以及最准确的监测器和测试仪器。

硬盘存储

不管你用的是什么系统或者什么样的播放器，为了提高工作效率，你都需要高速存储。无压缩 HD，2K，4K 和 6K 的 RAW 格式以及图像序列，在单一项目中就要使用以 TB 计的存储空间。如果你很忙，需要同时处理多项目时，还会想要有更多存储空间来一次存储多个项目。

如果你使用交钥匙调色系统(存储器作为系统包的一部分)，那么就需要根据供应商的建议来使用存储器。但如果你是在自己组装的硬件上运行由软件驱动的调色系统，你就需要找出适合自己的最佳选择。

存储器的理想程度，其实取决于你所使用的设备类型（或你自己专属的私人视频制作系统）。对于高带宽的调色和完成片工作，你有两种选择：要么是直连式磁盘阵列（多种技术可选），要么是网络存储系统（很可能使用光纤技术）。

直连式存储设备的优点是价格便宜，同等预算下得到更多 TB 级存储空间。带光纤通道的网络存储系统虽然贵一些，但它的优点是更具灵活性。多台剪辑、合成以及调色工作站可以共同访问一个存储容量共享介质，不需要重复地拷贝数据或来回挪动硬盘。[1]

最后需要注意的是：如果你的项目时间紧迫，你需要在存储系统上附加其他措施，以防驱动器在使用时发生故障。RAID 5 就是一种常用的保护方案。它可以很好地平衡高性能和驱动器安全之间的关系。即使阵列中的一个磁盘失效，它可以用其他磁盘进行取代，并保证整个卷可以重建而不会丢失。

磁带备份

现在已经是无带化拍摄和后期制作的世界了，新的制作规则是：如果你创建一个文件，你就应该对其进行安全备份。硬盘适合短期存储，如果你想要长期保存的话，还是使用磁带。经长期使用验证，这是唯一保存年限可达 30 年的技术。

近年来，虽然有多种磁带备份技术比较普及，开放式线性磁带技术（LTO，Linear Tape-Open）已经成为磁带备份的主导标准。部分因为它是由 LTO 联合会共同开发的一个开放标准，联合会其中包括希捷、惠普和 IBM 等公司。

写这篇文章时，LTO 联合会已经发布了四个版本的 LTO，其中 LTO-6 是最大容量的版本。每个后续版本的 LTO 存储容量都是前一版本的两倍，并且保存了前一版本的向后兼容。供应商提供的 LTO 备份解决方案，足以保护自己的或者你客户的项目或媒体文件。

视频输出接口

如果你自己组装电脑系统，记住要想成功地显示图像，必须保证连接到计算机的视频接口和监视器的视频接口是相同的。多数视频监视器是可扩展的，可以根据视频的显示格式购买所对应的接口卡。

外置示波器 VS 内置示波器

在对有安全播出要求的作品进行调色时，任何人都会希望有一台外部示波器可以对视频信号进行全面评估。虽然，许多调色和非线性编辑系统配有内置的示波软件，用于分析你正在处理的图像数据和数字状态，但外部示波器仍有广泛用途。例如，你的视频从系统里输出之后，为了确定在信号链中、在特定点上的视频的状态和质量，可以利用外置示波器进行评估。

即使在日常的使用中，很多外部示波器还具有更高的分辨率和更多选项的优势，例如将图形缩放到一定范围，或把一个镜头叠加到另一个拍摄现场的定格图上。某些外部示波器还带有色域检查（gamut-checking），复合（Composite）和 RGB 偏移（RGB excursions）等功能。

此外，当你对项目进行质量控制（QC）检查时，许多外部示波器可以在播放整个项目时自动进行 QC 日志，与时间码一起标识出有问题的图像。因此拥有一台外部示波器是很有必要的。[2]

调色台

调色台的控制面板通常包括以太网或 USB 连接设备，并带有三个轨迹球（对应软件里暗部、中部和亮部的色彩控制），三个圆环（转盘）（对应 lift 或黑位、gamma 或中间调和 gain 或白点）以及对应调色软件的各种按钮和旋钮，方便调色师直接进行上手工作（图 2.13）。

调色台还通常设计有项目播放和导航控制按钮，以及对视频复制 / 粘贴和管理的按钮。一般情况下，调色台可以通过某种模式的切换，实现一种物理操作对不同软件操作的控制。

像 Blackmagic 公司的达芬奇，Quantel 公司的 Pablo 和 FilmLight 公司的 Baselight 这样的高级调色系统，一般都配有其专属的调色台（图 2.14）。

1　在本书的翻译期间出现了基于万兆网技术的网络存储设备，有兴趣的读者可自行搜索参考。
2　尊正数字视频公司出品的监视器内置此功能。

图 2.13　Baselight 公司的 The FilmLight Blackboard 2 是一款功能强大的高级调色台。它配有能够显示图像和视频的自调整按钮，带有 LED 反馈，而且配有手感柔和的光学旋转控制按钮和显示软件反馈用的高分辨率显示屏，同时还有带轨迹球、调色环和慢快速控制按钮以及一个内置的手绘板和键盘

图 2.14　虽然这些软件和许多其他的调色台是兼容的，但 Blackmagic 公司设计的调色台只针对达芬奇调色软件。调色台上更多的控制按钮让用户能更高效地控制每个调色工具

其他调色软件像 Assimilate Scratch、Autodesk Lustre 和 Adobe SpeedGrade 都是使用第三方公司提供的调色台，例如 JLCooper 公司、Tangent Devices 公司和 Euphonix 公司的调色台。

除了可以让你的调色间看起来像飞船控制室一样，使用调色台还有一些其他优势，如下所示：

- 工作时尽量使用物理控制而不是只用鼠标，这样可以使你的注意力集中在监视器上。
- 当你熟悉了某一款调色台，不断重复的操作可以让你的调色速度更快，而且你会自然而然地记住更多快捷键。
- 调色台可以让你实现多参数同时调整。比如，你可以同时反方向调整高光和暗部的转盘从而提高对比度，在调色台上操作就会非常便利。
- 当你的工作量很大，一天需要调 600 个镜头片时，使用调色台可以让你不用长时间使用鼠标，从而减轻了对手腕的压力。图 2.15 展示了 Tangent Element 调色台。

图 2.15　Tangent Element 调色台可以与多个调色软件兼容

使用调色台就像演奏乐器一样需要多加练习。操作一种软件的次数越多，工作速度就越快，效率就越高。

除调色台以外的其他控制方式

非线性编辑系统如 Avid、Final Cut Pro 和 Premiere Pro，以及大多数像 After Effects 这样的合成软件都

不兼容其他调色软件使用的第三方调色台。

如果你在上述的软件界面里做调色，还是有一些设备可以让你的工作变得更轻松一些。

- **此时你就非常需要一个带滚轮和多按钮的鼠标。**在工作时你只需转动滚轮，就可以在屏幕图像上进行精细的调整。除此之外，你还可以将调色软件的键盘快捷方式映射到鼠标的多功能按钮上（某些游戏鼠标有好几个可映射按钮），这样的话只需操作鼠标就可以进行多种操作。

- 如果你的工作里需要大量使用到蒙版或遮罩（也称为 vignettes, user shapes 或 Power Windows）进行二次修正，**绘图板**就会非常实用。它更有利于绘制和修改复杂的形状，这样就不会再出现用鼠标时像是"用砖头画"的那种效果了。

- 现在的行业内也出现了一些触摸屏配件。一些程序员已经在尝试利用 iPad 作为控制面板。它是通过应用程序的 API 来控制自定义插件或整个调色程序。在撰写本文时，这方面的尝试还很少。但随着时间的推移和硬件的发展，我认为这方面的技术应该会逐渐成熟。

> **注意**　一些专业的调色台，像宽泰 Quantel 公司的 Neo 和 FilmLight 公司的 Blackboard，都有内置绘图板。

视频合法化检查器（Video Legalizer）

视频的合法化检查器，是用于将输入的视频信号在用户设定限制以外（换句话说，避免亮度或色度太高或太低）的部分，进行切除或压缩的硬件视频处理器，这个操作是在视频输出中打印或编辑到磁带之前进行的。包括 Ensemble Designs、Eyeheight Designs 和 Harris/Videotek 在内的一些公司，也选择将合法器设计成在工作站的视频输出和录像机的视频输入之间独立工作。

这一步骤，是为了可以手动调整超出范围的信号，而不是要取代调色处理。因为这样可以更好地检测出图像细节，而不是简单地（把信号）切掉了事。相反，它其实是可以抵御非法广播的最终壁垒，它可以防止偶然出现的杂散像素，使你更好地在调色中发挥想法和创意。

合法化检查器并不是必备的设备，但如果你没有的话，在调色时对项目的信号合法化需要格外谨慎。有关质量控制和广播合法化的更多详细，请参见第十章。

第 3 章

一级校色：对比度（反差）调整 [1][2]

在调色过程中，所有的数字图像可以分为 Luma（亮度分量，即视频信号的亮和暗）和色度（颜色）分量。在这一章，我们会研究如何调整图像的亮度分量来控制图像反差。

对比度是图像的基础，图像的基本影调通过反差来体现，从绝对黑到暗灰色的阴影，到中间色调的浅灰色，再到最亮高光的白，如图 3.1 所示。

高光
暗部
中间调

图 3.1　相同图像，左侧图带有颜色，右侧图去掉颜色；从右侧图中，
我们能更容易分辨组成图像影调的高光、暗部和中间调

我们如何看到颜色

人类的视觉系统是分开处理亮度和色彩的，而事实上，我们从图像的亮度或影调得到的视觉提示，会对我们如何感知清晰度、景深和组织场景内的物体产生深远的影响。

在玛格丽特·利文斯通[3]的《视觉和艺术：视觉生物学（哈里·N. 艾布拉姆斯出版社，2008）》（Vision and Art: The BioLogy of Seeing, Harry N. Abrams 2008）一书中，详细说明了人类的视觉系统，是如何由我们大脑内完全独立的区域进行亮度和颜色的处理。总的来说，视杆细胞（它只对黑暗环境的亮度敏感）和视网膜上的三种视锥细胞（在良好照明条件下，对红、绿、蓝色光的波长敏感），都连接到两种类型的视网膜神经节细胞，如图 3.2。更小型的侏儒神经节细胞（简称 M 细胞）将色彩拮抗信息进行编码，传递到利文斯通称之为大脑的"是什么（what）"部分，大脑的这个部分负责物体和面部识别，色彩感知和细节感知（更多内容请浏览第 4 章）。

第二种类型的视网膜神经节细胞，其视杆和视锥连接到有较大的伞状（P 细胞）神经节细胞，它对亮度信息进行编码，由利文斯通提及的大脑中负责"在何处（where）"的部分专门处理，这一部分是无色彩感知的，这部分负责运动和深度的感知、对空间的组织以及对场景的整体组织。

由于这种神经组织结构，本章中所描述的调整方法，对影片的视觉效果以及观众的视觉体验会有非常真实和具体的影响。作为调色师，学习通过具体操作更改图像影调来影响感知，以及如何利用它们，是至关重要的。

1　"对比度"或"反差"都能表达原文 Contrast adjustments 的意思。在摄影和绘画上，我们习惯使用"反差"来描述图像中黑白灰的关系。但是，由于一些调色软件内有名为"Contrast"的工具。因此，在本章中使用"反差"或"对比度"都是表达相同的意思，都是描述图像的影调关系，特此标注。而在说明软件的特定工具时，则直接以英文"Contrast"出现。

2　本章涉及具体的调色操作，在描述具体的软件操作时，直接写工具的英文名称。

3　玛格丽特·利文斯通（Margaret Livingstone），美国哈佛大学医学院的神经生物学专家。

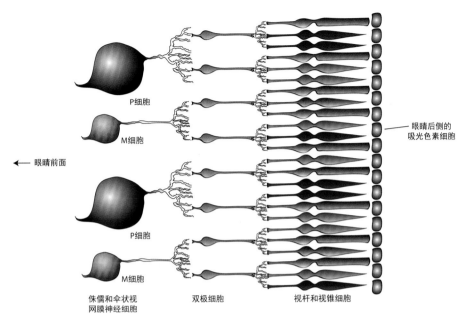

图 3.2　眼睛的内部细胞结构，简示了收集光线的视杆和视锥细胞之间的连接，
双极细胞整理它们的信号，而 M 和 P 细胞组合两路彩色和亮度信息，传送到枕叶

LUMINANCE 和 LUMA（亮度和视频亮度）

　　Luminance（亮度）是眼睛感知光的强度，而 Luma（视频亮度）用于视频中，是对光的强度的非线性加权测量，这是 Luminance 和 Luma 之间的一个重要区别。

　　Luminance（亮度）是感知的描述，而不是测量图像的光亮程度。[1] 而测定亮度的标准方法，是给人类观察者安排一系列的灰度条，使灰度条的整体结构看起来是均匀和线性的、从黑色渐变到灰色再到白色。据莫林·C. 斯通[2] 的《数码色彩指导手册（A.K. 彼得斯责任公司出版，2003 年）》（A Field Guide to Digital Color，A.K.Peters，Ltd.,2003）书中介绍，大家最终一致选择用灰度条表达亮度，灰度条的数量大约为 100 条。

　　另一方面，**Luma（视频亮度）**是指在视频信号或数字图像的组成中，用于决定图像亮度的单色部分。在视频应用程序中，Luma 通常是独立于图像的色度（或颜色）之外的，尽管你所用程序的图像处理方式决定了你将 Luma 调整到何种程度才不会影响色度。

通过人眼视觉来分解亮度

　　通过发光效率函数可以看出，人的眼睛对可见光谱的每个部分具有不同的灵敏度。这个函数是近似图 3.3 所示的曲线，该曲线叠加在可见光谱的波长上。

　　正如你所看到的，眼睛对光谱中的绿色或黄色部分是最敏感。因此，Luminance（亮度）是光的强度的线性表达，根据人眼敏感度的标准化模型，由红色、绿色和蓝色加权得出，由 Commission

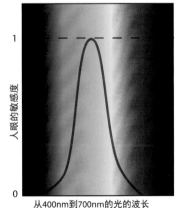

从400nm到700nm的光的波长
发光效率函数的近似值

图 3.3　图中曲线表示在可见光谱中
人眼最敏感的部分，被称为发光效率函数

1　Luminance是表示人眼对发光体或被照射物体表面的发光或反射光强度实际感受的物理量，Luminance和光强这两个量在一般的日常用语中往往被混淆使用。国际单位制中规定，亮度 Luminance 的符号是 L，单位是尼特（nits）。

2　莫林·C. 斯通（Maureen C. Stone），美国计算机科学家，在色彩模型方面是专家。

de L'Eclairage（国际照明委员会）或 CIE 色彩系统定义。据查理斯·波伊顿（Charles Poynton）[1] 在《数字视频和高清电视：算法和接口（摩根考夫曼出版社，2012）》（Digital Video and HDTV：Algorithms and Interfaces，Morgan Kaufmann 2012）所述，luminance（亮度）被计算出红色约 21%，绿色约 72%，蓝色约 7%（有趣的是，我们的视锥细胞只有 1% 是对蓝色敏感的）。

颜色的这种分布可以在图 3.4 看到，波形监视器中对应于图像中的纯红色条、绿色条和蓝色条的亮度测量结果是不同的，即使用于创建示波器波形的 HSB（Hue，Saturation，Brightness，即色相，饱和度，亮度）选色器的 Brightness 值是相同的。

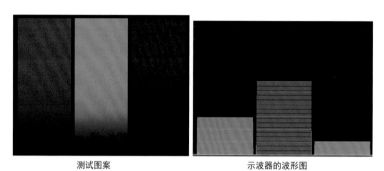

测试图案　　　　　　　　　　　　　　　示波器的波形图

图 3.4　在波形监视器中，使用 Luma 分析纯红色、纯绿色和纯蓝色的条形测试图。得到的波形显示了在视频中每个颜色通道在亮度分量中所占的部分

LUMA 是被伽马（Gamma）调整的 LUMINANCE

因为眼睛对亮度的感知是非线性的，所以伽马（gamma）调整被应用到视频录制设备和显示设备中，通过对亮度计算的非线性调整（功率函数）。已经伽马校正过的 luminance（亮度）称为 Luma（视频亮度），被指定为 $Y'C_BC_R$ 中的 Y'。这个 "'"（角分符号）表示正在进行的非线性变换。

这里有个简单的方法，可以看到为什么视频系统的标准伽马调整会影响我们眼睛对较亮和较暗图像影调的敏感度。观察图 3.5 的两个渐变图，看看你是否可以挑出一个最均匀的黑白分布。

图 3.5　你能从这两个图中选出哪个影调是真正的线性分布吗？

如果你选择顶部的渐变图，你会对底部的渐变图感到惊讶，实际上，底部的渐变图是数学上线性的白到黑的渐变。顶部的渐变图已应用了 gamma 调整，使你"感觉"更平均。

人类的视觉系统对亮度的敏感性比对色彩的敏感性高得多，这个生理特性导致了视频标准中的许多决定。还有一部分原因是，很久以前视频图像专家们就确认了，在模拟或者数字视频系统中，图像如果使用严格的线性亮度表达，是不能最好地利用已有带宽和位深的。最终，视频摄像机内部记录的图像应用了 gamma 调整，保留尽可能多的细节，同时广播和计算机显示设备也应用了相对应的伽马匹配。但另一个角度来看，gamma 矫正或多或少表现了真实的图像（图 3.6）。

1　查理斯·波伊顿（Charles Poynton），加拿大人，著名色彩科学家，精通数字色彩图像系统。本书多次提及他以及他的著作《数字视频和高清电视：算法和接口（摩根考夫曼出版社，2012）》（Digital Video and HDTV：Algorithms and Interfaces，Morgan Kaufmann 2012）。

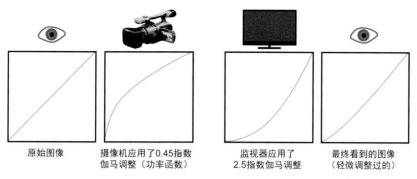

原始图像　　摄像机应用了0.45指数伽马调整（功率函数）　　监视器应用了2.5指数伽马调整　　最终看到的图像（轻微调整过的）

图 3.6　显示了 gamma 调整在拍摄视频时的应用，以及在广播监视器上的反向应用

视频 gamma 的标准是 BT.1886 规定的，它定义了 2.4 的 gamma 作为广播视频后期制作的标准值。正如第 2 章中提到的，理想的 gamma 设置与你所用的调色系统和环境光照有很大关系。

尽管 gamma 是有标准的，但不同的监视器、摄像机、编解码器以及应用程序，使用的 gamma 校正可能各不相同，所以图像再现的视觉效果也有可能不一样（图 3.7）。这看起来的确有点复杂，但了解 gamma 的含义，并了解它如何应用，就能避免视频出现不一致的情况，尤其是当你在编辑系统、合成软件和调色软件之间交换媒体文件的时候。

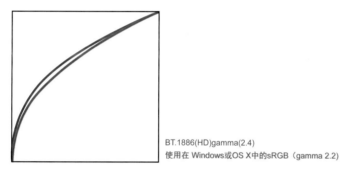

BT.1886(HD)gamma(2.4)
使用在 Windows或OS X中的sRGB（gamma 2.2）

图 3.7　对比 BT.1886 gamma 与计算机显示使用的 gamma

在 Y'C$_B$C$_R$ 中的 LUMA

最初设计的 Y'C$_B$C$_R$ 色彩模式，是为了确保彩色和黑白电视机之间的兼容性（黑白电视会简单地过滤掉色度分量，只显示亮度分量）。

在 Y'C$_B$C$_R$ 编码的视频分量中，亮度由信号中的 Y' 信道携带。由于眼睛对亮度的变化比颜色更灵敏，两个色差信号在被编码时，通常用比亮度通道更少的信息，加上各种图像格式有带宽限制，使用色度二次采样，以或多或少的颜色信息进行编码（通常被描述为 4：2：2，4：2：0 或 4：1：1 视频）。然而，所有的视频格式，不管它们采用的哪种色度采样方案，都会包括全部的亮度。

> **注意**　符号有所不同，取决于它是数字还是模拟分量视频。Y'C$_B$C$_R$ 表示数字分量视频，而 Y'P$_B$P$_R$ 表示模拟分量视频。

在 RGB 中的 LUMA

RGB 颜色模型用于 DPX 图像序列格式，这个颜色模型同时用于胶片扫描和数字电影摄像机采集。RGB 也被用于索尼 HDCAM SR 的视频格式中（需要双链路或 3G 的选项），以及越来越多的使用 RAW 格式录制的数字电影机，如 RED、ARRI、索尼、Kinefinity 和 Blackmagic Design 出品的摄影机。

RGB 图像格式对颜色的编码分成红、绿、蓝三个通道。这些格式通常编码每种颜色的完整采样，没有色度子采样，但是各种采集或发布的格式，可以采用空间或时间数据压缩。

当使用 RGB 编码的媒体格式工作时，对亮度的特定操作仍然能进行，因为正如前文所述，亮度是由数学推导而得，它由 21% 的红色、72% 的绿色和 7% 的蓝色组成。

> **注意** 对于 gamma 在广播、计算机和电影这三种类型的应用程序中，有关 gamma 的更严格的要求和技术说明，请参阅 gamma 常见问题解答：www.poynton.com/GammaFAQ.html。在技术上的思路可以参阅查理斯•波伊顿（Charles Poynton）的《数字视频和高清电视：算法和接口（摩根考夫曼出版社，2012）》（Digital Video and HDTV：Algorithms and Interfaces（Morgan Kaufmann, 2012））。有关人的视觉和数字系统的更多信息，请参阅莫林•C. 斯通（Maureen C. Stone）的著作《数码色彩指导手册（A.K. 彼得斯责任公司出版，2003 年）》（A Field Guide to Digital Color, A.K.Peters, Ltd.,2003）。

LOG 编码的和正常化的 GAMMA

正如第一章所述，数字电影机不仅记录 RGB 颜色，还提供了 Logarithmically（对数，Log）编码的 ProRes 或 DNxHD 格式素材，或者是能在调色系统中反拜耳解码到 Log 编码图像的 RAW 格式素材。它们在调色时提供了很大的灵活性，这么说是因为它们提供了很大的宽容度（从阴影到高光的原始场景图像数据范围）。

Log 编码的媒体必须要**正常化（normalized）**，也就是将 Log 素材转换成看起来像线性一样，这就要求做一些必要的调整从而达到最终观看效果（图 3.8）。合成软件通常将其称为线性化（linearizing），并提供了一个名为 Log-to-lin 的工具来处理 Log 素材。但是，调色系统通常称之为正常化（normalized）。

图 3.8 左侧图为 Log 编码的素材，右侧图为正常化的 Log 素材

Log 编码的媒体必须正常化，这是调色过程中调整对比度的其中一部分。

你可以选择通过本章中所描述的控制（通常是曲线控制），通过手动调整来正常化 Log 素材；或者你可以使用 LUT 来执行正常化，将 Log 素材完美地数学映射；再有，你可以在应用 LUT 之前或者之后，根据你的需要来定制。在本章后面我会解释这两种方法。

什么是反差？

通常来说，当大多数人谈论反差或对比度时，他们试图描述图像亮暗部分之间的相对差异。一个图像的暗部不是很黑，亮部不是很明亮，这样的图像通常被认为反差不大，对比度不高（图 3.9）。

当图片摄影师和视频摄像师讨论反差时，他们常常提及照片或视频图像的影调范围。如果你在灰度范围（从黑到白）中，用 Luma（视频亮度）分量将图 3.9 的画面影调标出来，你会发现这个图像没有充分使用可用的影调范围。相反，整个图像的影调落在灰度范围的中间位置，所以画面显得有点黯淡（图 3.10）。

同时具备深邃的暗部和明亮的高光，这样的图像被认为是高对比度、高反差（图 3.11）。

图 3.9　这个夜戏镜头的反差较低；高光不是
特别亮，最暗的阴影比纯黑亮一些

图 3.10　在这个示意图中，之前的图像变成灰度图并标出了实
际的黑位和白位，以及其对应于整个视频亮度范围中的位置。
正如你看到的，图像没有占据整个可用的影调范围

通过该图像亮度通道的影调范围显示，这个画面可能占据了最大的影调范围。图像 0% 的黑和 100% 的白使这个画面更加生动（图 3.12）。

图 3.11　这个图像也是夜景拍摄的镜头，高反差。男演员
脸部的高光一样非常明亮，而最暗的阴影是深黑的

图 3.12　这个示意图标出了图像的实际黑位和
白位，它们几乎占据了全部可用的影调范围

总之，这本书描述的对比度或反差（也被称为反差比），指的是图像中最亮值和最暗值之间的差异。如果差异大，那么我们认为它是高对比度（对比度大），高反差（反差大）。如果图像最亮与最暗部分之间的差异小，那么它的对比度低（对比度小），低反差（反差小）。

为什么反差很重要？

调整一个镜头的亮度分量会改变图像的感知对比度，同时对图像的颜色产生间接影响。出于这个原因，谨慎调整反差是很重要的。通过控制对比度，你能最大限度地提高图像质量，保持视频播出信号合法化，优化颜色调整的有效性，并在项目中创建所需的风格。

通常情况下，调色师想要将图像的可用对比度尽可能最大化，使图像看起来更生动。在其他时候，你需要降低图像的对比度以进行镜头匹配，这是因为有可能这个需要匹配的目标图像并不在相同的位置拍摄；又或者你需要通过调整对比度来营造出某个特定时间的影调。

提高图像观感的一个基本方式是控制图像最暗部和最亮部之间的反差。虽然曝光良好的镜头只需微调对比度就能最大化反差比例，但若要平衡场景中不同角度的镜头，还要再次调整中间调。

在其他情况下，用胶片或数字拍摄的影像可能在处理过程中被故意压缩对比度。这意味着该黑位可能高于最低的 0%/IRE/millivolts（mV（毫伏））[1]，白位可能低于 100%（IRE 或 700 毫伏）（这是广播合法的最大值）。这样做的目的，是避免意外的曝光过度和曝光不足，以保留最多的图像信息，从而保障调色时的灵活性。

1　原文格式是"0%/IRE/Millivolts（mV）"，作者考虑到不同读者所用的软件或硬件系统，所以把所有单位都标出来，如"黑位是 0%，IRE，millivolts（mV/毫伏）"，为了方便阅读，后文出现这些单位时，统一格式为："0%（IRE 或毫伏）"。

通过使用调色软件中三个主要的对比度工具 [1]，可以快速完成以下操作。

- 让高亮信号播出合法化。
- 让浑浊的暗部更深和更黑。
- 提亮曝光不足的片段。
- 改变图像影调的时间风格。
- 改善整体图像的清晰度。

对比度调整也会影响色彩的调整

一个画面的亮度分布，决定了 Lift，Gamma，Gain 会影响图像的哪个部分。例如，如果图像的任何区域不都大于波形监视器或直方图中的 60%，那么白点的色彩平衡调整就不会有太大影响。因此，在调整图像颜色之前，很有必要先调整图像的对比度。否则，你可能会发现自己在浪费时间反复调整。

关于这些两种影响的详细信息，请浏览第 4 章。

使用示波器评估反差

视频亮度一般是用百分比表示，从 0 到 100，其中 0% 表示绝对的黑，100% 表示绝对的白。专业的调色系统还支持超白（从 101% 到 110%，如图 3.13 所示），如果它们存在于源媒体（最典型的是 $Y'C_BC_R$ 素材）。而超白不被认为是广播安全范围，大多数有超白范围录制模式的摄像机，是为了避免拍摄素材的高光出现过曝。

图 3.13 对应 0 ~ 100% 的亮度，而 101% ~ 110% 的超出部分称为超白

当然，我们评估亮度是基于在监视器上看到的反差。因为监看设备的对比度存在很多变数，更不用说工作时间长、眼睛疲劳等问题，所以调整图像反差时需要更客观的辅助工具。用于评估反差的三个主要工具是：波形监视器、直方图以及广播级监视器。

> **注意** 未经调整的超白范围，将被强制压入你所用软件中的广播安全范围（如果你所用的调色软件能设定广播安全范围的话），使图像中像素亮度大于 100% 的部分将被设置为 100%。[2]

$Y'C_BC_R$ 和 RGB 数值编码

尽管大多数视频示波器和调色工具在处理图像时使用百分比或 0 - 1 这两种单位，但也要学会理解 8 bit（比特），10 比特和 RGB 编码的视频编码标准。例如，达芬奇 Resolve 的视频示波器，是通过显示数字码值来直接评估视频素材的数字信号水平。

欲了解更多信息，请浏览第 10 章。

学会如何用视频示波器来评价反差。如何观察视频波形的三个特征十分重要。

- **黑点**（也称为黑位），代表暗部最黑的部分。
- **白点**（也称为白位），代表亮部最亮的部分。

1　即对应调色台上的三个转盘。
2　实际上超白部分就被切掉了。

- 平均分布的中间调，表示图像整体感觉上的亮度。

用直方图来评估反差

直方图（Histogram）被设定为显示视频亮度信号，用于评价图像反差比例，既简单又理想。它将图像中每个像素的亮度，在垂直数字标尺的 0% 到 110% 上标示出来（101% 至 110% 是超白色部分）。

图像的反差比例，可以通过直方图中波形的宽度确定。从波形的位置和波形高度中的个别凸起，可以轻易分析出图像的阴影、中间调和高光的情况。

波形图的最左侧部分表示黑位，最右侧部分表示白位。中间调的平均分布较为模糊，但很可能对应于波形图中最饱满的隆起部分。

图 3.14 具有较大的反差比，画面中有很深的阴影和高亮的窗口，它们之间有大量的中间调。

在对应的直方图（图 3.15）中，左侧巨大的尖峰显示出很深的阴影和坚实的暗部（你应该注意到有相对较少的 0% 黑就在底部）。波形图中间的部分显示，该图像有一个良好的中间调范围，波形朝着高光的顶端逐渐减少。最后，右边的一对隆起的波形直接对应窗口的高光。这是一个高反差比例图像的直方图波形的例子。

图 3.14　一个高对比度高反差的图像，具有明亮的高光和很深的阴影

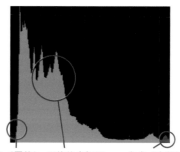

黑点（黑位）　平均的中间调　　白点（白位）

图 3.15　对应图 3.14 的亮度直方图，圆圈标注了图像的黑点、白点和平均分配的中间调

接下来，让我们来看看低对比度的图像：室内场景中没有直接的光源，或任何种类的尖锐的高光（图 3.16）。

检查对应的直方图，通过比较波形我们可以看到，图中的波形宽度被限制在较窄的区间中（图 3.17）。波形中有一个尖锐的峰值对应画面中的黑位，表示这个画面有丰富的暗部。其他的低反差图像，波形图可能会被限制在狭窄的中间调部分，但无论是在哪种情况，都很容易在直方图中看出整个影调范围没有扩大，低反差的图像大幅下滑超过 30%，而且没有任何值大于 54%。

图 3.16　低对比度低反差图像

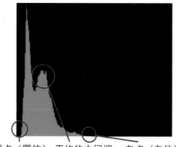

黑点（黑位）　平均的中间调　　白点（白位）

图 3.17　对应图 3.16 的亮度直方图，圆圈处标注了黑点、白点和平均分配的中间调

用波形监视器显示 LUMA 信号 [1] 来评估反差

你还可以使用波形监视器（Waveform Monitor 有时称为 WFM）评估图像的反差，使用波形监视器的好

1　波形监视器（Waveform Monitor）有多种信号显示模式。

处是更容易分析波形图与原始图像之间的特征关联，可以对比图像与波形图的底部或顶部波形，得到与画面相对应的、具体的波形位置。波形监视器通常有很多不同的设置，用于分析视频信号中不同的组成部分。但在本节中，我们着重介绍当波形监视器设置为只评估视频亮度，看看如何评估图像反差。

当波形监视器设置成显示视频亮度，整体波形图的高度就是图像的反差。

黑点位于波形图的最下方，白点以波形图的顶部表示。中间调的平均分布通常很容易判断，波形图中部最密集的波形就是中间调，但如果图像的中间调很多，波形可能会比较分散。

不同的视频示波器使用不同的尺度单位。软件示波器通常依赖于 0 至 100 数字百分比的数字范围，而硬件示波器的范围通常使用 IRE 为单位，从 1 到 100 IRE；或以毫伏为单位，从 0 到 700 毫伏。

IRE 和毫伏（Millivolts）

IRE（代表无线电工程师协会，IRE 是这个组织建立的标准），通常是用于测量 NTSC 测试设备的单位。在波形监视器上的刻度设置用于显示 IRE，理论上广播信号的全范围是 1 伏（包括可见信号区和视频信号的同步部分），对应的是 -40 至 +100 IRE 的范围。一个 IRE，等于 1/140 伏。

传统上来说，参考白和参考黑在模拟以及数字视频中，已经是以毫伏（mV）为单位进行测量。如果你想在晚宴上给一位视频工程师留下深刻印象，你可以对他说 1 IRE 等于 7.14 毫伏。

当使用外置硬件示波器检查视频信号时，你会发现信号的两个部分。视频信号的其中一部分，从黑电平到 100 IRE（714 毫伏，通常凑整为 700 毫伏）是图像本身。0 以下到 − 40 IRE（− 285 或 − 300 毫伏）的延伸信号是图像视频信号的趾部空间，它包含视频信号的同步部分，它提供了对保障视频显示至关重要的定时信息。确切的电平，以毫伏为单位，依赖于你的视频采集 / 输出接口采用的黑电平（设置），你可以在图 3.18 中看到波形对比图。

测量用的 IRE 和毫伏单位，通常仅与外部硬件示波器相关，所测量的信号来自于调色系统的视频输出。大多数调色系统中的软件示波器是以数字百分比来测量，或者以某些特定素材所使用的数字编码值来测量。

使用内置示波器观察图像信号，从参考黑到参考白的可用范围通常为底部的 0%（IRE 或毫伏）至 100%（IRE 或 700 毫伏）的顶部。

在图 3.18 中，左侧波形图对应彩图图 3.14。请注意，白点在 100%～110%（IRE）的波形尖峰对应画面中过曝的窗口，而波形图中 5%～10%（IRE）对应画面中水平方向最深的阴影（画面右下角）。

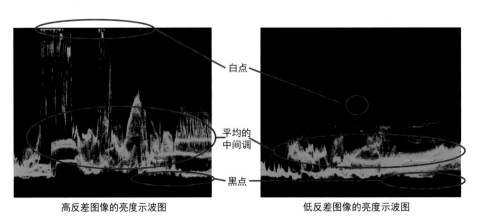

　　　　高反差图像的亮度示波图　　　　　　　　　　低反差图像的亮度示波图

图 3.18　波形监视器在设定成显示亮度信号状态下的波形分析。左侧分析的是高对比度的图像（图 3.14），右侧分析的是低对比度的图像（图 3.16）

而右侧波形图对应彩图图 3.16，你可以通过矮小的波形看出这个图像的反差比例更低。波形图最高的尖峰在大约 55%（IRE）的位置，而中间调最密集的波形在 10% 至 28%（IRE），密集的阴影处于 5% 至 10%（IRE）之间。

> ### 调色间的环境因素决定调色师对反差的评判
>
> 　　无论你的视频波形告诉你什么（只要广播信号是合法的），底线是图像在你的监视器上看起来应该是对的，因此，确保严格地正确校准你的广播级监视器，还有将调色间的环境设置好，这样才可以尽可能准确地评估对比度。
>
> 　　监视器的反光量会对调色师判断反差有很大影响（理想情况下，监视器不应有反光），所以必须严格控制调色间的光照。此外，在监视器的后面使用背光或纹理环绕照明，有助于确立一致的对比度，以及缓解眼睛疲劳。
>
> 　　当调色师控制调色间的光照水平时，也要与目标受众的环境光照水平相匹配。如果观众是在黑暗的影院观看你的项目，那你的工作也要在同样黑暗的环境。如果你打算在客厅播放电视节目，更亮的散射光环境照明将帮助你更好地判断反差。
>
> 　　关于调色环境的详细信息，请浏览第 2 章。

调整反差的工具 [1]

　　在任何调色系统中，通常有至少三组控件，这些控件用于反差调整：Lift, Gamma 和 Gain 控件；"Offset（偏移）"或"Exposure（曝光）"控制；以及"Luma Curve（亮度曲线）"。

LIFT GAMMA GAIN

　　目前，市场上的每一款调色软件都提供一级对比度调整控件，这些工具被设计为对符合 BT.709 色彩空间和 BT.1886 伽马规范的数字图像（全范围或视频范围）做手动正常化处理。

　　这些调整工具的名称各不相同，但它们的功能通常是相似的，而且这些工具也被称为"Master controls"，即最主要的工具，用于同时控制 RGB 分量。集合使用这些调整工具，让你可以通过改变图像的黑点、中间调分布和白点来做出多种反差调整。

　　在以下章节中我们会看到，每个反差调整工具如何影响图 3.19 中的测试图。测试图的顶部，显示每个反差调整的实际效果。测试图的底部，是一条线性渐变，演示具体每次调整如何影响整体图像影调，以及如何影响相对应的、波形上的对角线。

图 3.19　左侧图，彩色图像对应典型的示波器波形，下面的渐变图对应示波器上的斜线，从左下方（0%）到右上方（100%）。图像与示波器波形一一对应

LIFT

　　Lift 工具（有些调色软件命名为"Shadow"），它可以提高或降低图像中最暗的部分。对应左侧的直方图，或波形示波器的底部，见图 3.20。

1　对比度调整控件对应第 4 章的色彩平衡控件。

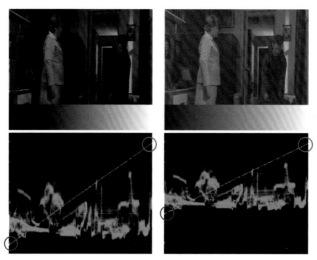

图 3.20　提高 Lift，控制图像最暗的部分（红色圆圈标注处）。同时保持高光的位置
（灰色圆圈标注处）。改变黑位后，所有中间调都被压缩了，白点没被改变

MASTER OFFSET 或 EXPOSURE

　　在一些调色软件中，有一个名为"Master Offset（**整体偏移**）"或"Exposure（**曝光调整**）"的工具，它和 Lift 的调整结果不同。严格来说，在这种情况下，Master Offset 用于提高或降低整体画面信号（如图 3.21）；而 Lift 调整的是图像的暗部，不影响亮部；而且调整 Lift 的时候，中间调波形的展开或挤压的程度取决于对 Lift 的调整强度。在某些调色软件里，Lift 调整和 Master Offset 这两个工具会同时存在。

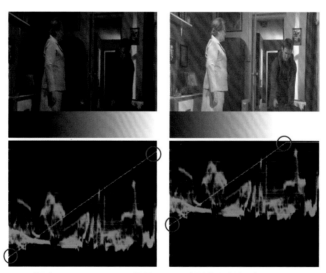

图 3.21　提高 Master Offset 的值，画面会被均匀地提亮。暗部、中间调、
高光都会一起变亮，直到最亮的高光位置在刻度的边缘被裁切

　　这些调整也经常在 Log 模式调色控件或 Film 模式下使用。如果要把一个已经正常化的图像[1]的整体信号直接拉低，把黑位定位某个特定水平，那 Exposure 工具会比较有用。

　　注意　在老式设备或软件中，对数字百分比的调整被命名为"Setup"，对 IRE 的调整命名为"Pedestal"。

―――――――――
1　"正常化图像"在第 4 章中有提及。

GAMMA

　　Gamma 工具可以更改中间调的分布，可以控制图像黑点和白点之间的区域，调节画面中间部分的亮暗。在理想情况下，调整中间调时图像的黑位和白点相对不变，但过大幅度的中间调调整，可能会影响图像的高光和暗部（图 3.22）。

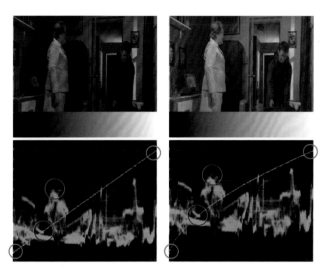

　　图 3.22　提高 Gamma 或 Midtone，提亮画面的中间调（红色圆圈标注处），黑位和白点固定在原位
　　　　　　（灰色圆圈标注处）。对应彩图下的渐变图形，根据波形中的曲线证明这是非线性调整

GAIN

　　Gain（有时被不正确地称为"Highlight"）可以提高或降低白位（图像最亮的区域，与黑位相对）。通常在进行高光调整时相对来说不会影响黑电平，但大幅度的高光调整会把黑位往上拉，暗部会变亮。

　　请看右侧的高光调整结果，注意渐变测试图在示波器中对应的对角线，以及波形图的顶部（图 3.23）。

　　图 3.23　提高高光，提亮了图像最明亮的部分（红色圈标示处），而黑位没有改变（灰色圈标示处）。
　　　　　　两者之间所有的中间调被拉伸了，而最暗的阴影相对保持不变

LIFT，GAMMA，GAIN 之间的互动调整

　　上一节所示的调整是指理想情况下的操作。在实际情况中，当你调整图像反差时，请记住这三个控制是

需要互动调整的。

例如，如果你正在做一个幅度较大的调整，那么当你更改 Lift 时，也会影响到中间调（Gamma），并可能影响高光（白位）（图 3.24）。出于这个原因，首先对黑位进行必要调整，通常是比较理想的。

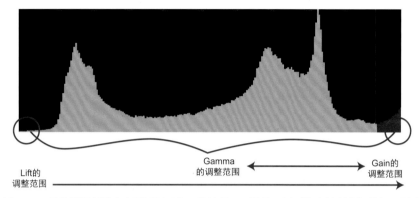

图 3.24　这张带图例的直方图展示了在一般情况下，这些不同对比度控制之间的相互影响

如何控制 LIFT, GAMMA 和 GAIN

调整这三项控制工具，能让你用不同的方式来扩展、压缩和重新分配图像的亮度分量。每个专业的调色系统都会提供一套反差控制工具，这些工具除了出现在软件界面中，还会直接被映射到调色台上的旋钮或转盘（圆环）上。通常情况下，你会使用调色台来进行调整，如果你没有调色台，或者某个特殊工具没有映射到调色台上，也可以用鼠标在软件界面上操作。

从调色软件的界面可以看到，每个软件的反差调整都是不同的（图 3.25）。有些使用垂直滑块，有些则使用水平滑块。某些滑块围绕在色彩平衡控制周围；某些则是简单的参数调整，对应虚拟旋钮或可以用鼠标控制的数域。

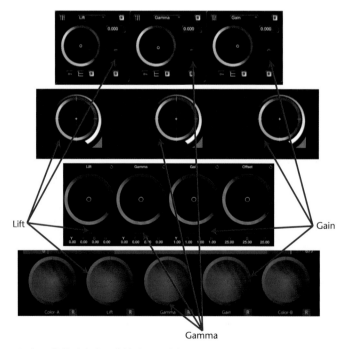

图 3.25　不同调色系统的对比度调整控件界面比较。从上至下：FilmLight Baselight 调色系统，
Adobe SpeedGrade，达芬奇 Resolve，Assimilate Scratch

尽量具备普适性的来说，软件界面上的反差调整工具，通常被简单地标示为一组三个的垂直滑块，默认

位置在滑块中部（图 3.26）。图 3.26 是一个相当典型的布局，很多界面都和它类似。降低特定滑块可以降低该值，同时提高它即增加对应的值。

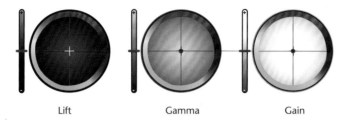

Lift   Gamma   Gain

图 3.26 典型的布局，几乎每一个调色软件界面都很相似。左边滑块用于色彩平衡控制的对比度调整

除了少数例外，大多数调色系统的调色台使用一组三个的色彩平衡轨迹球，圆环包围着轨迹球，圆环的操作对应反差控制（图 3.27）。

图 3.27 Tangent Devices 公司的 Element 调色台。三个轨迹球，用于色彩平衡调整；轨迹球外的圆环用于调整反差

为了方便说明，全书都按以下标准描述：向右转圆环提高对应控制项的值，向左转圆环降低对应控制项的值（图 3.28）。

暗部   中间调   高光

图 3.28 本示意图根据常用调色软件的典型操作界面绘制。中心轨迹球控制色彩平衡；
圆环控制反差，这和一些软件界面中的滑块调整类似

提醒一下，如果你所使用的调色台是转盘方式的（Tangent Devices CP100 调色台和 Wave 调色台就是两个例子），那么在每个示例的示意图中，圆环上标示的箭头方向与你的转盘方向是一致的。图 3.29 展示两种调色台，分别是转盘和圆环两种设计。

图 3.29 两个调色台的反差控制面板对比。左侧图，Tangent Devices 的
WAVE 调色台，使用独立的转盘；而右侧达芬奇原厂调色台，使用圆环

本书介绍的每个例子，软件界面上每个控制项的调整与调色台的调整是一致的（每项调整都会用箭头表示该工具转动的方向，调整强度的强弱以箭头的长度来表示）。由于各个软件使用不同的数值单位，而且调整时工具的灵敏度也不尽相同，所以所有例子都有对应的提示。你要在你所使用的调色软件上进行实际操作，看看如何能最好地实现本书的例子。

如何使用 OFFSET，GAMMA，GAIN

调色软件会提供 Lift，Gamma 和 Gain 以及 Master Offset 调整工具。然而，Adobe SpeedGrade 采用不同的方式，它提供"Offset（偏移）"，Gamma 和 Gain 作为反差调整的初级工具（图 3.30）。

图 3.30　在 Adobe SpeedGrade 中的 Offset, Gamma 和 Gain

这些调整工具虽然差别很细微但值得注意。当使用 Lift，Gamma，Gain 时，因为 Lift 是一个与调整白位信号 Gain 相对的调整项，你可以随时对 Lift 做调整，又不会过分改变当前的 Gain（虽然通常需要交互调整）（图 3.31）。

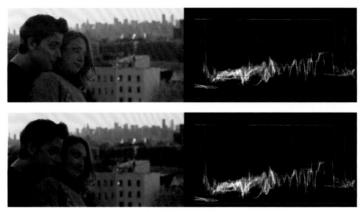

图 3.31　压低 Lift，将黑点调整到零，不影响图像的白点

然而，Offset 的提高或降低会影响整个图像的水平信号（画面会被整体提亮或整体压暗），所以在做其他调整之前通常首要调整 Offset。其他的调整诸如 Gain 或 Gamma，它们会对 Offset 调整造成影响，若先调整 Gain 或 Gamma 随后再调整 Offset，调整顺序不同，Offset 的调整结果会差别很大（图 3.32）。

这种调整反差的方法与 Lift，Gamma，Gain 相比，在数学上是没有区别的。区别在于，只是调整信号的方式不同。

图 3.32　降低 Offset，黑点现在也处于零，但白点被降低了。那么，可以相应地修改 Gain 来重新调整对比度

视频亮度曲线（LUMA 曲线）[1]

曲线调整，允许你通过添加控制点来弯曲对角线或直线，从而对图像中每个单独的分量进行针对性调整。大多数调色软件至少为每个色彩通道（红色、绿色和蓝色）提供一个曲线控件，还有第四个可用于控制反差的亮度曲线（图 3.33）。

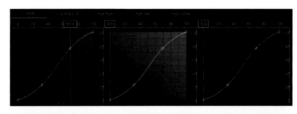

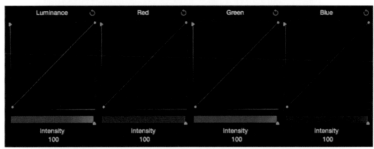

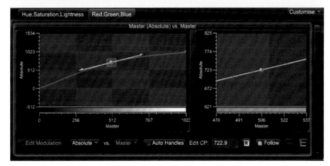

图 3.33　不同调色系统的曲线工具比较。从上到下依次为：SGO Mistika，达芬奇 Resolve，FilmLight Baselight 系统

曲线调整界面是二维图像。x 轴是源轴，y 轴是调整轴。

不同调色系统的曲线界面形态各异。有些曲线出现在一个正方形的框内（图 3.34）；有些则是矩形。

无论你所用的软件的曲线工具是哪种形式的，你可以认为软件中曲线工具中的曲线是图像实际值的映射。

通常情况下，曲线最左边的部分表示图像中最暗的像素，而曲线的最右边部分表示图像中最亮的像素。

这条从左到右（默认位置）的白线是一条直的对角线，源轴等于调整轴，即对图像没有进行任何更改。很多曲线工具的背景带有网格，这些网格可以帮助你验证这一点，因为它最中性的位置在控制线上的中间，并穿过每个水平和垂直网格线的对角线，正如你在图 3.35 可以看到。

当你开始添加控制点时，曲线调整会变得有趣。图 3.36，沿着该曲线的中间部分提高了控制点，增加了该控制点的值。

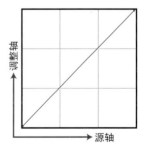

图 3.34　一个曲线控件。示意图现在是曲线的中性状态，曲线的源值和调整值相等，结论就是这个曲线没有对图像产生影响

1　为了方便介绍曲线工具，单独的 LUMA（视频亮度）曲线统称"亮度曲线"。

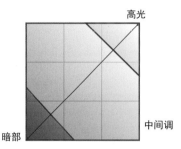

高光

中间调

暗部

图 3.35 与图像影调近似的区域，以及对应的影响范围。在实际情况下，这些范围是重叠的

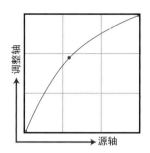

调整轴

源轴

图 3.36 带有一个控制点的曲线，控制点停在中间调的中间。该曲线表示图像中的颜色或亮度值沿调整轴向上移动

这样的调整结果：图像中间范围的值（中间调）被提高了。该曲线调整轴比源轴高一些，所以，在该通道的中间调因此增加了，提亮了图像。其结果类似于图3.22 所示的 Gamma 调整。相反，如果你往下拖动这个控制点，相当于将图像的相同部分降低，使图像变暗。

在大多数应用程序中，各条曲线始于两个控制点，这两点位于曲线的两个角落，左侧底部和右侧顶部。这两个控制点也可以进行调整，可以处理该通道最暗和最亮值；大多数时候，你会在曲线的中间位置，添加一个或多个控制点进行调整。

不同的调色软件，不同的曲线控制

不同的调色系统，曲线工具的实现方式有所不同，它们一般都能让你通过点击曲线来添加一个控制点，然后拖动控制点来更改曲线的形状。添加的控制点越多，曲线的形状越复杂，创建的调整也会越复杂。

通常来说，你可以将一个控制点从曲线控制框拖曳出去，从而删除这个控制点；另外，还有一些会有复位按钮，将曲线恢复到默认的中性形状。

曲线的形状变化取决于你如何操作，见图3.33。达芬奇 Resolve 的控制点直接附着在曲线上，可以直接拖曳，无须手柄。而 FilmLight Baselight 调色系统，则使用贝塞尔手柄（类似于在插画软件中创建形状时用的辅助工具）进行曲线调整。根据你所使用的调色系统，查阅对应的帮助文档，可以更好地理解该软件的曲线工具及其工作方式。

> **注意** 宽泰 Pablo 调色系统的曲线调整，使用"Fettle control（修补）"控制。欲了解更多信息，请浏览第 4 章。

CONTRAST[1] 与 PIVOT（对比度工具与支点工具）

除了 Lift，Gamma，Gain，Offset 和曲线，许多调色软件也提供 Contrast 和 Pivot 调整，这是另一种扩展和压缩图像反差的方法。简单地说，单单使用 Contrast，就可以同时改变图像的黑位和白位，并线性地改变图像黑白位之间的值（图3.37）。有些软件的 Pivot 控制，如 Baselight，可以解除通道联动，调整单个色彩通道的对比度。

Pivot 工具是用于分配 Contrast 在黑位白位之间区域的权重，Pivot 数值的大小决定了 Contrast 调整所影响的区域，是侧重暗部区域还是侧重亮部区域，Pivot 调整可以给图像提供不错的颜色校正起点。图3.38

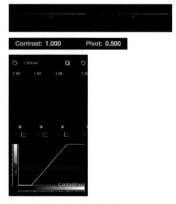

图 3.37 不同软件的 Contrast 和 Pivot 控制界面。从上至下：Adobe SpeedGrade，达芬奇 Resolve 和 FilmLight Baselight 调色系统。Baselight 的 Pivot 控制是用滑块式的，在 LUT graph 一栏下面

---

1 这里的 Contrast 指特定的调色工具，用于调整图像反差，特此提示。

是在达芬奇 Resolve 里进行的的测试。同一个画面，使用三个不同的 Pivot 值，Contrast 同样设定在 1.48，而 Pivot 分别被设置为 0.5，0.350 和 0.232。

正如你所看到的，如果 Pivot 支点值低，提高 Contrast 时高光会更亮，影响高光区。如果 Pivot 支点值高，调整 Contrast 会加重反差，影响暗部区域。

在你所用的调色系统中，有一点需要特别留意，当你扩展对比度时，视频信号超出了合法范围，暗部和高光就会被裁切或压缩掉。图 3.39，正如这张在达芬奇 Resolve 中带有亮度波形的图像所显示，扩展 Contrast 会压缩高光和暗部信号，以防止信号被裁切，相当于形成了 S 形曲线，高光和暗部越衰减就越接近（高光和暗部自身的）外部界限。

图 3.38　相同的 Contrast 值，三个不同的 Pivot 支点值，导致图像的反差扩展程度不同，亮度水平也不同

图 3.39　在达芬奇 Resolve 中拉伸图像反差，上下两张图是 Contrast 调整前和调整后。Contrast 值越高，高光和暗部信号就越会被压缩，避免信号被切掉。可以结合彩图下的灰度渐变条和波形上的曲线变化来观测这个情况

需要注意的是，在其他调色软件中，拉伸 Contrast 可能会切掉高光信号和暗部信号。当你知道如何使用这两个工具，你就会发现 Contrast 和 Pivot 的调整速度比其他反差调整工具效率都要高。

扩大反差的实例

在广播合法范围的前提下，一般的对比度调整原则，就是让观众能够很容易地分辨出画面中的具体物件、

人物或内容。

除此之外，增加或减少每个画面的反差比例是由影片内容和摄影师、导演所决定的。无论你的调整目标是什么，请记住，最大限度地提高画面的对比度，特别是在适当的时候，给予画面更多的冲击力，这是导致本章之后所述的、让画面更有活力的原因。

在某些图像中，可以将高光控制在 90% 到 100%，将暗部控制在 0% 左右。而在其他图像中，高光中的几个像素到达顶部，暗部的几个像素达到或接近 0%，可以让你的图像更有活力。

一般情况下，根据场景氛围和调色师想要传达给观众的时间感，可以通过降低阴影、提升高光，酌量调整中间调来扩大对比度。在以下示例中，我们会调整一个典型片段的反差，以增强画面观感：

1. 图 3.40，在广播监视器上观察一下这个图像。通过观察我们知道这个图像有良好的曝光与相对全面的影调范围。还有，波形示波器反应出高光和暗部还有往外扩展的空间。

图 3.40 没调色的原始画面，图像的对比度被压缩

在这个特定的镜头中没有像素在 23% 之下，包括那些浑浊的阴影。在示波器另一端，也没有像素在 87% 以上，画面高光部分的天空很柔和。很明显，这个镜头在曝光或传输时，保护了高光和暗部，而且在 0 ~ 100% 的范围内还有足够的空间，让调色师可以压低黑位提亮白位，拉伸画面对比度。

2. 通过拖动 Lift，直到波形监视器的波形底部到达 5% 左右，你可以压暗阴影，让画面看起来更结实和有密度（图 3.41）。

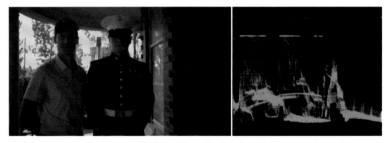

图 3.41 降低 Lift，将波形监视器的波形向下拉伸至 0%（IRE）

在进行这类调整的同时观察你的广播级监视器，以确保画面的暗部不会变得太黑。在这个例子中，图像的最暗部分对应士兵的深蓝色外套，所以，将暗部降到 0 是不恰当的，因为这将摒弃了图像在该部分必须保留的细节。

> **注意** 无论是使用哪个示波器，调色师都应该在合适的观看环境下并使用严格校准的监视器，来将调整控制在合适的范围中。

3. 提高 Gain 直到波形监视器中的波形顶部接触到 100，使高光多一点能量。同时，你也可以选择调整 Gamma，以提亮整体图像（图 3.42）。

这个操作可能会提亮得太多，所以你需要将暗部再压下来一点，所以，你可以降低 Lift 来补偿暗部，这将是你最后的调整。

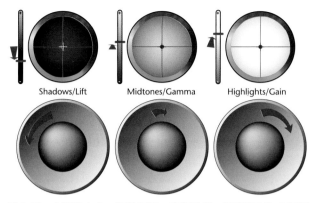

图 3.42 在调色台上，调整圆环，降低暗部，提亮高光和中间调

再一次在广播监视器上观察这个图像。你会看到这个看似很小的改变，让图像带来显著的差异，类似于将胶片的灰尘擦掉了的感觉。这就是扩展图像反差的神奇之处。调整后的图像应该看起来比较生动，而且有良好的清晰度，并在最大程度上使用了整个合法动态范围（图 3.43），具有强大的暗部细节和良好的高光。

图 3.43 调整后扩大了画面对比度，让图像的暗部更密集，高光更有活力

现在，对应波形示波器，图像的影调占据整个最合理的可拓展范围，暗部在 0 ～ 10%（IRE）范围内，高光低于 100%（IRE）。

> **注意** 反差调整往往很微妙，尤其是当你遇到的素材是由经验丰富的摄影师精心控制曝光的镜头。只要有可能，避免去猜测摄影师的意图；最好去咨询摄影师该素材的对比度应该是怎样的。在某些情况下，在前期拍摄的现场调色过程中，可以（给后期调色）提供能直接表达摄影师意图的 LUT。

经过有限的反差扩展，大多数片段看起来不错，但由于缺乏图像信息，整体的对比度扩张可能会造成问题。在任何情况下，不要担心这些波形图上的间隙；在监视器上呈现出的画面才是最重要的。

波形中的间隙是什么意思？

根据所用软件中软件示波的种类，你可能会注意到，扩展图像反差后，波形图中会出现间隙（图 3.44）。

因为原始素材使用 4：2：0 色度采样，而且我们将有限的图像数据拉伸到更大的影调范围中，所以波形会出现间隙。这些波形间隙提醒大家：你不能无中生有。不同素材使用不同的色度采样（例如，4：4：4，4：2：2），如果增加素材的色度信息，那么对应的间隙会更少。这些间隙也会出现在矢量示

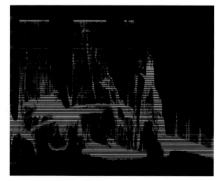

图 3.44 软件波形范围中出现的间隙，表示你将一个数量有限的图像数据拉伸到一个更广的影调范围中，这是很正常的

波器中。

压缩反差的实例

如果你要对黄昏和夜晚等镜头进行匹配；或者暗部很假和高光不足的镜头；又或者需要故意创建低对比度的画面风格，你可以压缩画面的反差。

我们可以通过多种方式压缩对比度。你可以降低白电平，同时提高中间调，从而减少高光范围的对比度。如果想更进一步，你也可以选择提高黑电平，在进行这个操作时你要小心，因为可能会出现你想要避免的、浑浊的黑位。

在此示例中，我们要压缩这个室内镜头的对比度，让场景的照明条件看起来更暗一些。

1. 检查波形监视器。对于一个室内镜头来说，这个片段的对比度相当宽，其高光延伸到接近93%（IRE），黑位向下延伸至5%（IRE）（图3.45）。

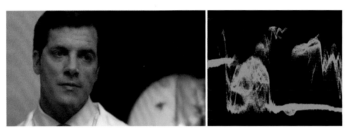

图 3.45　原始图像，压缩对比度之前

2. 通过降低 Gain 削弱高光，压缩图像的整体反差比例，创建出客户需要的样子。

同时，通过提高 Lift 提亮图像最暗的区域，让暗部不要过黑，但也不能提太多，否则相对于图像其他部分来说显得褪色太明显（图3.46）。

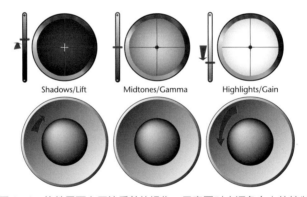

图 3.46　软件界面上压缩反差的操作，示意图对应调色台上的控制

当你完成调整后，你就已经缩短了波形监视器中的波形，在这个例子中，你将波形压缩在 75% 和 80%（IRE）之间（图3.47）。

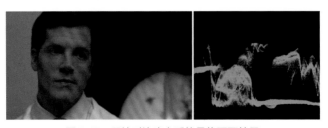

图 3.47　压缩对比度之后的最终画面结果

其结果是一个比较黯淡的图像，高光点较少，表明室内的灯光变得暗一些。

请记住，在图像中对最亮影调的感知亮度是相对于画面中最黑影调的，反之亦然。尽管我们已经降低了整体对比度，但我们没有削弱太多，画面最暗和最亮值之间依然存在差异。

提高黑电平时要小心

如果画面在开始校正时黑位未被压缩而且有丰富的图像细节，这种情况下提高图像黑电平是比较理想的操作。如果原始图像有大面积的纯黑色，提高黑电平会产生很平的灰色区域，这样的画面并不好看。

提高黑位也可能会导致暗部出现意外的颜色，这可能需要调整 Gamma 来跟进。如果你的显示设备过分明亮，这类问题可能不明显，但到发现时可能可能会太晚了。如果你遇到这种问题，可以尝试降低暗部（在你所用的调色软件中，用"Shadow Saturation（暗部饱和度）"工具来调整；或用 HSL 选色来隔离暗部，然后使用常规的饱和度工具进行调整）。

Y'C$_B$C$_R$ 下的 LUMA 调整与 RGB 下的 LUMA 调整

当我们谈论反差调整，重要的是要理解对比度和色彩在不同调色软件中的关系。

大多数调色系统的一级反差控制，使用的是 RGB 图像处理方式，即调整图像亮度时，是对所有三个色彩分量进行等量且同步调整的。

由此产生的调整，会对图像饱和度产生可衡量且很明显的影响，或影响整个图像的色彩强度。

图 3.48 的例子，低对比度的原始图像。

像图 3.48 这种低反差的图像，通过提高 Gain 和降低 Lift 来增加对比度，同时会导致增加饱和度，强化了图像的色彩（图 3.49）。

图 3.48　原始图像，对比度较低反差小　　　　图 3.49　使用常规的反差工具（Lift，Gamma，Gain）来扩大对比度，导致了图像的饱和度提升

某些应用程序能单独控制亮度，用非常具体的方式进行 Y'C$_B$C$_R$ 图像处理——独立于其他两个色差通道（Cb 和 Cr），单独操纵 Y'C$_B$C$_R$ 中的 Y（亮度）通道。通过这种方式改变反差，对图像的饱和度没有可测量的效果（即矢量波形保持不变）。然而，图像的感知饱和度确实有改变。

贴士　在 Y'-only（只有亮度）情况下调整反差，非常适合用于选择性地改变暗部密度，以获得有穿透力的、扎实的黑，这样做的话不用过多地改变颜色或解决特定的广播安全合法化的问题。

在这种情况下拉伸图像的反差，对比之前的操作结果，现在的感知饱和度减弱了，现在的色彩看似平淡无奇，但矢量示波器测得的饱和度数值并没有改变（图 3.50）。

这种情况下，根据你想要的画面效果，可以同时提高图像饱和度来补偿（颜色）。

在这两种情况下，重点要考虑的是哪一种方式的调整会"更好"。简单地说，它们是两种不同的调整反差的方法，根据这两个方法的长处和短处，使用哪种方式完全取决于你对画面的需要。在大多数情况下，默认使用的是 RGB 处理方法，所以最好要习惯这种方法。

图 3.50 在 Y'-only 情况下扩大对比度，实际上降低了图像饱和度

用调色台控制多个 LUMA 调整工具

达芬奇 Resolve 就是一个例子，它提供了 RGB 和 Y'-only 这两种相反的调整类型。典型的、三个圆环控制界面的就是 RGB 式调整。然而，除了这三个控制以外，调色台还提供一个旋钮作 Y'（只有亮度）调整。

其他调色软件界面也有提供单独的 Luma 调整工具。更多信息请参见你所用调色软件的帮助文档。

重新分配中间调的反差

之前的章节用各种反差调整工具来控制高光和暗部，从而影响整体画面的对比度。现在，让我们看看如何调整画面的中间调。

使用一个很肉感的比喻，如果高光是盐，暗部是辣椒，中间调就是牛排。图像的整体反差比例很重要，对一个画面而言，其实只需几个高光和合理数量的暗部，就能带出这个镜头所需的味道。总体而言，大多数图像的主要构成，由中间调决定。尤其，任何给定主题的镜头中——无论是一位演员、一辆车或场景中某个关键的关键——都刚好落在图像的中间调内。

图像中间调的平均位置，反映该镜头的拍摄场景是室内还是室外。中间调位置反映一天的时间，无论是早上、中午、下午晚些时候或晚上。中间调也能传达情绪（氛围）：无论画面是低调还是高调，都会被出现在拍摄对象上的光所影响。下面例子，用几种不同的方法来调整一个镜头，以说明中间调的调整与环境外观的重要性。

> 注意 有时，如果你提高中间调的幅度较大，你需要降低 Gain 以保持高光不要超过 100%（IRE），但对于当前这个图像没有这个必要。

图 3.51 图像曝光良好，从健康的高光到坚实的暗部，影调分配恰当。这个画面并不是特别暗，但也不是特别明亮，位于非常中间的位置。

图 3.51 调整中间调之前的原始图像

1. 首先，尝试给图像一个更像中午的样子。你可以提高 Gamma，使图像变亮，同时降低 Lift，以保持阴影（图 3.52）。

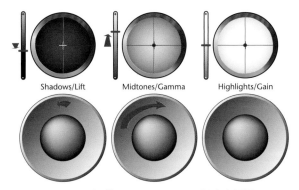

图 3.52　调整 Lift 和 Gamma，提高中间调

结果得到一个明亮的图像，而且保留了暗部阴影并保持高反差（图 3.53）。

图 3.53　提高了中间调，给画面一种明亮的、中午的感觉

2.　现在，让我们把画面做得看起来就像是在下午晚些时候拍摄的感觉，大约是在黄昏的时间。降低 Gamma 将画面压暗，同时通过提高 Lift 和 Gain 来保持整体画面的反差，并防止暗部被挤压太多（图 3.54）。

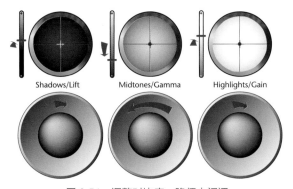

图 3.54　调整对比度，降低中间调

总体来说，画面更暗了，因为高光水平被保持了，现在暗部看起来更暗。提高 Lift，尽可能保留画面中的暗部细节，如图 3.55 所示（虽然这种暗部细节很难在纸质印刷上体现）。

图 3.55　降低中间调之后的画面。现在，这个镜头给观众一种是黄昏或者更晚一点拍的感觉

正如我们所看到的，你可以做一些简单的调整来重新分配画面的中间调，甚至不需要改变图像的黑位或白位，这样做也能对观众的观感有很大影响。

用曲线工具调整中间调

采用曲线控制，可以令画面中间调的反差调整更有针对性，可以达到用三种常规反差调整做不到的效果，我们可以看看下面的例子。

1.　先观察原始镜头，这个画面没有进行任何调整，见图3.56。这是一个室内拍摄的镜头，对比度高，波形舒展，阴影柔和。然而这部电影是一部惊悚片，客户要求这个场景更具威胁性，要有更锐利的阴影。

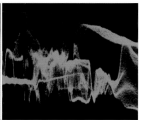

图 3.56　原始画面不错，但并没有足够满足客户的要求

如果画面现在必须扩大整体反差（即调整画面的白点和黑点，以最大限度扩大可用对比度），那么首要步骤就是调整对比度。

通常来说，我们会用基础的一级对比度工具来调整整体画面的色彩平衡。对应曲线控制图来看，由于亮度曲线把最亮和最暗的部分确定了，所以不能只用曲线来提高亮度的最亮点或者降低暗部。所以应当把亮度曲线看成是一种非常细致的中间调调整工具。

图3.56画面对比度高，所以没有必要做基础的反差调整，现在可以尝试使用亮度曲线进行工作。

2.　我们想压暗女演员脸部的阴影。现在需要在曲线上找到对应的控制点，你需要知道：波形监视器中示波图形的高度和曲线工具中添加控制点的高度大体对应（图3.57）。

在开始曲线调整之前，首先需要决定使用RGB曲线调整还是 Y'-only 曲线调整[1]。很多调色软件给用户提供红绿蓝曲线联动调整（或YRGB曲线联动调整），从而便于调整单个曲线时直接将调整同步应用到所有曲线上。在这种情况下，使用RGB曲线拉伸对比度，会增加图像饱和度，正如本章前面你看到的。然而如果关闭联动，使用其中一个曲线或只用亮度曲线，那么就会增加图像的对比度，降低画面的饱和度，从而导致画面有光秃秃的感觉。

3.　若想开始调整阴影区域，打开软件中的亮度曲线；然后对应画面中间调的下半部分添加控制点并向下拖动，把柔和的阴影压暗（图3.58）。

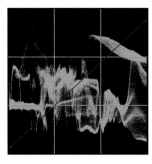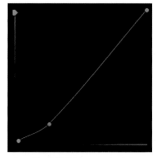

图 3.57　曲线工具叠加在图 3.56 的波形图上。在曲线上　　　　　**图** 3.58　向下拖动控制点，降低中间调的暗部
　　　放置一个控制点，就可以控制对应波形位置的亮度，
　　　曲线上的控制点与示波器的波形高度位置一致

1　如前文提到的"Y'-only"只有亮度分量；对应曲线工具 Y'-only 时，指的是只有画面中的亮度分量被调整，也可以理解为只调整亮度曲线。

结果整个画面被调暗（图 3.59）。

4. 下一步，在曲线上添加第二个控制点，对应女演员的脸，在画面较浅的中间调位置，然后向上拖动这个点（图 3.60）。

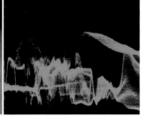

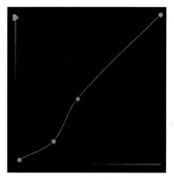

图 3.59 在已被调暗的图 3.58 画面上调整曲线

图 3.60 使用两个控制点来创建"S"曲线，拉伸了画面狭窄区域的对比度

这种类型的调整有时称为 S 形曲线，因为它弯曲曲线的形状类似于字母 S。实际的结果就是调整画面中极其狭小的区域，伸展这个局部区域的对比度；阴影部分现在更暗，亮部和之前相比几乎没有变化（图 3.61）。

5. 接着要把画面调整得更有不安定感，通过在曲线顶部附近添加最后一个控制点来提亮女演员的脸，拖动这个控制点向上拉（图 3.62）。

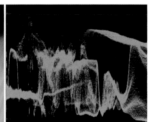

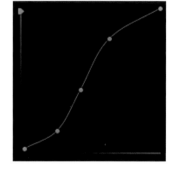

图 3.61 曲线调整，是图 3.60 调整后的结果

图 3.62 在曲线上方添加一个控制点，提亮女演员脸上、脖子和肩膀上的高光

这种调整让女演员的皮肤增加了光泽感，达到了预期效果而且不会影响之前调整好的、高反差的暗部（图 3.63）。

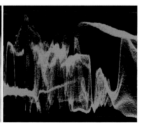

图 3.63 使用亮度曲线拉伸中间调反差之后的结果

正如所看到的，我们可以使用曲线更精致地控制图像的对比度。然而，请务必记住这句忠告：大多数曲线工具，调整起来很容易"失之毫厘谬以千里"。

特别提醒，幅度过大的曲线调整会放大原始素材的缺点，尤其是在原始素材图像数据信息较少的情况下。此外，曲线控制往往相当敏感，为了应对这个情况，一些调色软件在操作界面上允许调色师放大曲线的标尺，以便做更精细的调整。请查看对应的软件帮助文档，检查你所用的调色软件是否具有此功能。

调整 LOG 编码素材的反差

本章之前提及的 Lift，Gamma，Gain 控制项，最初来源于胶片扫描设备，以及磁带到磁带的色彩校正。在这两种情况下，你通常使用正常化之后的素材工作，这也是这些工具本来的设计目的。

但是高宽容度的 Log 编码素材现在已经被引入后期制作工作流程，所以，为了在调色时迅速将素材正常化，从而能够善用 Log 素材的高宽容度，并为之后的调色工作提供良好的起始点，就得对整体图像的对比度进行必要的额外控制了。

而 Log 调色控件或 Log 模式调色（会在后面的"用 LOG 调色控件微调反差"章节中提及）比较不常见，它们被设计为工作于压缩对比度的情况下，例如 Cineon 和 Log-C 等。Log 控制方式在进行图像正常化的时候很好用。本节中我们主要集中讨论的首要任务是：将低对比度的、Log 编码素材的影调范围伸展到最终图像所必需的、完整的影调范围。所以，更多关于使用 Log 调色控件进行色彩调整的信息请查阅第 4 章。

反拜耳解码 Raw 格式媒体到 Log 进行调色

正如第 1 章所述，你可以将大多数 RAW 格式素材反拜耳解码到 Log 编码，从源素材得到最多的图像数据以及最大的可调宽容度，在调色时进行反拜耳解码需要额外的转码时间，你需要判定这么做是否值得和必要。如果你决定这么做，那么解码所得的 Log 素材也需要像其他的 Log 素材一样，需要先正常化，为之后的最终调色创建一个好的起点。

正常化 Log 素材

当你要对一个基于 Log 素材的项目调色时，你的首要任务是将其正常化，使用某种反差调整工具开始调色的第一阶段，这样就能清楚之后的调色思路。不要指望对 Log 素材的第一步正常化调整就能直接得到很好的对比度；正常化的目的是将高宽容度的 Log 数据，放入调色软件的 32-bit 浮点精度的图像处理管线中去，为之后更多的工作提供理想的起始点。

换句话说，首先要实现素材的正常化，然后再开始微调。

有两种正常化 Log 图像的方法：使用 Lookup table（LUTs，色彩查找表）和手动调整。

使用 LUT 来正常化 LOG 素材

查找表（LUTs）提供了一种使用预先计算的数据描述表格进行图像数学转换的方法，表中的每一个输入值都有对应的输出值。这样，就可以在数学上将图像转换简化为查找操作，这是很节约计算资源的。LUT 也是多用途的，可用于所有种类的图像转换：从监视器校准（见第 2 章）到 Log 正常化，模拟胶片输出，以及图像风格化。

LUTs 以维度数量来分类，有两种类型：1 D 和 3D LUT。1D LUT 适合对比度的正常化调整，但有时特定的应用程序会要求使用 3D LUT，当然这仅仅和软件本身的设计相关。在这些情况下，你可以使用合适的工具进行 1D LUT 到 3D LUT 的转换。

如果以这种方式使用 LUT，首先你要获得摄影机的 Log 编码模式的反向转换 LUT。由于摄影机会经常更新升级，所以我们需要随时跟进，平时多留意这类型信息。此外，一些摄影机厂商会提供 3D LUT，用于机内色彩矩阵对 Log 编码信号的色彩和反差的调整[1]，这种情况下，套用 LUT 后可能也会需要一些色彩调整。

一旦拿到了适用于特定软件的、正确的 LUT，我们就可以使用软件中的节点或者层级方式，将 LUT 应用于还未进行的、初始的一组反差调整之后（图 3.64），这是因为 LUT 会将它所定义的、边界以外的所

1　即机内挂载 LUT。

有图像数据都切掉，所以，为了在调色时保留更多的有效图像数据，必须将 LUT 放在反差调整之后的节点或层。

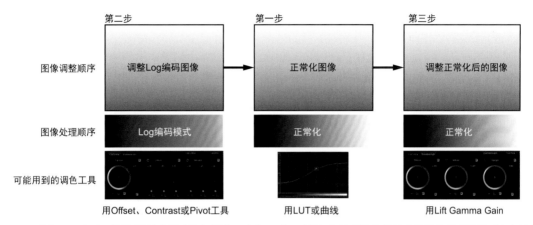

图 3.64　进行 Log 调色时最好以特定顺序添加调整，当练习时，对组织和管理调色软件中的图像处理流程要小心控制

如图 3.64 所示，当对 Log 编码的素材进行调色时，一系列可能造成困惑的事情之一是调色师的调色工序与所用调色软件的图像处理顺序不同。尤其是，你需要在第一步添加 LUT，但实际上这在调色软件的图像处理中属于第二步。

下列三个例子是关于 LUT 在三个常用调色系统中的应用：

- **达芬奇 Resolve**：你可以在节点树的任一节点添加 .cube 格式的 LUT（图 3.65）[1]。3D LUTs 分配给一个节点，作为该节点内的最后一步图像处理操作，所以，你可以将 LUT 添加到一个节点，在该节点中仍然使用 Log 调色控件，在节点内部处理 **LUT 转换前**的图像数据。
- **Adobe SpeedGrade**：可以把"LUT custom look layer（LUT 自定义效果层）"添加到 Layers 列表，以便插入 LUT（图 3.66），你也可以调用预装的 LUT（如 Log to lin .lut）或从硬盘中加载 LUT。
- **FilmLight Baselight 调色系统**：Baselight 的任何一层都可以设置成"Truelight"控制层，在该图层允许使用任何 FilmLight 格式的 LUT（图 3.67）。

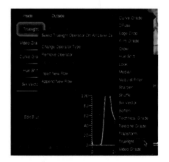

图 3.65　在达芬奇 Resolve 的节点界面，在一个节点上套用 LUT

图 3.66　在 Adobe SpeedGrade 中，添加 LUT 就像添加一个调色层一样

图 3.67　FilmLight Baselight 调色系统，可以在其中一层指派成 Truelight 控制，用于调整 LUT

请记住，大多数专业的调色系统都能让调色师复合使用多种操作[2]，这对于组织图像处理操作非常有用，无论是在加载 LUT 之前还是之后。你可以在套用 LUT 之前调整 Log 模式的图像；或在套用 LUT 后对正常化后的图像进行调色。

1　.cube 是达芬奇通用的 LUT 文件格式。
2　即可以自定义调整图像的处理步骤。

如何获得特定摄影机素材的 LUT？

这是个很好的问题，但在这里我想谈论最困难的一点。通常情况下，调色软件会提供一组 LUT 用于素材的正常化，但是，你并不一定可以得到一整套的 LUT，而且 LUT 的生成方式也不完全是一样的。ARRI 为大家提供了 LUT 生成器（www.arri.com/camera/digital_cameras/tools/lut_generator/ lut_generator. html），Alexa 和 D-21 摄影机的 3D LUT 可以从网站上轻松获得，还能导出 1D LUT，适用于任何类似于 Log-C 的 Log 编码格式。如果正在处理的素材是来自于索尼的数字电影，那么 F55 和 F65 的 LUT 可以在 http://community.sony.com 上找到。

使用调色软件的色彩科学，将 Log 模式的素材正常化

越来越多的调色软件开发者认为，调色软件必须通过实现内置色彩管理方案，才能完成针对多种源素材和不同目标色彩空间的工作。所以，调色软件需要提供多种图像变换（如正常化 Log 素材），那么，调色师就不需要到处寻找 LUT 也能够更方便地在某种色彩空间内工作，在第二种色彩空间内显示结果，并输出最终媒体到第三种色彩空间。

例如，除了支持 LUT，FilmLight Baselight 调色系统在"Scene Settings（场景设置）"和"Cursor menu（游标菜单）"中集成了色彩管理选项。在"Scene Settings（场景设置）"中，如果需要直接调整正常化的素材或继续保持 Log 模式；还是指定在特定的摄影机和格式上工作，调色师可以根据工作流程"working color space（工作色彩空间）"来进行选择。这些选择并不是 LUT，它们是将原始素材的色彩空间尽可能地纯净转换到另一个 3D 数学函数。

> **注意** 关于 Filmlight Baselight 系统提供的集成色彩管理的更多信息，请查看以下链接中非常详细的视频介绍：www.filmlight.ltd.uk/resources/video/baselight/FLT-BL-0027-Baselight-13.php。

在 Baselight 调色系统中，你也可以选择"display rendering transform（显示渲染变换）"，它定义了：从工作色彩空间到用于画面评估和调色时的显示设备之间的转换。理想情况下，这应该是观众观看时的显示设备，例如，一台 P3 的投影机用于数字电影项目，或者，BT.709 标准的 LCD（或 OLED、等离子）广播级监视器用于广播项目。

此外，Baselight 系统还具有"Viewing Format（观看格式）"，就在 Cursor menu（游标菜单）中，用于选择电脑显示器上的颜色空间，以确保正在工作的图像正确显示在你的每台显示设备上。

Baselight 调色系统，目前是这种内置集成色彩管理的最佳案例，其他的调色系统都开始支持类似的功能，特别是支持 ACES（学院颜色编码规范，在第 2 章有简单提及），这是一种试图将不同源媒体格式的管理和图像从输入到输出的转换处理规范化的类似方案。

通过手动调整将 LOG 模式素材正常化

另一个将 Log 模式素材正常化的方法是手动调整。为此，你应该知道 LUTs 可以被视为曲线，事实上 1D LUT 可以被简单地视为 21 点曲线。

知道这一点很重要，因为实现 Log 编码图像正常化的其他方法，就是在第二个节点或层上谨慎地进行曲线调整，从而将 Log 编码图像的反差拉伸至我们想要的程度。将此操作作为第二调整，这样可以在素材正常化之前，留出空间来进行预调整。

我在手动正常化素材时手气一直很顺，操作分为两个阶段：首先，用扩展反差的一些工具和方法来拉伸 Log 模式素材，以匹配所需的影调范围，这样基本上能把白位和黑位分配好，然后通过制作一条 S 曲线进一步调整对比度，增加暗部密度和高光亮度。你可以使用很多控制点来调整曲线，使图像看起来舒服、影调过渡平滑（图 3.68），这是比简单的 S 曲线细致得多的调整，目的是要让已经正常化的图像更漂亮。

使用这种方法和使用 LUT 相比没有本质上的好坏差别，事实上，从概念上讲，这里所涉及的数学运算是非常相似的。一般情况下，使用曲线工具来手动调整 Log 素材的优点在于，调色师可以创建完全满足自

已要求的对比度曲线。如果你对曲线调色有经验，根据具体的素材宽容度，你可以极其完美地控制图像。

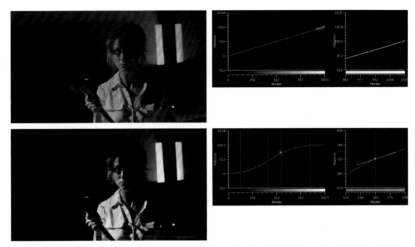

图 3.68　正常化 Log 模式图像的前后对比。在 FilmLight Baselight 系统中使用 Master RGB 曲线来正常化 Log 模式图像

　　然而，这个做法有两个潜在的缺点。首先，通过手动曲线调整来将图像正常化，这会比套用 LUT 再围绕 LUT 进行调整更加耗时。你在调整中得益越多，你的时间消耗就更多，所以你要在图像质量和工作时间之间取得平衡。

　　第二，用曲线调整来平滑图像影调，这种程度的手动调整需要很敏锐的眼睛。这也是为什么需要更多控制点的原因之一。这些控制点在你调整时可能都会用上：从开始的、很平的图像到建立对比度，你需要手动调整每个影调区域来达到你想要的效果。注意，当你在曲线上使用大量控制点时，拖曳控制点很容易拉伸曲线的某段范围，导致影调之间不能顺利过渡，令画面出现锐利的轮廓线或"硬边过渡"，这恰是我们要避免出现的（图 3.69）[1]。

图 3.69　三种手动调整曲线的结果：左侧图，女演员脸部脸和衬衫，高亮和阴影区域之间有一个很好的平滑过渡。中间图对比度过大，反差太锐利令观者感到不适。右侧图，过少的反差导致该画面很平

　　这不是曲线的问题；这是由于图像本身所提供的灵活度导致的。因此，小心调整曲线是调色师的任务，使用这种方法时要注意你的图像影调。这也是为什么在一些调色系统中，包括 FilmLight，提供放大曲线调整界面的原因（"更大模式"或"放大模式"的曲线控制界面），达芬奇 Resolve 也有提供，这让调色师更容易进行细致调整。

　　一旦你为特定的场景创建了手动曲线调整，通常可以将其保存并用于场景中的其他镜头，再使用一些其他工具来微调镜头，以匹配场景。

正常化与饱和度的关系

　　Log 素材除了低对比度，饱和度通常也低。幸运的是，那些拉伸 RGB 反差的操作同时也拉伸饱和度，一个调整操作同时影响两组分量。这种现象在第 4 章后面有进一步的解释。

　　1　这种轮廓线也被称为 shape。

但是，如果你发现在正常化图像后，图像饱和度不够，你可以调整 Saturation 来增加饱和度，无论是整体调整还是局部调整饱和度。

用 LOG 调色控件微调反差

当 Log 素材被正常化后，你需要继续调整画面到满意为止。必须强调的是，通常情况下，正常化只是一个起点。如果你所用的调色系统允许调色师在应用正常化 LUT 或曲线调整的前面或后面添加操作，那会带来更多的控制选择。

使用 OFFSET、EXPOSURE 和 Contrast 工具来微调反差

让我们假设你已经使用 LUT 将图像正常化。现在，图像接近你预期的样子，接着，使用其他工具继续精细调整以实现最终的结果。想要快速调整可以使用一组工具：Offset 和（或）Exposure，通过设置黑位来控制整体信号的水平；而 Contrast 和 Pivot 让你拉伸或压缩图像的整体对比度（图 3.70）。

在套用 LUT 之前使用这些控件，可让你控制图像反差并找回一些图像细节，因为有些图像细节在套用 LUT 时会被裁切。

使用 SHADOW、MIDTONE 和 HIGHLIGHT 工具来微调反差 [1]

提供 Film 或 Log 控制方式的调色系统，会有另一组调整对比度的控件：Shadow、Midtone 和 Highlight，具体映射到 Log 编码的数据范围（图 3.71）。因此，他们被设计为用于正常化之前的调整。

图 3.70 Filmlight Baselight 调色系统中的 "ExpContSat" 选项卡 [2]

图 3.71 Filmlight Baselight 调色系统中的 "ShadsMidsHighs" 选项卡 [3]

相对于 Lift、Gamma、Gain 工具，Shadow、Midtone、Highlight 工具在默认情况下更有针对性，如图 3.72。

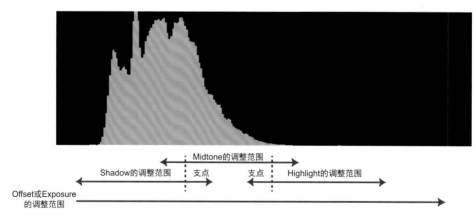

图 3.72 Shadow、Midtone、Highlight 的控制范围，与 Log 编码图像的影调范围接近

下面的内容比较重要。这些控件对图像的影响完全取决于图像本身有多少反差。特别是，Shadow、Midtone、Highlight 工具是专门为低对比度图像而设计的。虽然这些工具只会影响图像影调中较窄的范围，

---

1 此处的 Shadow，Midtone 和 Highlight 特指调色软件中的工具名称。
2 ExpContSat 即：曝光、对比度和饱和度调整工具。
3 ShadsMidsHighs 即：暗部、中间调和高光调整工具。

但是只要将其应用到 Log 图像，那么它们之间将会广泛重叠，从而提供图像调整区域之间的平滑过渡。

如果你对已正常化的素材使用 Shadow，Midtone，Highlight 工具，你会发现，每个影调之间的重叠比较轻微，不是很实用。这就是在套用 LUT 之前，调整这些控件的原因。

以下介绍 Log 调色控件的工具，这是在一般情况下它们的影响范围。

- Shadow，影响图像影调的底部三分之一，仅仅影响最低的暗部。
- Midtone，影响范围广泛的中间调，不太能影响到最亮的高光。有趣的是，中间色调控制很可能会影响图像中散射的高光，不影响白色峰值。Midtone 可以方便调色师拉伸或缩小图像亮度和中间调之间的差异，是简易的控制方法。
- Highlight，影响图像影调的顶部三分之一，主要集中在图像的"闪闪发光的位置"。

图 3.73（b）和图 3.73（c），同一个画面两张图，一张是 Log 编码的状态，一张是正常化后的状态，对这两个图像应用相同的 Shadow 调整，我们比较一下其中的差异。通过红色方框你可以看到，在 Log 编码的素材上，Log 调色控件的影响范围向中间调区域延伸更多，从而导致暗部和中间调区域之间有更多的重叠和过渡；而 Log 调色控件对正常化图像的调整被限制于信号的底部，导致从阴影到中间调的过渡会出现更多可见轮廓线。

相对于 Lift、Gamma、Gain 工 具，Shadow、Midtone、Highlight 的不同之处在于：它们暗部的结束和中间调的开始，以及中间调的结束和高光的开始，这些影调边界都可以通过"pivot（支点）"（在不同的调色系统中工具名称也不同，包括："range（范围）"或"band（波段）"）来改变图像影调的中心点，控制每个相邻影调的重叠范围。这使你的对比度调整有极大的针对性。

(a) 调整前

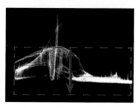

(b) 对Log图像提高Shadow，红色框标出了图像暗部被影响的范围

(c) 对被正常化后的图像提高Shadow，红色框标出了图像暗部被影响的范围

图 3.73　分别对使用 LUT 前的 Log 图像和套用 LUT 后正常化的图像调整 Shadow。对比这个操作对图像最暗区域的影响，Log 调色模式（用于 Log 编码素材）的调整具有更宽和更柔和的重叠范围

一般情况下你会发现，Offset、Exposure 和 Contrast 工具就可以很好地调整 Log 模式编码的素材，实现画面的整体调整；而 Shadow、Midtone、Highlight 工具的调整，可以用于解决更具体的问题。

素材被正常化之后的反差调整

当然，你可以使用这一章中所述的所有工具进行额外的反差调整。只要在正常化的图像后增加一个节点或层即可。

> **Shadow、Midtone、Highlight 工具和正常化后的图像**
>
> 　　如果素材是 Log 编码的图像，在 Log 编码的原始状态下使用 Log 调色模式控件是很有针对性的。但是将 Log 编码图像正常化之后，Log 调色模式控件的调整还是具有针对性的。这是色彩平衡控件的优势（正如将在第 4 章中看到的），这使得在实际调整时 Log 调色模式的对比度控件没那么有用，因为它会让图像轮廓线变尖锐。

设置适当的高光和暗部

现在，你已经学习了如何进行反差调整，接下来需要考虑黑白电平应该放到哪个位置。

我的白电平（白位或白点）应该放在哪里？

　　总体来说，图像的高光波形通常位于波形监视器上侧三分之一处。白点是高光最亮的像素点，位于直方图或波形监视器的最顶端。

　　注意　作为参考，标准彩条测试图上，黄条左边的白条是 82%（IRE 或 585 毫伏），大多数人都觉得这很"白"。

　　准确地说，图像白电平的所在位置，部分来说是偏好问题，这取决于你想要的风格和图像本身的高光。如果你想创造一个高调、高对比度的图像，将你的高光波形接近 100%(IRE) 可能是一个不错的选择。在另一方面，如果你要调出一个低调子的，低对比度的画面，那应该把高光保持在比较低的位置，可以是 80%、70%，甚至是 60%，这取决于具体图像本身的情况以及需要达到的画面效果。

　　调色师将高光放置的位置不同，高光的类型就不同。白峰对应于图像中的"闪光点"。其中包括太阳闪光、金属反射、点燃的蜡烛光、火花或太阳本身，它们的高光位置应该位于或接近波形的顶端，否则，这些高光点就会有发灰的风险。例如，在图 3.74 中，高光是车身的反射；还有男演员的衬衫，都很亮而且有点部分曝光过度，他们现在应该是保持在最高曝光水平。

图 3.74　将高光和中间调偏低的部分隔离开

　　然而，有些高光对应于弥漫的白色：其中包括桌布、白云、白墙的反光、衣服上明亮的高光，或属于图像中间调的小亮点，即使没有任何更亮的高光。请观察一个接近傍晚的画面，如图 3.75，演员皮肤上的高光位于中间调的位置，正如男演员的白色汗衫亮度。

图 3.75　在一个比较明亮的场景中削弱高光

　　这些高光虽然比图片的其他部分亮一些，但通常会包含一些图像细节。在这种情况下，稍微简单地降低暗部而不对高光做调整，有助于维持"健康"的反差。此外请注意，蓝天的亮度位于 70%（IRE 或 500 毫伏），现在已经看起来很舒服了（所以可以考虑不调整亮部）。

> ### 对高光的感知程度与阴影的深度有关
>
> 　　对高光的感知与阴影的深度有关，这点极为重要，需要记住。由于人眼的工作原理，观众对高光的感知与图像的暗部密切相关。某些时候压低阴影而高光保留不动，比提高高光更好。图像的对比度完全是相对的。

　　学会区分图像的平均亮度和最亮高光很重要。最明亮的峰值高光，位于最高水平；而平均亮度会低一些，除非你要故意曝光过度。图 3.76，在车窗上的太阳反射是典型的曝光过度（由波形图顶部附近聚集的波形所示）。从波形可以看出，最高峰值的电平远高于天空云彩的平均亮度，而车窗的细节来自于其阴影轮廓。

图 3.76　已裁切的高光，白云的位置位于中间调偏上的位置

选择最高白电平的位置

即使是最大白电平，你依然可以有不同的选择。从技术上讲，出于广播目的，白电平输出不应超过最大信号强度，一般为 100%（IRE 或 700 毫伏）。然而一些广播机构的质量检查规则非常严格，为了安全起见要将最大白电平的范围控制在 98%，这 2%（或 IRE）是为了必然会出现的轻微过曝而保留的。如果你所用的软件或硬件会切掉违规的高光，那这些问题高光将不会是一个麻烦；但如果你需要手动调节白电平以保持广播合法，那么，使用保守的最大白电平标准，将可以更好地避免电平瞬时超标，从而避免成片被极度保守的广播机构拒收。有关广播安全指南的详细信息，请浏览第 10 章。

此外，放任调色系统的广播安全控制直接切掉高光，可能会丢失宝贵的高光细节。

在高对比度的边缘出现意外的亮度峰值

画面上的白色区域与黑色交界的边缘出现亮边，这种类型的问题通常出现在视频、静止图像或计算机生成的图形。由于各种原因，包括涉及 RGB 转换成 $Y'C_BC_R$ 视频的图像处理算法，这些高对比度边界导致的亮度远高于实际图像的水平亮度。一个很好的例子是在黑色背景和白色文字，因为是很常见的标题。另一个很好的例子是一个拍摄了报纸标题的镜头，白底黑字。

这些不需要的峰值只能在外置的波形监视器上看到。它们将显示为一系列模糊的峰值出现在波形图上。这些是要重点注意的，因为这可能导致一个原本广播合法的节目由于质量控制（QC）的错误而被退回。

在这些情况下，正确的处理方式是降低 Gain，直到这些模糊的峰值低于 100%（IRE 或 700 毫伏）。或者，你可以降低所用调色系统的广播安全设置（或 "clipper（裁切）" 设置），或在输出到磁带时在信号链中插入外置合法化检查器。

保持中间调的同时将白位合法化

在调整的过程中，你可能会不断地降低图像的白位，将摄像机捕捉的超白水平合法化。记住，如果只是简单地降低 Gain，你会将中间调也压暗。更精确的校正应该是在压低白位的同时将中间调先提起几个点（一些），以补偿这种影响。如果你没有调色台，可以用鼠标拖动软件界面上的 Lift 和 Gain。

特别是当你在调整太阳光、直接光源和反射光时，不要让中间调受到影响。高光点会出现在最微小的细节上，有时会出现在演员眼睛上，2 个像素点的高光会令眼睛更有神。虽然合法化这些四处游荡的像素很重要，但你要继续进行其他调整，提亮画面并改善图像。

以下示例，你将同时调整高光和中间调让画面变亮，而且白位依然合法。

1.　检查波形监视器或直方图；我们看到图 3.77 是个夜景镜头，仍有许多超白的高光（街灯）。你需要把这些高光压到低于 100%（IRE 或 700 毫伏）。

图 3.77　原始画面。注意街灯的位置，导致高光峰值大于 100%（IRE），我们需要将它信号合法化

2. 调整高光，把波形监视器或直方图的顶部波形降到 100%（IRE 或 700 毫伏）水平（图 3.78）。

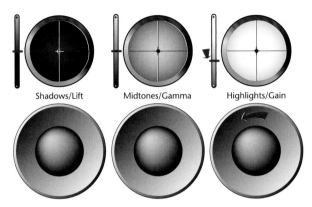

图 3.78 通过校正操作，将高光信号合法化

我们可以立即看到之前过亮的高光被合法化，但整体画面变暗了（图 3.79）。这不是理想的调整结果。

图 3.79 将高光信号合法化之后的画面，但图像的中间调也变暗了

3. 提高 Gamma，抬起波形监视器或直方图的中间波形，把画面提亮，以弥补压低高光导致的光线减弱。

根据你所用的调色系统，提高 Gamma 也可能会提亮暗部和提升一点点高光，在这种情况下你可以适当降低 Gain，直到超白水平回落到低于 100%（IRE）的位置；再通过降低 Lift，把最暗的阴影调整至画面所需的黑位水平（图 3.80）。

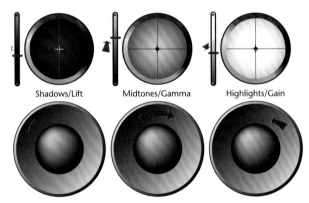

图 3.80 三步调整：提高中间调，以补偿压低高光而导致低画面变暗；
相应地，压低暗部，调低高光，保持画面的反差和高光信号合法

既然降低了高光的最亮点，那么可以通过降低一点暗部来保持反差。这样做可能会影响中间调（中间调降低了），所以有必要增加 Gamma 的值。然而，客户要求保留夜戏的暗调子，所以 Gamma 的调整程度需要控制好，避免把画面调得过亮（图 3.81）。

反复地进行这几个步骤的调整，更突显出调色台的价值。如果在调色台上进行上述步骤，调色师可以同时调整高光、暗部和中间调，提高效率而且节省时间。最后，该图像的调整结果不错：有明亮的反差，而且

白电平在广播信号合法范围内。

图 3.81　最终调整后的画面。高光合法化，中间调的位置与原素材匹配，暗部稍微压暗了一些

不要害怕切掉高光

高光波形的峰值是图像最光亮的区域，通常是由（自发光的）直射光源或镜面反射的直射光导致的。在这两种情况下，这些光点在高光区内可能会有值得保留的细节。出于这个原因，调色师需要权衡：保留画面的亮度水平把超亮细节切掉，还是需要保留这些细节。当然，只要你有一个好的压限器，就不会损失任何细节。

黑电平应该在哪里？

不同于白电平（因为白电平的标准比较多，黑电平相对简单一些），你可以设置的最低黑电平为：0%（IRE 或毫伏）。

> **注意**　对于在行业内工作已久的朋友，我们知道所有的数字信号使用 0 IRE（% 或毫伏）标识黑位。7.5 IRE 的设置已经不再使用了。如果你是调色师，最低的黑位标识位置在 0。

阴影的最暗区波形，通常落在示波器底部，数字刻度 15% 的位置；而次暗区的波形位置稍高，在波形底部与中间调的位置之间。和之前所述一样，压低暗部、控制黑位水平的度是多少，与画面的高光密切相关。但一般来说，压暗最暗处的阴影，往往会令画面更有视觉冲击力。

有一种调整方法可以让客户印象深刻：降低 Lift 或者调整 Master Offset，从而加深画面的暗部。虽然将暗部降低几个百分比会稍微压缩画面的暗部细节，让画面更锐，客户会喜欢压暗过的画面。

这种情况下，你可能会问，为什么这么多素材甚至是曝光良好的图像，在记录时，黑位都会稍微偏高？因为很多摄像机记录黑位并不是以 0% 为标准的。图 3.82，这是一段视频的波形。这段纯黑的视频是盖上镜头盖拍摄出来。

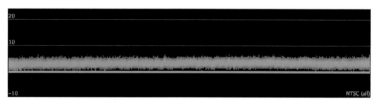

图 3.82　摄像机噪波在波形监视器上的波形图

这揭示了两点：第一，它反映了黑位的平均水平大约在 3%（IRE）。第二，它显示视频信号记录了多少随机噪点。正如你所见，预先录制的黑位也可以从压暗画面中受益[1]。

如何控制暗部黑电平？

暗部的调整程度完全取决于原始图像有多暗。曝光良好的图像，黑位可能不会延伸到波形的底部。这样的暗部调整空间会更大，那么，根据画面的具体需要，你可以选择压暗或提高黑电平。

1　噪点明显更少了。

如果画面阴影部分已经很暗，那么可能不需要对其进行调整。图 3.83 画面有非常不错的暗部，黑电平本身就落在 0%。

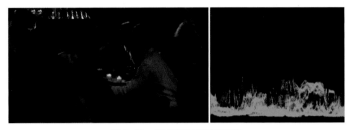

图 3.83 暗部阴影无须调整

图 3.84，黑电平徘徊在 5% 的位置，在男演员裤子上保留了一些暗部细节。如果我们的目标是塑造光亮的办公室环境，让场景更柔和，我们可以提亮一点场景的暗部。

图 3.84 适当提亮画面的暗部。尽管提亮暗部水平，明亮的高光依然将画面反差保持得不错

压掉（切掉）和压缩黑位

当你把画面最暗的区域拉低到 0%（IRE 或毫伏）时，那么这个部分是深黑色的，这是暗部能达到的最黑的程度。但是你还能继续降低黑位，你可以根据具体情况将暗部向下移动至 0 以下。将暗部较亮的区域下降到 0%（IRE 或毫伏），被称为压掉（切掉）黑位。压掉黑位最容易看出米，如图 3.85 的波形监视器波形，对应的黑位像素集结在底部 0% 的线上。

图 3.85 被切掉的黑位，集结在波形监视器 0%（IRE）的位置

压掉黑位，是提高反差比例的一种简单方法，根据图像情况，这个操作可以使画面看起来更"明快"，但代价是牺牲暗部细节（图 3.86）。因为 0 是最低的亮度水平，所有在 0% 的像素都假设是平均黑位。虽然，当黑位只被压掉一点点，图像细节信息的丢失是否会被察觉，这一点值得商榷；但如果你过多压掉黑位，图像的阴影区域将逐步变得更粗糙、更平，在暗部到中间调过渡的区域中就会出现更多锯齿。

图 3.86，用更清晰的方式演示压掉黑位的效果。

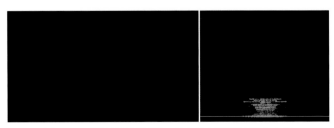

图 3.86 原始的测试图像，带有暗部细节的英文字母

1. 首先，检查图像的波形监视器或直方图波形。这个例子是用于测试目的，其中黑色背景位于 0%，图像中的每个单词以百分比逐渐递暗。因为在这个图像亮度水平如此之低，所以，只有在经过严格校正的广播级监视器才能观察完整的图像——电脑显示器可能不会显示测试图案上的所有文字。

2. 逐步降低 Lift，它们与黑色背景一一合并，导致单词一个个地消失（图 3.87）。

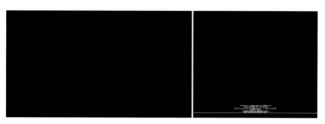

图 3.87　降低测试图像的暗部，压掉黑位。最暗的字已经与周围的黑融在一起了

这也反映出调色软件反差工具的灵敏度。继续降低黑位，最终导致所有单词消失。此图像的细节也完全丢失，变成一大片黑。

广播压缩与压掉黑位

　　除了细节的损失，另一个风险是在广播数字压缩图像时，图像中太多被压掉的黑位将会显露出来。黑位压掉过多的图像在压缩为 MPEG-2 或 H.264 编码，用于数字广播或有线传播时，结果可能会在最暗的阴影上出现可见的马赛克，看起来像一个难看的块状色带（bangding）。越少的暗部被压掉，留下的细节更多，也最大限度地减少这种很假的阴影。

尝试用降低中间调替代压低暗部的操作

　　不是每个图像都要求把暗部压到 0%。比如，一个灯光充足的场景，其暗部阴影是弥漫性的，在这种情下，留下过多的阴影将不合适。例如，图 3.88 已经没有多少真正的暗部阴影了。

图 3.88　一个光亮的画面，散射光，有自然的黑位

　　如图 3.89，根据这个镜头的情况，降低中间调会比较合适。当你想压暗图像改变画面的时间感；或者让图像看起来像一个室内或室外拍摄的镜头；又或者想给图像营造明亮而快乐的气氛、昏暗而晦暗的氛围，在这些情况下，调整中间调更合适。

图 3.89　通过降低中间调来压暗画面，而不是降低黑点造成不正常的暗部

　　高光和暗部的调整，可以通过波形在示波器的边缘来判断，而中间调调整通常是通过人眼来判断和控制

（除非你要精确匹配镜头）。对于调整中间调，没有真正严格规定的指导方法，除了要将画面调整为特定的地点感和时间感或进行镜头匹配时，才有具体的中间调参考。

在高动态范围（HDR）的素材上工作

新一代的数字电影摄影机能拍摄高动态范围（HDR）的视频，这意味着它们在一个单独镜头片段中能够记录更宽的范围，而且信号不会被裁切。一个典型的视频摄影机具有 5 至 10 档的宽容度（取决于你使用什么 ISO 或增益设置），这影响图像从最亮到最暗的范围保留多少可用的图像细节。而能够拍摄 HDR 的摄影机，可以记录更大范围的图像曝光数据，可以保留过曝的窗户和暗部阴影的更多细节。

目前，有两种方法可以得到 HDR 素材。

RED 的 HDRX 素材

通常情况下，RED 摄影机具有 13 档宽容度。开启其专有的 HDRx 格式可以记录更大宽容度，达到 18 档以上。

这种高动态范围的素材是在 HDRx 模式下，通过在单个 R3D 文件中同时录制两个"内嵌"曝光而获得的，一个是正常曝光的"A"通道，而另一个曝光不足的"X"通道则旨在保留高光。

X 通道曝光不足的程度是用户可以选择的，取决于拍摄条件。如何在以后分别使用这两个曝光信息，取决于调色系统的能力。

在图 3.90 的例子中，你可以在你所用的调色系统中调用 RED 的曝光参数，使用 Blend Type（混合类型）和 Blend Bias（混合偏移）自动混合两次曝光，结合成整体影调的单个图像。Blend Type（混合类型）选取其中 A 通道和 X 通道互相融合，而"Blend Bias（混合偏移）"是一个数值参数，允许你控制 A 通道和 X 通道的合成比例，形成最终图像。这种方法的简单之处，在于对具有大量运动的画面，或者在最亮和最暗的区域之间有很多重叠区域的画面很有用。

另一种可能操作是使用形状遮罩或选色等工具，将 A 曝光和 X 曝光分开变成独立的图像流，分层单独调整（图 3.91）。当你尝试从窗户或天空找回图像细节时，这是一种非常有用的方法。图 3.91 的示例显示了在达芬奇 Resolve 中，使用遮罩来调整 HDR 素材。

正常曝光的"A"通道

曝光不足的"X"通道

将两个通道结合在一起，组合成一个整体的图像影调

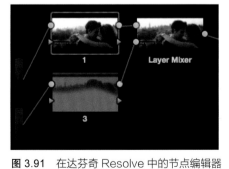

Layer Mixer

图 3.90　所示的 A 和 X 通道，可以用 RED 提供的工具或你所用的调色软件来混合这两个通道，组合成具有更大宽容度的图像

图 3.91　在达芬奇 Resolve 中的节点编辑器有两个输入端，允许 A 和 B 通道分开单独调整。使用遮罩，将来自 X 通道的高光部分分层放回 A 通道

虽然 HDR 很有用，但是 RED HDRx 拍摄起来存储压力相当大，因为需要记录两个完整的图像流，所以使用 RED 摄影机拍摄时，往往只有当摄影师们觉得很有必要使用此功能时才会使用。

拍摄 RAW 格式的高宽容度摄影机

另一种获取高动态范围素材的方式，是使用更高宽容度的新一代摄影机来录制 RAW 格式。正如第 1 章所讨论的，RAW 格式素材的图像数据直接从图像传感器记录，不应用任何转换。如果传感器本身具备较宽的动态范围，那么所有的图像数据会被写入到 RAW 文件中，在进行反拜耳计算后得到可用图像。

在撰写本文时，被人们认为能记录高宽容度 RAW 素材的摄影机包括：RED Epic，Arri Alexa，索尼 F55 和 F65，Blackmagic Design 摄影机，Kinefinity 摄影机，所有这些摄影机都宣传自己在拍摄 RAW 时有 13 至 14 档宽容度。但真正的宽容度是取决于如何曝光；如果素材的噪点太多，多一档宽容度也是没用的。此外，不同摄像机对于信号中不同部分的噪点，有着不同的处理方式。有些设备更着重高光的细节，而有些则提供噪点更少的、更好的暗部再现。

所有这些摄影机都需要录制 RAW 来获得这些优势。如果记录 ProRes 或 DNxHD 编码，即使录制成 Log 编码素材，你也不会获得比素材本身更多档位的宽容度和图像细节。

有趣的是，宽容度大的 RAW 素材，第一次反拜耳计算后，图像往往看起来曝光过度。然而这些高光可以通过调色找回来，如图 3.92 所示。

图 3.92 由索尼 F65 摄影机拍摄的 RAW 素材，上下图为调色前后。极高的宽容度使图像最初看起来曝光过度；小心地调色能从天空找回所有的可用细节。图片由 Gianluca Bertone 提供

如何对高宽容度素材进行调色

可悲的是，BT.709 兼容显示设备根本无法显示出摄影机所拍摄的高宽容度图像细节。事实上，BT.709 信号的等效范围被限制在 0 ～ 100 IRE（百分比或 700 毫伏），大约相当于 5 档宽容度。换句话说，只是没有足够的信号空间来同时显示拍摄到的令人惊叹的高光或深邃阴影。[1]

这意味着对这些素材进行调色的挑战之一，就是找到最美观的方式来将宽容度大的图像信号选择性地落入可视范围。一般来说有三种调色策略，如下。

1　在本书编译时，针对此情况，杜比公司推出了杜比 Vision 标准，倡导全流程的高宽容度制作。相关介绍见：http://www.dolby.com/us/en/technoLogies/dolby-vision.html

压缩高光和阴影

你能做的最简单的事情之一就是尽量找回图像细节，然后使用曲线工具调整中间调，令高光和暗部分配达到平衡（图 3.93）。

原始图像

压缩反差找回图像细节

曲线调整用于提亮之前被
压缩了高光和阴影的画面

图 3.93 找回高光细节的两个步骤：首先压缩整体反差，然后使用曲线选择性地扩大对比度，并在提亮画面的同时不切掉高光或阴影细节

用曲线来处理的最大挑战是：根据场景需要，压缩视觉上认为图像上最不重要的部分，来隐藏图像中已被挤压的某些部分，同时保持中间调的细节和良好的影调过渡。如果在调整过程中没有保护好图像主体的影调过渡，最终画面可能会出现尖锐的轮廓过渡，十分突兀和难看。

使用遮罩（SHAPES 或 Windows）来分割图像

以下是另一个策略：如果图像很容易被分割或划分成几个不同的区域，那么就能很好地利用这个特点保留最多的图像数据。例如，一个过曝的窗户，镜头穿过门口，或某个场地上带有一片天空，这类场景很容易划分区域。在这类场景中，过曝可以作为一种功能（或手法），用来保证最重要的主体曝光正确。当使用高宽容度的摄影机进行拍摄时，你可以选择保留这些"可能过曝的"数据；但也可以在后期处理时，通过使用遮罩来划分图像影调，保留你需要的高光。

在图 3.94，使用 shape、mask 或 window（形状，遮罩或窗口）来分离图像的天空，所以你可以分别单独调整图像的不同区域。通过这种方式，你可以大幅度调整抓回来的天空细节和色彩，同时使用不同手法来调整天空以外的内容，让场景和演员看起来达到最好状态。

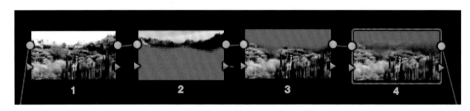

图 3.94 在达芬奇 Resolve 中用了四个节点来调整这个图像。节点 2、3 和 4 使用遮罩做隔离调整，分别用于找回天空细节和单独调整草地，并且可以独立调整女演员沿着走路的平面

这能给你带来两个最好的结果，但调整起来可能会非常棘手，这取决于场景本身是如何组成的，以及调色预算，因为这样做肯定会更费时。关于图像分割、二级调色以及使用限定工具和形状遮罩的详细信息，请

参阅第 5 章和第 6 章。

裁切不需要的图像细节

最后一个策略可能是最不可取的，那就是简单地裁切掉你认为不需要的高光和暗部。如果你手头上有 Soft Clip[1] 之类的曲线工具，你可以用它来碾轧（Roll off）细节，使被裁剪的位置变得更柔和。如果图像的细节丰富但在广播安全区以外，可以用这个方法达到很好的柔软效果。这不是处理高宽容度素材的最佳方式，但在紧要关头使用 Soft Clip 的效率很高。

反差和视觉感知

许多现象会影响人们如何"看见"对比度。你可以利用这些感性技巧，将它们转化成你的优势，最大限度地提高图像的"感知质量"。其中最显而易见的例子就是环境效应。

注意 相对反差，这就是为什么调色师不能将广播监视器放在太暗或太亮的环境的原因。

正如你将会在第 4 章读到的内容所述，人的视觉系统相对于图像反差的计算与场景内所有的影调息息相关。周围颜色的深浅会影响中间主体的表观亮度。在图 3.95 中，两颗星在各个盒子的中心，灰色的水平是相同的，但更暗的背景让星星显得更白，而更亮的背景显得星星更暗。

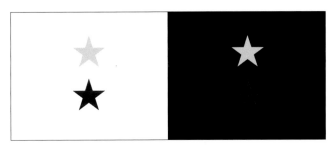

图 3.95　每个方块中的两颗星星具有相同亮度，但它们的背景让星星看起来更亮或更暗

利用环境效应

在数字视频里，图像整体影调的可用范围是固定的。特别是如果你坚持广播视频标准，整体的适用范围从最黑的阴影到最亮的高光是从 0 到 100 百分比（IRE）或 0 到 700 毫伏，这取决于你使用的单位。

尽管此范围看似有限，但也可以通过使阴影变暗来夸大图像的高光。同样，通过提高高光也能使阴影变暗，在两者（高光和暗部）之间创造更大的反差。

图 3.96 的示例图像有点暗，这是在一天即将结束的时候拍摄的。客户担心阴影可能会有点含糊，但该男演员的深色头发、衬衫上的阴影已经非常低了，进一步降低黑位可能会压掉细节。

图 3.96　原始图像。客户想暗部再黑一些，但不可能再降低了，因为会损失暗部细节

1　在很多调色系统中都有 Soft Clip。对应达芬奇 Resolve 12 的中文版，该工具在曲线功能区中，名为柔化裁切。

现在我们要利用环境效应，提亮高光令阴影看起来更暗，同时尽量避免平均中间调看起来比原来更亮。让我们来看看如何进行这样的调整。

1. 首先，提高 Gain（如图 3.97）。

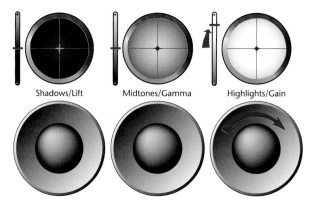

图 3.97　提高 Gain，提亮高光

这提亮了高光，如图 3.98 所示，这样做导致图像更明亮了，并不是我们想要的结果。因为我们还要保持"一天快结束"的时间感，你需要做更多的调整。

图 3.98　简单地提亮了整个图像，所以我们需要做进一步的调整

2. 为了减少图像的感知亮度，降低 Gamma。这会导致高光减少了一点，因为你在步骤 1 中提起高光的幅度很大，所以降低一点点不会有影响。

降低中间调的同时阴影也降低得有点太多，导致画面暗部过于纯黑，而且男演员头发细节丢失了，因此需要相应提高 Lift 作为补偿（图 3.99）。

现在的暗部和平均中间调接近于原来的、增加高光之前的位置（图 3.100）。

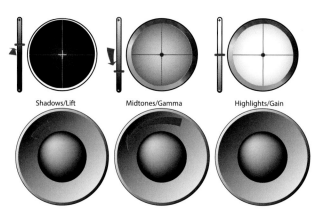

图 3.99　进一步调整。降低中间调并提高 Lift，让图像接近其最初的感知平均亮度（尽管我们之前增加了高光）

调整后的最终结果：获得一个更有活力的图像，主体演员的脸部和天空的高光更明亮。整个图像的阴影显得更暗，即使它们并没有任何改变。通常，此时调色师会继续往后进行必要的色彩调整。

图 3.100　最终调整结果。提高亮度让本来的暗部阴影看起来更暗

增加图像的感知锐度

调整反差的另一个效应：增加对比度可以让画面细节变得更锐。仔细看以下两张图，图 3.101。

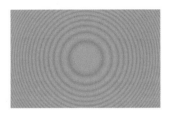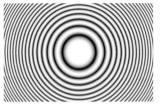

图 3.101　相同图像的两个版本，一个低反差，另一个高反差。右侧高反差图像比左侧低反差图像看起来更清晰

有人会说，右侧的图本身就比左侧的图更清晰。然而，这两个图像的分辨率是完全相同的，只是右侧图进行了简单的反差调整，其他都完全一致。右侧图，通过降低图像较暗的部分并提高高光来拓展了对比度。

让我们到一个更真实的例子中进行测试。图 3.102 是一个稍暗的室内镜头，意味着这是一个情绪忧郁的场景。然而，它现在的对比度有点过低，画面中的细节看起来有糊在一起的感觉。

通过扩大反差比例——在这个例子中我们降低 10% 的阴影，提高 10% 的高光——相当于增加图像中用于定义边缘的、亮暗像素之间的差别。调整反差后增强了细节。男演员现在更加突出，因为在手臂和肩膀上的边缘高光和墙壁的阴影脱离开了（图 3.103）。

图 3.102　原始图像

图 3.103　扩大对比度后的图像。注意，
画面的细节在调整过后更清晰了

边缘的对比度越高，清晰度更高；事实上，这类似于图像编辑软件中的锐化滤镜。专用的锐化滤镜通常更有针对性，只对边缘区域做检测和调整对比度，但总的思路是一样的。

重要的是认识到：这只是为了视觉效果。你并没有真正地增加任何图像细节，事实上，你可能会消除细节中的某些像素，比如你需要明显地切掉黑位以达到这种效果。

播出时的对比度

关于处理黑电平,还有最后一个重要的细节需要考虑。因为有很多便携式摄像机、录像机、DVD 和蓝光光盘、电视机、视频投影仪和其他播放和显示设备的制造商，其设备的输出或显示黑电平的设置令人相当混淆。

回放设备播出模拟视频时设置的黑电平输出与显示设备设置的黑电平设置不同，可能会不断地出现问题，其结果不是将黑位变灰就是会切掉黑位。如果你是电影制作人，而这种情况发生在电影节上，这可以说是一段痛苦的经历。

此外，大多数观众的电视机几乎没有标准，几乎是没有校准过的。如果亮度没有正确调整好，黑位可能会显得褪色或直接被切掉。如果对比度没有正确调整好，整体图像可能会太亮或太暗。

如果这一切并不足够可怕，还有：很多数字显示设备（如视频投影机）提供自定义的伽马设置。准确的伽马设置能正确地匹配环境，呈现出最好的图像质量，而错误的设置会导致灾难性的后果。

不幸的是，你作为调色师想在这种"雷区式"的播出端保持图像质量，最好是信任经过严格校准的广播级监视器，而且你可以进行项目测试，将图像放在未校准的消费级电视，放在观众最有可能的观看环境，并和客户一起坐下来观看。通过这种方式，调色师可以在丢掉工作之前，在这个观看环境上发现调色的问题。这也提醒电影制作人，争取在放映前检查投影质量，并对投影机进行必要的设置调整（如果可能的话）。[1]

如何处理曝光不足

然而，最大限度地提高图像反差的调整过程并不会每次都顺利。不是每个摄影师都要拍摄 HDR。曝光不足的图像，是在迫切需要最大限度地提高对比度的同时，对图像质量进行权衡的终极案例。

曝光不足，是调色师最常见的问题之一。曝光不足其实可以通过细致的打光（内景），或密切注意太阳的位置（外景）来避免。但实际上许多纪实性的电视节目，纪录片或独立电影的拍摄时间紧迫，或者缺乏强大的灯光团队，曝光不足的镜头就会随之出现。

然而，重要的是要了解在什么情况下必须妥协。此外，对于那些完全不能进行理想校色的媒体格式或素材，你需要了解哪些因素、哪些合适的调整可以帮助提高画面质量，这点也很重要。

摄影师们请注意：请记得带反光板！

虽然这听起来很唠叨，在纪实性的电视节目、纪录片以及各种低预算制作中，我遇到的最频繁的校正就是曝光不足的脸部。在画面中将人物和背景区分开的关键是他们脸上更多的光。虽然，我们可以在后期将脸部变亮，但有时素材的格式和必要的校正会导致噪点出现。这两个情况任选其一：提亮人物但有噪点，或不突出人物没有噪点，大多数客户选择噪点。

如果拍摄时有工作人员拿着反光板，你就可以避免这个问题。只需反射更多可用光线到拍摄对象的脸部，效果就会完全不同；即使图像仍需要校正，但这样一来提供了更多的图像数据，从而提高了调色质量。

色度采样会影响欠曝镜头的调整质量

当你对曝光不足的镜头进行调色，原始素材的色度采样（无论是 4：4：4，4：2：2，4：1：1 或 4：2：0）会对反差调整的幅度有明显影响。

例如，胶片扫描的图像序列、数字电影摄像机输出的图像或录制到 HDCAM SR（具有双路或 3G 选项）的视频，这些 4：4：4 色度采样的素材在调整曝光时有比较大的宽容度。所以在出现过量噪点前，较暗的镜头能被大幅度提亮不少。

4：2：2 色度采样的素材是由典型的高端高清和标清摄像机录制的，或者是由胶片扫描的素材被录制到 HDCAM、D5 带或 Digital Betacam 这些带子上，这类素材有相当大的宽容度，在适度范围内调整，噪点问题不大。

更多消费级和 HDSLR 摄像机记录 AVCHD、HDV、DV-25，还有记录各种其他 MPEG-2 和基于 H.264

1　注意，未校准的消费级电视只是用来提供"垃圾模式"播放环境的参考，而不能作为调色的标准环境。你应当做的是：告诉客户最终播放环境很恶劣，让他们做好心理准备，或者校准最终播放环境，而不是根据糟糕的观看环境来调整影片调色。制作端应当是质量坐标的原点，如果制作端不坚持标准，那么标准本身是没有存在价值的。

的视频格式，它们使用 4：1：1 或 4：2：0 色度取样。这些丢弃了四分之三色度数据的格式，被认为是和原始图像无感知区别的（记住，对于亮度和色彩，人类视觉系统对亮度更敏感），是为了缩小素材文件尺寸才丢弃这些数据，对于比较随意的摄像师和剪辑师来说这些格式便于管理。

　　4：1：1 和 4：2：0 素材的问题是，在许多情况下这类图像也会被用于专业项目中，当调色师拉伸图像对比度时，由于色彩信息丢失，那么噪点就很难甚至是不可能避免的。此外，这种低带宽的媒体格式，会对不同类型的视觉效果工作（如绿幕抠像），带来相当多的困难。

> **注意**　给正在拍摄高压缩素材的摄影师一个最明智的建议，一定要注意照亮场景，并保持正确的曝光。曝光控制越好，之后的色彩校正的灵活性越大。

　　在这些情况下，你必须在已有的素材上工作。这并不意味着这些素材就没办法校正了；这意味着你在调整欠曝素材时，一定要注意反差的调整幅度。噪点的出现是必然的，要在增加曝光的同时尽量减少噪点，出于这个目的，调色师使用何种调整策略将会十分重要。

欠曝镜头的调整对比

　　下面的片段非常暗。正如你可以在波形监视器看到，如图 3.104，图像中多数像素都小于 10%，中间调位于 10% 至 35%，非常少量的高光团块位于 48%。

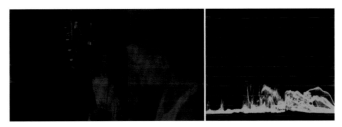

图 3.104　原始图像，曝光不足

　　如果你想提亮演员的面孔，简单地提高 Gain 和 Gamma 即可。在 4：2：2 色彩采样的素材上进行大幅度调整会更合适，其调整结果相当明显（图 3.105）。

图 3.105　在曝光不足的 4：2：2 色度采样的素材上拉伸对比度

　　对同一个图像的 4：2：0 色度采样版本做相同的调整（类似于 HDV 和 H.264 压缩的原素材），结果片段的噪点比之前 4：2：2 的画面更多，压缩失真也更明显（图 3.106）。

图 3.106　在曝光不足的 4：2：0 色度采样的素材上拉伸对比度

在打印的纸质书本中很难看到其中差别，但比较图 3.107 中男演员的头部特写镜头应该可以清楚地反映问题。

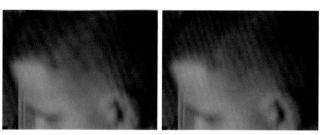

图 3.107 左侧的头部特写是提亮后的 4：2：2 色彩采样的片段，噪点是自由排列的。
右侧特写是提亮后的 4：2：0 色彩采样的片段，有可见噪点和马赛克块状

波形图的间隙表明，该图像的拉伸范围超过了可用的图像数据，这导致图像中比较明显的噪点。图 3.107 中的右侧图像，比左侧图像多了一条比较明显的色带，因为本来不多的图像数据被进一步扩展，导致了失真。

> **注意** 观看设备越小就越难看出调色导致的噪点。这也是投资一个更大的监视器的原因之一，你可以在更大的监视器上观看调整结果。此外，若片段不是在播放状态，这很难看清噪点的情况，记得要播放镜头，观看噪点的抖动情况。

影响图像噪点的其他因素

除了前面讨论过的源文件的格式，某些摄影机的确会比其他摄影机噪点要多，而且对光的反应也不尽相同。你会发现每个场景都有不同的对比度调整容差，注意这个问题很重要，所以每次在调下一个镜头前，最好播放并观察刚才调完色的镜头，否则可能会忽略潜在的噪点问题。

如何处理曝光不足的素材

校正曝光不足的片段时，当你试图增加一些亮度和中间调来调整它们，通常会同时出现以下三个问题。
- 噪点过大。
- 饱和度过高（或欠饱和，这取决于所使用的图像处理类型）。
- 暗部细节不足。

这些问题看起来不多但足以让你很头疼，尤其是如果你面对高压缩素材工作时。（请看下面的例子）

1. 检查图像，图 3.108。这个片段明显曝光不足但颜色丰富，而且我们需要匹配同场景的另一个更早拍摄的镜头。先来观察波形，看看怎样做才能提亮这个镜头。

图 3.108 原始图像，曝光不足

2. 为了使主体更加明显与增加画面对比度，做一些简单的调整：提高高光和中间调，并降低黑位。

> **注意** 如果想避免噪点，有时提高中间调是比调整白位（高光）更好的选择，而且提高中间调通常对严重曝光不足的镜头更有效。当然，要取决于画面的实际情况来做调整决定。

然而，当你这样做时，图像会出现噪点（当镜头播放时比较容易看到噪点），暗一些的阴影部分看起来

很不扎实，尽管黑位在这个图像中已经尽量低了（图 3.109）。

图 3.109 拉伸对比度后，导致阴影很浑浊（不明朗），即使这时黑位已经很低了

3. 若要解决此问题，使用曲线控制来伸展中间调偏低的区域，同时保持中间调偏上的区域不变（图 3.110）。

图 3.110 使用曲线调整继续压暗阴影，同时保留高光和中间调。有人把这叫做 S 曲线。调色师乔·欧文斯（Joe Owens）称之为"曲棍球棒"，我相当喜欢这个称呼。乔·欧文斯是加拿大人 [1, 2]

曲线调整提供了更密集的阴影，与此同时并没有影响你之前提高的中间调。此外，这是为了将最令人反感的暗部噪点压下，让它们接近黑色，看起来不那么明显（图 3.111）。

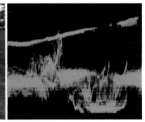

图 3.111 调整后的最终图像

在处理某些曝光不足的图像时，如果过度拉伸对比度，你可能会发现图像阴影最暗的区域的波形开始显得矮而厚。这是因为在录制视频时，低于或刚好位于摄影机记录图像时的本底噪声，这样，任何图像数据会被无法挽回地压掉，通常来说，随机的图像传感器噪声在 0 或 0 以下的位置没有任何图像数据。

> **注意** 如果最初录制 4：1：1 或 4：2：0 采样（常见于高压缩格式）的视频，将其转换为 4：2：2 或 4：4：4 子采样格式是无济于事的。顺便说一下，这个步骤已经在内部完成，是大多数调色软件的内部图像处理流程的一部分，将它作为一个单独步骤是不必要的。[3]

对于这类没有暗部信息的欠曝图像，任何企图提高黑位水平以获取更多的图像数据的操作，都会使画面出现一大片深灰色；由于没有足够的层次，画面上有可能出现恶劣的块状或团状，而不是过渡平滑的影调。不幸的是，提亮欠曝图像都会造成这些不可避免的后果。

1　加拿大人热爱曲棍球运动。

2　乔·欧文斯（Joe Owens），加拿大调色师，是 Presto!Digital 的拥有者和调色师。

3　详见第 1 章"了解色度采样一节"。

有趣的是，当你要求洗印厂迫冲胶片时，也会出现类似的现象。迫冲胶片意味着曝光时间增加，这会增加胶片颗粒和造成混浊的阴影，这与扩展欠曝的数字图像的对比度时，结果非常类似（图 3.112）。

图 3.112 一个用胶片拍摄、冲印时导致曝光不足的镜头。
数字校色时提亮了这个图像，增强了图像的颗粒

我提到这一点，是为了保证你在处理这类情况时不会出错，如果将胶转数所获得的视频与相同色度采样的数字视频相比，在处理曝光不足时，胶片不比数字视频有优势。事实上，你可能会发现，曝光不足的数字图像比曝光不足的胶片图像有更多的暗部细节（但胶片在过曝情况下要比数字图像好得多）。

贴士 曝光不足的图像通常都缺乏饱和度。这取决于你所用的调色软件和你的调色决定，看看在提亮画面的同时是否需要增加饱和度。

虽然这在后期制作中是一个小小的慰藉，但是最好的解决办法是确保该片段在拍摄时正确地曝光，并让你的客户提前知道调色环节能挽救的信息是有限的。

比较理想的情况是，你对一系列严重曝光不足的片段进行调整时与客户一起工作，客户会清楚地看到这些问题，如果噪点问题顺利解决，客户会非常感激你，因为你拯救了他们的项目。但是，过大的噪点可能需要仔细地调整，甚至使用辅助插件，这都可能会增加一些额外的工作量。

如何处理噪点

当你面对夸张的噪点时，可以用这几个方面来解决这个问题。许多调色软件已经内置降噪工具，你可以试试。例如，达芬奇 Resolve，包括了基于 Optical flow 的降噪工具（图 3.113）；Baselight 系统提供 degrainer 或 denoiser 操作，这个效果可以添加到任何片段；Lustre 调色系统的降噪插件是 Sparks 插件集的一部分；SGO Mistika 有内置的降噪功能，可以结合其内置的合成功能来解决许多问题。其他调色软件可以应用其他专用的降噪工具（第三方插件），请查阅你所用软件的用户手册，了解更多信息。

图 3.113 对欠曝的高清片段进行放大，对比使用达芬奇
Resolve 降噪前后的噪点细节

通常，内置降噪工具的降噪范围，可以选择与限定工具和遮罩（windows 或 shapes）结合使用，或使用任何其他工具限制图像的降噪区域。举例来说，如果图像的暗部噪点很大，但高光区域是干净的，那你可以隔离暗部，并在该隔离区中应用降噪工具。

如果你不满意调色系统中的内置工具，市面上有很多专用的降噪插件，它们与目前流行的大多数编辑和合成软件都兼容。在 Round-trip workflow（往返工作流程）中，你可以选择暂时不做降噪，直到将片段发回到非编软件。如果要在调色系统上制作完成片，那么你可能要在完成项目之前，将那些个别的噪点镜头提前在合成软件上进行降噪。

能应对这两种情况的、常用的降噪插件和降噪软件如下。

- Neat Video，来自 Neat Video 公司，这是一个著名的降噪插件，可用于 Premiere Pro，After Effects，Final Cut Pro X 和 7，Media Composer，Nuke，Scratch，Vegas Pro，几乎所有视频处理软件。
- Dark Energy，来自 Cinnafilm，是一个 After Effects 插件（有计划支持其他应用程序），对噪点调整提供了广泛（全面）的控制。[1]
- GenArts'Monsters，其中包括名为 RemGrain 的一对插件。
- Foundry 公司的 Furnace 插件，其中包括插件 DeNoise 和 Degrain，还有一对 DeFlicker 插件。
- RE:Vision Effects 的降噪插件：DE:Noise。
- Pixel Farm 的 PFClean，用于处理降噪和颗粒，专用于胶片修复应用程序。

如果对调色软件的默认降噪工具不满意，但你又没有时间或意愿把镜头输出到外部软件，那你可以尝试自己创建降噪调整。

如果噪点在亮区：可以尝试一些简单方法，来最大限度地减少噪点问题。例如，如果在调色时拉高了白位，那么可以尝试降低白，提高中间调以获得相同的效果。

如果噪点在暗区：视频噪点，往往在图像最暗的阴影部分最严重。如果你的图像也是这个情况（暗部噪点大），你应该注意到波形监视器的底部，有一些矮小的、模糊的波形杂边，如图 3.114 所示。

图 3.114　波形监视器的底部波形，锯齿状的波形表示暗部的噪点

在这种情况下，压掉最暗的阴影也可能有助于你的调整，将图像的"噪点层"直接压到 0%（IRE 或毫伏），将暗部切成纯黑色。

很多时候，你可以将画面（同一个图像）分成两个，一个是校正后，一个是没校正，仔细比较两个图像的对比度差异，在原始素材和适当提亮的最终版本之间找到合理的折中点，尽量减少在校正过程中带出的噪点。如果要将一个曝光不足的镜头与曝光良好的镜头匹配在一起，有一个方法不错，这个策略就是在曝光良好的镜头上增加噪点（详见第 9 章），虽然这样做调色师会很无奈。

噪点是一个严重的问题。然而，还有另一个曝光问题会带来更多麻烦。

如何处理过度曝光的素材

过度曝光是数字拍摄的素材最无可救药的困扰之一。然而，过曝是有区别的，有些素材的轻微曝光过度是可以校正回来的；而那些严重过曝的素材可能完全无法修复。

轻微过曝的素材，高光位于 101% 和 110%（IRE 或 701 到 770 毫伏）之间，通常能通过校正找回细节。这是超白部分的信号，给高光溢出提供一些额外的空间。事实上，大概有 5% 的额外高光细节超出了视频示波器的显示，这和信号源和所用的调色系统有关（图 3.115）。

这些高光细节通常可以拉回来：简单地降低 Gain，把波形监视器的顶部波形降至低于 100%（IRE 或 700 毫伏）的位置，如图 3.116。

1　此软件也有单独运行的版本。

图 3.115 一个过曝的图像，高光在超白范围上。注意，窗户已经过曝

图 3.116 降低高光找回更多百叶窗细节

夸张的过曝素材会导致更严重的问题，如图 3.117 所示。当摄影机传感器过曝，得到的视频数据值超过了红绿蓝色通道的最大值，那么对应于这些值的高光细节就全都被直接切掉。结果导致一片死白，没有任何图像细节。

图 3.117 高光部分严重过曝的图像

在这种情况下，降低 Gain 也换不回更多的图像信息。而且，降低 Gain 只会让高光变成清一色的一片灰（图 3.118）。

图 3.118 对严重过度曝光的图像降低高光，能找回建筑物边缘的一些细节（左上图），
但大多数过曝图像的细节仍然是丢失的

在曝光过度的情况下，没有什么补救方法可以找回丢失的图像细节，除非重新拍摄，但在大多数情况下都不可能重拍，尤其是整个项目已经在收尾阶段。

什么时候该保留高光？

在我们讨论如何尽量减少过曝镜头的损害之前，先讨论对高光细节如何取舍。

不是所有的高光都很重要、都必须保留下来。为了说明这一事实，让我们看看光的亮度如何衡量。亮度的国际标准单位是坎德拉每平方米（cd/m²），通俗地称为尼特。这里有几个测量光源，以供参考：

- 中午的太阳＝ 1,600,000,000 尼特
- 地平线上的太阳＝ 600,000 尼特
- T8 白色荧光灯灯泡＝ 11,000 尼特
- 液晶电视上的白＝ 400 ～ 500 尼特
- 等离子电视上的白＝ 50 ～ 136 尼特

上述的每一个光源，可以简单地被看作场景中最亮的元素，白位在 100%（IRE 或 700 毫伏）。然而原始光源的实际可测量亮度，显然是非常非常明亮的。事实上，它比场景中的一切其他物体都亮，比你认为的主要被摄物体还要亮。

例如，阳光照射在一辆复古车的保险杠上反射出的高光，就超过了亮度测量范围。这种高光并不值得保留，因为摄影机拍摄此图像时，在该区域就没有多少可识别的图像信息。毫无疑问，这是为了广播安全需要牺牲掉的高光，这样才能提亮画面的其他部分。

另一方面，采访对象脸部的高光通常不可能太明亮，肯定包含值得保留的图像细节。

当评估一个场景的高光是否要保留时要审慎。太阳、点光源，如灯泡，直接光源的镜面反射、刺眼的阳光、信号弹和其他类似的现象，可能没有细节要保留，同时要确保将图像信号合法化，裁切这些部分不会对图像造成任何伤害。

另一方面，在演员脸上那些明显过曝的高光，建筑物外墙的反光，以及那些你能找回（保留）高光细节的图像，还是值得在它们身上花些时间的，你可以使用反差控件和曲线工具微调曝光，在保持图像对比度的同时，保留珍贵的图像细节。

处理窗户细节

调色师面临的其中一个挑战，是如何处理一个过曝的窗口。如果室外的图像细节对场景很重要，摄影师应该在窗户上贴一片中性密度胶纸以减少进光，配合场景的整体曝光量。如果没有这样做，你就必须决定是否需要照亮主体让窗外过曝，或使用 HSL 选色或形状遮罩单独调整窗户。图 3.119，同一个画面的两张图，显示了两种不同的处理窗户的方法。

图 3.119　左侧图，窗户外的细节保留得很好；右侧图，窗户被故意过曝，
丢失了高光细节。两组图像的高光峰值接近，都略低于 99%（IRE）

曝光过度的窗户，这种情况没有绝对的对错。一些电影制作人，如斯蒂芬·索德伯格[1]（Stephen Soderbergh），他对过曝的窗户就没有太大意见，他认为能将观众的注意力集中在室内主体上即可（参见用数字拍摄的几个例子：电影《应召女友（The Girlfriend Experience, 2009）》，电影《气泡（Bubble, 2005）》和电影《正面全裸（Full Frontal, 2002）》）。其他一些电影制作人会钻牛角尖，认为室内室外保留越多图像细节越好。假设窗户高光内存在任何可以找回的图像细节的话，这是一种审美选择，不是技术性的选择。

1　史蒂文·索德伯格（Steven Soderbergh），美国著名导演、编剧。1989 年其作品《性、谎言和录像带》获当年戛纳电影节最佳影片金棕榈。

对过曝的区域尽量使用"创可贴"

在本节中，我将介绍一些实用的技巧，"修补"过度曝光的区域。请记住，没有万能的灵丹妙药。因为你遇到的每个镜头都是不同的，每个调色手法或技巧应用到每个镜头上结果都不一样，而且你调色消耗的工时也会相应变化。

处理胶转数的过曝素材

如果你手上是胶片扫描得到的素材，你可以要求重新扫描。胶片往往比数字视频在高光里包含更多可以找回的图像细节，但只能通过调节扫描仪的选项，控制进光量来保留这些细节（前提是假定在第一步，摄影机拍摄的负片并不是过曝到了无法挽回的地步）。

如果预算允许的话，将重点放在高光过曝的镜头，创建一个镜头列表，将这些问题镜头挑选出来重新扫描，用新扫描的镜头把原先过曝的片段替换掉。

RAW 格式的过曝处理

如果你在对某种 RAW 格式素材进行调色，例如 RED 摄像机的 R3D 素材，你可以使用调色系统提供的解码工具，更改原始素材的曝光数据。

这些解码工具有趣的是，在拍摄过程中的 ISO 设置只是出于监看目的，仅仅记录为用户可调的元数据；实际摄影机录制下来的 RAW 数据是线性的，有更多的宽容度，允许你提高或降低 ISO 元数据参数[1]。

例如，图 3.120 所示的 RED 素材，使用摄影机内置的选项作为调色起点。

图 3.120 原始的过曝图像

原始的 ISO 设置在 400，车内有良好的曝光和细节，但现在窗户过曝了。

1. 如果客户想要获得车窗外面的更多细节，解决方法是将 ISO 值降到 160（图 3.121）。

这将导致车外曝光正常，找回很多较明显的细节，但车内变成曝光不足。

2. 二级调色，使用自定义形状或 Power Window 隔离车内区域，提亮车内，如图 3.122（有关二级调整和遮罩的详细信息，请参见第 6 章）。

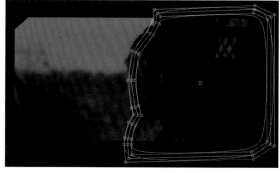

图 3.121 RED 摄影机的元数据控件，可以在达芬奇 Resolve 的 Camera RAW 板块中找到。其他调色系统也拥有类似的控件

图 3.122 自定义形状，用于隔离包括女演员的车内区域，车内外分开校正

---

1 即拍摄时所见非所得。

3. 由于 R3D 的素材拥有 4 ∶ 4 ∶ 4 色度采样，所以在这种情况下，用 Gain 和 Gamma 提亮车内不会产生太多噪点（图 3.123）。

图 3.123　最后校正结果。通过调整欠曝的车内平衡了曝光良好的车外

经过二级调整我们已经提亮了车内，对车内的反差调整完全没有影响到车外的高光，所以我们已经成功地分区域调整了画面。

为过曝区域添加颜色

如果你没有使用 RAW 格式，也就没有 RAW 的色彩空间格式的优势，下面介绍一个简单的调整方法，如果过曝面积不太大，这个方法能很好地解决曝光过度的问题。有时，这有助于使演员脸上的过曝不那么令人反感、刺眼。

1. 你可以通过降低 Gain，将过曝的高光合法化。因为我们要添加颜色作为"填补"，所以要将高光压到 100%（IRE 或 700mV）以下，然后才可以在上面增加一些饱和度，并且符合"100% 时无饱和度"的要求（详细信息请浏览第 10 章）。将高光降到 90%～95%（IRE）是比较合适的。

图 3.124　合法化后的图像，女演员的额头高光处有轻微曝光过度

2. 如有必要，用 Gamma 来提高中间调，弥补降低高光导致的图像变暗（图 3.124）。

3. 使用 HSL 选色的 Luma 限定控件，隔离过曝的高光区域（图 3.125）。

4. 然后将 Gain 推向某种颜色，相当于对曝光过度的区域进行着色，给过曝区域这个"补丁"匹配颜色。图 3.126 显示最终校正后的图像。

图 3.125　用 HSL 选色工具中的 luma 限定控件选出来的蒙版，用于隔离女演员曝光过度的额头，从而接着对高光进行有针对性的调整

图 3.126　修复后的图像

你可能需要降低"补丁"的高光并调整其饱和度，让这个区块能更好地融入周围的皮肤色调。这是事半功倍而且能获得良好效果的方法，是一个有效的、快速的解决方案。

注意　关于 HSL 选色的更多信息，请浏览第 5 章。有关使用色彩平衡控制的更多信息，请浏览第 4 章。

在高光区添加辉光效果

下一个调整手法，并不是试图修复过曝图像的真正方式，而是当过曝的高光不能以其他方式隐藏时的一种美化方式。

有趣的是，不同类型的素材或多或少会"优雅地"处理过曝的高光。例如，最传统的标清及高清摄像机，录制高压缩素材往往是粗暴地切掉过曝的电平，形成锯齿边缘和不美观样子（图3.127）。图像中如此严峻的过曝区域，有时被称为"cigarette burns（烟头烫伤）"。

相对于数字，胶片的过曝问题显得更漂亮一些。光线在不同染料层和乳剂中反弹，扩散并形成光晕，环绕在图像过曝的高光区域。

类似现象也影响某些数字电影摄像机的（高端影像）传感器。图像传感器上过曝感光单元（每个感光单元都被转换成最终图像中的像素）的剩余电荷，渗出到相邻的感光单元，造成类似的发光效果，被称为"高光溢出（blooming）"。这种效果可以在 RED One 摄影机拍摄的过曝素材上看到（图3.128）。

图 3.127 便携式摄像机拍摄的镜头，高光被直接切掉

图 3.128 曝光过度的图像，在过曝区的边缘有轻微的光晕或溢出

若夸张的过度曝光不能避免（或已经出现），光晕和溢出可以软化过渡区域的边缘，也能让画面更加舒服。无论是胶片拍摄或用数字电影摄影机，一些制片人和摄影师实际上都可以接受晕染和溢出的戏剧性效果。

结合使用调色软件中的 HSL 选色工具，以下是给高光区域添加辉光的步骤。

1. 首先，通过降低 Gain 来合法化高光，使波形监视器的波形顶部落在大约 95%（IRE 或 700 毫伏）。如果有必要，使用 Gamma 来提高中间调，以弥补因降低亮度而变暗的图像。

2. 接着，使用 HSL 选色工具的 Luma 限定控件，只分离过曝的高光区域（图3.129）。

3. 使用 HSL 选色工具中的"Blur（模糊）"或"Soften（柔化）"工具，模糊键控蒙版，最终要令蒙版比曝光过度的区域更大，边缘更柔软（图3.130）。

图 3.129 使用 HSL 选色来隔离曝光过度的高光

4. 现在，用 Lift 或 Gamma 来提亮你选中的键控区域。画面应该开始发光，类似晕染和溢出会随着提亮操作逐渐出现（图3.131）。

图 3.130 被软化后的高光蒙版

图 3.131 模拟辉光效果的最终图像

这是最简单的快速修复，使用它可以尝试补救过曝的高光。一些调色软件或系统会集成内置的合成功能，提供了更多适用于处理过曝的工具。

注意　关于使用 HSL 选色工具的更多信息，请浏览第 5 章。

使用通道混合器重建被裁切的通道

下面的技术是在本节中最耗时的操作之一。由于显著过曝而造成的某个通道分配不均，导致难看的图像高光，对这种情况的素材使用通道混合是很好的解决方案。一个常见的例子：过量的红色通道对应曝光过度的脸部。

通过检查 RGB 分量示波器或 RGB 直方图的波形，就可以很简单地知道是否要使用通道混合。如果某一个通道向上延伸的位置远高于 110%（IRE 或 770 毫伏），但其他通道都没有达到相同的位置，那么这个镜头很有可能需要用这类方法来修复。

然而，对应传统的校色来说，这个技术更像是一个合成操作。而现在最新版本的调色系统包含越来越多合成功能，这个功能能基于很多不同的方式来实现，可以基于层的合成、基于节点的合成、基于操作的合成，等等。

为了方便说明，我将使用达芬奇 Resolve 的"RGB Mixer（通道混合）"工具作演示。无论软件界面如何，这个工作流程可以很容易转换到带有类似功能的调色系统。

最后需要注意的是，这是一种"最后一搏"的调整方法，其目的是帮你救回更多图像数据，而不是让你的图像更漂亮。你不可能直接放弃这么多图像数据（而不争取挽回更多细节），虽然，此技术可以在紧急情况下帮你挽救场景，但电影制作人最好能找相同的镜头来替代或重新拍摄这个场景，这样才能获得最好的画面效果。

以下是具体操作。

1. 检查 RGB 分量示波器，看看哪个颜色通道被过度裁切。图 3.132 的红色通道被裁切。

图 3.132　红色通道被不可挽回地切掉。这个镜头严重曝光过度，需要采取极端的补救措施

2. 在你所用的调色软件中调整色彩和反差，以达到最佳的色彩平衡（一级校色）。先别担心裁切的位置，你只需进行整体校正。在这种情况下，可以用 Offset 来（在第 4 章中有介绍）重新编排三个色彩通道的位置，先降低红色通道，再使用"Master Offset（整体偏移）"来降低整体图像信号，使图像阴影密度更多。见图 3.133，更容易看出这种调整。

图 3.133　尽量把基本的一级校正做好，这是校正好的图像

3. 创建一个新的图层或节点，进行通道修复。在这次调整中所做的校正将要放在之前的校正上。在此示例中，图 3.134 是最后的节点树结构（达芬奇 Resolve），两个节点链接到 Layer Mixer 节点（相当于节点 4），这样，节点 4 中所做的调整就在原始的调整之上，传递到节点 2。

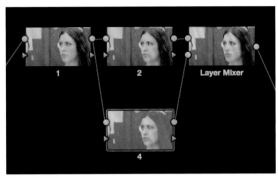

图 3.134 在达芬奇 Resolve 创建一个节点树，将使用通道混合器的节点和
最初校正的节点叠加在一起。同样的操作也可以在其他应用程序中使用层来完成

4. 现在，选择新图层或节点，并检查 RGB 分量示波器的蓝色和绿色通道波形，看看哪个色彩通道在
红色通道被裁切的区域内有更多的图像细节。在这个示例中，绿色和蓝色通道具有我们必须的图像
数据，可以用来填补红色通道的间隙（图 3.135）。

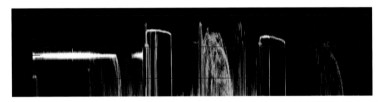

图 3.135 检查蓝色和绿色通道的高光细节，分析是否能填补被裁切的红色通道

5. 在现有的调色系统中，都会提供"RGB Mixer（通道混合器）""Channel Blending（通道混合）""Channel
isolation（通道隔离）"或"Blend mode（混合模式）"，使用上述任一工具来混合绿色和蓝色通道给
到红色通道。如果这可行（因为图像情况各不形同），你应该看到该通道开始变成山峰似的波形，
波形不再是之前的扁平（图 3.136）。如果这个调整令红色通道增加过多，你可以对该通道用 Lift，
Gamma，Gain 进行调整，将红色增益降到合法范围以内。

图 3.136 使用了"RGB Mixer（通道混合器）"和"RGB Gain
（RGB 增益）"。填补红色通道缺失的细节

当进行这一调整时，你的目标，应该是无缝衔接你创建的补丁与补丁以外的整体图像。如果图像有红色
偏色，那图像的红色通道会比绿色通道强一些，绿色通道比蓝色通道强一些，强度是按比例增加的。调整结
果应该是过曝区域的额外细节被找回，虽然现阶段的颜色看起来还是不正确（图 3.136）。

因为这个问题原本出现在高光区，而且原始图像的暗部阴影状态很好，你应该保留原来的阴影颜色，所
以要增加额外的步骤，使用"HSL Qualifier（HSL 选色）"工具（在第 5 章有详细描述）。

6. 使用 HSL 选色工具的 Luma（亮度）限定控件，分离出过曝的高光区域，紧接着柔化边缘并使用该
键控蒙版来限制通道混合的影响范围（图 3.137）。

此时，画面看起来修复得不错，已经把过曝区域的细节找回来了（图 3.138）。

图 3.137　　只隔离被裁切的高光区域，以保持没被裁切的区域颜色不变

图 3.138　　修复后的图像，准备做进一步修正

　　最后，在修复这些问题之后，你需要添加额外的校色操作，对整体图像进行调色（图 3.139）。通常，我们对图像会采用很多不同的调色手法来得到看起来很自然的调整结果，你可能永远不会停止调整，直到你得到满意的完美图像，但当你拿到如此糟糕的素材时（正如这个例子），你就必须妥协了。随着时间的推移，你会遇到各式各样的素材，对于可以积累丰富的修复和处理图像的经验应该感到高兴。

　　在这个例子中，进行了四个额外的调整：包括选择性地提高图像饱和度、用曲线工具来提高对比度、用 Lift，Gamma，Gain 来改善色彩平衡以及其他小调整。

图 3.139　　经过很多针对性调整后的最终调整结果。对比原始素材，画面的变化很大

第4章

一级校色：色彩调整

在这一章中，我们会测试多种常用的一级校色方法，你可以使用这些方法来调整画面。

正如在第 3 章开头所提到，人类视觉系统处理色彩信号是独立于亮度之外的，所以，色彩传播的信息与亮度无关。就如玛格丽特·利文斯通[1] 所指的，色彩在人脑的"是什么"识别系统中进行辨别物品和面部识别。有其他研究支持该观点：色彩对快速识别物体和增强记忆起到重要作用。

例如，在他们的文章《重温 Snodgrass 和 Vanderwart 的物体认知文献：色彩和结构能增强物体识别》（《感知》第 33 卷，2004 年）（Revisiting Snodgrass and Vanderwart's Object Databank: Color and Texture Improve Object Recognition"（Perception Volume 33, 2004），Bruno Rossion 和 Gilles Pourtois 使用一套标准化图像进行测试，这组图像是由 J.G. Snodgrass 博士和 M.Vanderwart 博士设定的，为了测试颜色的存在是否会加快受试者对目标物体的识别时间。本研究将 240 名学生分到不同的组，并要求他们找出三组测试图像中的一个：黑白、灰度和彩色（如在图 4.1 所示的图像）。所得到的数据表示，带颜色的物体被识别出来的速度明显增加，快了接近 100 毫秒。

图4.1 260组线描图之中的一组，用来测试在黑白、灰色、彩色图案时，识别物体的速度差异

同样，根据《色彩在自然场景视觉记忆中的作用》（The Contributions of Color to Recognition Memory for Natural Scenes）这篇文章的报道（该文章摘自《实验心理学的学习记忆和认知，2002 年（Journal of Experimental Psychology Learning Memory and Cognition，2002）》作者：Wichmann、Sharpe 和 Gegenfurtner），在记忆保持测试中，使用彩色图像测试比用灰色图像测试的表现好 5% ～ 10%。

> **注意** 有趣的题外话，本研究与所谓的记忆色彩[2] 等研究契合（详情可浏览第 8 章），这种色彩记忆，依赖于对物体的概念性认知（比如说，事先知道香蕉是黄色的）。使用相同的测试图案，把这个物体放在伪色版本中测试，受试者对其色彩记忆就会有所减退。

色彩，除了这些纯粹的功能性优势之外，几个世纪以来的艺术家、评论家和研究者都提出要重视各种色彩的情感能指，而且要重视色彩对我们视觉场景的创造性演绎。[3]

例如，多数人认为橙或红色调是高能量的色彩；这个场景整个氛围充满了暖色，让即将发生的剧情增加一定的紧张感，如图 4.2。

同样，蓝色有一种天生的冷静感，蓝色灯光会给观众一个完全不同的印象（图 4.3）。

图4.2 女演员在暖色调为主的环境中，灯光是金黄色的

图4.3 与图 4.2 同一位女主角，表演相同的动作，但是现在的环境和灯光故意做成冷蓝色调，设置了不同的气氛

1　玛格丽特·利文斯通（Margaret Livingstone）美国哈佛大学医学院的神经生物学专家。

2　也可以称为颜色记忆。

3　即色彩在场景中的情感表达。

《如果是紫色，有人就会死（爱思唯尔出版社，2005 年）》（If It's Purple, Someone's Gonna Die，Elsevier 2005），作者帕蒂•贝兰托尼[1]是一位设计师、作家和教授，她列举了很多和学生一起做的色彩实验，学生们被分成不同的小组，要求各小组创建一个基于特定颜色的环境。由此产生的色彩主题房间不仅引起了学生们明确的情绪反应，而且在数年后，历届学生在相同颜色房间内的表现，惊人的相似。

在她的书里，"背景故事"一章，贝兰托尼认为："我的研究表明，不是人类来决定色彩要怎样。经过二十年调查色彩如何影响行为，我深信，不管我们想不想要，色彩就是可以决定我们如何感受和思考。"

简单的一级校色，并不会把场景中服化道的颜色和艺术方向改到面目全非。然而，通过色彩校正，调整色调，有意地控制整体的灯光色调，调色师可以给观众营造不同的印象，比如说：场景中不同的情感氛围，角色的身体状况和个人魅力；还可以展现食物的味道；表现不同时间，不同季节，无论这个镜头原本的灯光如何。图 4.4，同一场景下两种截然不同的版本。

图 4.4　你更想在哪个房间中醒来？

注意　本章并不涉及针对特定颜色的分离调整，这属于二级调色的范围，在第 5 章和第 6 章会有介绍。

几乎每个专业的调色系统都有色彩平衡控件和 RGB 曲线工具。要掌握各种不同类型的调整，我们需要了解色温、色度分量的处理、色度学和理解色彩对比，以及它们在色彩平衡控件和 RGB 曲线调整工具中的作用。

色温

场景中所有的颜色与主导光源或发光体都有联系。每种类型的光源，无论是太阳、钨丝灯或卤素银灯，还是舞台和影院照明设备，都有特定的色温来指定光的颜色特质，并影响场景中的物体。

在本书中提及的灯光效果处理，几乎都是描述在各种环境下，不同色温、不同光的颜色的调整。当你每次进行调色或向客户介绍不同的色调时，实际上都是在控制光源的色温。

色温，是调色师需要理解的概念中最重要之一。因为在任何一个场景中，色温的变化，都会改变观众的感知色彩和帮助观众找到亮点。尽管人眼有自适应特性，如果拍摄时不考虑主要光源的色温，那么无论是使用胶片拍摄的、滤镜的或者白平衡设置而导致的偏色，偏色都会被记录下来。有时偏色是可取的，如在"魔法时间"拍摄日出或日落。有时这样是不可取的，就像你用不正确的白平衡或光谱不同的光源来拍摄室内场景。

每种用于胶片拍摄或数字记录的照明光源都有其特定的色温，这些色温在许多情况下对应该光源的发光温度。发光体可以用物理上的黑体辐射来描述，也就是一个理想化光源输出的纯色是跟它的温度相对应的。例如一些烤箱的加热元件就近似黑体辐射体。它的温度越高就越亮：开始是深橘色，然后颜色逐渐变浅。用于电弧焊接的炭棒温度很高，就发出明亮的蓝白色。

蜡烛、灯泡和太阳光的温度都不同，所以它们在可见光谱中的波长也不一样。因此对比两个不同光源（例如在一个晴朗的早晨，窗口旁边有一盏家用灯）就能显示不同颜色的光。思考图 4.5，对着以钨丝灯作为白色光源的室内照明进行白平衡。这足以看出透过窗户进来的日光有多冷，我们可以通过这鲜明的蓝色得到这个结论。

1　帕蒂•贝兰托尼（Patti Bellantoni），任教于洛杉矶美国电影协会学院，为导演、摄影师、编剧、设计师等人群教授色彩与视觉化叙事课程。她曾作为传播学教师任职于纽约州立教育学院，并从事电影顾问工作。也曾在纽约的视觉艺术学院教授色彩与视觉交流课程，并在加利福尼亚州立大学从事设计工作。

光源的色温单位是开尔文（图4.6），由威廉·汤姆森（又名开尔文勋爵）[1]的名字命名，他是最先提出绝对温度测量度量单位的苏格兰物理学家。虽然命名为开尔文，但物理学家马克斯·普朗克[2]深入了这个原理论（称为普朗克定律），正如维基百科解释，"描述了在热力平衡空洞中，黑体法线方向发射出任意波长的电磁辐射的光谱辐射率"。

数学是复杂的，但为了达到目的，总体来说我们可以这么认为：发光体温度越高，它的光"越蓝"。发光体温度越低，它的光"越红"。思考图4.6的量度表，是如何匹配到光源和其他发光体标准。

图 4.5 混合照明的示例，揭示不同色温之间的显著差异

图 4.6 近似颜色及其对应色温

从 1600 K 至 10000 K 的颜色渐变，对应着太阳光从日出到中午阳光的色彩，这并不是巧合。

"D"指示灯及 D65

你可能会听到提到第二个色温标准描述，即所谓的"D"光源（也列在图4.6中），这是由委员会国际照明（CIE）定义的。CIE 定义的标准光源图表描述了不同类型照明的光谱分布。"D"光源旨在描述天光色温，使灯具制造商可以将他们的产品标准化。

每种 CIE 光源都是为了特定目的而开发的。有些光源拟用作精密色彩评估的照明，而其他的都是为了用于商业照明灯具。

注意 电脑显示器使用的原生白点通常默认为 D65。

我们要重点记住的一个光源是 D65（相当于 6500K），这是北美和欧洲的标准正午天光。这也是美国和欧洲使用的广播视频监视器的标准白的设置，它也是调色时应该使用的环境照明光源。环境照明与监视器不一致，将导致眼睛适应监视器上不正确的色彩，在调色时做出错误的决定。

在中国、日本和韩国的广播级监视器是 D93，或 9300K，是明显更偏蓝的白色，那么调色环境最好匹配 D93 的环境照明[1]。

光谱不同的光源

图 4.6 中所示的简单色温测量，较好地描述了光线质量的一般规则，用于标准化电影胶片、光学滤镜，还有视频单反机、摄像机和数字电影机的白平衡调整。然而，在真实世界中，光源的光谱分布并不总是那么完美。不同的光源具有独特的光谱分布，其中不少光源在特定波长有尖峰或凹陷。

光谱不同的光源有一个很好的例子，就是荧光灯。荧光灯在光谱分布上会有尖峰，产生不同于我们期望的照明颜色。通常的办公室荧光灯管，会在光谱的绿色和蓝色部分出现显著尖峰，对人眼来说这个白色很完美，但是如果胶片不使用滤镜或者视频没有调整好白平衡，可能会使画面带有绿色（或蓝色）偏色。例如图 4.7 的左侧图像，使用可对应于钨丝灯的错误白平衡设置，导致在荧光灯下得到了偏绿的图像（灰色门的颜色尤其明显）。右侧图白平衡正常。

图 4.7　左侧图，图像的白平衡不正确，荧光灯照明导致绿色调。右侧图，使用正确的白平衡拍摄的图像

概括荧光灯管发出的所有光线是相当困难的，因为有很多不同的设计，被设计为发射出不同特质的光线。某些荧光灯管经过特别设计，以消除光谱不一致性，它们发光时在可见光谱的所有频率里的辐射几乎接近等量。

其他光谱不同的光源，如常用于市政街灯的钠蒸气灯，会给图像带来严重的黄色（橙色）偏色，如图 4.8 所示。

其他光谱不同的光源包括汞蒸气灯，它会导致一种强烈的红色色调；而金属卤化物灯，会导致洋红色或蓝色（或绿色）的偏色。

如果你拿到一个严重偏色的素材，镜头的主光源是强烈的红色（或橙色）光源，假设拍摄的主要对象是人的话，就需要做大量校正工作。这些光源有很强的红色成分，通常可以找回相对正常的肤色。但不幸的是，其他颜色不会那么理想，比如汽车、建筑物和其他外观颜色很丰富的对象可能会很麻烦。

图 4.8　由钠蒸气灯产生的单色灯光，橙色的光线是很难补偿的

什么是色度？

一旦场景内的光线被物体反射，并被摄影机的光学（或数字）元件所记录，是以视频的色度分量来存储

1　原作者这里是错误的，标准是 D65。

的。色度是指模拟或数字视频信号携带的颜色信息，并且在许多视频应用中，可以在图像的亮度之外独立调整。对于 $Y'C_BC_R$ 编码的视频来说，色度是由视频信号中的 Cb 和 Cr 色差通道承载的。

最初制定该方案是为了确保在彩色和黑白电视机之间向下兼容（回想一下黑白电视）。黑白电视能够滤除色度分量，本身只显示亮度分量。然而这种颜色编码方案也证明了视频信号压缩的价值，因为对于消费级视频格式来说，色度分量可以二次取样，而降低的质量几乎无法察觉，同时缩小了模拟和数字的录制带宽，可以用更少的存储空间记录更长时间的视频。

所有被摄物体的颜色，其色度分量有两个属性：色相和饱和度。

> **注意** 符号的不同取决于它是数字信号还是模拟复合信号。$Y'C_BC_R$ 表示数字分量视频，而 $Y'P_BP_R$ 表示模拟分量视频。

什么是色相？

色相简单地描述了色彩的波长，不管它是红色（长波长），绿色（比红色短的中等波长）或蓝色（所有可见光波长中最短的波长）。每种我们认为独一无二的颜色（橙色、青色、紫色）都是不同的色相。

色相表现为在色轮上的不同角度（图 4.9）。

色轮的角度改变，色相随之改变。

当色相在调色软件中作为调色工具时，它通常被设置成滑块方式或参数方式。增大或减小的色相的值，将调整整个图象的色彩方向。

图 4.9 用色轮表示的色相

什么是饱和度？

饱和度定义颜色的强度，比如说蓝色，到底是鲜艳的蓝色还是深蓝色；是苍白的蓝色还是柔和的蓝色。没有饱和度的画面是没有颜色的——这样的画面是一个只有灰度的单色图像。

饱和度也是调色软件中的一项重要的调色工具。在某些软件中，饱和度以色轮的形式表现在软件界面上。对应色轮判断饱和度：在色轮的中心是完全去饱和的（0%）[1]，在色轮的边缘是完全饱和（100%）[2]（图 4.10）

增加饱和度相当于提高了图像色彩的鲜艳程度。降低饱和度相当于降低图像色彩的鲜艳程度，使画面苍白。一直降低饱和度，会使得画面益发消色，直到所有颜色消失，只留下单色的亮度分量。

原色

数字视频使用加色系统，其中红色、绿色和蓝色是三原色，它们以不同的比例相加时，能够在特定的显示设备上重现任何颜色（图 4.11）。

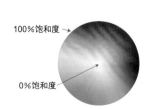

100% 饱和度 →

← 0% 饱和度

图 4.10 标出了标准色轮中饱和度 0% 和饱和度 100%，对应矢量示波器中高饱和度和低饱和度区域

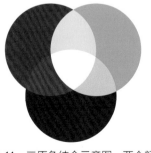

图 4.11 三原色结合示意图。两个颜色叠加产生间色；三原色叠加会产生纯白色

---

1 同等于最低饱和度，饱和度为 0%。

2 同等于最高饱和度，饱和度为 100%。

红色、绿色和蓝色，是显示器可表现的、最纯净的三种颜色，只需将单色通道设置为100%，其他两个颜色通道为0%即可。红绿蓝三通道都增加至100%，就是白色；而红绿蓝都是0%，结果会显示黑色。

有趣的是，这种模式符合我们视觉系统的敏感性。如前面所提到的，我们对颜色的敏感度来自视网膜内接近500万个视锥细胞，分布到三种细胞。

- 红色敏感（长波长，也称为L细胞）。
- 绿色敏感（中等波长，或M细胞）。
- 蓝色敏感（短波长或S细胞）。

这三种细胞与色彩感应的比例为40：20：1，我们对蓝色灵敏最低（最大的坏处是会限制对主要由蓝色构成的场景的清晰度感知）。

这些细胞以不同组合被排列，正如我们将在后文看到的，根据不同类型的视锥接收到刺激的比例，将不同颜色编码传递至大脑处理图像的部分。

你可能已经注意到，一些舞台照明灯具（在电影和视频行业，LED照明面板的使用益发广泛），是由成簇的红绿蓝灯组成的。当这三种颜色的灯同时亮起时，我们肉眼看到的是明亮清晰的白色。

与其类似的，视频或计算机显示器的每个物理像素里的红绿蓝色分量都以100%组合在一起，就产生了我们所见的白色。

单色图像的 RGB 通道电平

加色法颜色模型另一项重要的衍生物：三个色彩通道的电平完全相同时，无论实际数值是多少，都会产生中性灰度图像。例如，图4.12中的单色图像及其三通道RGB分量示波。因为没有颜色，所以每个通道完全相等。

图 4.12 单色图像的三色通道是等量的

正因如此，假如你想在灰度图像或去饱的画面上找出一些图像特征的话，利用RGB或YRGB分量示波器会容易发现不正确的颜色。如果RGB分量示波器的三个波形并不是完全等量的话，那就证明图像依然有偏色，并不完全是灰度图像。

例如，图像中的白色柱子对应于分量示波器中红绿蓝波形的尖峰（图4.13）。因为它们是几乎相等的（其实有点偏蓝，不过这也是合理的，因为它们在户外日光下），我们可以得出结论，图像的高光部分是相当中性的。

图 4.13 红色波形通常是最强的，蓝色波形是最弱的，波形顶部和底部接近对齐一致，
这让我们知道高光和暗部是相当中性的

那么胶片呢？

彩色负片使用减色模型。彩色负片有三组感光层，都含有感光卤化银晶体，并被色彩过滤层隔开，从而在曝光过程中限制特定的层记录特定的色彩信息，并在显影时吸收不同颜色的染料：

- 蓝色感光层在顶部，显影时吸收黄色。
- 绿色感光层在中间，显影时吸收洋红色。
- 红色感光层在底部，显影时吸收青色。

青色吸收红光，洋红色吸收绿光，黄色吸收蓝光，三层加在一起的最大值是黑色，三层的最小值是白色。本书讨论的是数字色彩校色，需要对胶片进行胶转磁或扫描成数字介质，然后在计算机的加色系统中进行工作。即使使用数字中间片，调色师也是使用在本节所述的加色法原则来进行工作。

间色

间色是指任意两种最大值 100% 的色彩通道相加，第三个通道为 0% 的情况。

- 红色＋绿色＝黄色。
- 绿色＋蓝色＝青色。
- 蓝色＋红色＝洋红色。

由于原色和间色在 RGB 加色模型中最容易通过数字方式被创造出来，所以通常被做成不同的彩条组合，作为标准测试图，用于校准不同的视频设备（图 4.14）。

注意 请注意，本节中描述的 "secondary color" 指的是间色，并不是指调色中的二级调色，二级调色是针对画面的特定区域进行调整[1]。有关二级调色的内容详述见第 5 章及第 6 章。

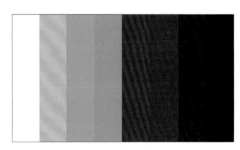

图 4.14 全画幅彩条是 PAL 制式视频常用的测试图。该测试图的
每个彩条都对应标准矢量示波器刻度上的相应色彩靶位

正如后文所讨论的 "使用矢量示波器"，每个彩条对应一个矢量示波器刻度上的色彩靶位。这些色彩靶位提供了我们必需的参照系，显示描绘出的矢量图对应哪些颜色。

彩条是如何产生的

调色师乔·欧文斯（Joe Owens）指出，彩条信号可以非常简单地通过数字二值逻辑方波化生成。该方法如下：

- 彩条信号由八条色带组成，前四条色带的绿色通道为逻辑值 1 或者说逻辑高，后四条为逻辑 0，或者说逻辑低；
- 红色通道的第一二条色带为高，第三四条为低，后四条色带重复前四条的波形；
- 蓝色通道则奇数色带为高，偶数色带为低。

这就是制作彩条的方法。非常简单的波列。

1　由于间色和二级调色，在英文措辞上同为 secondary color，因此作者在此处特别解释。

互补色

关于加色模型还有另一个方面，它是理解几乎所有色彩调整原理的关键：互补色彼此中和。

简单地说，互补色是在色轮上任意两种直接相对的色彩，如图 4.15。

当两个完美的互补色混合在一起，结果就是完全去饱和度。互补色围绕色轮转动角度时，这种抵销效果也会减弱，直到色相相距足够远的颜色以另一种加色方式简单结合（图 4.16）。

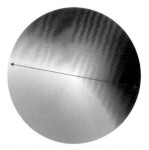

图 4.15　两个互补色在色轮上的位置是直接相对的

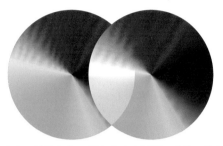

图 4.16　完全互补的色相，颜色会完全抵销。随着互补色相角度转到别的角度，去饱和度效果也随之减弱

了解这种模式，非常有利于深入研究人类视觉的机制。正如之前讨论，在玛格丽特·利文斯通的《视觉和艺术：视觉生物学（哈里·N. 艾布拉姆斯出版社，2008）》（Vision and Art: The Biology of Seeing）（Harry N. Abrams2008）文中提到，M 视网膜神经节细胞和双极细胞是如何对将要传输到大脑丘脑中处理的色彩信息进行编码的，这个主要理论就是色彩颉颃模型（color－opponent model）。

前文所述的锥体成组连接到双极细胞，并与输入到另一个双极细胞的锥体对比。例如，在一类双极细胞中，L 型长波长（红敏）视锥输入抑制了神经，同时 M 型中波长（绿敏）和 S 型短波长（蓝敏）视锥的输入激发了它（图 4.17）。就是说，对该细胞而言，每个红色的输入是正面影响，而每个绿色或蓝色输入是负面影响。

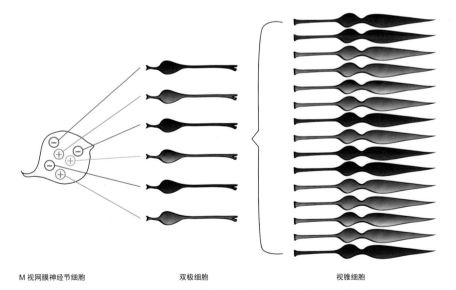

　　　　　M 视网膜神经节细胞　　　　　　　双极细胞　　　　　　　　　视锥细胞

图 4.17　这是一个近似的颉颃模型细胞组织。视锥细胞组被组织起来，从而多个细胞输入影响视网膜神经节细胞，网膜神经节细胞的作用是为大脑的进一步处理而将细胞刺激编码。有些细胞激发（＋）神经节，而其他细胞抑制（－）神经节。因此，所有颜色信号是基于场景内的色彩对比而产生的

如莫林·C. 斯通（Maureen C. Stone）的《数码色彩指南（A K 彼得斯出版社，2003 年）》（A Field Guide to Digital Color，AK Peters，2003）所述，这个色彩颉颃模型的第一层级编码，被描述为传输三个对应于三种不同视锥组合的信号：

- 亮度＝L 视锥＋M 视锥＋S 视锥；
- 红－蓝＝L 视锥－M 视锥＋S 视锥；
- 黄－蓝＝L 视锥＋M 视锥－S 视锥；

色彩颉颃细胞进而连接到双颉颃细胞，进一步完善要传递到丘脑的对比色彩编码，丘脑是我们大脑的视觉处理区域。

双颉颃的两个重要的副产品是互补色的消除（这之前讨论过）和色彩的同时对比效应，灰色被认为是主要环绕色的互补色（图 4.18）。

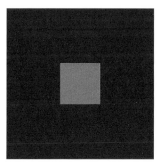

图 4.18　在每个彩色方块中心的灰色块，灰色看起来像被环境颜色的互补色所染色一样。绿色方块内的
灰色呈红色，而在红色方块内的灰色块出现绿色。观看彩色方块的时间越长，这种效果会更明显

或许总结视觉颉颃模型最简单的方法是：锥形细胞并不会输出特定波长的信息，它们只是根据每个细胞的敏感度来表达长中短波的出现。我们的视觉系统和大脑是通过对比多种激发和未激发态的锥形细胞的组合，来解释场景中的各种颜色的。

简而言之，我们评估物体颜色时，是相对于周围的环境颜色来评价主体颜色的。这种方法的好处是，不管主导光源的色温如何，这使人类能够区分对象独特的颜色。一个橙子，无论我们把它放在室外日光下，还是在室内 40 瓦灯泡的光线下，即使有两种光源、输出明显不同波长的光线混合照明，而且和橙子表皮色素相互作用的情况下，我们看橙子还是橙色的。

下面，我们将利用补色来调整图像和消除场景中不必要的偏色。

色彩模型和色彩空间

色彩模型，是用一组特定的变量来定义色彩的特定数学方法。色彩空间是存在于特定色彩模型中的有效预定义的色彩范围（或色域）。例如，RGB 是一个色彩模型。sRGB 是一个定义了 RGB 色彩模型中色域的色彩空间。

印刷标准的 CMYK 就是一种色彩模型，是在三维空间中表现色彩的 CIE XYZ 方法，这种方法通常用来表示在特定显示设备上可以再现的整体色域。

还有很多更深奥的色彩模型，如 IPT 色彩模型，这是一种感知加权色彩模型，根据我们眼睛应对多种色调时敏感性的减弱，来表示数值的更均匀分布。

三维色彩模型

另外关于色彩模型有意思的事是，你可以通过一个三维形状来视觉化这个色彩范围。将每种色彩模型压入三维空间时，我们假定其具有不同形状。例如，我们来比较 RGB 和 HSL 色彩模型。

- RGB 色彩模式是立方体，黑色和白色位于立方体的两个完全相反的对角（对角线的中心在中性黑到中性白的去饱和范围）。三原色——红、绿、蓝——位于连接到黑色的三个角上，而三间色颜色——黄色、青色和品红——位于连接到白色的三个角（图 4.19，左图）。
- HSL 色彩模型显示为一个双尖锥形，黑色和白色在顶部和底部两个相对的顶点。形状中间最饱满的外沿部分，描述的是 100% 饱和的三原色和三间色。形状连接黑色点和白色点的中心线，是去饱和的灰色范围（图 4.19，右图）。

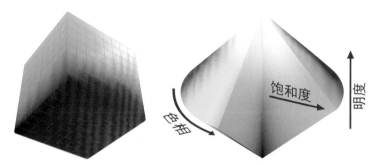

图 4.19　比较三维的 RGB 和 HSL 色彩空间模型

这些色彩模型有时在视频分析工具中表现为一定范围的色彩，如 Autodesk Smoke 的 3D 直方图（图 4.20）。三维色彩空间这种表现形式，也出现在一些调色系统的 3D 键控器上。

在软件界面中实际使用 3D 色彩空间形状之外，这些表达式还能给我们提供多种不同的可视化色彩以及对比度范围的架构，这非常有用。

RGB 与 Y'C$_B$C$_R$ 色彩模型

一般来说，调色师拿到用于调色的数字文件都是 RGB 或 Y'C$_B$C$_R$ 编码的文件。因此，调色软件都能在 RGB 和 Y'C$_B$C$_R$ 色彩模型中工作。每个分量可以用数学转换成那些对应的分量，这就是为什么即使在（用视频设备拍摄的）Y'C$_B$C$_R$ 素材上工作时，也可以用 RGB 分量示波器检查数据，并用 RGB 进行曲线调整及调整 RGB Lift，Gamma，Gain 参数的原因。

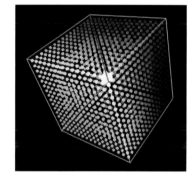

图 4.20　在 Autodesk Smoke 中的三维 Y'C$_B$C$_R$ 图。图像中每个像素的值是根据 Y'C$_B$C$_R$ 颜色模型压入三维空间的

同样，通过胶片扫描仪导入或使用数字电影机拍摄的 RGB 的素材，可以使用矢量示波器和波形监视器的 Y'C$_B$C$_R$ 进行分析，并在调整时使用与传统视频色彩校正相同的亮度和色彩平衡控件。

> **注意**　这种简化的数学运算摘自查理斯・波伊顿（Charles Poynton）的著作《数字视频和高清电视：算法和接口（摩根考夫曼出版社，2012）》（Digital Video and HDTV：Algorithms and Interfaces（Morgan Kaufmann，2012））。这种转换所需的完整数学运算是矩阵方程，这已超出了本书的讨论范围。

从一个色彩空间转换到另一个色彩空间是一道数学题。例如，RGB 分量转换成 Y'C$_B$C$_R$ 分量，必须使用下列公式：

- Y'（ 对于 BT.709 视频) = (0.2126×R') + (0.7152×G') + (0.0722 B') ；
- Cb = B' − L' ；
- Cr = R' − L' ；

HSL（HSB）色彩模型

HSL 代表色相（Hue）、饱和度（Saturation）和亮度（Luminance）。它也有时称为 HSB（色相、饱和度和亮度（Brightness））。HSL 是一种色彩模型，是使用离散值来表示和描述颜色的方法。

即使数字媒体实际上并不是使用 HSL 编码，但这是一个需要好好理解的、重要的色彩模型，因为它出现在很多合成软件和调色系统的软件界面上。HSL 很方便，因为它的这三个参数：色相、饱和度和亮度，很容易理解和操作，而且没有令人费解的数学运算。

举例来说，如果你有如图 4.21 所示的 R、G 和 B 控制工具，你会如何使偏绿的颜色变成偏蓝？

如果不调整上述工具，改为调整 H（色相），S（饱和度）和 L（亮度）滑块，那么最明显的调整应该是调节 H（色相）。为了提供更具体的例子，图 4.22 显示了 HSL 选色的多个选项，用于分离各种颜色和对比度，进行有针对性地校正。

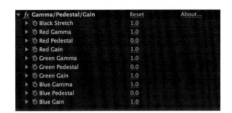

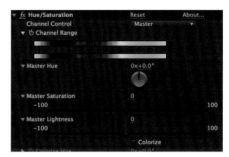

图 4.21　Adobe After Effects 滤镜中的 RGB Gamma、Pedestal 和 Gain 调整工具

图 4.22　在 Adobe After Effects 的 "Hue/Saturation filter（色相或饱和度滤镜）" 中的 HSL 控制选项

当你理解了 HSL 色彩模型，那么你对图 4.22 中每项工具的用途应该不会陌生，虽然你有可能不太了解每个选项的细节。

分析色彩平衡

大多数时候，在校准过的监视器上观察图像就可以直观地发现不准确的色彩平衡。例如，用钨丝灯拍摄的场景，如果胶片拍摄或者数字摄影机拍摄时使用了日光白平衡，画面看起来就会是橙色的。

除了明显的色偏，白炽灯灯具的橙色光，可能会无意地给画面带来更戏剧性的效果，因为观众会联想到人造光源。例如，图 4.23 的左图是不正确的白平衡，钨丝灯导致温暖的橙色偏色。右图白平衡正常，图像有（比左图）更白的高光和更真实的色彩遍布整个画面。（请注意蓝色的日光洒在前景，画面右下角）。

图 4.23　左图，钨丝灯拍摄的场景，色彩平衡不正确；右图，同一场景，正确的颜色平衡

同样，同一个白天拍摄的场景，使用 tungsten-balanced（钨丝灯白平衡）的胶片或摄影机，其白平衡设置为钨丝灯（室内），画面看起来偏蓝（图 4.24）。

图 4.24　左图，日光场景，色彩平衡不正确；右图，同样的场景，正确的白平衡

如果导演并不打算塑造一个寒冷的冬日，那么这个镜头显然是需要校色的。图 4.24 的左图是不正确的钨丝灯白平衡拍摄的画面，再看右图，这才是正确的白平衡画面。

使用矢量示波器

矢量示波器测量整个画面的色调和饱和度。测量方式：与示波器上覆盖的标线进行比对，示波器提供了参照十字线，对角线状的 I 条和 Q 条，对应于 75% 饱和的主色及间色色相的色彩靶位。图 4.25 显示了所有这些指标，它们代表了色彩和饱和度的可再现范围。

图 4.25 清楚地说明了色相是以围绕在中心周边的波形角度来表现的，而饱和度是以中心到波形边缘的距离来表示的。

在实际使用中，大多数软件矢量示波器的刻度是相当简单的。矢量示波器至少要具有以下刻度元素。

- 原色及间色的色彩靶位，对应 SMPTE 彩条测试图（图 4.26）。
- 图中十字线的中心表示去饱和（饱和度为零）。
- I 和 Q 斜十字线（与－ I 和－ Q 对应）。这些代表了同相（In-phase）和正交（Quadrature，相对于同相调幅相位 90 度），它对应于彩条信号底部的紫色和青色（蓝色）色块。
- 刻度标记（Tic marks）[1] 沿 I 条和 Q 条对应到电压波形，由离散的 I 和 Q 分量来描绘，而刻度标记沿外框运行时注意有 10 度增量。

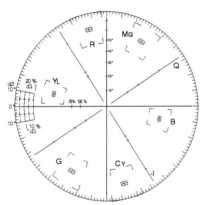

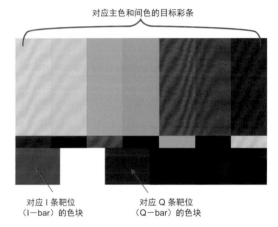

对应主色和间色的目标彩条

对应 I 条靶位（I—bar）的色块　　对应 Q 条靶位（Q—bar）的色块

图 4.25　一个理想的 NTSC 矢量示波器刻度，展示了所有的十字线和靶点，调色师可能会利用它们来测量某个图像；当示波器叠加在色轮上时，会发现它近似对应的色相和饱和度。通常，高清矢量示波器不具备这么多参考信息。

图 4.26　SMPTE 测试图的各部分，指出了对应会被标示出来的矢量刻度

在刻度方面来说，大部分矢量示波器在中心位置具备某种中心十字线，这对中性的黑色、灰色和白色信号提供了关键的参考。"I－bar"是可选的，对于这个选项是否属于高清示波，意见还不统一。但我恰好觉得它仍然是一个有用的参考，正如我在第 8 章所讨论的。

不同软件的示波器显示不同的刻度元素，也以不同的方式"绘制"矢量波形图。一些软件示波器将波形表现为离散的点；而其他则效仿 CRT 方式来绘制对应于视频每条线的轨迹，也就是将这些点连接在一起。这些轨迹并不代表任何实际数据，但方便我们更容易地发现不同之处，因此这些波形更容易看明白。图 4.27 展示了三个常用的矢量示波器的差异。

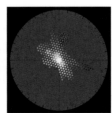

图 4.27　不同软件的矢量示波器对比，这是三个很好的例子（从左至右）：达芬奇 Resolve，欧特克 Smoke 和 Divergent Media 的 ScopeBox（其中"Hue Vector Graticule（可选色相刻度）"选项是我本人设计的）

1　刻度标记，Tic marks 是 Tick marks 的简写，原作者在全书中都使用了简写，特此说明。

达芬奇 Resolve 拥有传统的矢量示波器，它的波形图模拟轨迹绘制图（trace-drawn graph），具备 75% 彩条靶点和同相参考线。欧特克 Smoke 具有独特的矢量示波图选项，使用由不同尺寸的点组成的散点图来平均分析色彩，这些点表示该位置的色彩量，这使它非常容易看懂，并提醒用户信号的外边界，即使波形的光线痕迹可能不明显。当然，Smoke 也有十字线和 75% 的靶位。

图 4.27 所示的第三个矢量，是 Divergent Media 的 ScopeBox，它具备更传统的刻度，以轨迹绘制图方式显示，但它也是很有前瞻性的软件，它是第一个包含 "Hue Vector graticule（色相矢量刻度）" 的软件示波器，这是我设计的，这些线指向三原色和三间色，帮助调色师进行比较，还有与自然色温照明的暖（或冷）轴对齐的中心十字线，还有同相定位参考线，以及一条用户自定义参考线，还有两个 75% 和 100% 刻度标记定义色彩强度。ScopeBox 的矢量示波器还有峰值（Peak）选项，它可以显示信号外部边界的绝对标示，可以标示出平常很难看到的轻微痕迹，因此很容易发现信号位置。事实上，你可能会注意到 ScopeBox 的峰值轮廓形状和 Smoke 的（矢量示波）散点图是相近的。

轨迹波形图与散点波形图

旧的基于 CRT 的硬件示波器用电子束扫描带有磷光涂层的屏幕，从一个点的数据到下一个，对图像视频的每一行依次进行分析，从而绘制整体波形图。由此产生的一系列重叠轨迹起到了 "连接这些点" 的作用，并由此产生了具备 CRT 视频示波器特性的波形图。

软件示波器从一方面来说，并不需要将点到点之间的轨迹绘制出来，有时可以用更直接的方式将图像的全部值绘制出来，比如类似散点图。这种方式更类似于一系列独立的点，而不是重叠的线。这是 Smoke 2D 矢量示波器选项中最明显的一点。

其结果是，软件示波表示的各个点的数据，不一定看起来会与它们在旧款视频示波器上相同。然而，一些外置硬件示波器，像哈里斯（HARRIS）的 Videotek 和泰克（Tektronix），它们具有整合这两类图形的混合显示方式：绘制式示波（Plot）和矢量示波（Vector）。

通过矢量示波器判断色彩平衡

矢量示波器的中心表示图像去饱和（饱和度为零），处于中性值。规律如下：如果波形不在中心，而且这个图像本应该含有中性的色调，那么图像存在偏色。

在图 4.28 中，左边的矢量波形不平衡，严重倾斜向黄绿色。这不一定是错误的，但至少这个波形提醒你，应该多观察画面以确定这个波形存在的合理性。

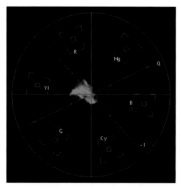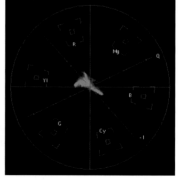

图 4.28　比较两张矢量示波图，波形偏离示波器中心（左），波形在示波器的中心（右）

图 4.28 右边的矢量示波对应的是同一图像做过中性平衡的版本。注意，这个波形相对于十字线显得更为均衡，伸展的波形更加突出，明确指向几种不同的颜色。再次，这也不能保证该图像的色彩平衡是正确的，但这个波形是非常好的迹象，现在观察监视器上的画面，如果图像看起来正确的话，那么你就达到调整目的了。

泰克的亮度限定矢量示波器（LUMA-QUALIFIED VECTOR（LQV））

泰克公司的视频示波器，采用了 LUMA-QUALIFIED VECTOR 亮度限定矢量示波方式，它可以更容易判断特定色调区域内的色彩平衡。从本质上讲，LQV 是常规矢量示波器，但是增加了限定并分析特定亮度范围的功能。需要分析的亮度范围是可以自定义的，如果用户愿意，可以自定义并显示多个矢量示波器，每组都用于分析不同亮度范围内的色度。

欲了解更多信息，请参见泰克使用指南，查阅：LQV（亮度限定矢量示波器）测量与 WFM8200 或 8300，详细见网站：www.tek.com。

用矢量示波器判断饱和度

判定图像的饱和度比较简单：饱和度高的图像，其波形的延伸范围比低饱和度的画面波形更远离示波器的中心。图 4.29 左侧是个低饱和度的画面，右侧对应的矢量示波器波形图很小，波形紧紧围绕在矢量示波器标线中心的周边。

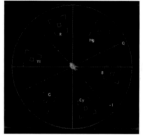

图 4.29　低饱和度画面对应较小的矢量示波图

仔细看看波形图。其实有一点偏移（其中一部分波形向各个方向延伸），此伸展朝向 R（红）和 B（蓝）靶点，但它们很小，这说明画面中有这些颜色，但不是很多。

大多数矢量示波器会有放大示波图的功能，让调色师更清晰地看到波形的形状，即使图像的饱和度较低（图 4.30）。

图 4.31，高饱和度图像，矢量波形更大，波形张开向各个方向的色彩靶位伸展。

在这个高饱和度的图 4.31 中，请注意，画面的红色含量很高，我们可以看到波形图的一端往 R（红色）靶位延伸，而男演员身上服装的蓝色出现在波形图的另一端，波形向 B（蓝色）靶位延伸。

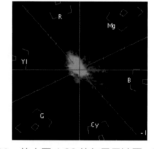

图 4.30　放大图 4.29 的矢量示波图，可以更容易看到这个低饱和图像的更多信号细节

黄色和橙色也很丰富，它们在矢量示波器中形成一团向 Yl（黄色）靶位延伸的波形。最后，示波图上有两个显眼的缺口，分别是 G（绿色）和 Mg（洋红色）方向，波形图告诉我们，这两种颜色的含量较少。

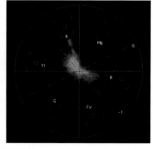

图 4.31　高饱和度图像以及对应的矢量示波图，波形图沿着标线向标尺的外沿伸展

使用 RGB 分量示波器

RGB 分量示波器，单独显示红绿蓝通道，用于分析视频中红绿蓝分量信号的强度。它是一种复合波形，即使原始视频是 Y'C$_B$C$_R$ 编码。利用 RGB 分量示波器，调色师通过比较画面的高光（示波图顶部）、暗部（示波图底部）以及中间调来检查和判断色彩平衡，以便进行场景匹配。

回想一下，图像最白的高光和最暗的黑几乎总是去饱和（饱和度为零）的。考虑到这一点，红绿蓝的波形顶部到达或接近 100%（IRE）时、底部达到或接近 0%（IRE）时，它们的波形位置通常非常接近。

在图 4.32 中，我们可以看到窗外的灯光是很冷的蓝色，而女演员身后墙壁上的照明相当中性，暗部颜色比较深邃和黑。

图 4.32 分析这个夜景的波形

对应分量示波器可以分辨图像中的物体。波形对应的高度表示画面上该区域的色彩平衡。例如，通过蓝色通道波形的左侧（见图 4.33），升高的波形尖峰对应窗户的蓝色。女演员的脸，对应红色通道波形中部升高的波形尖峰。另外，三个色彩通道的三个波形的右侧水平相等，从而可以确认画右的墙壁颜色是中性的。

> **注意** 分量示波器代表视频素材正在使用 RGB 色彩空间，即使原来的视频素材是用 Y'C$_B$C$_R$ 视频格式拍摄，并使用 Y'C$_B$C$_R$ 视频编解码器来导入的，如苹果 ProRes 编码。

通过学习辨认分量示波器的范围，可以迅速指出色偏情况并且知道对应的画面区域，做出调整。

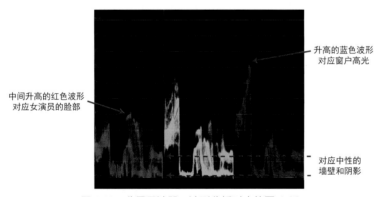

中间升高的红色波形
对应女演员的脸部

升高的蓝色波形
对应窗户高光

对应中性的
墙壁和阴影

图 4.33 分量示波器，波形分析对应的图 4.32

学会看懂 RGB 分量示波器

RGB 分量示波器，基本上就是分别显示图像中红绿蓝通道的波形。要理解分量示波器如何分析画面，你需要先了解如何对比红绿蓝三个波形的形状和高度。

与波形监视器类似，每个分量示波图从左至右分析场景影调。不同的是，波形监视器测量亮度分量，而分量示波器分析图像中红绿蓝三个色彩通道的强度。

在图 4.34 中，红绿蓝通道的高度基本相等，尤其是在各波形的顶部和底部，这证明场景的色彩平衡大致准确，比较中性。

虽然波形看起来（形状）很接近，仔细观察后你会发现，波形的峰值位置对应画面上不同物体。有时虽然画面的高光和暗部很强，但是画面中如果有低饱和度的物体，其波形图也会有高度相同的情况，当然，如果物体饱和度高，波形形状会更明显。

例如，如图 4.35 的分解图示，把图像的红绿蓝通道进行分解，并把红绿蓝分量示波图叠加到对应颜色通道的画面上。每个单独的色彩通道，仅仅是一种灰度图像，对应的波形用于该通道的幅值测量。

图 4.34　一个镜头的截图及其 RGB 分量波形，波形图显示该图像高光和暗部分布比较平均

原始图像

红色通道及其波形　　　　　　　绿色通道及其波形　　　　　　　蓝色通道及其波形

图 4.35　在此图中，红色通道明显最强（位置较高），绿色通道强度仅次于红色。
这表明在暗部、中间调和高光都有较多黄色（或橙色，红色绿色组合而成）偏色

仔细观察每个波形：柱子和窗台高光位置的波形高度相等。对应演员脸上的红色波形，其强度比绿色蓝色通道要高。红色通道上的峰值对应后景的砖墙。

在波形图上找到与图像对应的特定物体，可以观察该物体的色彩平衡。一般来说，偏色会导致一个或两个色彩通道过强或过弱。所以，通过分量示波器的波形情况就能判断出来画面上的问题。看图 4.36，在当时的光照环境中，摄像机的白平衡设置应该是错误的。如果你在处理胶片的素材，那可能是在拍摄时没有使用符合当时光照条件的胶片型号。

图 4.36　在个画面中，红色通道明显很强（波形位置最高），而绿色通道强度仅次于红色。
这表示，整个画面的暗部、中间调和亮部都有很强的黄色（或橙色）色偏

无论偏色的原因是什么，但这个波形情况并不适合作为调色的起点。

在图 4.37 中，虽然蓝色通道的顶部较高（给这个夜景图像带来很蓝的高光），但蓝色通道的波形底部，明显低于红绿通道，这是调整的线索。图像暗部（黑位）不平衡，让画面看起来很奇怪，像褪色一样。

图 4.37 低照度图像，暗部色彩不平衡

记住，用 Lift 调整暗部比较棘手，如果调整不到位会导致更多问题，可能会给画面暗部带来各种颜色的偏色。

所以，低照度的暗部调整很重要。大多数示波器带有放大功能，这样调色师就可以放大波形图。仔细观察分量示波的底部是否对齐，更容易调整黑位平衡。

图 4.38，放大波形后，我们可以清楚看到分量示波的底部，暗部的蓝色通道比红色和绿色通道弱。

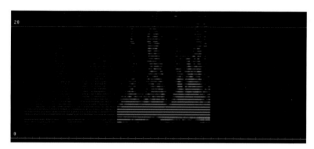

图 4.38 放大分量示波的底部，可以更容易对齐图像的黑位

RGB 分量示波器与 RGB 分量叠加示波器

RGB 分量示波器和 RGB 分量叠加示波器显示相同的信息，但表现方式不同。如之前所见，分量示波器，是以并排的方式显示每个单独的色彩通道，可以独立地观察每个通道的整个波形。而分量叠加示波器，把三个通道的波形叠加为一个，可以更有关联地观察和判断波形是否对齐。

哪个示波器更好、应该选择用哪个示波器，这取决于调色师的习惯。在分量叠加示波器中辨别红绿蓝通道波形的方法：一种是单独显示单一通道波形，另一种是三个颜色的波形叠加在一起。现在大部分分量叠加示波器，通常能让调色师选择这两种不同的显示方式（图 4.39）。这意味着，三个波形完全对齐时，波形图就会出现白色（红色＋绿色＋蓝色＝白色）。

不对齐的波形，显示该波形通道的颜色

波形对齐，显示白色

图 4.39 RGB 分量叠加示波器

很多调色软件的示波器，会提供打开和关闭色彩的选项，因为在黑暗的调色环境中，过多的色彩会影响调色师的注意力。即使关闭（分量叠加示波器的）颜色，依然可以使用 RGB 分量示波器工作。

如果波形不对齐，我们或多或少能清楚地看到每个波形分散出来的颜色，因为对应的画面区域会出现不协调，用这个示波器更容易判断是否偏色。

RGB 直方图

　　不同调色软件的直方图不尽相同，其中也有分别显示红绿蓝单独通道的直方图。与亮度直方图类似，每个色彩通道的直方图，显示的是图像中每个色彩通道灰阶层次的像素分析结果。有点类似于 RGB 分量示波器，而直方图显示的是图像每个色彩通道在高光、中间调和暗部的相对强度。

　　不同于 RGB 分量示波，直方图波形的升降幅度和画面中的物体并不对应。幅度大的波形，表示在其灰阶范围里，画面中色彩通道的像素信息多；而幅度小的波形，指在该灰阶范围的色彩通道的像素信息少。

　　根据不同的调色软件，RGB 直方图既可以以分量模式呈现[1]，也可能表现为红绿蓝波形彼此重叠在一起。有时，直方图以垂直方向显示，如 FilmLight Baselight 调色系统（图 4.40，左图），而在其他调色软件中以水平方向呈现（图 4.40，右图）。

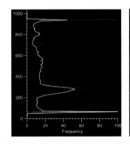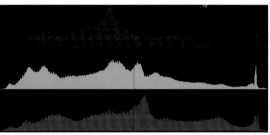

图 4.40　比较两个软件的 RGB 直方图。左边是 FilmLight Baselight 调色系统；右边是 Adobe SpeedGrade

　　RGB 直方图非常有用，它可以帮助调色师在图像的各个影调区域，对比每个色彩通道的整体强度。

使用色彩平衡控件

　　在大多数调色软件的界面上，处理画面整体色彩的一级校色有两种方式：使用色彩平衡控件或曲线控制（本章后面会提及）。

　　色彩平衡控件是调色的重要手段。一旦掌握了它们的工作原理，就可以快速解决各种有关色温、白平衡和画面偏色等常见问题。

　　正如以下提到的，色彩平衡控件的调整原理是互补色相互抵销。利用互补色抵销，可以有选择地消除画面中不必要的偏色，通过拖动或滚动轨迹球，朝偏色的相反方向走，抵销偏色。那么，当我们需要对画面做更有创造性调整时，偏色调整可以让画面偏冷或者偏暖。

　　不同的调色软件，会有多种不同的方法来做色彩平衡调整。调色师越了解色彩平衡控件对画面的影响，就越能更好地控制它们，针对画面需要调整的特定区域开展进行工作。

色彩平衡控件的软件界面

　　几乎每一款调色软件都会有一组色彩平衡控件（四款调色软件的色彩平衡控件界面，见图 4.41）。基本上会有三或四项控制，通常作为一组色轮出现，让调色师可以调整画面的特定区域，消除偏色或添加偏色。

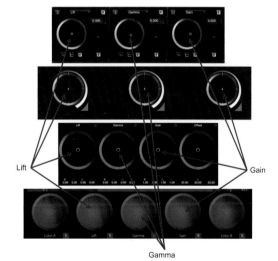

图 4.41　四款调色系统的色彩平衡控件界面对比图。从上至下依次为：FilmLight Baselight 调色系统，Adobe SpeedGrade，达芬奇 Resolve，Assimilate Scratch

---

1　与 RGB 分量示波器一样，红绿蓝通道独立排布的方式。

其他调色系统可能会有五个色轮（图 4.42），也可能把三个色轮分配在三个不同层次（影调）上，分别调整不同层次的不同区域，相当于共有九个色轮。

图 4.42 左侧图，SGO Mistika 中的五路色彩校正；右侧图，Adobe SpeedGrade，相当于九路色彩校正，允许调色师在暗部、中间调、亮部不同层次中再次细分，分别分区校正

无论使用哪种调色软件，色彩平衡的校正过程几乎是相同的：在色轮中单击（通常不必单击手柄或色轮框外的色相标识）并拖动。

色彩平衡手柄或指示符位于中间位置，表示没有做过调色；当它们向一个方向移动时，相当于离其位于色轮边沿的补色越远。（专业调色系统的）调色结果是与监视器、示波器波形同时联动的。

有趣的是，目前大多数调色软件的色彩平衡控制界面，色轮的色相分布位置和矢量示波器是一样的。随着时间的推移，调整的镜头越来越多，经验越来越丰富，对色轮的色相分布位置的敏感性成为调色师的第二天性，在工作时可以同时调整色彩平衡和观察矢量示波，这变成了调色师的本能和肌肉记忆。

其他色彩平衡控制界面

通常，色彩平衡控件除了色轮还有其他方式。大部分软件，但不是所有，会在软件界面上提供更精细的数值控制方式。注意，许多调色软件的数值控制界面为了精确调整，控制单位会精确到小数点后多位。

如果你正在进行创造性调整，当你观察监视器时最好关掉屏幕上的数字滑块。但如果你想匹配两个特定的参数，就可以使用数字输入的方式，复制该调整参数的数值，粘贴到另外一个调整参数上。

而另一种进行特定色彩平衡调整的方法是使用键盘（按下快捷键（如 Shift 或 Ctrl）的同时拖动一个色彩平衡工具），或软件界面上的滑块，只改变色彩平衡工具中的某一个参数。常见的选项包括以下内容。

- **（只调整）色相（Hue Balance Only）**：将手柄（或指示器）当前到中心的距离锁定，而你可以围绕中心旋转手柄（或滑块），从而改变色相。
- **色温（Color Temperature）**：将色相角度锁定至橙色（或蓝色）向量，同时拖动手柄（或滑块）远离或接近中心位置。
- **调整数值**：锁定目前的色相角度，同时拖动手柄（或滑块）远离或接近中心位置。

在不同的调色系统，这些调整的方法并不一定相同，所以一定要检查所用软件的帮助文档，了解如何执行这些操作。

达芬奇 Resolve 的色彩平衡控件

值得注意的是，达芬奇 Resolve 的调色转轮对应软件界面上的三原色滑块（图 4.43）。三套四纵的滑块显示了对应于 Lift，Gamma 和 Gain 的 YRGB 通道的调整。这些主要作为调色台上轨迹球和对比度转轮的可视化指示器。

当调色时，滑块的"手柄"显示每个控件相对中心位置的偏移量，各手柄的高度显示了调整幅度（中心以上为正，以下为负）。内部滑块根据调整而对应变化(上升或降低)，它们下面所显示的数值与之相对应。

这些控件可以使用鼠标进行操作，允许 YRGB 通道分别单独调整，即分别调整 Lift，Gamma，和 Gain。拖动任何一个滑块可以增加或降低对应的值，以调整相应的对比度或色彩通道。

双击滑块下方的数值，能将其重置为默认值。

在 Lift，Gamma，Gain 的滑块中间位置单击并上下拖动，相当于在调色台上用调色环控制这三个工具进行调整，调整的数值也是一样的。

图 4.43　达芬奇 Resolve 的色彩平衡控制滑块

用调色台进行色彩平衡调整

调色台在这本书中经常被提及，但调色台对色彩平衡的调整效果不能被过于夸大。快速调整其中的一个工具并（下意识地）调整另一与之相关的工具，这种高效调整能力会让调色师实现很多更精细的调节，这些调整在本章后面会提到。

而且，人体工程学和操作的舒适性很重要。这并不是说你如果只有鼠标就不能工作了，但是当你"老鼠爪"式地工作，进行数以百计的单击和拖动调整后，你就能体会到专业调色台的价格其实是相当合理的。

三色平衡控件通常对应于大多数调色台上的三个轨迹球。例如，图 4.44 右侧所示的 JLCooper 的三个轨迹球分别对应暗部、中间调和亮部。

图 4.44　调色台的轨迹球对应软件界面上的色彩平衡控件。左边是达芬奇
Resolve 调色台，右边是 JLCooper Eclipse 调色台

一些调色台有更多的轨迹球。如图 4.44 左侧所示的达芬奇 Resolve 调色台，有四个轨迹球，可以进行 Log 模式调色控制，可以移动窗口、调整曲线上的控制点及控制其他功能。

自动色彩平衡

在进入手动色彩平衡调整之前，值得一提的是，大多数调色软件会提供以下两种方式的其中一种来执行自动色彩平衡。当调色师在判断画面是否偏色时有困难，可以快速地使用自动色彩平衡。通常，自动色彩平衡旨在为调色师提供中性的起点，让调色师可以进一步手动完成特定的色彩平衡调整。

自动平衡按钮（AUTO-BALANCE 或 AUTO-COLOR）

第一种方法不外乎就是一个按钮，这个按钮通常会有一个适当的命名。调色软件使用这种方式进行的自动色彩校正，是对各色彩通道的三个最暗和最亮的部分自动采样，前提是这些采样点对应画面中的黑位和白位。

如果它们是没有对齐的，那么软件将自动计算暗部和高光的色彩平衡的平均值，并将校正应用于图像。

在许多情况下，图像的对比度也会被自动拉伸或压缩，以适应基准范围，这个基准范围的最大和最小值是：基准黑在 0%（IRE 或 mV），基准白 100%（IRE 或 700 毫伏）。通常这个结果会不错，但是也会遇到问题：如果采样的波形并不符合真正的黑位和白位的值，那么就会出现你预期以外的效果。

自动平衡的手动采样

自动平衡的第二种方法需要调色师手动配合，而且结果通常（比上述情况）更可预测。首先，你要确定存在偏色的影调范围，然后选择滴管单击画面中有显著特性的区域，我们的目标通常是干净的区域，应该是中性白、中性黑或中性灰，然后在该影调区域进行自动平衡。

> **注意** 在一个典型的片段中，真正的中性灰是最难找到的。所以要注意，如果你点选的位置不是真正的中性灰，你会把图像的整体色调带到另外一个完全不同方向。

手动色彩平衡是无可替代的

手动色彩平衡这种方法，最终来说其实更灵活（特别是在如果你不打算将图像调整到完全中性的情况下）。手动平衡是调色师通过手动控制 Lift, Gamma, Gain 来调整色彩平衡，将色彩向互补方向拖曳从而抵销偏色。

这本书主要侧重于手动调整的方法。手动色彩平衡的好处在于，调色师可以选择对过分偏色的情况尽可能积极地或是尽可能柔和地进行调整，可以选择画面是否要完全调整为中性还是保留部分原始偏色，甚至根据自己的意愿做出完全不同的色彩平衡。

此外，我们已经看到无数例子，我们对场景的色彩感知，通常是与图像元素中色相和饱和度的严格数值不相符的。计算机软件通常无法兼顾这种感性的癖好，所以你的眼睛是"看起来是对"的最佳裁判。

色彩平衡的原理

当手动进行色彩平衡调整时，实际上是在对所有三个通道进行升高或降低。每次当你进行调整时，提高其中一个色彩通道的代价是降低其他两个通道，或者以降低一个色彩通道换取另外两个色彩通道的提高。通常不能同时提高三个色彩通道，因为如果这样做的话，会直接提高整体画面的亮度，与直接使用 Mater Offset 的效果是一样的。

对应的验证测试。

1. 用 RGB 分量示波器进行测试。你可以在右侧的波形图看到三条线在 50%（IRE）上（图 4.45）。无论任何情况，在 RGB 分量示波器上看到这三条平等的线（即三个完全相等的波形），这种情况下的图像饱和度为零，不偏色。

2. 将 Gamma 推离中心并推向红色，导致红色通道的波形往上升高，现在，绿色通道的波形和蓝色通道的波形一起向下移动（图 4.46）。灰色变成红色（图 4.47）。

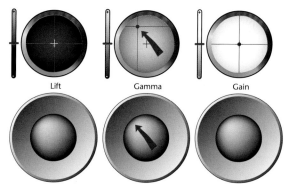

图 4.46 按步骤 2 所述进行调整

图 4.45 原始灰度测试图，三个色彩通道的值相等

3. 现在，将 Gamma 往色相的反方向，向青色和蓝色方向拖动以降低红色通道，这时绿色和蓝色两个通道被不均匀地提高（图 4.48）。

将 Gamma 移动到新的方向，根据这个方向的位置，三个色彩通道重新分配各自的值，把画面变成蓝色（图 4.49）。

正如你所看到的，将色彩平衡控件拖动到某个特定的方向，同时，三个色彩通道就会基于这个方向的颜色来重新平衡各自的值。

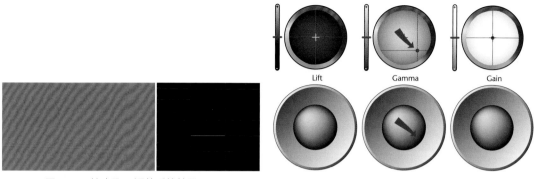

图 4.47　按步骤 2 调整后的结果

图 4.48　按步骤 3 所述进行调整

图 4.49　按步骤 3 调整后的结果

色彩平衡控件的重叠范围

三色平衡控件 [1] 可以让调色师对图像的暗部、中间调和高光区的色彩进行分别调整。

这些灰阶区域的划分是基于图像的亮度分量 [2]。换句话说：

- Lift 控制的区域：对应图像的最低亮度值的范围。
- Gamma 控制的区域：对应图像的中间亮度值范围。
- Gain 控制的区域：对应图像的高亮度值范围。

图 4.50 在视觉上使用假色来反映这种关系。此图说明了亮度值及其对应的影调区域：最亮的高光区（蓝色），最暗的阴影区（绿色）和中间调（红色）区域。

图 4.50　图像在有颜色的情况下，可能很难分辨出图像中三个灰阶区域所对应的暗部、中间调和高光。将画面剥离颜色只保留亮度并且用假色方式，可以反映每个灰阶区域的极限

1　"three-way color balance controls"也可以称为三路色彩校正控件。

2　也称之为灰阶分区、黑白灰分层区域或影调区域。

三色平衡控件对图像灰阶区域的影响依赖于亮度通道，所以，对亮度通道的调整会相应影响色彩调整的结果。出于这个原因，比较好的调整方法（或顺序）是，在最开始调整时先调整画面反差，然后再调整色彩。

所以，颜色和反差调整之间的互动会十分频繁，其中一组进行调整就会影响另一组。这也是为什么用调色台能更省时的另外一个原因，调色台能让你快速和频繁地同时调整多个色彩和对比度参数。

> **注意** 色彩平衡控件在 RGB 处理方式下会影响图像的饱和度。例如，想要降低画面中极度偏色的情况，你可以先通过平均减少三个颜色通道的值来降低饱和度。这样做之后可以通过提高总体饱和度来很容易地解决这个问题，本章稍后介绍。

图 4.51 是三个影调区域之间的关系简化图。在专业的调色软件中，三个灰阶区域广泛重叠，并且分布的过渡很平滑，所以进行较大幅度的调整也不会导致锯齿边缘、过度曝光等情况出现，不会使画面边缘上有硬过渡（或者边框状图案）的人工痕迹。

图 4.51 各个色彩平衡控件影响的重叠区域。图中暗部、中间调和高光的高度，对应于各个控制对重叠的亮度层级影响的程度

此外，这些较宽的重叠区域保证三色平衡调整中每个调整之间的相互作用。虽然，在起初进行调整时这些关联可能看起来有些不便，但它们对颜色调整来说实际上是必不可少的。

每个调色软件的重叠区域都是有区别的（FilmLight Baselight 将灰阶分区命名为 "Region Graph"，图 4.52 的 Region Graph 为调色师提供灰阶重叠图示）。有些软件甚至允许调色师自定义这些重叠区域，根据实际需要来设定区域范围。

这些灰阶区域的重叠差异，会让调色师在不同的调色软件和插件之间的调整"感觉"不一样。如果你已经习惯了在某一个调色系统中工作，在切换到另一个调色系统、适应新的重叠区域前，之前的调整习惯可能会令你的操作有些别扭。

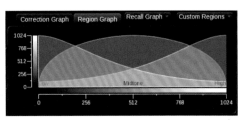

图 4.52 FilmLight Baselight 系统中的灰阶分区图示，三个分区重叠。在 Baselight 中可以自定义这些灰阶的分布范围

通道偏移（Offset）[1] 和光号（Prtinter Points）[2]

通道偏移（Offset，有时称为 Master 或 Global。译者注：有些调色软件会把偏移调整工具命名为 "Master Offset"），之所以如此命名是由于它通过往上或往下偏移（移动）每个色彩通道来重新平衡色彩，基本上就是增加或减少调整值来移动每个通道。在以下示例中，由于白平衡不正确，导致了偏色，我们使用 Offset 来校正。（图 4.53）。

接下来被提到的色彩平衡方法，其效果都等同于通道偏移工具。记住，Offset 能马上重新平衡整个画面的影调。因为 Offset 能调整每个颜色通道的整体值，对于处理（从暗部到亮部）过分偏色的画面，它是省时又实用的工具。此外，对于极度偏色的画面，使用 Offset 的线性调整方式重新平衡通道信号，比单独分开暗部、中间调、亮度调色的结果看起来更自然。当然，具体使用哪个工具，取决于画面实际情况和调色师需要达到的效果。

---

1 由于市面上主流的调色软件都是英文版本，在调色软件中，Offset 是通道偏移的调整工具，书中多次提及此工具的应用。为方便读者操作软件，在介绍软件工具的情况下，一律使用英文 "Offset" 指代这个工具。

2 Printer Point 又称 Printer Light，来自于胶片时代的配光概念。

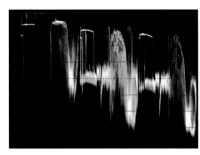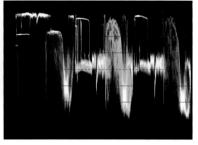

图 4.53　用 Offset 调整前和调整后的 RGB 通道分布，提高和降低整个图像的每一个通道

Offset 与 Printer Point 这两个工具有关联性，因为它们有相同的效果：偏移图像中每个色彩分量（图 4.54）。然而，Offset 是同时调整三个色彩通道，它允许调色师用一个单一的控制键或轨迹球来重新平衡整个画面的颜色。相比之下，Printer Point 是用滑块或用加号、减号按钮（这是经典配置）来单独调整每个色彩通道，一次只调整一个通道。

Printer Point 光号这种控制方式对于曾经使用过配光系统（在第 9 章中详细描述）进行胶片配光的摄影师和调色师来说很有价值。最初使用的色彩分析仪，例如 Hazeltine，色彩分析仪上的光号拨盘可以单独以离散增量方式调整红绿蓝通道，这里使用的度量单位就是光号。每个光号是一 F 档（f-stop，用于测量和调整曝光的单位，每一档进光量翻倍或减半）的一小部分。

图 4.54　达芬奇 Resolve 的 Offset
控制区，类似于光号调整

各种软件使用不同的级分方式，每个光号可能会是一个 F 档位的 1/7 到 1/12，这取决于色彩分析仪的设定方式。多数系统在每个色彩分量控制和密度控制上使用的范围是 50 个光号，每个控制选项的初始状态都是 25。

以数字方式工作时，Printer points（光号控制）通过增减调整值的方式对整个色彩通道进行平均调整，这种控制不考虑图像的影调。有些软件甚至会模拟色彩分析仪所使用的光学过滤的特性，比如当你拉高红色光号的时候，实际上不会使红色增强，反而减弱红色，导致图像转向青色（青色是绿色和蓝色的间色）。在这种情况下，增强红色实际上需要减小红色光号。

五路和九路[1] 的重叠调整

有些调色软件提供五套至九套控制方式，超过了暗部、中间调、高光（Lift Gamma Gain）这种模式，让调色师可以更有针对性地调整。

例如，SGO Mistka 提供了五种色彩平衡控制，可以单独调整黑位、暗部、中间调、高光和白位。

五路一起工作，能够有针对性地调整画面中各个区域的曝光，犹如这些调整工具的其他变种一样（详见下面的介绍）。然而，它们的重叠方式非常不同。

其他调色软件，例如 Lustre 和 SpeedGrade 使用相同的三路色彩校正方式，它们用 Lift, Gamma 和 Gain 调整，但也会额外提供另一组三路色彩校正方式：Shadows、Midtones 和 Highlights[2] 调整。所以，你可以先判断画面的三个主要层次，并将其区划分到三个主要到调整区域上，再在五路或九路中调整反差和颜色，这样能进行更精细的色彩平衡调整。换句话说，你可以独立于 Offset 之外，在暗部（Lift）中单独调整 Offset,Gamma 和 Gain，或者在中间调（Gamma）和亮部（Gain）中单独调整 Gamma 和 Gain，如图 4.55 所示。

1　由于 "3 − Way color correction" 或 "3 − Way color control" 在较多软件中被翻译 3 路色彩校正，所以在此把 "5 − Way" 和 "9 − Way" 直接翻译为 "5 路" 与 "9 路"。而 "五路" "九路" 与 "五套" "九套" 是相同的概念。

2　由于 "Lift Gamma Gain" 和 "Shadow Midtone Highlight" 在中文翻译上，都是指 暗部、中间调、亮部（也称高光），但在调色软件中，特别是在不同调色模式下，工具名称会有所不同。如达芬奇中的 Log 模式和 3 − Way 模式，Lift 和 Shadow 都是指暗部，只是调整的模式不同，结果也不同。所以为避免读者混淆，直接用英文来表示这些工具名称。

图 4.55　接近上面所述的调整方式，分别是暗部、中间调、亮部中的 Lift Gamma Gain。
不同的调色软件采用不同的层次划分方式，所以此图不代表任何一个特定软件

不同种类的重叠区域调整，让你可以"弯曲"视频信号，就像使用曲线工具一样，而且还可以很方便地使用调色台上的轨迹球和圆环来完成这项操作。

例如，利用 Gamma 为画面加蓝，图中大面积的阴影部分都会被影响（图 4.56）。

图 4.56　使用 Gamma，在画面上加蓝

利用 SpeedGrade 的特性，在暗部区中调整 Gain，另一方面，你也可以做更多微妙的变化。这个调整的目标是画面影调更窄的区域，比如在次暗区[1]加点蓝色（图 4.57）。

图 4.57　在 Adobe SpeedGrade 使用暗部区域（Shadows）的 Gamma 工具，在画面的次暗区增加蓝色

如果你要做幅度很大的调整，有时在曲线上多打几个控制点来调整会比用五路或九路更快。另外，如果想在比较狭窄的影调区域中调色，你可以用二级调色的亮度键（第 5 章、第 11 章会提及相关内容）把需要调整的影调区域独立出来，再用 Lift，Gamma，Gain 调整。

色彩决定列表（CDLs，Color Decision List）

为了解决不同调色软件之间的操作差异，美国摄影师协会（ASC）率先致力于规范一级校色（包括色彩和反差）的调整。ASC 技术委员会负责起草的色彩决定表（CDL），结合行业领先的摄影师和胶片（或视频）工程师的专业知识经验，定义和扩展了 CDL，供前后期制作人员使用。

需要了解 CDL 的重要原因是，某些软件会提供"CDL 兼容"模式，以设定色彩和反差控制，从而符合 CDL 规范要求。理解这份规范书，可以帮你了解在此模式下如何工作。

CDL 的双重目的，是鼓励不同应用程序中操作的可预见性，并促进项目在不同的调色系统之间的交换。

目前，CDL 包含以下调整参数，假设是在 RGB 方式的软件中：

- Slope（斜率）（用于反差时，类似于 Gain；用于色彩时，这是一个乘法运算）
- Offset（偏移量）（用于反差时，类似于 Lift；用于色彩时，这是一个加法运算）
- Power（幂）（用于反差时，类似于 Gamma；对色彩来说，这是一个等幂运算）

1　原文"Light/Lighter shadow"此处翻译为次暗区,也可以译为浅暗区。根据前文原作者提到的区域分层,暗部可以分成 Black、Shadow、Light shadow 三个层次,分别对应黑位（即最暗部）、暗部、次暗部。特此说明。

使用这三个参数（有时也被称为 SOP），对特定镜头的反差和色彩进行平衡操作，通过以下公式求得：

Output = (Input × Slope + Offset)：输出 =（输入 × 斜率 + 偏移量）

　　CDL 能记录的信息是有限的。CDL 并不包括自定义影调分区，也不包括一些自定义调整选项如 RGB 曲线或 Luma 曲线、Contrast 调整或色温调整，还有高光 / 暗部的饱和度控制。CDL 也不包含二级调色的信息：如色相曲线、HSL 选色、二级窗口、遮罩或者各种叠加混合模式。

　　然而，目前 CDL 的宗旨是指导一级调色，对此来说它非常适合。此外，CDL 仍在发展，将来肯定会考虑加入更多的参数。例如在 CDL 规范的 1.2 版本中，为考虑到 SAT 控制增加了数学定义，以及一致认定的 RGB 饱和度（SOP）定义。

色彩平衡控件的重叠范围

　　上一节一直在讲重叠范围，相信你会表示非常惊讶，因为这些控件的调整如此的有针对性。我们通过一个简单的灰度渐变测试图来验证这些工具的重叠情况。

　　下面的演示，测试在调色过程中，Lift、Gamma、Gain 所控制的区域是如何重叠的。

> **注意**　这个测试在不同的调色软件中会有多种不同的结果。取决于该软件的暗部、中间调和亮部的重叠范围。

1.　调整 Gain，将其推向蓝色，然后调整 Lift，往红色方向推；你会得到类似图 4.58 所示的结果。用灰度渐变测试图做测试，做任何色彩平衡调整，相应的区域都会被着色。

2.　接着，调整 Gamma 推向绿色，方便检查重叠情况，图 4.59。

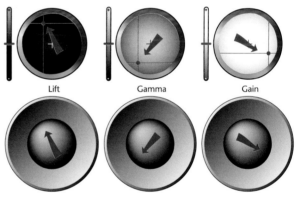

图 4.58　灰度渐变测试图被改变，暗部被推向红色，亮部被推向蓝色

图 4.59　步骤 1 和步骤 2 的调整图示。这三种色彩平衡控制特别设计成不同的、强烈的颜色，以考察灰度测试图的重叠效果

　　这个新的绿色调整平滑的融合到红色和蓝色中间的区域，并把红蓝分别推回到暗部和亮部的两端(图 4.60)。

　　仔细观察重叠区域，你可能会开始注意到绿色和蓝色之间的青色条纹。这个条纹是正常的，因为青色是绿色和蓝色相加后得到的颜色。

　　这显然是一个人为的、夸张的例子。通常，真正实拍的画面加上微妙的调整，这种效果不会经常看到。但是当你做幅度较大的调整且调整涉及两种颜色，那你可能会看到意外的颜色，所以要保持目光敏锐。

做一个简单的色彩平衡校正

　　现在，我们已经讨论过色彩平衡控件如何工作，让我们来看一个简单的例子，如何使用这些工具完成一个

图 4.60　这是把中间调推向绿色的结果。可以清楚地看到三个色彩平衡调节的重叠情况

相对简单的校正。

下面示例的镜头表现出明显的暖色(橙色)偏色。这可能是由于摄像机不正确的白平衡造成的,也有可能是由于拍摄过程中简单地即兴抓拍而导致的。客户明确表示希望减少暖色,所以,我们根据客户的要求进行色彩校正。

1. 观察波形监视器。你的首要任务是拉开反差,以适合 0 ~ 100%(IRE)的可接受限制范围(图 4.61)。

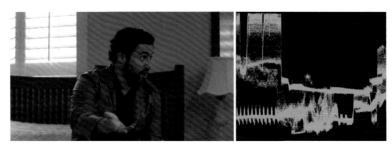

图 4.61　原始画面,带有暖色的、橙色偏色

2. 另外,观察图 4.61 的矢量示波器,你会看到这个画面真正的单色的本质。房间中过分温暖的灯光令本来橙色色调下演员的肤色和棕色夹克的颜色更加夸张。而且,看看矢量示波器的波形图,波形上的刺尖没有伸向任何其他颜色。

这还不是最必要的,但奇怪的是这个波形偏离了中心点。观察从画面最亮(窗户)到画面边缘(灯罩和灯座位置),画面中至少有些部分应该位于矢量示波器的十字中心,但现在几乎整个波形都在十字线的左上角,如图 4.62 所示。

3. 查看 RGB 分量示波器。很容易发现每个波形的顶部(对应画面中的窗户)被切掉,因此,相对来说这里的波形位置是相等的。再看波形的底部,至少每个波形的底部也比较接近。

最明显的部分是波形的中间位置。被圈出来的区域对应画面的墙壁,见图 4.63。

图 4.62　矢量示波的失衡情况,我们可以确认画面偏色相当严重。只有很少一部分波形接触中心点,整个波形向橙色积压(红色加黄色生成橙色)

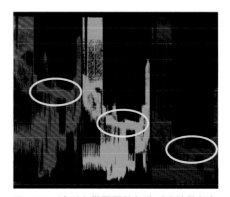

图 4.63　波形上带圆圈的部分对应墙的颜色

即使墙并不是纯白色的(因为客户告诉你,墙的颜色其实是暖的、黄一点的"古董白"),现在波形的落差几乎有 30%,这个差别远远超过 RGB 分量示波器顶部或底部的波形。

明确目标后,是时候开始进行色彩校正了。事实上,位于 RGB 分量示波器中间的不对齐的波形是调整 Gamma 的重要线索。另外,矢量示波器上的波形也不平衡,而且波形偏向橙色,通过此情况可以判定,最佳校正方式就是把中间调往橙色的相反方向推,向橙色的补色方向走,到青色和蓝色之间。

4. 调整反差,把 Gain 降低,直到亮度波形的顶部触及 100%,同时提高 Gamma,保持中间调的位置和开始时的亮度一致。提亮中间调后,需要压低 Lift 来保持暗部的密度,从而保持画面的高对比度,即使之前压缩了一点亮部。

5. 接着，按照步骤 3 的分析，把 Gamma 推向青色和蓝色之间，如图 4.64。

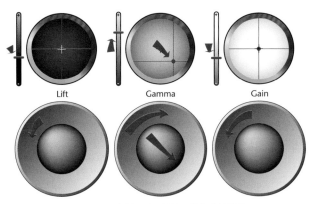

图 4.64　步骤 4 和步骤 5 的调整图示

当你将 Gamma 推向青色和蓝色之间，要注意看 RGB 分量示波的变化。你正在尝试做的是平衡红绿蓝通道的中部，让它们波形位置更接近。

另外也要留意观察画面的变化，注意不要调整过度。要记得，虽然灯座和窗户边缘都是白色的，但墙的颜色不是白色的。所以如果调整过度，画面会看起来很奇怪。在此情况下并综合客户要求调整过后，现在的红绿蓝波形的位置更接近（图 4.65）。

图 4.65　按前几个步骤校正后的画面。调整了反差和中间调

6. 检查刚刚的校正结果，画面有所改善。然而，有意思的是，特别是在暗部，现在观察男演员的胡须和头发的阴影位置，再看看 RGB 分量示波的底部；可以看到中间调的过度调整影响了暗部，现在三个波形的底部非常不均匀，并且出现了不必要的蓝色阴影。除了这个情况我们还可以看到，做完中间调校正后的画面亮度降低了。这是因为校正时把红色通道拉低了，匹配了蓝绿通道的水平却导致亮度分量降低，使画面变暗了。

7. 为了补救这个情况，你需要把 Gamma 提高到画面之前的亮度，再把 Lift 推回去橙色（直到抵销掉暗部的蓝色或青色），如图 4.66 所示。

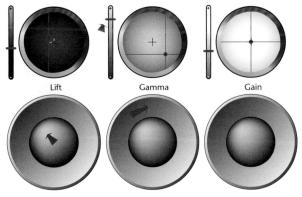

图 4.66　步骤 7，校正暗部

当进行最后这步暗部平衡调整时，记得观察 RGB 分量示波器的波形底部。使红绿蓝波形的底部尽可能地均匀对齐，证明你成功地完成暗部的平衡调整（图 4.67）。

8. 最后，由于画面颜色正常化的过程会导致损失饱和度（当你压低亮度电平时也压低了三个色彩通道的水平），因此调高整体饱和度以弥补这种影响。

在做完这些调整后，很容易让你（和客户）忘记当初画面的"问题"，因为我们的大脑不断地在适应图像的更新状态。这就是为什么大多数调色软件会有"Disable（禁用）"选项，因此你可以看到图像调色前和调色后的情况，以展示调色师如何从原始图像开始并切实深入地推进。

图 4.67　左图，原始图像。右图，完成最后校正的图像，现在亮部合法化，而且中间调和暗部色彩平衡做好了

现在图像依然偏暖，但画面里不再是整片的橙色。来看最终图像对应的矢量示波图，你可以发现波形比以前更集中，橙色饱和度的整体水平有所下降，有效地拉开了背景的墙面、演员的外套颜色以及演员的脸和手这几个元素的距离（图 4.68）。

这个例子演示了很多利用矢量示波器进行校正的常见技巧。矢量示波器不仅能提示偏色状态，还能帮助找出最显著的偏色位置，帮助调色师选择合适的工具进行针对性调整。

减少或抵销影调区之间的校色重叠

前面的案例很明确地演示出，在特定的影调范围进行的色彩校正可能会无意中影响图像中不需要调色的部分。这种情况下，你会发现自己经常会做与邻近区域的色彩平衡控制相反的调整。这似乎违反直觉，所以如果你想知道这是如何工作的，请看图 4.69，用简单的灰阶渐变做例子，这样你可以清楚地看到测试效果。

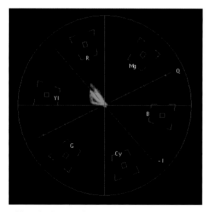 

图 4.68　最终图像的矢量波形。现在，示波图的波形比较集中，而不是原始状态下波形向橙色大量延伸的状态

图 4.69　原始测试图，灰阶渐变值从 0% 到 100%

1. 做一个大胆的调整，把 Gain 向蓝色拖动（图 4.70）。

正如你所看到的，蓝色的校正影响扩大到中间调，还会影响一点暗部（图 4.71）。

在实际工作中，对中间调偏暗区的调色修改次数会很多。

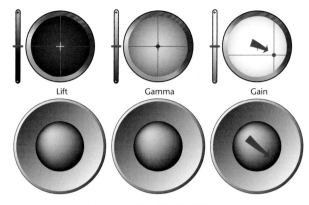

图 4.70　步骤 1 描述的调整　　　　　　　　　　　图 4.71　按步骤 1 所做的调整结果

2. 为了弥补过度校正，调整 Lift 将其拖往黄色，即向蓝色的补色方向拉动，以减少中间调偏暗区的蓝色偏色（图 4.72）。

当你做出这样的调整时，你会看到中间调偏暗区域慢慢变回中性灰色，高光部分依然是原来调成蓝色的状态（图 4.73）。

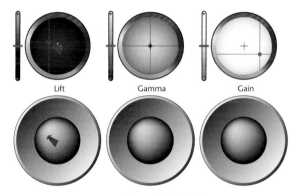

图 4.72　步骤 2 描述的调整图示　　　　　图 4.73　最后的调整结果，中间调偏暗区的蓝色已经被中性化了

这种色彩平衡的重叠调整，起初看起来你会觉得调整过度，但这类调整正体现了色彩平衡控制强大而且高效的一面。这些类型的相反调整，在实际工作中常用于定位图像的影调范围，从而方便开展针对性的调整。

营造画面氛围的偏色

在调色的过程中不会总是做消除偏色的调整。有意而为的偏色调整能烘托环境，还能给观众传达时间的感觉。例如，观众绝对有理由相信带烛光的场景是非常温暖的，如图 4.74。

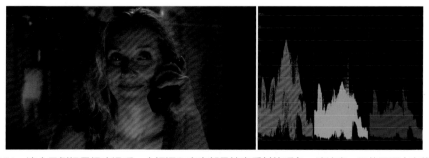

图 4.74　这个示例场景极度温暖，中间调和高光都是烛光反射的暖色。请注意，即使画面中有偏色，
但图像的暗部依然保持中性，而且前景的演员颜色丰富，结合冷色调的背景，画面反差正好

你可以通过色温调整有意地添加些许色偏，从而改变观众对拍摄地点风格的认知，还能改变观众对不同时间段的感知。

正如你在本章开头看到的图 4.3，偏色也可用于传达场景气氛。我相信你听到人们把布光称为"（布）冷光"或"（布）暖光"的频率会很高。总的来说，这是讨论布光质量最简单的方法，因为它体现在我们日常生活中的整体环境的照明情况，从极暖的钨丝灯泡到极冷的阴天天光。这并不奇怪，有些描述也往往夸大光的真实质感，温暖的灯光倾向于浪漫的感觉（如夕阳、烛光），冷光源代表不舒服的感觉（如雨天、冷光源的阴天场景）。

这只是宽泛的概括，当然了，冷暖对比的打光方式也会很有趣（给暖光场景打冷光），学习运用混合色温打灯能很好地开发你对色温的使用意识，发展出属于你自己的视觉语言，用于未来的项目。

在下面的示例中，你将会看到，对同一个场景应用三种不同的色彩调整，会得到三个色彩风格完全不同的场景。

1. 检查没有校色的原始图像及其 RGB 分量示波器（图 4.75）。

图 4.75　没被调整过的原始图像

这是一个光线充足的场景。场景中，演员服装颜色和背景颜色的色彩反差不错，而且前景的演员和背景的距离已经拉开了。你可以通过示波器清楚地看到红色波形的顶部比绿色和蓝色的波形稍微高出一点——这表明整体环境偏暖，最接近当时场景的打光意图。

通过检查 RGB 分量波形你会发现，三个波形的底部已经全部对齐好，所以暗部没有偏色。同样，中间调排列整齐，高光部分符合我们要求的暖光，所以现时没有明显的偏色，也没有影响演员。

处理这个镜头的底线是：任何调整只针对创造性，不针对必要性。

2. 调整后更增强了暖调子，如图 4.76 所示，模仿温暖的日光，令场景更像是"黄金时刻"，这种日光质感带给观众像是日落前一小时的感觉。因为将要进行的调整会改变图像原本的灯光（颜色），所以主要使用 Gain 来调整。

把 Gain 往橙色方向推，把 Gamma 往补色方向即青色蓝色推，在高光区域加暖，不影响画面中间调的演员肤色（你也不想让他们看起来像做过失败的喷雾晒黑一样）。

这个调整结果是一个更温暖、更吸引人的风格（图 4.77）。

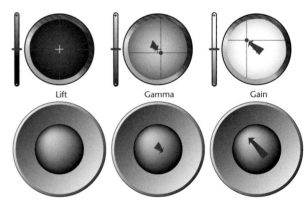

图 4.76　加暖了图像的高光，没有增加演员和背景的颜色

3. 下一步，如图 4.78 所示，在高光位置添加蓝色，让场景变冷。

和之前的调整类似，你把 Gain 推向蓝色或品红，以提高高光里的蓝色通道。这可能是一个棘手的调整，因为它很容易添加过多的绿色或过多的红色，会使最终画面增加洋红色。

既然你已经为高光加蓝，这最终会让演员的肤色看起来有点苍白，可以把中间调 Gamma 推向橙色来补偿这个问题，让演员突出。

这个调整结果是更加正午天光的感觉，场景变得益发枯燥乏味与客观，如图 4.79。从这个侧面说明中性化高光会让白位降低一些，可能要提高 Gain 的值（以补偿损失的亮度）。

图4.77　加暖高光后的视觉效果。注意 RGB 分量示波中被抬高的红色通道，另外再看波形的中间和底部，依然对齐，还有红色通道的顶部波形很好地保持在 100%（IRE）范围中

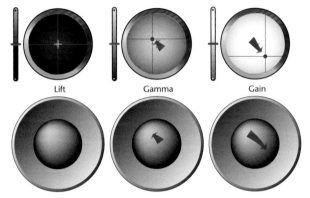

图4.78　把画面高光调冷的操作图示，与此同时避免把演员的肤色变蓝

图4.79　冷调子的场景。请注意 RBG 分量示波器中被压低的红色通道，再看看被抬高的蓝色通道

4. 最后，按图 4.80 所示进行调整，把色温推向某种绿色色调，这种绿色就像拍摄场景中出现的荧光灯具的颜色。

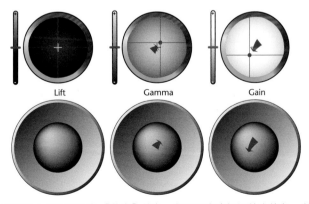

图4.80　在画面中添加令人不快的绿色"荧光"偏色。你需要在中间调补充补色，以免演员肤色不正常

把 Gain 往绿色推一点点，提升绿色通道（即使只是添加少量的绿，也会使人在视觉感受上觉得加绿了许多）。在这种情况下，有必要把 Gamma 推向洋红色（即绿色的补色），以尽量减少这种绿色调影响位于中间调的演员肤色（图 4.81）

图 4.81　调整结果，得到绿色色调的画面

调整结果看起来刻意不讨好，"不变的"办公室灯光颜色会将观众带入紧张情绪。

那洋红色呢？

尽管你可以根据创作意图大幅度改变场景色温，色轮上有一个颜色的方向你几乎不会移动：洋红色，除非在纠正荧光灯照明时会用上。洋红色不属于自然界光源，你不能在自然界找到洋红色（虽然洋红和钠蒸气灯颜色相似），这是一种令大多数人不安和不快的颜色，如图 4.82，把先前的测试场景调成洋红色偏色。

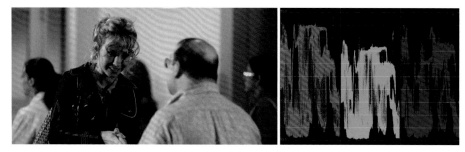

图 4.82　几乎没有人会喜欢画面偏洋红色，所以要警惕画面的洋红色逐渐增加的迹象，
特别要注意场景中演员的肤色（会受洋红色偏色影响）

这种情况特别棘手，高光的洋红色通常用于抵销绿色偏色，而这种绿色来源于荧光灯管。这个调整并不难，向洋红色稍微偏一点点就能校正绿色波形的尖峰，但过度补偿会导致演员脸上也会带有洋红色。

> **注意**　出现绿色的光主要是由于场景内已经有安装好的荧光灯设备导致的。如果你有更多拍摄时间，你可以购买灯光滤纸来更正现有的荧光灯设备，或可改为使用带有色温校准管而不是电子镇流器的特殊照明仪器，来纠正这个问题。

不用担心这个情况会困扰你，因为你的客户会第一时间跟你说："你觉不觉得她看起来有点太紫了？"

在 LOG 调色模式中调色

早期使用 Lift，Gamma 和 Gain 来进行色彩平衡控制，这组经典的控件在视频调色环境用于对正常化的视频图像进行操作。这些控件的根源在于胶转磁和在线式磁带到磁带（online tape-to-tape）的色彩校正，前提是使用 BT.709 色彩空间和 BT.1886 伽马预置。在这种环境下，这些控件提供了很多对图像的特定控制。

然而，数字中间片调色流程出现了，伴随着对数编码（Log）的胶片数字扫描，它们通常是 Cineon 和 DPX 格式的，满足了两种不同的要求。

- 首先，是将整组调整控件映射到对数编码格式的数学需求，压缩图像数据的色彩和反差的分配。
- 其次，有必要限制调色师只使用"图像 - 调整（image-adjustment）"操作，这个操作是和光学胶片打印机的操作相匹配的。施加这种限制，保证了数字调色师（在操作上）可以兼容（或习惯）那些将数字调色和胶片色彩配光混合在一起的光化学过程。

第一个使用 Log 调色模式的调色软件是 Lustre，最初它是一个名为 Colossus 的产品，由 Colorfront 开发，后来又被 Autodesk 收购；《指环王（The Lord of the Rings）》三部曲的调色均出自于 Lustre，Lustre 还广泛应用于许多电影的后期流程中。Lustre 有一个专门的 Log 调色模式，在其调色台上有专用的对应控制。

使用 Log 调色模式的另一个先驱是 FilmLight 的 Baselight 调色系统，Baselight 有两种不同类型的调色层：视频（Video Layer）和胶片（Film Layer）。Video Layer（视频层），提供 Lift、Gamma、Gain 方式的调色工具。而 Film Layer（胶片层）使用 Log 模式调整方式，提供 Exposure 和 Contrast，还有 Shadow、Midtone、Highlight（图 4.83）。这些胶片式控制首先在 Computer Film Company 开发，用于公司内部使用的合成和完成片工具，之后其开发者建立 FilmLight，并开发了 Grader2（即 Baselight 的早期版本），此软件早在 2000年用于支持《小鸡快跑（Chicken Run）》的项目工作。

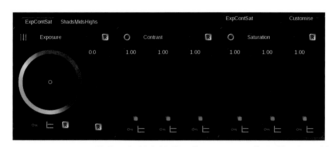

图 4.83　这是 FilmLight Baselight 系统的一级校色控件，"Film Grade"调整面板是基于 Log 的调整方式，第一个选项卡有：Exposure，Contrast，Saturation 工具（即对应调整：曝光、对比度、饱和度），在第二个选项卡中有：Shadow，Midtone，Highlight 工具

Log 调色模式的出发点是用数字工具模拟胶片配光过程，以这一种方式让数字调色师在进行数字化调色的同时又不会偏离胶片配光的结果太远。数字中间片本身没有这些限制，如果你的项目可能要做胶片输出，Log 调色模式与原生 Log 编码素材能良好地结合工作的能力对流程很有价值。

现在，许多其他调色系统，包括达芬奇 Resolve 和 SGO Mistika 都支持 Log 模式调色，但是胶片电影已经越来越少见，在真正的胶片数字中间片工作流程，胶片最终会被淘汰。

Log 模式调色依然有意义的原因，是越来越多摄影机的记录格式是 Log 编码的，其中也包括摄影机 RAW 格式被反拜耳输出到 Log 编码的素材。事实证明，Log 编码，对将高宽容图像数据导入调色软件的图像处理流程仍然是相当有用和有效的，它在图像质量和数据吞吐量或处理器性能之间取得了合理的平衡。

此外，在 Log 调色模式与真正的 Log 编码媒体结合使用时，Log 调色控制工具其实是一种非常特殊的调色工作流程，这种工作流程在某种意义上来说，可以重现电影史上的每种经典色调和电影胶片质感。

设置 Log 调色模式

正如第 3 章中讨论的，Log 调色模式，旨在工作于数学分布被特殊压缩的 Log 编码图像数据。以这种方式工作时，很重要的一点是，在套用正常化 LUT 或其他第二步调整之前，使用 Log 方式的 Shadow、Midtone、Highlight 来调整未正常化的图像。否则 Log 调色模式无法按其原理来正常工作。有关详细信息，请参阅第 3 章。

调整 Offset

与往常一样，在调整图像的色彩之前调整图像的反差，这个做法是更接近 Log 调色模式的本质。然而，就 Log 调色的基础就色彩而言只是一个简单的 Offset（偏移）调整。这似乎很难理解，因为你已经了解如何对图像的特定区域进行调整，但是，对不同镜头调色时，一个简单的 Offset 调整可以给你一个良好的、干净的结果，解决从暗部到高光的偏色。

在开始工作时先使用 Offset 的另一个原因，是在本质上 Offset 工具更有创造性。资深调色师迈克·莫斯（Mike Most）[1] 在网上写出了 Log 调色模式的优点，他还慷慨地跟我讨论 Log 调色模式的好处，他告诉我，以 Log 方式为基础的调色控制可能会产生更本质的影院效果[2]。这样做的原因很简单：你可以用 Lift、Gamma、Gain 进行非线性的信号调整，但是这样的调整绝不会发生在传统的胶片配光的电影上，观众能看出画面质感的差异。

这些不同的原因是：控制整体色彩平衡的 Offset，控制整体亮暗偏移的 Exposure，还有 Contrast、Pivot 都是线性调整，它们影响整个信号、所有均匀分布的三个色彩通道，即影响整个影调范围。这反映了，即使使用色彩分析仪（color analyzer）的红绿蓝和密度控制来实现的调整相对简单，但它提供给调色师的控制仍然比任何用 Contrast 和 Pivot 的配光器（color timer）要多。

下面的例子将演示 Log 调色模式的流程，画面显示了一位女演员考虑她做出的选择，背景有点暗。客户希望影片是那种"70 年代独立电影"的感觉，我们估计不能压掉暗部，白位不能过高，整个色调范围是相当线性的色彩平衡。

1. 像往常一样，使用 LUT 正常化或手动正常化图像，为后面的调色确立起始点（图 4.84）。你可能会使用一个图层或节点来做正常化，放在用于调色的层之上或节点之后，具体取决于你所用的调色系统[3]。

图 4.84 上图，BMD 摄影机拍摄的 Cinema DNG 的、反拜耳输出为 Log 编码的素材；
下图，用 Blackmagic Design 提供的 LUT 正常化后的画面

2. 在正常化图像之前做必要的反差调整，在这种情况下，降低 Master Offset 到想要的黑位，并使用 Contrast 和 Pivot 工具来扩展对比度，推高信号的高光点，表现出太阳光透过窗户的感觉（图 4.85）。在某些调色台，如达芬奇 Resolve 的官方调色台上，Master Offset 映射到第四个轨迹球上的圆环。

图 4.85 调整 Master Offset 和 Contrast 之后的画面，该操作的节点或层放在 LUT 操作前

3. 在这种情况下，拉伸反差使图像非常得暖，但是这应该是一个中午天光的画面。因此，客户希望肤

---

1 迈克·莫斯（Mike Most），美国资深调色师，在电视电影行业从业超过 30 年。他的个人网站：mikemost.com。
2 即更有胶片感。
3 可浏览图 4.87。

色较为自然和较为中性的处理。

这可以通过调整 Offset 来实现（映射在第四个轨迹球上，屏幕界面是最右那个圆球）。当进行这种调整，有一个技巧：让支配场景的主体——演员的肤色，天空的蓝色，绿色的树叶——把它们调整到看起来是我们需要的颜色（图 4.86）。

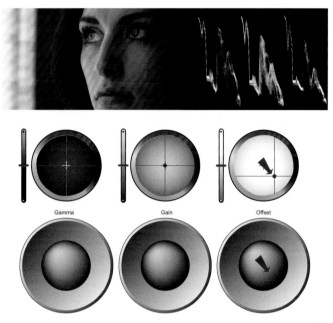

图 4.86　经过简单调色后的图像。将 Offest 推向蓝色消除过暖[1]

由于 Offset 控制只是整体提高或降低三个颜色通道，以重新平衡图像，Offset 的理论是：当纠正一个已知的特征时，如肤色，图像的其余部分很可能也就变得正常了（图 4.87）。

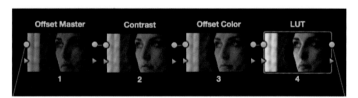

图 4.87　这是一组有明确组织的节点，以每个节点所做的操作来标识节点名称，以讲解 Log 素材的其中一种调色思路，实现对图像的精确控制

在达芬奇 Resolve 中，我通过标出每个节点的操作来说明这些操作的顺序。注意，你不需要为每一步操作都创建单独的节点或图层（除非你喜欢疯狂地组织这些节点）[2]。

特别是，由于达芬奇 Resolve 的 LUT，它在节点内的处理顺序排在最后，你可以在每个单一的节点内同时应用一个 LUT，并调整 Offset Master、Contrast、Offset Color。图 4.87 是人为地将节点的内部顺序外部化。

假设你想要一个自然风格的色调，分开单独调整高光和暗部，并去除这两个区域过高的饱和度能帮助减少画面的"视频感"。同样，Offset 类似于之前使用了几十年的胶片配光的光号。如果素材拍得很好，在细致调色后可能很轻易就能调出电影感。

1　本操作示意图是基于达芬奇 Resolve 原厂调色台 4 个轨迹球的排布来标示 Offset 工具的。
2　此处是为了方便讲解作者思路，所以把每一步都清晰列出，真正调色时不需要一步一节点，特此说明。

使用 SHADOW、MIDTONE、HIGHLIGHT 进行调整

然而用 Offset 工具调整会污染高光和暗部的颜色，尤其是在那种要创造夸张的色彩平衡的情况下。例如，如果女演员的脸色苍白，而你要对她的肤色增加颜色和饱和度，若使用 Offset 会导致整个图像也变成这种夸张的颜色。

下面的例子和上述例子相反，客户更需要恐怖、苍白的色彩风格，场景是僵尸在进行攻击（图 4.88）。这个原素材是 Log 编码的，按照上一节的工作流程，你可以用 Offset 给画面一些绿色的光。

图 4.88 用 Offset 工具增加绿色的前（上图）后（下图）画面。图像的暗部也被污染了，带有绿色

这个调整结果导致画面暗部也带有绿色。我们知道 Shadow、Midtone、Highlight 这些工具能帮助你对 Log 编码的素材进行特定的、有针对性的影调区域控制。图 4.89 显示了近似 Shadow、Midtone、Highlight 工具的默认调整范围，以及它们如何划分 Log 编码图像的影调范围。

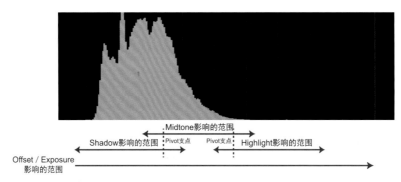

图 4.89 以对 Log 编码素材进行色彩平衡调整为目的，此图显示了 Shadow、Midtone 和 Highlight 如何影响 Log 编码素材影调区的大概范围

正如你看到的图示，对 Log 编码的图像进行调色时，每个调整工具之间的色彩重叠范围比较柔和。然而，Log 调整方式比使用 Lift、Gamma、Gain 调整更有针对性，当然，这个前提是针对狭窄的影调区进行校正，而对于其余影调区，你可以用线性方式来调整（图 4.90）。

图 4.90 最后的调整，将 Shadow 向洋红色推，中和图像最暗处的绿色

　　此外，Log 调色模式下的反差控制和色彩校正的边界（即暗部的结束和中间调的开始，中间调的结束和高光的开始）是可以用"Pivot（支点）""Range（范围）"或"Band（波段）"参数来调节的[1]，用于更改图像影调的中心点，控制每对相邻的色彩平衡控件的重叠范围（图 4.91）。这为调色师带来更多的灵活性，以应用更多特定的反差调整和色彩调整。

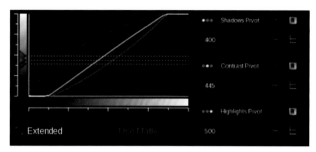

图 4.91　Baselight 系统中的"Shadows Pivot（暗部支点）""Contrast Pivot（反差支点）"和"Highlights Pivot（高光支点）"参数，以及 LUT Graph（LUT 图示）与其对应的蓝色虚线，这三条蓝色虚线表示每个影调的支点。LUT Graph（LUT 图示）以图形方式反映出正在应用的调整

　　很明显，Shadow、Midtone、Highlight 本质上是非线性的，因为它们允许高光和暗部的色彩调整彼此独立。这与胶片配光很像。实事求是地讲，因为这些控件是针对 Log 编码素材所设计的，所以，这种有针对性的调整能让调色师更好地结合两者，以数字方式解决具体问题，从而提供"电影级"调色。

Log 模式调色的后续工作

　　使用 Log 方式调整，结合正常化 LUT 或曲线完成正常化调整后，你可以对已经正常化的图像进一步调整，可以使用 Lift、Gamma、Gain 和曲线以及其他任何工具。

　　事实上，你也可以使用 Log 模式来正常化图像，但结果会稍有不同。因为 Log 模式的控件在非常狭窄的影调范围内工作，所以它们对已经正常化的图像所起的效果会比对 Log 编码的图像更有针对性。在图 4.92 中，你可以看到图像已被正常化，从阴影的暗部到高光，影调范围很宽。

图 4.92　已被正常化的高对比度图像

　　图 4.93，在正常化的图像上把 Higlight 推往黄色的画面结果。这个调整只针对特定的、最亮的高光范围产生影响，这让高光变暖了（图 4.93）。

图 4.93　使用的 Log 调色模式的 Highlight 工具来增加高光区的黄色。虽然这个做法不一定适合一般的校正，但这个工具在对画面进行风格化时非常有用

1　调色系统不同，工具名称不尽相同。

使用这种调色方式，可以针对狭小的影调区高效地进行风格化调整，而且，大多数 Log 模式的调整工具可以通过更改 Pivot 值和降低或提高 Range 的参数来自定义想要调整的影调范围。

色温控制工具

一些调色软件，包括 Adobe SpeedGrade，提供一组颜色滑块，调整色温变化和洋红色或绿色调节（图 4.94）。此外，一些摄影机使用 RAW 格式，如 RED 的 .R3D 文件，也有类似的色温控件。

一般情况下，你不能用色温工具来做典型的色彩平衡控制，但它们能方便某些特定操作。

本质上它们控制着高光区的色彩平衡，为了方便校色，有时会将每个滑块锁定到特定的色相角度。在调色软件 SpeedGrade 中，"Temperature（色温）"对应调整蓝红通道之间的值，而"Magenta（洋红）"则针对绿色通道与红蓝色通道之间的值。

和色彩平衡控制一样，这些滑块并不只是对色彩校正有用。你还可以利用这些工具对画面进行风格化调整。

图 4.94 另一种调整色彩平衡的方法，调整 SpeedGrade 中的
"Temperature（色温）"工具和"Magenta（洋红）"工具

使用曲线工具

如果你们用 Adobe Photoshop 等图像编辑软件进行工作，估计对曲线工具非常熟悉。而使用特定调色系统进行工作的调色师和配光师，他们会问："我已经习惯了使用三路色彩校正或 Log 调色模式，为什么我要使用曲线？"

答案很简单，之前讲述的色彩平衡控件，是让调色师同时调整图像的红色、绿色和蓝色分量的，而红色、绿色和蓝色曲线调整能让调色师分别调节相应的颜色分量。曲线能发挥更多创意，更有功利性，单纯的色彩平衡控件不具有这样的针对性。

在大多数调色软件中，包括在之前的章节我们看到，红绿蓝三色调整曲线位于亮度曲线的旁边（图 4.95）。

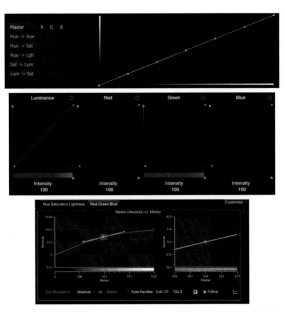

图 4.95 在大多调色软件中，RGB 曲线在亮度曲线的旁边

> **宽泰 PABLO 的曲线调整**
>
> 　　宽泰 Pablo 拥有全套曲线调整，它们被安排在一个独特的界面，叫做"Fettle"，"Fettle"提供多种曲线调整模式，包括 RGB、HSL 和 YUV 通道曲线控制。而"Fettle"的 RGB 曲线，相当于本章所述的 RGB 曲线和亮度曲线（YUV 模式），还有第 5 章会描述的色相曲线。
>
> 　　事实上，宽泰公司的 Fettle 界面是原始的曲线控制工具之一，调色师曾经把这种调整方式称为 fettling。为了节省你搜索字典的时间，fettle 的名词状态指的是"状态"，"这辆自行车状态很好。"（英文原文：…the noun fettle means "repair," as in "the bicycle is in fine fettle."）

　　每种色彩曲线是用于控制单个色彩分量的强度。在某些调色软件中，在默认情况下这些曲线是锁定联动的，正如你在第 3 章看到的，使用 RGB 曲线进行反差调整。

　　然而，不联动调整曲线的话你可以单独更改色彩通道，根据需要扩大或缩小该颜色通道对图像的影响范围。在单独的曲线上，你也可以根据需要添加控制点，并随意拖动控制点，从暗部到中间调再到亮部。图 4.96 默认的斜线部分对应图像的影调分区，粗略标示大概的区域。请记住，因为暗部、中间调和高光的实际位置会有重叠，所以这只是一个可供参考的近似值。

　　在大多数调色软件中，调整色彩通道的工作方式和调整亮度曲线的工作方式是一样的（正如第 3 章中所提及的）。都是在曲线中添加控制点，按具体要求改变曲线形状，在相应的图像区域将每个控制点向上或向下拖动，改变该颜色通道的水平。

　　图 4.97，红色曲线添加了四个控制点，然后提高位于中间调顶部位置的控制点，同时降低在中间调底部的控制点。这种调整比用色彩平衡控件更有针对性，更具体。

图 4.96　这是曲线控制界面对应图像的大致影调区的图示

图 4.97　在红色通道中调整图像中两个不同影调区域

　　下面一节会更详细地演示这一原则。

用曲线工具对特定影调区进行色彩调整

　　让我们来看看如何使用曲线来对特定区域做针对性调整。图 4.98 是一个低调子的夜景，在高光位置有蓝色偏色（RGB 分量示波器，蓝色波形的顶部比红色和绿色高）。另一方面，整个画面的中间调和暗部的色彩比较中性（从 RGB 分量示波器，三个波形的底部相对平等可以看出）。

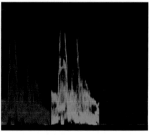

图 4.98　一个中性图像及其对应的 RGB 分量示波图

客户已表示希望在高光位置增加一些亮点，可以加一点暖色，特别是在后景门口的光。想要达到客户要求的方法之一就是使用色彩曲线。

1. 简单地使用曲线为这个画面添加更多红色。单击红色曲线的中间位置，添加一个控制点，然后把控制点拖曳提高从而提高红色通道的值，如图 4.99。

如图 4.100 所示，这个调整提高了整个图像的红色。

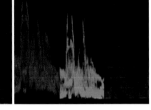

图 4.99　提升控制点，相当于提高红色通道的
　　　"Gamma"，以及大部分的暗部和高光

图 4.100　这是调整图 4.99 之后的结果。
　　　请注意，红色通道整个被提升了

如果只用一个控制点进行曲线调整会极端地影响整体图像，因为它几乎把曲线的每个部分向上提拉。所以现在的结果是整个场景偏红。

你应该会注意到，在曲线的左边底部和右边顶部有两个基本的控制点，两个控制点分别对应红色通道最亮和最暗的位置。在这两点之间进行曲线调整时，这两个默认的控制点有助于保持图像最暗阴影和最亮高光的颜色为中性。

图 4.101，两个分量示波器的红色波形图，我们可以比较曲线调整前后的红色通道变化。仔细观察波形的顶部和底部，你可以看到红色通道的高光和中间调位置在曲线调整前后的差别，比暗部差别大得多。

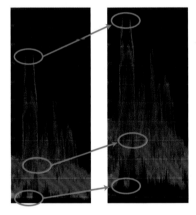

图 4.101　比较两个波形图；左图，调整前的
红色通道，右图，曲线调整后的红色通道

2. 如果在红色曲线上添加第二个控制点（图 4.102），你可以把新的控制点拖曳到曲线底部相交的对角线网格，使红色通道的暗部回到原来的位置。

这些网格的对角线表示各个曲线的中立状态。当曲线与对角线相交时，图像该区域就是原始图像的颜色，没有色偏（图 4.103）。

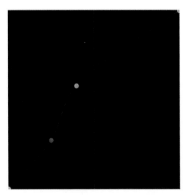

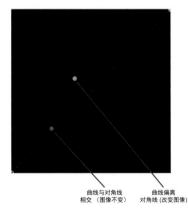

曲线与对角线　　　曲线偏离
相交（图像不变）　　对角线（改变图像）

图 4.102　添加第二个控制点，以保持中间调较暗
区域和暗部颜色中性，把控制点拉到曲线底部，
接近水平和垂直网格线相交的部分

图 4.103　对比对角线和网格的位置，我们
修改曲线后，图像颜色会变化；与对角线相交
表示色彩中性，图像颜色不变

继续向右上方提高红色通道亮部区域的控制点，进行最后调整。同时，红色曲线的左下角添加一个控制点，让控制点的位置接近对角线（比亮部所在位置更中性）。两个控制点之间的过渡非常平滑，所以添加的红色逐渐从亮部过渡到暗部，不影响暗部的颜色，如图 4.104。

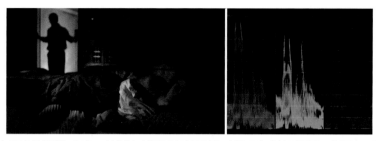

图 4.104　在高光位置增加红色，并保持中间调偏暗区域和暗部不变（特别是门口位置，可以明显看到）

最后调整结果：位于从中间调偏暗到暗部区域的男女演员，颜色中性没被改变，而高光部分，特别是门口位置的光线颜色，带有隐约的红色。

这是曲线的强大之处。曲线能让调色师自定义每个色彩通道的分布，有针对性地调整不同影调区域，接近于二级调色。

利用分量示波器，使用曲线校正图像

如果要把曲线作为色彩校正工具来中和图像偏色，最好的方法之一是利用 RGB 分量示波器来找出需要调整的曲线。

从前面的例子已经能看出来，分量示波器中的三个色彩通道和三个曲线控制完美对应。图像偏色，通常能在分量示波器中看出问题（显现在波形被提高或被压低），这些波形能提供即时向导，告诉调色师需要调整哪个曲线，该在哪个位置放置所需的控制点。

下面的示例，原始图像暖色偏色严重。所以，通常情况下，导演会要求先解决这个过暖的偏色。这个偏色程度高的例子，使用曲线调整是比较理想的做法，因为你很容易通过示波器看出问题，并针对特定的色彩通道做出调整。

1.　检查图 4.105 的 RGB 分量示波。根据波形，图像中的红色通道明显高于其他通道，特别是高光区域波形差别更大，画面高光颜色过暖。

图 4.105　左侧为没有调整过的原始画面。分量示波显示红色通道过高，而蓝色通道过低

从分量示波图可见，首要调整应该是降低红色通道的中间调。为了弄清楚该在曲线的哪个位置放置控制点，只需要对比波形的高度及其对应到曲线的位置，就能找到目标点（图 4.106）。

2.　现在，在曲线的三分之一位置添加一个控制点，并将其向下拖动以降低红色通道的中间调，直到红色通道中间位置（对应于墙上的波形部分）比绿色通道中间仅仅高一点（图 4.107）。

这中和了高光，但现在你已经把橙色偏色转变成黄绿色偏色（图 4.108）。接下来需要提高蓝色通道。

色彩通道和曲线控制点
之间的对应位置

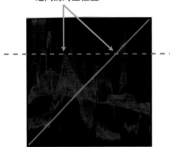

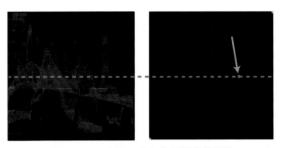

图4.106 要调整红色波形的尖峰（这个位置
刚刚接触到虚线），把一个控制点放置在
虚线与曲线相交的位置

图4.107 步骤2的红色通道曲线调整

图4.108 图4.107调整结果

3. 现在，在蓝色曲线底部三分之一的位置添加一个控制点，在蓝色曲线中间调顶部的位置添加第二个
控制点，并将其拖动直到接近绿色曲线的高度。一边调整一边观察监视器，当图像看起来色彩中性
就完成这步调整了。

调整后，中间调现在不错，但暗部看起来有点弱。为了解决这个问题，在曲线底部附近增加另一个控制
点，并把控制点往蓝色波形的底部压（图4.109）。

最后的调整令图像更为中性（图4.110）。

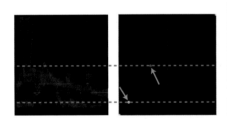

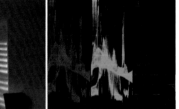

图4.109 步骤3所描述的蓝色曲线调整

图4.110 调节红色和蓝色两个曲线之后，最终的调整结果

在这一点上，使用色彩平衡控制引入一个更微妙的暖色会更容易一些，因为根据图像本身的特性顺势调
整，这比和图像较劲更容易。

由此可以看到，分量示波器三个波形显示的值和三色曲线之间比较直接的对应关系。

使用LIFT、GAMMA、GAIN工具来校正

大多数调色软件会有一套Lift、Gamma、Gain控件，允许调色师调整特定的红绿蓝色彩通道。这些
调整方式要追溯到比较旧的硬件和色彩校正软件，它们能调整夸张偏色的图像。在某种意义上，你可以
把这种校色方式看成三点曲线，类似本章这一节讨论的曲线。此外，结合分量示波器来使用RGB Lift、
Gamma、Gain是一个很好的调整方法，特别是当你知道图像的哪部分需要提高或减少信号时，对于解决
一些很棘手的问题十分有效。

哪个工具速度更快，色彩平衡控件还是曲线？

　　曲线与色彩平衡控件不同，色彩平衡控件能同时调节红绿蓝三个分量，但每一个颜色的曲线调整只能更改一种颜色分量。这意味着有时必须调整两条曲线，才能达到用色彩平衡控件调一次的效果。

　　例如，在图 4.111，分量示波器显示了图像暗部偏色，因为蓝色通道太高，红色通道太低了。

图 4.111　带有荧光绿偏色的图像

　　若使用曲线工具校正这个画面，你要对红绿蓝通道做三次调整。然而，只使用色彩平衡控件的话，把 Gain 向右上角洋红色推就能得到相同的调整结果。这两种调整的结果几乎相同。（图 4.112）

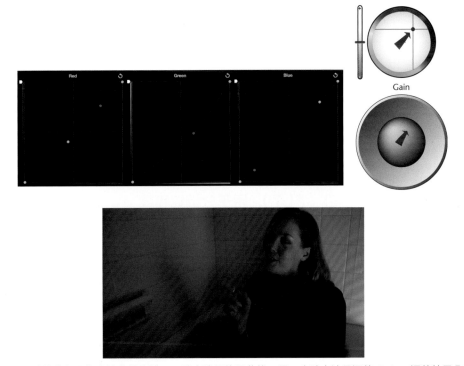

图 4.112　两种将偏绿图像中性化的方法：一种方法是使用曲线，另一个种方法是调整 Gain，调整结果几乎相同

　　哪种调整方式更好？这真的是个人喜好的问题。能让你提高工作效率的方式就是最好的。调色是以客户为导向的工作，时间就是金钱，你的工作效率越高，客户就会越满意你的工作。

　　这两个调整工具都有自己的长处，我的建议是，如果你本身有 Photoshop 背景再转做调色，需要一段时间练习才能加快色彩平衡控件的调整速度，相信你会对色彩平衡控件的高效感到惊讶。如果你本身就是调色师，但平时较少用曲线工具，那你值得花些时间来学习如何高效地进行曲线调整，你可能因此会挖掘出更多快速校正的技巧，除了能解决以前常遇到的棘手问题，还能用曲线创造自己的风格。

达芬奇 Resolve 的曲线和 Lum MIX（亮度混合）

达芬奇 Resolve 和其他调色软件之间的有趣差异是达芬奇使用 YRGB 图像处理方式，从而允许调色师在调整单个色彩通道的同时保持图像亮度。关闭曲线联动时这个功能最为明显。在达芬奇中，无论用曲线还是 Lift、Gamma、Gain 来降低一个色彩通道时，其他两个色彩通道就会自动升高，以保持图像的整体亮度。根据这个原理，提高一个颜色通道，就会降低其他两个通道，从而保持亮度。

如果你过去使用的是每个通道完全独立的软件的话，那么对这类图像处理就需要一些时间来适应，不过在达芬奇 Resolve 中你可以使用 Lum Mix（亮度混合）参数来修改此行为，但是这个参数经常被误解。当亮度混合设置为 100（默认值）时，亮度混合会维持所有色彩通道的值均匀对称，这种对称关系如图 4.113 所示。

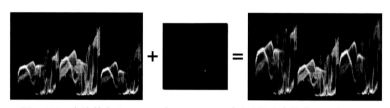

图 4.113　在达芬奇 Resolve 中，Lum Mix（亮度混合）的值设置为 100，
降低绿色通道时，红色和蓝色通道就会升高，以保持图像的亮度

若要禁用此效果，只需把亮度混合的值设为 0，那么该节点每个通道的操作就不会影响其他通道了。

饱和度调整

正如前面所讨论的，图像的饱和度是其颜色强度的测量值。大多数图像包含许多不同层次的饱和度，你可以使用矢量示波器进行测量。

即使饱和度通常与色彩平衡控件、反差控件几个工具同时调整（只要你使用的调色软件是用 RGB 色彩空间进行颜色处理），但是有时候你也需要单独调整饱和度，用于创造不同风格、合法化图像或处理场景与场景之间的色彩校正（接戏）。

大多数调色软件会提供几种不同的方式来调整饱和度。使用哪种方式，取决于你要调整图像的饱和度，还是特定区域的饱和度。

将波形示波器设定为 FLAT（FLT），用于分析饱和度

为了帮助调色师在特定的色调范围内控制饱和度，使用能具体分析饱和度的示波器是很有助益的。矢量示波器能显示整个图像的饱和度，还能显示特定位置的饱和度强度，这非常有用。

图 4.114　分屏测试图。上半部分高饱和度，
下半部分饱和度为零

不过，你也可以设置大多数波形监视器，使其将饱和度显示覆盖在亮度上，通常被称为 FLAT（FLT）或类似的名称。通过这种方式可以看到不同的影调区域的饱和度强弱。这种模式多数用于检查图像暗部和亮度的饱和度含量。在此模式下，波形示波器并不能显示每个特定色彩通道的信息（这是矢量示波器的工作），它仅给出了对应每个亮度分量水平的色度分量振幅。

让我们来看看它是如何工作的。图 4.114 包括两部分。测试图的下半部分，饱和度为零，从左（黑色）到右（白色），表示横跨整个画面的亮度水平。上半部分在这个亮度水平上增加了带饱和度的颜色。

检查波形监视器就可以证明，该图像的整体亮度是一个简单的斜坡（图 4.115）。

然而，打开波形监视器的饱和度选项，就会显示不同的示波图形。渐变图上半部分的阴影和高光部分饱和度高，甚至 0 以下 100 以上的部分也是高饱和度的，我们可以通过变粗的示波图观察到这个现象，如图 4.116 所示。通过这个波形图就可以很容易地检查出各种操作对整个图像饱和度的影响情况。

 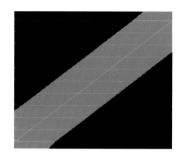

图 4.115　测试图案的整体亮度表现为
一个简单的斜坡

图 4.116　波形监视器开启 FLAT（FLT）显示模式，
我们可以看到示波图的厚度，这表示从暗部到
高光的饱和度状态，都是高饱和度

饱和度工具（Saturation）

每一个调色软件和效果器都至少会有一个饱和度控制工具。简单地提高整个图像的饱和度，可以营造出更加生动的画面；减少饱和度，获得更温和的观感。这个工具有时以滑块或参数方式来调整，如达芬奇 Resolve 系统的参数形式（图 4.117）。

FilmLight Baselight 系统的饱和度工具可以控制整体饱和度，也允许独立调整图像红绿蓝色的饱和度（图 4.118）。

 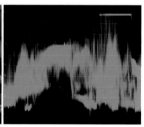

图 4.117　达芬奇 Resolve 的饱和度参数调整

图 4.118　FilmLight Baselight 系统，"Video
Grade"选项的饱和度调整工具

现在，接着了解饱和度工具。增加饱和度会加深整体图像的颜色，如图 4.119 所示。

 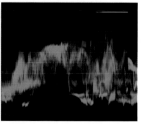

图 4.119　提高整个图像的饱和度。注意，波形随着饱和度的增加变厚了

降低整个图像的饱和度，如图 4.120 所示。

在调色时，简单地增加整体饱和度，可能会碰巧达到客户要求；但如果需要在画面的特定位置（物体）增加饱和度，其他位置的饱和度却需要降下来，只整体调整饱和度就不能满足这个要求。

图 4.120　降低整个图像的饱和度。注意，波形随着饱和度的降低变薄了

有针对性的饱和度控制

很多专业调色软件，会提供更具针对性的饱和度调整。调色师会特别关注图像暗部和高光范围的饱和度。有时，这些调整工具被五路或九路色彩校正所用的相同影调范围所固定和定义，其目的就是要快速调整极端情况下的对应影调的饱和度。这些工具会通常用于以下几个方面[1]。

- 降低暗部的饱和度，使暗部看起来中性、让黑位更纯净，创造较大的视觉反差。
- 降低高光或暗部的饱和度，减少偏色，使高光白位更白，更干净（例如，在 0%（IRE）的黑位有点红色或蓝色偏色，使用这种控制方式就能解决这个问题。）
- 提高中间调内特定区域的饱和度，可避免饱和度调整影响到整个画面。
- 消除暗部和亮部不必要的假色，特别是过度调色所导致的情况。（例如，对下雪场景进行大幅度调色，雪花也会受调色影响，会偏色，这种情况可以用这种控制进行快速修复）
- 合法化暗部和高光的饱和度（详见第 10 章）。

目前，最常见的饱和度调整类型是单独修改 Saturation 参数，可以切换影调区的按钮来调整对应区域的饱和度，无论是全局饱和度调整，或只是亮部、中间调或暗部的单独调整（图 4.121）。

让我们来看看 Highlights 和 Shadows 如何限制饱和度的调整。利用它们来影响测试图形，如图 4.122。

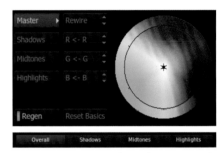

- Highlights saturation（**亮部饱和度**），影响图像最亮的部分。这些调整通常作用在亮度分量高于 75% 的位置，向中间调缓和过渡。
- Shadows saturation（**暗部饱和度**），影响图像最暗的部分。这些调整通常作用在亮度分量低于 25% 的位置，向中间调缓和过渡。

图 4.121　在 SpeedGrade（下图）和 Smoke（上图）里的饱和度按钮，可以调整全局饱和度，也可以调整特定影调的饱和度

图 4.122 显示了 Highlights 和 Shadows 饱和度调整设置为 0，降低测试图案最亮区域与最暗区域的饱和度。

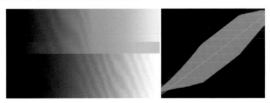

图 4.122　Highlights 和 Shadows 的调整效果应用于图像两端。测试效果可以从测试图形最上侧条带的左右边缘看出来（中间的蓝色条带，显示的是原始饱和度）

右图的波形监视器，设置为 FLAT（FLT）模式，显示了去饱和后，亮部和暗部的波形图逐渐变薄。

其他调色软件，如达芬奇 Resolve 与 SGO Mistika 都提供亮度 Vs. 饱和度曲线，提供了几乎无限细致的饱和度调整，这个工具可以调整整体图像，也可以针对调整图像的某个影调区域（图 4.123）。

图 4.123　饱和度曲线工具的好处是，它能让你快速自定义需要饱和度调整的影调范围。然而，Highlight、Midtones、Shadow 方式的饱和度控制，已映射在调色台上，对于调色师来说更容易操作，而用这个方法来调整暗部，会比使用按钮或拧旋钮简单

1　读者可以参考图 4.121 的工具。

在不降低图像质量的前提下，提高饱和度

如果你想获得饱和度超高的画面，但又不想只是调高 Saturation 参数。因为如果调高 Saturation 你会得到很多颜色，但可能会失去画面细节，导致颜色溢出、减少了色彩对比度、出现假色等情况，特别是色度采样率低的视频更会出现失真，边缘环形断层等情况。当然，这样做广播安全也不合法。

饱和度与对比度紧密结合，是塑造图像风格的关键。在增加饱和度时，控制好图像暗部和亮部的饱和度是创造画面风格的关键，也是保持广播合法的关键。

你还会发现，过饱和在较暗的图像上看起来更舒服一些，这类图像的中间调分布更偏向于数字标尺的低端，大约从 10% 到 60%。当差值用 HSB 颜色模型来描述时，较低亮度的图像，其颜色显得比那些具有更高亮度值的图像更丰富，高亮度值图像在高饱和时很容易出现人工痕迹和溢出。

当你增加图像的饱和度，比平常更重要的是要确保图像的中性区域没有偏色。如果你刻意需要图像变暖或变冷，那么可能就需要减轻色彩校正。

在以下示例中，你可以安全地提高图像的饱和度（广播合法），如图 4.124。

图 4.124　未调整的原始图像

1. 使用矢量示波器检查图像。可以看出画面中饱和度已经很多，矢量波形从中央十字线中心向外延伸（图 4.125）。
2. 如果直接提高饱和度，图像肯定会颜色更多，而且颜色是被胡乱添加在整个图像上的，最深的暗部黑位也受影响。这样的调整导致画面艳俗、色彩过多，不是我们想要的结果（图 4.126）。

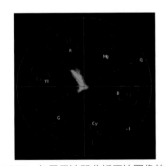

图 4.125　矢量示波器分析原始图像的饱和度　　图 4.126　在波形监视器的 FLAT（FLT）模式下，
　　　　　　　　　　　　　　　　　　　　　　　　增加图像饱和度时波形会变厚

3. 波形监视器 FLAT（FLT）模式已被打开，检查波形的底部。在增加饱和度后，你还可以看到带厚度的波形向下延伸，低于 0%（IRE）水平（图 4.127）。这在色域（gamut）示波器上也是显而易见的，在色域示波器上图像数据以复合变换方式被显示，并且色域示波器会特别标记可接受的饱和度上限和下限，正如在第 10 章讨论的内容。

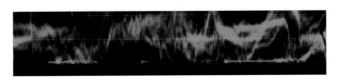

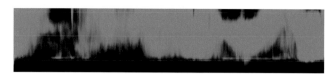

图 4.127　最上面的波形图，波形监视器设置在 Luma（亮度）显示模式。底部波形图，波形监视器设置为 FLAT（FLT）显示模式。注意波形的右边，示波器底部对应 0%（IRE）以下那些毛躁的波形

暗部过多的饱和度导致最后调整结果并不讨喜。我们不希望增加暗部的饱和度，而是希望饱和度随着亮度水平减少而减少。

4.　要纠正这个情况，可以用任何工具来降低暗部的饱和度，你可以使用 Shadows 降低暗部或使用亮度 Vs. 饱和度曲线，拉低画面中最暗区域的饱和度（图 4.128）。

图 4.128　达芬奇 Resolve 曲线工具界面，在 Lum Vs Sat（亮度 Vs. 饱和度）曲线上添加两个控制点，一是减少图像最暗区域的饱和度，另外可以平滑过渡到更饱和的中间调

（可能）你并不想把暗部的饱和度全部变成 0，否则图像就会出现颗粒很粗、很不舒服的画面风格，除非这就是你要的风格。观察图 4.129 的调整结果。

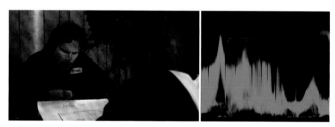

图 4.129　图像的高饱和度的版本，Highlights 和 Shadows 饱和度控制把高光和暗部饱和度降低到 20%

注意光头男演员的头部和植物的影子，仔细观察能更容易看到两者饱和度的差别（图 4.130）。

直接提高 Saturation 很容易出问题。在增加中间调饱和度的同时减少暗部饱和度，这是保持图像高反差以及使暗部干净的好办法。或者你可以用你所喜欢的方式，只提高中间调饱和度的同时，不影响亮部和暗部。

通过密切关注图像的高光和暗部的饱和度，可以轻松地创建更生动的画面，而不是让图像看起来像坏电视信号一样劣质。

控制"彩度"

在爱德华·焦尔詹尼（Edward Giorgianni）和托马斯·马登（Thomas Madden）[1]《数字色彩管理：编码解决方案（Digital Color Management：Encoding Solutions）》（约翰威立出版社（Wiley），2009 年）一书中，彩度被定义为"根据视觉感受到的区域，表现出色调属性的多或少"。此定义是我讨论"彩度"的目的，物体

1　爱德华·焦尔詹尼（Edward J. Giorgianni），美国图像科学家，对色彩科学领域有卓越贡献，Photo CD 系统的发明者，曾任美国柯达公司高级研究员（于 2005 年退休）。托马斯·马登（Thomas E. Madden），美国色彩科学家，美国柯达公司资深首席科学家。他们共同的代表著作：《数字色彩管理：编码解决方案（Digital Color Management：Encoding Solutions）》（约翰威立出版社（Wiley），2009 年）。

呈现的彩度相对实际饱和度水平而言，可能高也可能低。

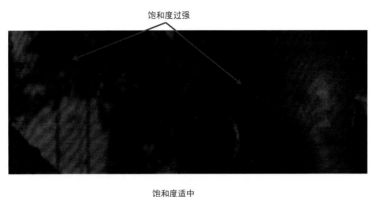

图 4.130   特写图像，比较阴影位置的饱和度。上图，阴影饱和度增加之后看起来不自然。
下图，阴影饱和度被减少，看起来更接近我们的要求

这是一个重要的概念，因为它描述了观众和客户的各种感知弱点，他们可能会认为屏幕上的图像和示波器上的波形图并不对应。总的来说，你可能得到一个饱和度很高，但颜色不是很丰富的图像；你也可能会得到一个颜色丰富，但饱和度相对较低的图像。

所以，如果饱和度不是色彩的绝对决定因素，那么，还有什么其他因素会影响人对图像所含色彩多少的认知呢？

人眼视觉获得过程中的亮度和彩度

根据人类视觉和图像的记录，即使被摄物体的颜色是固有的[1]，无论什么样的照明条件，越明亮的被摄物体，其色彩越丰富。这被称为亨特效应：降低亮度结果降低了彩度（图 4.131）[2]。

图 4.131   同一组颜色丰富的物体，在昏暗和明亮两种照明条件下的图片。虽然光线昏暗的那张图
有很多颜色，但在光线明亮的图中，花的颜色看起来更丰富

---

1   即物体的固有色。
2   在第 2 章也有介绍亨特效应。

对调色师而言，亨特效应直接涉及显示设备不同的白色峰值设置[1]，人眼对显示设备彩度的感知在相同的显示环境（和相同显示设备）下，较高白色峰值输出的结果会使图像看起来色彩更丰美，而较低白色峰值输出下，图像看起来色彩就没那么丰富。这也是必须做好显示设备校正的众多理由之一。

在调色过程中的对比度和视彩度

有趣的是，正如第 3 章中所述，图像的饱和度调整和对比度调整是由 master RGB 来做的，它们的关系类似于亨特效应。扩大对比度增加饱和度，其调整结果通常是可取的（图 4.132）。

正如前面已经讨论过，抛开色度分量独立控制亮度分量时事情会变得更加复杂。在这种情况下，由于数字图像处理的数学运算，拉伸图像对比度会使图像变亮，导致观众感觉到相对较暗的图像而言，图像的色彩变少了（图 4.133）。

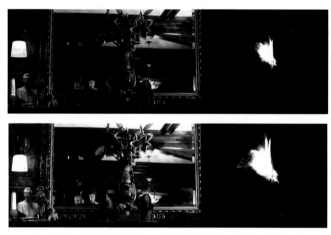

图 4.132　我们的测试图，两张图是扩展对比度之前和之后

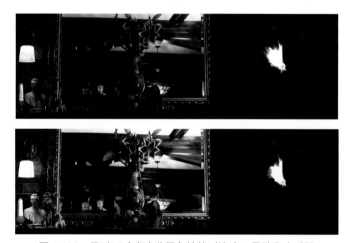

图 4.133　只对 Y'（亮度分量）拉伸对比度，导致彩度减弱

在这两个例子中，图像的饱和度明显增强了，但调色后的图像品质是完全不同的。这就是为什么客户经常会把"明亮"和"饱和"这两个词互相替换的原因，因为往往他们试图描述图像特质时，并不容易分辨。

尺寸与彩度的关系

面积的大小与其能被感知的彩度有直接的关系。以下摘自 Mahdi Nezamabadi[2] 的博士论文《图像尺寸对

1　白色峰值决定了显示设备的最高亮度。

2　Mahdi Nezamabadi，图像色彩科学家，工程师，现任佳能（美国）资深科学家。

图像色彩重现的影响（The Effect of Image Size on the Color Appearance of Image Reproductions）》，罗切斯特理工学院，2008）：相同的观察者，对比观察色块和涂满整间屋子四壁的色彩，经过分光辐射测量，可以确认色块的颜色和整墙的颜色是完全相同的。尽管如此，观察者还是会认为墙壁颜色的亮度和色度在增多。

换言之，具有相同颜色的物体，体积大的比体积小的看起来颜色更丰富。请看下面两个图像，相同的花瓶，红色框，黄金边框，彩色玻璃灯和花瓶的底座都出现在两个图像中。然而，右边画布中物体被放大，大多数观察者都会认为右边的色彩更加丰富，即使饱和度没有实际变化（图4.134）。

图4.134　当向色彩丰富的对象推进时，增大的尺寸会给人更多颜色的印象，即使饱和度是一样的

这是个有价值的现象，当你想从一个镜头匹配到另一个镜头时，客户会不断地说，这个镜头看起来比其他镜头要亮或者饱和度要高一些，即使你的视频示波器的波形已经告诉你匹配得非常完美。在这种情况下你有一个选择。就上图的例子来说，你可以"忽悠"一下，直接调整：稍微降低"大"红盒子的饱和度，或增加"小"红盒子的饱和度来匹配两个镜头。或者，你可以给客户解析这个现象，并指出如何在合适的时机使用推进镜头和特写镜头，有效地影响观众（调动注意力）。

大小和色彩度之间的相互关系也适用于图像的整体尺寸，这直接关系到调色师工作用的显示设备的尺寸。如图4.135，相同的图像一个显示较大，一个显示较小。再次，大多数观察者认为，即使它们是相同的，但较大的图像显得色彩更丰富。

图4.135　相同图像，当你在更大的显示设备上观看图像时，会比小画幅的图像印象更深刻，你会觉得画幅大的图像颜色更多，即使这两个图像具有相同的饱和度

现在，第2章中描述准确校正监视器的原因之一，就是试图通过准确的环绕灯光和适当的座位距离来弥补这种影响。对于投影来说，这也是对实际情况的补偿，因为投影图像比自发光显示设备（如LCD，OLED和等离子监视器）的照度低。

毫无疑问，使用20英寸的投影屏幕来调色与使用40英寸的监视器来调色，感觉是不一样的。感性地说，与在15英寸显示设备上调色的感觉更是明显不同。使用投影或监视器进行调色，我会基于图像尺寸（显示设备的尺寸）做出不同的调色决定，这是需要注意的差异。

然而，另一种方法是需要知道观众在哪个显示尺寸上观看你调色的影片。理想情况下，最好可以将调色间的主显示设备匹配观众的观看尺寸（可能是客厅的电视或戏院），对应使用监视器或投影进行调色，这样能更好地实现你的调色决定。

色彩对比和视彩度

最后，影响图像色彩感知的另一个方面是色彩对比（或者说图像内不同的色相到底有多少差异）。更多的细节将会在下一节讲述，色相对比是图像色彩反差的一个方面，也是图像的彩度感知和实际饱和度测量水平之间有较大差异的原因。

尽管饱和度在示波器上是相似的，但客户会告诉你，他认为色调范围更大的图像似乎比色调单一的图像看起来色彩更多（即色彩多的图像比颜色单一的图像看起来更"多彩"）。所以要注意，接下来我们仔细观察色彩对比度，探讨如何用不同的方式来调整和控制它。

理解并控制色彩对比

在第 3 章，我们看到了亮度对比、明暗反差有助于提升图像的力量、清晰度以及整体画面的吸引力。在色度分量范畴，色彩对比起着类似的作用，也能帮助塑造画面和立体化观众的视觉目标，以及利用色彩对比来调动场景内的各个物体，但亮度对比相较色彩对比而言会更加明确。

简单地说，色彩对比是分化图像中所发现的各种颜色之间的量。场景内多个不同颜色的元素之间，彼此之间就存在色彩对比。

如果画面中色彩对比太少，其结果会显示单色调，这个色调（仿佛）充满整个场景。如果画面中色彩对比强，那么画面中各种颜色的元素可能会由于差别太大，给观众一种要"蹦"出画面的感觉。

色彩对比的重要性是有理论研究支持的，色彩对分辨物体的意义——把场景中的特定对象从背景和环绕纹理中分离出来。引用《色彩在自然场景视觉记忆中的作用》[1]，"一种潜在的色彩进化优势，对基于亮度的视觉可能会说谎，（让人）能从有纹理的背景中很好地把物体分离出来"。可以想象在 15 万年前，这种视觉特性还会有一个显著的优势：使人能够穿过枝叶茂密的森林或丛林，发现成熟的果实（或危险的食肉动物）。

最后注意：我经常碰到一些客户，他们会让我提高饱和度，即使我觉得饱和度已经足够了。在这种情况下，通常我会找方法去增加图像的色彩对比，选择性地提高特定颜色的饱和度，而不是增加整个图像的饱和度。以下章节所涵盖的各种调整策略，就是为了达到这个目的。

> 注意 以下几页所示的例子，包括了 HSL 选色和色相曲线这些二级调色手法，第 5 章都有涵盖相关内容。

色彩对比的类型

从创意的角度看，约翰·伊顿（Johannes Itten）[2]，在他的里程碑著作《色彩的艺术（The Art of Color）》（约翰威立出版社（John Wiley & Sons），1961 年）中，确定了几种类型的色彩对比，这对我们调色师很有用。我强烈推荐伊顿的书，这本书主要讲述了很多以前欧洲著名绘画大师的艺术作品。以下的文章及例子，概括了伊顿所描述的主要色彩对比分类。在实际的调色工作中，无论是电影项目还是视频，我都用过这些色彩对比来解决实际问题。

由于人类视觉系统的颉颃模型，这些色彩对比都是有效的，颉颃模型在本章开头有描述。图像中的每一种颜色，都是相对于它周围的其他颜色进行评估的。无论是使用一级校色一次性对整个场景进行整体调整，还是使用二级调色对特定的场景进行细致调整，这些原则将帮助你明白：为什么通过一些微小的调整就能令画面生动地"活起来"。

在以下章节中，你将看到如何使用矢量示波器来判断不同种类的色彩对比。

色相对比

这是最基本的、可以人为控制的色彩对比度类型。关于色相对比的困难之处在于需要精细的场景色彩设计，只有美术部门和制作部门通力合作才能获得色相对比良好的画面。

在下面的例子中，艺术指导和灯光师故意使用单色，目的是打造昏暗的、丰富的夜总会气氛。结果，图像画面高度饱和但色彩对比低，因为所有的颜色都在一个很窄的范围内，见图 4.136 的矢量示波器。

---

1 第 4 章开头有介绍这篇文章。
2 约翰·伊顿（Johannes Itten）（1888 — 1967），瑞士表现主义画家、设计师、作家、理论家、教育家。他是包豪斯最重要的教员之一，是现代设计基础课程的创建者。

图 4.136　高饱和度但低色彩对比的图像

　　在下面的例子中（图 4.137），从视觉上，你看到的图像实际上比图 4.136 的饱和度低，但它显示的色彩对比更强，我们可以看到矢量波形从中心向多个方向延伸。

图 4.137　色彩对比度大的图像，矢量示波图显示了多种颜色

　　我喜欢这样理解，如果画面从一开始就没有各种不同的颜色，我并不能凭空捏造它们真的在画面之中。这就是说，经常会有足够的机会，去调动一些比较浅（比较淡）的颜色，特别是对于一个沉闷的镜头，在做以下调整前这些颜色在画面中并不显眼。

- **消除图像中过多的偏色**。利用矢量示波器，让亮部波形和暗部波形中心化，并尽可能重新分配那个偏色颜色的波形。
- **提高原本低饱和图像的饱和度**，把所有颜色饱和度提高，令矢量示波器中的波形往边缘扩张，增加每个不同颜色的波形集群之间的距离，增加色彩对比。
- **选择性增加饱和度**，尽可能从背景带出更多不同的颜色，或许稍微降低主色调的饱和度。这需要用上后面章节的二级调色工具。

图 4.138 有轻微的橙色偏色（估计是夕阳导致的），整体画面低饱和，给观众一种低色彩对比的印象。

图 4.138　偏色和降低饱和度，图像色彩对比弱

　　采取不同的调整方法来增加这个画面的色彩对比，你可以校正偏色、提高饱和度并使用色调曲线来调动（提高）后景的一些红色和橙色，这些颜色在背景的森林树上本来就存在。用相同的色相曲线，把天空和水的反射颜色调得更蓝，所有这些调整，都可以给图像带来丰富的色彩对比和层次分明的画面（图4.139）。

　　观看矢量示波器，你可以看到图 4.139 的波形变得更加集中，波形往外伸展，并往多个方向延伸。

图 4.139 调整后的图像。校正偏色并选择性地提高饱和度，扩大画面的色彩对比

冷暖对比

另一种类型的色彩对比是暖色调和冷色调的较窄组合，相对于不同色调的大杂烩。冷暖对比是很微妙的，就现实的天然色温而言，冷暖对比经常来自于混合光源拍摄。当然，如果艺术指导用自己的方式来保持画面的冷色和暖色，以加强照明方案，也无伤大雅。

尤其，冷暖对比往往被表现为演员皮肤的暖色调与背景灯光的冷色调，或演员皮肤的暖色调与艺术方向所需的色调之间的相互作用。

在图 4.140，面包车内部故意做成蓝色，与演员的肤色形成对比，营造这种冷暖对比的效果。

图 4.140 艺术指导下的冷暖对比的图像

如果你想在缺乏色彩对比的画面上增加冷暖对比，你可以尝试相反的调整，使用色彩平衡控件来调整图像的高光和中间调，在亮部增加暖色，把中间调和暗部调冷（图 4.141）。

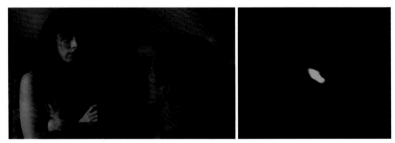

图 4.141 利用灯光营造的冷暖对比的图像

注意，女演员温暖的高光让她从蓝色的背景脱离出来。与此同时，男演员的脸部颜色依然是来自背景的冷光源，所以他和背景融合得更多一些。

> **注意** 在后面也能看到冷暖对比的例子，我们会测试对图像环境进行夸张调色之后，如何保持演员的自然肤色。这不需要死记硬背，只需要观察。

互补色对比

这是画家和设计师熟知的技巧，他们会把两个高度互补的颜色相邻地放置在一起，从而获得"高能量"的、相互作用的画面冲击力。

这类色彩对比是一种更强烈的调色选择，如果效果过于突出，就会分散观众的注意力，这样可能就需要进行调整以削弱这些"能量"。在另一方面，你可以用自己的方式来创建特定的色彩组合，如果这个色彩组合对场景有利的话。上述这两种方式都是有可能发生的。

在图 4.142，女演员毛衣的淡蓝色及其周围沙发上的米色（和棕褐色）是几乎完美的互补色，（建议）使用色相曲线调整会比较有效。调整后，蓝色毛衣为图像增加了显著的色彩对比，即使它实际上不是真的那么饱和。

图 4.142　互补色对比：蓝色毛衣与周围的米色或暖色沙发形成对比

要知道，当你在处理互补色对比的时候，两个互补色的波形在矢量示波器上呈现出为两个截然不同的"手臂"，这两个"手臂"的位置几乎相反，如图 4.142。

在 Joseph Krakora[1] 的纪录片《维梅尔：光影大师（Vermeer: Master of Light）》（发行公司 Microcinema，2001）中，通过画家维梅尔笔下的蓝色布料与黄色的高光，就能看出这种互补效果。同样，维梅尔处理物体暗部的颜色，与物体本身的颜色也是互补色关系，只是这里的对比效果更微妙。

在以下示例中，玻璃杯中的黄色威士忌反衬出演员的蓝色衬衫，增加了镜头的视觉效果（图 4.143）。

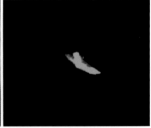

图 4.143　互补色对比。威士忌黄色的高光对比衬衫的蓝色

不幸的是，如果在一个镜头中含有过量的互补色对比，这也是不对的，其结果可能会分散观众注意力；可能需要采取措施，通过减小其中一方的色相饱和度或更改色相，通常这就需要二级调色来调整。

在图 4.144，背景的橙色篮球恰好是蓝色墙面的补色。结果导致橙色的篮球在画面中特别突出。

图 4.144　画面出现了不必要的互补色对比：橙色的篮球被墙面的蓝色包围，会分散观众注意力

1　扬·维梅尔，又名约翰尼斯·维梅尔（Johannes Vermeer）（Jan Vermeer，1632 － 1675），是一位 17 世纪的荷兰画家。与伦勃朗一样，维梅尔被称为荷兰黄金时代最伟大的画家，他们的作品中都有着透明的颜色、严谨的构图，以及对光影的巧妙运用。维梅尔的著名作品有：《戴珍珠耳环的少女》和《倒牛奶的女佣》。

要深入完成这个例子，你（可能会）希望减少某些二级调色工具的使用，或者用色相 Vs. 饱和度曲线以减少画面中的橘色。再或者使用 HSL 选色，创建篮球蒙版再做调整，如果橘色和演员肤色太接近，还需要再增加遮罩来隔离篮球，把抠像蒙版处埋干净。

> **注意** 另一方面，这也是一个混淆景深关系的例子。即使篮球的角度和放置位置是在演员后面，但暖颜色让篮球往前景跑，冷色会让篮球往后退。现在的情况是加强了篮球的印象。这一概念将在第 6 章详细讲解。

同时对比度

这种类型的对比，指的是主体被环绕或背景颜色影响画面主体。很多时候，同时对比度（Simultaneous Contrast）是问题的根源，而不是解决方案。

在实际拍摄中，这是个很难展示的现象。但下面的例子应该能说明。三个图像（图 4.145），画面已经被修改，可以看到墙面的色相是不同的。来回看看这几个镜头。你可能会注意到背景颜色在巧妙地影响女演员的表情。

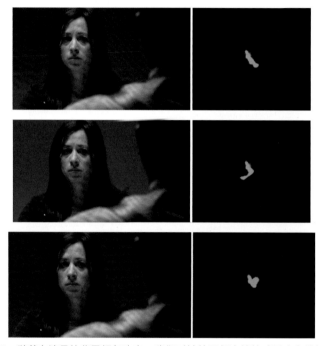

图 4.145 随着女演员的背景颜色改变，我们对她的面部表情的感受也在微妙地改变

现在考虑一下，这三个镜头女演员脸部的色调是相同的，你可以了解到，当你试图匹配两个不同背景的镜头颜色时，同时对比度是如何影响你的工作的。如果一个场景的反打镜头恰好有一个主色在背景上，而主镜头却没有这个主色，那么在前景的脸就显得不匹配之前的镜头，即使他们实际上可能已经非常匹配了！

> **注意** 调色师乔·欧文（Joe Owens）[1]指出了另一个调色中常见的同时对比度例子。一个镜头，画面有蓬松的白云、高饱和度的蓝天。蓝色可以创建人眼对黄色云层的感性印象，即使你的示波器清楚地表明它们在数值上是中性的。解决的办法是给云加点蓝色，引入偏色来消除一个实际上不存在的偏色。

在这个情况下，实际上可能要利用错觉校正偏色，获得更好的感性结果，就好像它是真实存在的那样（事实上是你的眼睛欺骗了你）。这是数值调整精度比不上人眼感知精度重要的一个很好的例子。

1　乔·欧文（Joe Owens），加拿大调色师，是 Presto!Digital 的拥有者和调色师。

饱和度的反差

即使是单色调画面（例如丰富的大地色系），如果不出意外，你可以在高饱和度物体和低饱和度物体之间提取一些反差。当前后景都是同一种的色调时，这是个能帮助前景从背景中分离出来的好方法。

在图 4.146 中，矢量波形显示男演员的肤色与墙壁的色调几乎是一致的。然而，能从背景突出的演员不只是因为他的肤色较暗，而实际上是因为他肤色的饱和度比墙壁少。这有助于拉开前景元素和背景元素之间的距离。

图 4.146　尽管男演员的肤色与墙壁的色调是一样的，但饱和度和亮度的差异使他在画面中更突出

图 4.147 同样是个单色调的镜头，整个画面是暖色调。该画面的矢量波形模糊一团，指向橙色。

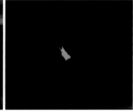

图 4.147　在这个低饱和低反差的图像中，场景的光源颜色和女演员都在相同的色相范围内

若要拉开前景女演员和背景之间的距离，可以使用二级调色稍微把背景饱和度降低（若要保留整体画面的暖光，不能把饱和度完全降到零），同时增加女演员脸部的饱和度（只需增加一点点，不然她看起来会像做喷雾日光浴一样）。调整结果见图 4.148。

图 4.148　降低周围环境的饱和度，增加女演员脸部的饱和度，从而增加了场景的饱和度反差，让女演员更靠向前景

这里要说明，图 4.148 的调整并没有改变画面色调。调整的结果虽然很微妙，但有助于前景的女演员更往前走，让画面增加了一些深度，令观众的注意力集中在她身上，这几点都是明显的改进。另外，请注意图 4.148 的矢量示波器，波形从一团模糊的斑点变成一个更明确的形状，并指向两个不同方向：红或橙色和温暖的黄色。

增强色彩对比

当你遇到单色调的场景，而场景中只有零星的不同于主色调的颜色，那这些颜色将是重要的救星。例如，图 4.149 充斥着棕褐色、棕色、米色和橙色，整个画面都是暖光。而玻璃反射的、鲜艳的绿色灯罩，就是可以让这个画面避免色调单一和显得"平"的关键物体。

这虽然只是很少的绿色，但事实上，它与环境中其余的色调范围完全不同，这就意味着这一点绿色相当重要。这就是增强色彩对比的原则，这对调色师来说很重要。

图 4.149 绿色灯罩的反射，虽然范围很小，但它能为单色调的场景增加色彩感和趣味性

要注意增强色彩对比和互补色对比之间的区别，增强色彩对比可以利用场景内与主色调相邻的颜色，可以观看色轮相邻位置。此外，增强色彩对比依靠增加小细节、小物体的饱和度，来影响整个大场景。仅仅有适当的、不同色调的元素远远不够，它需要足够生动，抓住观众的眼球。

考虑用这个方法，遇到看似单色调的场景，先扫一眼画面，你会发现可以"拉抻"的颜色有：一点点演员的衬衫，或者领带，或放在桌子上的一盘水果。凡是出现这种情况，你可以观察矢量示波器并带出一点颜色，令图像增加一些色彩对比，否则画面可能会看起来很"平"。

下面的镜头，温暖的灯光打到木门和米色的医疗壁纸上。画面饱和度足够，但并不立体（图 4.150）。

图 4.150 另一个低色彩对比的场景

通过有选择性地提高男演员领带的颜色，只是增加了一点点蓝色，现在，这个小面积的蓝色使画面看起来更有趣。它还有助于增加观众对男演员的注意力（图 4.151）。

图 4.151 增加领带的颜色，即使它只是画面中一个细小的元素，
也能形成视觉对比，因为它能从场景的主导色调中跳出来

有时简单地提高整体饱和度，也能增强画面中特定元素的色彩对比。其他时候，也可以通过使用色相 Vs. 饱和度曲线 或使用 HSL 选色来分离并调整特定元素的饱和度。

不管使用哪种方法，请记住，即使只有很细微的颜色，也能使整个画面变得不一样。

第 5 章

HSL 选色与多种色相曲线

在调色过程中，除了对整体画面进行一级校色，你还需要针对特定对象或主体进行独立的颜色调整。例如，你可能需要天空颜色更蓝、草地颜色要暗一点，或者是演员的衬衫颜色过于抢眼，需要把衬衫的饱和度降下来。

这类调整被称为二级调色。通常是在一级校色后，完成整体图像的反差或色彩校正之后再使用。二级调色是调色师工作中重要的组成部分，每个专业的调色系统都会提供各式各样的工具来完成这项重要任务。

本章节涵盖两种基本的选色方法。本章的大部分内容致力于讲解如何使用 HSL 选色来分离区域，进行图像的二级调色。而本章靠后的内容，还会介绍如何使用多种色相曲线（不同调色软件的色相曲线调整界面会有所不同），用不同的方式实现相同的二级调整。

本书述述的很多技巧和方法都依赖于二级调色来调整画面中的特定区域；但是，如果用二级调色的方法来处理简单的问题，是错误的。虽然用不同的方法都能达到相同的结果，但是，与其浪费时间进行选色，倒不如用 Lift，Gamma，Gain 进行一级校色来解决问题，所以，要培养良好的工作习惯。

然而，随着经验的提升，你会开始摸到窍门，知道何时完成必要的一级校色，并快速地进入二级调色，进一步做针对性调整。

HSL 选色与形状遮罩

许多人都会问，"那形状遮罩呢？我可以在目标物体周围画一个圈，然后直接调整这个区域的颜色就可以了，谁还会用 HSL 选色呢？"

我反对这种说法，我认为 HSL 选色比形状遮罩或 PowerWindows 更全能。就像瑞士军刀，HSL 键控可以基于实际画面进行色相、饱和度和亮度分离，你可以只使用单一键控通道或者组合键控，而做得好的 HSL 键控并不需要再使用跟踪或添加关键帧进行辅助。

我并没有贬低形状遮罩或 PowerWindows 的意思，我也经常使用这两个工具。但是，熟练掌握这些工具，掌握何时使用形状遮罩和 HSL 选色的时机，思考用哪个工具的效率更高，这更为重要（而且，使用 HSL 选色的频率可能高于你的想像）。我坚持认为，熟悉 HSL 选色的技巧和方法是了解二级调色的最佳起点。

HSL 选色的原理

在介绍如何使用选色工具之前，让我们先来了解 HSL 选色的工作原理。从本质上讲，使用色度键时，是基于色彩来隔离区域；使用亮度键时，是基于亮度的特定范围来隔离区域。如果你熟悉合成软件，你会经常碰到这类例子，比如把演员从绿色背景上抠出来。

然而，在进行色彩校正时，当你（用鼠标）在画面上点击、拉动（或拖动），相当于在图像上创建了一个限制区域，而紧接着的色彩校正、反差调整或其他处理手法，都受限于这个区域（图 5.1）。

图 5.1 图像依次为：原始图像，HSL 选色遮罩，以及二级调色后的图像。这就是为什么服装部门有时讨厌调色师的原因（这里专门举此极端事例以做说明）

我们使用选色工具对图像进行颜色采样，用 H（色相 Hue），S（饱和度 Saturation），L（亮度 Luma）来精确定义选区，还包括蒙版的模糊调整或边缘处理。一旦在画面中创建蒙版，就可以针对不同区域进行色彩调整，即你可以在蒙版区内（白色）或蒙版区外（黑色）调整。

一旦将限定范围确定下来，调整画面会是一件简单的事情。

不同调色系统的 HSL 选色界面

大多数调色软件，色相控制、饱和度和亮度调整这些工具的调整界面各有千秋，有手柄式控制的，也有滑块式的，还有调整数值的参数方式，但在各个软件中，HSL 选色的控制界面看起来却非常相似。

然而，在不同的调色软件中，选色的结果可能会差别很大，这是由于每个键控使用的算法和图像处理方式的差异而导致这种差别（图 5.2）。尽管如此，使用选色工具的基本原则在很多软件中十分接近，所以如果学会其中一个调色系统的 HSL 选色工具，你就会知道在其他软件中如何使用。

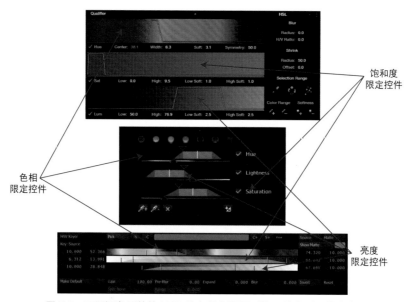

图 5.2 不同调色系统的 HSL 选色控制界面对比，从上到下依次为：
达芬奇 Resolve，Adobe SpeedGrade，Assimilate Scratch

一些大胆的 UI 设计师力求将用户的选色界面图形化，我本人很赞赏这种设计，这样的设计让每项细节调整更明显，也方便了使用鼠标进行工作的用户。例如 FilmLight Baselight 调色系统的"Hue Angle Keyer"键控工具，它实际上是一个 HSL 键控（图 5.2），Hue Angle Keyer 提供了色轮，能同时直观地调整色相和饱和度（图 5.3）。

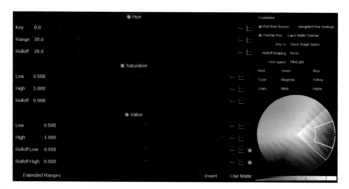

图 5.3 FilmLight Baselight 调色系统的 Hue Angle keyer 键控界面。它本质上是
一个 HSL 键控，而且它集成了色相和饱和度控制，还能自定义键控

另一个例子，是一个具有前瞻性的键控 UI 界面：Magic Bullet Colorista II[1]，它是一个色彩校正插件，用于非线性编辑系统和合成软件，如图 5.4 所示。

图 5.4　Magic Bullet Colorista II 的键控器，它对传统的 HSL 键控界面
进行分离，将键控的操作界面变得更加平易近人，更易用

和传统的 HSL 键控器界面不同，Colorista II 保留了传统的 HSL 键控选项，也有独立的色相、饱和度和亮度控制，它们在界面的右上角以立方体来显示；而亮度选项在右下角。大多数用户会使用附属的二级选色界面来开始键控调整[2]。

请记住，大多数调色软件会把 HSL 选色的控制参数映射到调色台的旋钮上，调色台的显示屏会显示对应的功能，方便调色师使用。实际上，很多调色师更喜欢用"转盘"方式来收紧（缩小）蒙版尺寸（或范围）。

如果你使用的软件 UI 是固定的，而你又是用鼠标工作的用户，很多 UI 界面上的功能不会映射在调色台上。所以，根据你的经验，你能找到的、最高效的调整方式就是最好的方法。

其他键控工具

尽管在不同的软件会有更高级的键控工具，但在本章中我专注于 HSL 键控器，因为在我的经验里，我认为 HSL 键控器包含了最有用的工具，能解决最传统的调色任务。它们也是无处不在的，几乎每个调色系统（和软件）都会有这个工具，即使该系统中可能会有更高级的键控器。此外，HSL 键控器就像一个处理器，它们使用灵活，参数易于理解，操作简便，可预测调整结果，还能为帮助你理解如何做好键控提供良好的基础。

然而，HSL 键控的主要优点是可以单独分离每个颜色分量，可以做到复杂键控器未必能做到的创意性调整。在本章的后面，"高级键控器"一节会讨论其他用于色彩分离的工具。

限定工具介绍

这一节介绍典型的 HSL 键控器的工具，你可能在大多数软件界面上看到过它们。同时使用限定工具的话，每个工具都有助于高度选择色度键，让你快速对颜色的范围进行采样并尽可能提升键控质量。单独使用这些限定工具时，这些工具可以限定单项分量进行二级调色，并利用 HSL 色彩模型，基于图像的特点来单独分离画面。

吸管工具和拾色器

大多数 HSL 键控器都有一个滴管工具（图 5.5），你可以在图像上点击或拖动来选取初始值，并制作键控。如果你不能确定到底该选图像上哪个具体位置（因为某些颜色的范围可能很微妙），使用滴管是一个很好的

1　国内用户简称为魔术子弹 ColoristaII。
2　即图 5.4 右下角的模拟矢量示波器的界面。

开始；你可以先把基本键控的出发点创建好，再切换到手动调整。

有些调色软件只有一个颜色取样工具，结合键盘功能键（如 Shift 或 Ctrl）就能使用相同的工具来进行键控的叠加或减小。而 Nucoda Film Master 和 Colorista II 使用"方框式（bounding-box）"采样方式。对图像上想要采样的区域点按拖曳出一个矩形框，蒙版就会自动开启。

其他调色软件，如达芬奇 Resolve，在选色工作区有几个独立的小工具，可以扩大或缩小蒙版的柔化（或容差）范围（图 5.6）。

图 5.5　达芬奇 Resolve 的吸管工具　　　图 5.6　达芬奇 Resolve 拾取器。从左至右依次为：扩大色彩选区范围，
缩小色彩选区范围，增加柔化程度，减少柔化程度

一旦点击或拖动了软件上的吸管或拾取器，你会发现，根据画面上采样得到的像素的色彩码值，与之对应的色相、饱和度和亮度限定控件会立即启用并缩放。

初始采样并创建起始键控，也是一个棘手的任务。因为图像细节本身固有的一些噪点、颗粒甚至像素点，都有可能在选色采样过程中产生新的颜色范围。这意味着，即使你认为自己只是点选了图像上光亮的部分，也可能会无意中点击了该区域的噪点，造成选色结果不太满意。不过不用在意，这些情况是必然会发生的；你可以选择其他像素，直到找出最好的初始采样位置。

所以，下面有两个一般建议，可作为初始采样的参考。

- 选择某种颜色值时，建议选择这个颜色最亮和最暗值之间的中间值，即从这个颜色的中间值开始并往两端扩散，逐步增加选择范围。
- 如果你想要选色的物体没有具体的界限——例如，画面上带有地平线的天空——而你需要选出天空，那么选择接近地平线边界的位置会有利于初始采样的开展。

在选色过程中检查蒙版

大多数调色软件会给用户提供三或四种不同的蒙版查看方式。这些视图对制作高质量蒙版至关重要。如果只观察最后结果，很难看到问题所在，你可能会忽略蒙版中穿孔的位置，还有噪点，或者物体边缘会出现蒙版抖动的现象。以下是蒙版的三种视图模式。

- **黑白蒙版**，即高反差灰阶蒙版视图（图 5.7）。我认为这种视图在创建蒙版时进行预览最为有用，因为通过这种视图能明显地看到蒙版范围，白色区域代表蒙版内（校正范围里），黑色区域代表蒙版外（校正范围外）。
- **饱和度或蒙版**，即"saturated vs matte"观看模式，键控内的区域是带颜色的，相反的区域颜色是灰色或纯色的（图 5.8）。这对于形象化（视觉化）蒙版有很大的帮助。这样，调色师就能同时观察选区内的物体和选区外的内容，也能判断蒙版内物体的高光或暗部是否被选中。如果用之前的高反差灰阶蒙版视图方式来工作，可能会增加判断的难度，因为有可能调色师记不清那么多图像细节。

> **贴士**　当打开视频示波器，并使用"饱和度或蒙版"模式检查蒙版会有更大优势。这时在示波器中显示的波形，就是对应的蒙版区内的波形，这相当于将这个蒙版区的波形"独立出来"，而蒙版以外的图像波形则不会在示波器中显示。当你想有选择性地分离特定区域的颜色，这种视图会非常有用。

- **假色视图**，"饱和度或蒙版"的反向视图，这种视图也比较常见。键控区内会以假色显示（图 5.9），而非键控区域则全彩显示。
- **最终效果（模式）**。在一些软件里这个模式是多余的，因为蒙版和最终效果在 UI 的不同显示设备上可以同时观看。但是，如果你在监视器上观看蒙版，当键控调整好后，你需要切换到观看模式，才能继续调色。

图 5.7　高反差蒙版，几乎所有调色软件的 HSL 选色调整都会提供这种蒙版观看方式

图 5.8　FilmLight Baselight 调色系统的"Matte Invert Overlay"选项，相当于"饱和度或蒙版"模式，能让调色师清晰地看到画面的哪个部分已被纳入蒙版内。其他调色软件中，未被键控的部分通常是灰度图像，而不是很平的直观的蒙版

理想情况下，最好是在创建和调整键控的同时，能在画布或浏览窗口实时预览，甚至在监视器上观看。出人意料的是，我发现客户喜欢看着调色师进行这项工作，所以蒙版（及其调整过程）能直接输出到监视器上并不是坏事。

贴士　如果使用达芬奇 Resolve 的"Mattes display high contrast black and white"选项[1]，在"Setting(项目设置)"页面的"Config(常规选项)"页面就有这个选项，勾选这个选项后，HSL 选色蒙版就以黑白方式显示。其他软件可能用更明显的按钮来设置这个选项。

图 5.9　假色蒙版视图。FilmLight Baselight 调色系统中，在"Matte Overlay"选项上进行切换，即可调用该视图，显示被选物体的键控区域

限定器中的限定工具

一旦在特定范围中进行采样，那么选色的步骤就开始进行，下一步就要用更细节的限定工具来调整和修饰蒙版。之前我们也能看到，在不同的调色系统上都能看见这些细节调整选项。一般情况下，每个限定控件都会有一套手柄控制和参数调节，让调色师调整该分量的键控范围，两种方法任选其一，如下。

- Range（**基础范围**），手柄包围的区域，即选色的基础范围，键控中最重要的、最白的区域[2]。
- Tolerance 或 Softness（**容差手柄**，也称作**柔化手柄**）[3]，能在基础键控（即上文的最白范围）之外添加更多额外范围，手柄带有坡度（柔化渐变），围绕基础范围。加大宽容差范围，手柄的坡度越柔和（即柔化值高），包含的范围就越多。如果键控的边缘过渡足够柔和，那可能就不需要再对蒙版边缘添加模糊操作了。

最后，启用或关闭选项框，可以让你手动选择特定的键控调整（图 5.10）。

此外，还有帮助键控调整的两个常用选项。这些选项主要依赖调色台上的旋钮来控制。

- Center（**中心**），使用三个旋钮。第一个旋钮，可以同时将整组 Range 和 Tolerance（或 Softness）的中心点向左或向右移动；第二个旋钮，以中心为基准缩放 Range 和 Tolerance（或 Softness）的范围；而第三个旋钮，可以根据 Range 的当前位置缩放 Tolerance（或 Softness）的范围。

1　对应达芬奇 Resolve 官方中文版，该选项是"蒙版显示高对比度的黑白"。

2　对应灰阶蒙版视图，所以作者此处描述为最白。

3　作者考虑到读者所使用的不同调色系统，所以原文中 Tolerance 或 Softness 基本上是同时出现，为方便描述，以下统一为："Tolerance（Softness）"即"容差（柔化）手柄"。

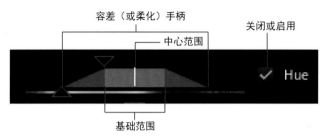

图 5.10　典型的选色控制界面（可在 Adobe SpeedGrade 看到），这通常对应调色台上三或四个旋钮

- **Asymmetry（对称）**，使用四个旋钮，分别左右移动两边各两组参数来进行键控调整。其中两个旋钮对应"Low（低）"和"Low Soft（低区柔化）"，调整左侧的 Range 和 Tolerance。另外两个对应"High（高）"和"High Soft（高区柔化）"调整，调整右侧的 Range 和 Tolerance。

　　如果对着图形界面操作，没有调色台，你可以结合键盘的功能键并同时用鼠标拖动对应的控键，进行手动调整。

色相限定控件（色度键）

　　色度键，可以让你选择色谱的某一部分来隔离图像的色彩范围。色谱是连续性的，从左到右无缝呈现（图 5.11）。

图 5.11　达芬奇 Resolve，HSL 选色工具的色度键

　　如果你在开启色度键的同时没有打开饱和度和亮度限定控件，那么你所选的特定色彩范围，并不考虑（或影响）该范围色彩的强度和亮度。

饱和度限定控件（饱和度键）

　　饱和度键，让你可以选择图像的饱和度，或颜色强度的范围。坡道的黑色端或彩色端表示饱和度为100%；坡道的白色或灰色部分表示饱和度为 0%（图 5.12）。

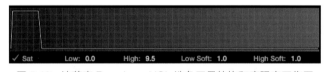

图 5.12　达芬奇 Resolve，HSL 选色工具的饱和度限定工作区

　　如果你在开启饱和键的同时没有开启色度键，那么你所选的特定饱和度范围并不考虑（或影响）该范围的具体颜色。

亮度限定控件（亮度键）

　　在限定器中，这个键控可以让你分离图像的亮度（即 Y'$C_B C_R$ 的 Y'通道）分量。坡道的黑色端为 0% 的亮度，坡道的白色端表示 100% 的亮度。在某些操作中，会显示从 100% 至 110% 的超白范围的附加控制（图 5.13）。

图 5.13　达芬奇 Resolve，HSL 选色工具的亮度限定工作区

如果你在开启亮度限定控件的同时没有打开色度键或饱和度键，那么你的选择范围并不考虑画面的颜色。实际上，相当于制作了一个亮度键。这在对高压缩的素材进行键控时，会在蒙版边缘产生大量边缘碎片，不过，这个方法是常用的分离方法，我们将在本章后面看到。

> **在高压缩的素材上制作亮度键，蒙版边缘更锐利**
>
> 由于亮度分量不同于色度分量，亮度分量总是被完全采样。特别是在4：1：1或4：2：0画面上工作时（虽然你会还看到4：2：2编码的视频有些细微的锯齿边缘），使用亮度键会比使用色度键得到更好的分离结果。

蒙版调整——模糊及蒙版边缘调整 [1]

当你使用吸管或拾取器与限定工具制作键控，马上会得到一个灰度图像（灰度蒙版）。大多数 HSL 限定器都会提供额外的蒙版处理方法，由于键控制作过程中难免会有"噪声"和蒙版颤动，或者会有不合用的人为痕迹等现象出现，这些工具让你可以细化蒙版调整，解决上述问题。

虽然，以下这些操作可以很容易快速地修复蒙版，但我还是建议大家先把键控范围尽量规整好，用基础的键控工具把蒙版调整做好，不要过多使用这些（额外的）调整。如果过分使用这类调整可能会带来光晕或其他问题，实际上可能会出现比想要避免的人为痕迹更糟糕的结果。

模糊、软化和羽化（BLUR/SOFTENING/FEATHERING）

软化或柔化（Softening），相当于模糊蒙版。这个功能非常有用，为了避免影响最终的调色结果，可以利用这个工具来消除键控中零散区域的小细节、小颗粒，尽量减少这些可见的干扰（图 5.14）。

图 5.14　同一个蒙版，添加模糊之前和之后的效果。添加模糊，柔化边缘，尽量减少蒙版的边缘部分

如果过度软化蒙版，目标物体的周围也会被相同的校色所影响，在过度软化的区域上就会产生辉光效果（除非你是故意使用二级调色来制作辉光效果）。

为了避免这种情况，FilmLight Baselight 调色系统有一个有趣的功能，不只是为了模糊蒙版，而是可以调节向内模糊或向外模糊蒙版。使用这个工具，你可以调整负数模糊，相当于从蒙版边缘往内模糊，往内拓展（图5.15）。

图 5.15　在 FilmLight Baselight 调色系统中的"负"模糊，向内柔化蒙版，而不是向外模糊。这类进一步的边缘修正，能避免物体边缘出现光晕

1　也称作"蒙版技巧"，出自达芬奇 Resolve 官方中文版。

不管你所使用的工具有多复杂，避免光晕和边缘假影的最佳方式是使用软化工具，或调整每个限定控件中的容差（或柔化）手柄，才能准确地抠出目标对象的轮廓。但是，什么时候使用哪个工具，完全取决于具体的画面情况，而且这两种方法各有长处和短处。

例如，在图 5.16 中可以看到，已经用键控分离了演员的肤色，通过调节键控的内部范围，使蒙版接近于肤色范围的极限。

图 5.16 调整隔离肤色的键控，接近其有效的极限范围

图 5.17 演示了用两种不同的方法来羽化这个过硬的边缘。左图，在蒙版上应用了模糊，软化边缘，而这个柔化和模糊操作也填补了一些蒙版的噪点，你也可以看到软化边缘的结果：两个演员的脸部蒙版相接。不按实际情况地调整可能会出现光晕。然而，从右图你可以看出，容差范围的扩大，确实是软化了蒙版边缘。看一下现在的键控结果，蒙版比之前更加准确，但后景的建筑物被引入了蒙版。需要做进一步处理。

图 5.17 左图，应用了模糊调整，软化蒙版边缘。右图，增加限定工具的容差（或柔化）值，实现更加平滑的软化效果

这个镜头的情况说明了很多问题，这些各式各样的问题镜头你将会在今后的调色中遇到。说实话，解决这类型问题的最佳方式，就是稍微调整扩大容差（或柔化）值，并结合一些模糊调整，找到这两个工具的最佳结合点来解决问题。

收缩或削弱（SHRINK 或 ERODE）[1]

一些调色系统也会有调整"Shrink（收缩）"的参数（在不同的调色软件里，这个工具有可能称之为"Erode（削弱）"或使用其他不同命名）。这个工具很常见，类似于合成软件中的"matte choke（阻隔蒙版）"功能（图 5.18）。

图 5.18 左图，原始蒙版；中间图，使用 Shrink（收缩）参数展开蒙版，填补蒙版上的一些小洞；右图，在使用 Shrink（收缩）功能后缩小蒙版，消除不必要的蒙版边缘。这些蒙版均在达芬奇 Resolve 中创建[2]

---

1 在达芬奇 Resolve 2015 年版本 11 中，"Shrink（收缩）"调整被并入"Matte Finesse（蒙版技巧）"中。但其他调色系统也有"Shrink（收缩）"或"Erode（削弱）"工具。在达芬奇 Resolve2016 年的最新版本中，限定器有新的设计，不再有 Shrink 和 Erode 选项，更新为"Black Clip（黑点裁切）"和"White Clip（白点裁切）"，"Clean Black（阴影区去噪）""Clean White（高亮区去噪）"以及"In/Out Ratio（里 / 外出比例）"。

2 原作者使用达芬奇 Resolve 版本 10。

如图 5.18 所示，这个调整工具能扩张或缩小蒙版的边缘。

- 扩大蒙版边缘，对填补蒙版中出现的小孔很有用，通常在比较棘手、麻烦的蒙版上能找到这些小孔。
- 缩小蒙版边缘，对消除蒙版中杂散的像素、减去不需要的细节以及收缩整体蒙版很有用。

使用 Shrink（收缩）有时会导致块状边缘，这种块状边缘极少会被用上。在这种情况下，添加一些模糊就能平滑这个边缘（图 5.19）。

图 5.19 收缩后的蒙版，之前也添加了模糊调整，将不顺滑的边缘做得平整一些

调整蒙版：对比度调整和曲线调整

一些调色系统包括 SGO Mistika，能够使用 Lift，Gamma，Gain 来调整键控。Mistika 和 Baselight 都带有"Matte curve（蒙版曲线）"功能，可以在之前的蒙版基础上进一步将其对比度规整成型（图 5.20）。

这个工具对于调整蒙版的软边极其便利有效，能将一个问题很大的键控变得可用。我们来看这个例子：图 5.21 的场景，客户想对环境做一些细微的调整，但不影响演员肤色，以便将演员和后面背景的颜色关系再拉开。

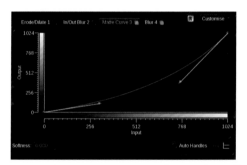

图 5.20 在 Baselight 里，单击"Matte（蒙版）"页面的"Edit Matte Tool（编辑蒙版）"按钮，就会出现一系列更细化的蒙版调整工具，"Matte Curve（蒙版曲线）"也在其中，你可以使用这个工具，手动将蒙版对比度规整成型

图 5.21 原始画面，进行二级调色之前

在图 5.22 中，我们尝试分离两个演员的肤色，但由于整个场景是暖色调，导致背景的墙面和演员脸部蒙版选区相连。现在，蒙版的边缘毛刺不是特别严重，所以不必太担心 HSL 的问题，可以直接使用"Matte Curve（蒙版曲线）"，调整蒙版减少多余的选区，保留演员脸部蒙版的键控。

图 5.22 使用 FilmLight Baselight 的蒙版曲线来调整蒙版选区的对比度，图中女演员衬衫手臂上的小部分蒙版边缘很容易被消除

这是一个极端的例子，当然我们也能使用模糊等工具柔化粗糙的蒙版边缘，从而获得相同的结果，但使用这个蒙版曲线工具能更快地解决问题。蒙版对比度调整，是最强大和最有成效的工具，你可能找不到更好用的、能替换它的工具。

用形状遮罩来限制键控范围

有很多时候你会反复进行键控，但无论尝试多少次，你会发现，要想把画面中需要调整的目标完全分离出来，只用键控的话其实很难完全做到。特别是，需要键控的物体颜色和背景颜色过于接近的画面（例如：木板、沙子和皮肤这些色调接近的元素会被同时放到同一个场景中，这些色彩组合会让调色师发疯），这种情况在实际工作中很常见。为了得到一个干净的键控，我们们需要额外的帮助。

这些额外的帮助就是在键控的基础上叠加形状或窗口（在下一章会有介绍，译者注：即遮罩）。例如，要进行选色分离的演员肤色颜色非常接近，而后景又是黄昏金色的城市景色，背景中还有棕色建筑物和秋叶。因此，演员脸部的键控必然和背景有一定程度的相接。

然而，几乎所有的调色系统都能在键控蒙版上手绘形状（等同于合成时使用的垃圾遮罩），以消除画面上任何不必要的键控（图 5.23）。

技巧来自经验。用 HSL 选色的次数越多，你就越有经验，知道 HSL 选色该做到（或者说能做到）哪个程度，并结合形状遮罩来帮助分离调整目标。

图 5.23 Baselight 调色系统，使用形状（垃圾遮罩）省略了演员肤色蒙版边缘以外的、画面后景的蒙版

反相键控（即反相蒙版）

调色软件把键控的蒙版选区处理成黑白两色。白色区域指键控的内部区域，黑色区域指键控的外部区域。通常有以下三种方式处理键控蒙版：

- 调色系统诸如达芬奇 Resolve 和 Assimilate Scratch，可以反相键控，随时切换想要调整的蒙版区域。
- Autodesk Lustre 和 FilmLight Baselight 调色系统，可以给蒙版单独添加一个控制效果（layer 层），这个设置只针对蒙版，这样可以让你调整蒙版"内部"或"外部"。
- 达芬奇 Resolve 是基于节点的校色界面，允许你创建"outside node（外部节点）"，你可以用此节点调整键控反相后的区域，此节点的键控区域取决于相连的原始节点所创建的键控。

用键控蒙版限制画面中某个物体后，如果你想对该物体以外的色彩和亮度进行统一的调整，那么，反相键控是一种理想的方法，

例如，如果想调整除了裙子以外的图像，我们可以在裙子以外的区域拉动吸管，创建键控，这是最简单方法（图 5.24）。

图 5.24 左图是之前做好的键控，可以调整裙子蒙版的内部区域。
右图，反转蒙版，可以调整除了裙子以外的所有区域

然而，无论用任何方法将蒙版反转，结果都会反转蒙版的黑白选区，所以，二级调色在裙子的区域内不起作用，现在的二级调色适用于裙子以外的画面区域。

基本的 HSL 选色工作流程

本节将介绍 HSL 选色的基本流程，几乎所有调色软件都能用上这些选色步骤。实际操作的软件界面可能会有所不同，但这些一般步骤是相同的。

首先进行基本键控

有两种创建二级键控的方法。

第一种方法，单击 "Select Color" 拾色器（通常是吸管形状），然后在画面上单击某个地方，让吸管选择基本的色相、饱和度和亮度值。例如在 Final Cut Pro 7 中，打开（检查）一个或几个键控选项，根据你所选像素的 HSB 值，这些键控就会对应该像素展示该颜色的值。如果你点选的是一个白色像素，该程序可能只打开亮度键控。如果你点选的是红色像素，这三个键控就会被同时激活。

第二种制作键控的方法，是直接选择限定器中的某一个限定控件，手动调整需要分离的区域范围。

这两种方法都是可行的。经过反复实践你就会发现，当你很清楚隔离目标，及其对应的颜色分量时，你会倾向于快速调整某一个对应的分量键控[1]；若键控目标是自然混合的物体，例如演员的脸，肤色的阴影和高光总是有不同的色调、不同的亮度层次和不同的饱和度组合，这种情况就需要用滴管或拾色器开始分离工作，这个技巧比较高效。

看看以下示例，场景中绿色衬衫演员的背后窗户，反射的红色海报过于分散观众注意力（图 5.25）。我们来看看如何快速分离这个抢眼的海报，并结合遮罩来进行校正。

图 5.25　已做好一级校色的图像

> **贴士**　Assimilate Scratch 会提供 "click to pick（点击选择）" 模式让你进行颜色取样，按住 command（苹果键）可以在画面需要的范围拉出一个方框进行采样。

> **注意**　一些调色系统（如 Baselight 和达芬奇 Resolve），当你进行选色时就会直接进入采样模式。

用 HSL 选色很容易就能把海报分离出来，步骤如下。

1. 如有必要，单击你所用调色软件中的吸管或拾色按钮，进入色彩采样模式，在画布（或浏览窗口、监视器）上会有（吸管）显示。
2. 使用各种工具（如滴管、十字线或选框方式），并通过以下操作的其中一种方式进行色彩采样。
- 单击一次，进行初始采样，创建键控。然后，使用第二个工具或按钮，单击其他位置，将有助于扩大该采样的区域，有助于蒙版成形（图 5.26）。
- 很多调色软件，可以简单地单击并拖动就能立即采样，创建范围比较大的蒙版。比如 Baselight 会提供方框方式，能在图像上拖动方框进行采样。

释放鼠标后，紧接着键控就会被创建，蒙版立即出现。例如，在达芬奇

图 5.26　为了隔离目标物体，用滴管在海报上进行颜色采样

1　即调整某一限定控件。

Resolve 里，节点缩略图会立刻更新，马上显示刷新后的蒙版缩略图。

在其他调色软件中，专门预览蒙版的区域会刷新显示蒙版，或者在画布（或浏览窗口）中预览更新，你可以通过刷新后的蒙版来判断采样结果是否满意（图 5.27）。

最后，限定工具的参数会马上更新，即刻反映刚刚采样的值的范围（图 5.28）。

图 5.27　遮罩预览

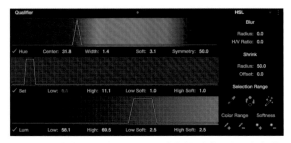
图 5.28　更新的达芬奇 Resolve 选色控制（限定器）参数

3. 为了准备下一步操作，把选色工具的蒙版观看选项切换成显示蒙版（如果你所用的软件界面没有自动切换的话）。

在原始素材上采样还是在调整过的素材上采样？

在进行 HSL 选色时，清楚掌握当前的图像状态是很重要的。很多调色软件会给你两种采样选择，一种是你可以选择对最原始的、没有调过色的素材进行采样，或者你也可以在做过多次调整的素材上进行采样。这两种方式各有优势，本章后面会更详细地讲解。

完善键控

用滴管在图像上任意拉动而创建的键控，很少能一次到位。在最好的情况下，有可能蒙版边缘会有些多余的边，正如当前的例子所示。在不太理想的情况下，你可能需要试图分离有难度的色彩范围（如：演员背后是米黄色的沙滩，调色师需要隔离穿泳衣的演员皮肤，这种情况是具有挑战性的）；或在色度信息有限的视频上工作，很难把边缘修整干净。以下是完善键控的一些方法。

1. 你可以对键控目标以外（或附近）的区域进行采样，增加蒙版范围。例如：

- 达芬奇 Resolve、Adobe SpeedGrade 和 Assimilate Scratch 都会提供额外的按钮，就在采样按钮的旁边，方便调色师增加当前的选取范围并柔化蒙版。
- 在 Baselight，在 Hue Angle Keyer 键控中，按住 Shift 键，同时在画面上其他颜色区域拖动鼠标，拉出一个矩形，就能为 Hue Angle Keyer 增加选色范围。

在这个例子里，用这些方法来完善海报蒙版的同时，选区内可能会增加我们并不需要的内容（图 5.29）。

基于这一点，我们不得不转向调整每个限定控件，以进行更具体的蒙版微调，直到将蒙版调整至最佳状态。

2. 如果你的调色软件的选色是"中心调整"模式[1]，在修改每个限定工具和进行二级调色前，可以尝试摆动每个限定控件的中心，左右移动它们并同时观察蒙版的状态，这是

图 5.29　增加选择范围后的蒙版。图中更多海报包括在蒙版中，但最左边女演员的裙子也被包括在内，这个部分的蒙版我们并不需要

1　达芬奇 Resolve 就是中心调整模式。

一个很好的提示，有助于搞清楚每个限定控件的效果。如果蒙版发生剧烈变化，那么，有可能继续调整这个限定控件会获得比之前要好的结果。如果蒙版只是略有变化，那么，你初始采样的大概范围正好就是对应的所需范围，然后你就可以继续下面的工作。

3. 看准了需要调整哪些限定控件，仔细地扩宽对应的范围，以及（或者）调整控制蒙版内部范围的控键或参数，尽可能将目标物体选全、把它纳入蒙版的白色区域（或彩色，如果在颜色 vs 饱和度模式下查看遮罩），尽可能排除黑色蒙版内的一切。

一个接一个地修改限定控件是比较好的策略，我通常从色相开始调整，因为这几乎是我最擅长的。对于这个例子，我做了以下调整：

- **色相限定控件**：我增加了色相范围的宽度。
- **饱和度限定控件**：我增加了饱和度的范围，将手柄修改成不对称的状态，这样能包含较少的饱和度范围。
- **亮度限定控件**：针对这个例子，这个蒙版没有调整亮度范围的必要（图 5.30）。

做完所有步骤后的蒙版结果，如图 5.31 所示。

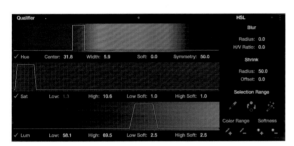

图 5.30　在达芬奇 Resolve 调整每个限定工具，巩固蒙版

图 5.31　调整完每个 HSL 限定控件后的蒙版

此时，左边女演员的几个边缘细节被纳入了蒙版中。幸运的是，不需要的细节都远离我们的隔离目标，所以现在可以忽略那些多余的蒙版，接下来看看如何进一步处理海报的蒙版。

管理键控

一般键控做好后，而且你认为每个限定工具都已精准地调整完成，接下来的步骤是要继续完善蒙版。改进蒙版会用到一些像过滤器等后期处理方式，如模糊或边缘处理。

由任何 HSL 键控器创建的键控只是一种灰度图像，结合键控参数和应用过滤器，能帮助你把复杂的键控变得更有用。如：最小化粗糙的边缘、消除蒙版的小孔洞（如果必要）、管理噪点和颗粒，还有减少边缘颤动。

至少，每一个调色软件都会有一个调整模糊的参数，使用它可以羽化蒙版，有些很难消除的蒙版边缘也能用模糊效果解决。如果在高压缩的素材上使用模糊，那蒙版可能会出现块状边缘。

在这个例子中，增加少量的模糊值，有助于减少一部分蒙版的边缘细节（图 5.32）。

不要过分模糊你的蒙版，否则，当你开始调整颜色时，蒙版周围就会有一圈光晕，或者，你会不知不觉地缩小了键控，使原来的颜色保持在键控的边缘。

图 5.32　应用少量的"Blur（模糊）"，将蒙版软化一点即可，尽量减少失真

> **总是随时地观察蒙版**
>
> 　　在修改 HSL 选色的限定工具并检查蒙版时，要注意在播放的状态下观察蒙版，以确保蒙版没有出现抖动或出现明显的边缘颤动，甚至是比蒙版区域"瘦"了一圈的情况。如果有噪点或边缘颤动，就要调整蒙版来减少甚至消除这些问题，直到在最终画面效果上不明显。

用形状遮罩裁剪不需要的蒙版

　　通常情况下，图像中不必要的部分被包含在键控中，而你又不需要这些多余的键控，这个情况是因为色度或亮度值太接近需要隔离的颜色。这会出现以下两种结果之一。

- 你有良好的隔离结果，但也有一个糟糕的蒙版。
- 你有一个不错的蒙版，但这个蒙版太过宽松，键控包含了画面上你不需要的其他部分。

　　有时，无论你怎样摆弄限定工具，就是不能一次性得出一个完全干净的键控。在这类情况下，最好的办法是打开形状遮罩或 Power Window，这个工具可以在调色软件中找到，它们也被用作垃圾遮罩（合成术语），把图像中你不需要的区域排除在键控之外。

　　不同的调色软件，遮罩有所不同，但整体来说，只要你在二级调色层或节点中（即：Secondary、Scaffold、Strip 或 Grade，不同系统的称呼不同），将 HSL 选色和 mask、shape、vignette 或 Power Window[1]结合使用，这样就能把唯一的键控区域保留在形状之内。以下是大致的处理方式。

1. 根据要保留的蒙版形状，打开要用的形状类型（有关使用形状遮罩或 Power Windows 的详细信息，请参见第 6 章）。
2. 如果需要让垃圾遮罩与键控距离很接近，请确保羽化边缘是打开的，这样就不会有粗糙的边缘。
3. 重新定位形状，以隔离 HSL 键控所需的部分（图 5.33）。

图 5.33　使用形状遮罩或 Power Window 裁掉键控中不需要的蒙版

　　由此产生的蒙版才符合我们的调色要求。这时，我们需要注意蒙版主体或者摄影机是否移动，考虑是否需要对这个形状做关键帧动画或动态跟踪（有关跟踪和关键帧动画，请参见第 7 章）。

　　那么，如果使用形状遮罩很方便，为什么不直接使用形状遮罩？因为，正如图 5.33 所示，形状遮罩基本上不能像一个很好的键控一样，那么有针对性和高识别性。在这个示例中，键控非常贴合海报的红色部分，分离后单独留下了海报上的人物。

　　如果我们使用自定义遮罩或 Power Curve 来勾勒这个海报，这将需要大量的手绘工作，可能需要逐帧手绘形状来匹配移动镜头（即 roto）。

　　现在，海报蒙版被准确而且迅速地做出来，即使蒙版偶然会包含图像的其他部分，再使用简单的椭圆形或 Power Window 就可以限制这个键控；如果主体在移动，通常还要进行跟踪。

在蒙版中调色

　　现在，我们已经将蒙版精修至满意，下一步要准备调整颜色。要想海报更突出的话，可以将红色海报更改为另一种鲜艳的颜色，但目前调整的重点是令整个海报不那么明显，所以我们要做和平常相反的操作，降低对比度和褪去颜色，使它尽可能与背景无法区分。以下是操作步骤。

1. 关闭蒙版预览以便看到实际的图像。
2. 降低海报的饱和度，消除令人讨厌的红色，直到它变淡到不明显，然后重新调整 Gamma，让海报偏蓝色一点而不是偏红。
3. 最后，通过提高 Lift 降低对比度，同时降低 Gamma 和 Gain，尽量把海报做得越不明显越好（图 5.34）。

1　即遮罩、形状、暗角或 Power Window。

图 5.34　最终调整效果。玻璃镜面反射的海报被削弱，不再干扰观众注意力

调色完成。

这只不过是 HSL 限定器的无数用途之一。在下一节中，我们将遇到高难度的抠像镜头，你可以考虑什么时候该使用 HSL 限定工具，思考哪个工具才是你最好的选择。

使用和优化 HSL 限定器的贴士

二级调色的质量由键控的质量来决定。每个镜头的复杂程度都不同，就算是一个普通的键控，也有能通过选色技巧来提升这个镜头，特别是如果这个画面开始的基础并不理想。本节讨论的方法，可以最大限度地提高键控质量，降低蒙版的噪点及其粗糙的边缘。

什么是完美的键控？

如果你曾经给后期合成做过蓝屏和绿屏抠像，你就会很了解：对不完美的色度键控做修改是很困难和花时间的。幸运的是，用于色彩校正的蒙版有一个好处，就是通常不需要像合成用蒙版那样（要求每个像素都完美贴合），就能创造一个合理的、令人满意的、不着痕迹（自然）的二级调色。当然，这个"真实"程度取决于你的调色幅度。

- 如果你在一个镜头上细微地把控饱和度，你将会避免粗糙的蒙版。
- 如果你在对图像的高光做比较自然的调整，而键控蒙版上的孔洞对应落在隔离目标的暗部上，你或许不想调整这些阴影，所以这时就无须再对蒙版做进一步调整。
- 如果你在做夸张的调色，特别是大幅度的反差调整，那么你就得做一个相当严格和紧密的蒙版，以避免出现可见的人工痕迹。最后，二级调色可以走多远，取决于你的键控做到什么程度。

无论你在创建的键控蒙版是松是紧，最重要的是观察蒙版边缘有没有抖动或闪烁，若出现这些边缘颤动，添加"Blur（模糊）"或"Shrink（缩边）"操作能减少这些情况。有时可以只用柔化边缘来减少蒙版抖动，这个比较快捷的方式也能做出相当好的键控。不用这个方法的话，你需要逐个调整限定控件来提高整个键控的质量。然而，你还要控制边缘柔化的程度，不要过度柔化，否则就会有一圈光环围绕在蒙版边缘。

这些全部情况可以通过检查画面来找到问题。而检查二级键控的最好方法，就是（反复）播放画面，确保没有抖动或颜色溢出等情况。各种键控问题都不会反映在静止的镜头上，无论如何，在静止状态下观察画面、制作蒙版和进行二级调色都是极具风险的，有可能前面的工作都会白费。所以，记得要播放镜头反复检查。

使用高质量素材

使用高质量素材的原因很多，一方面是调色的需要，另一方面是最终成片必须使用最高质量的素材。而且除了图像质量的考虑，高质量的素材对二级调色抠像也很有好处。

提高二级调色质量的最好办法是尽量使用最高质量的视频素材，最好是未压缩的或具有最高色度采样的低压缩素材。高品质视频格式，例如 Avid 的 DNxHD 220X，220 和 145，以及苹果公司的 ProRes422 和 ProRes422（HQ）4 ∶ 2 ∶ 2 色度采样编码的视频。因此，在这些格式素材上工作时，能得到比较干净的键控和光滑的边缘细节。

其他的母带级编解码器，如苹果的 ProRes4444，以及未压缩的图像序列格式如 DPX，能记录全部的 4：4：4 RGB 数据，并且几乎没有压缩。使用这些类型的介质能产生非常优质的键控，因为这类素材包含了最多的数据信息，可以满足色度键控的数字算法。

不得不用高压缩素材进行 HSL 选色的应对方法

如果你在高压缩的画面上做色度键，并通过这个键控来创建视觉效果，这会给二级调色带来挑战。因为你所键控的素材，其色彩信息是有限的。

采用 4：1：1 和 4：2：0 色度采样（包括 DV-25，HDV 和基于 H.264 的格式）的视频格式来做键控会出现块状边缘，比从 4：4：4 或者 4：2：2 素材做键控产生更多的压缩失真（如：出现大型色块。译者注：原文的 "macro-blocking" 是指影像解压过程出现的异常大区块像素，造成影像失真，称为影像块效应（也称 "blocking artifacts"））。你可以在图 5.35 看到差异。

如果你在调整高压缩素材，你会发现自己要频繁使用 "缩小边缘（Edge Thin）" 或 "边缘柔化（Softening）" 来平滑蒙版边缘。

另一种很好的技巧：当需要在高压缩素材上做二级选色时，可以摒弃色相和饱和度限定控件，只使用亮度限定控件来建立键控。因为所有视频格式的色彩信号都会保留完整的亮度信号（Luma 是 4：1：1 和 4：2：0 中的 4），你会发现，用亮度限定控件做出来的蒙版效果，其边缘细节是最理想的。

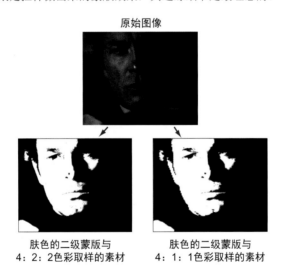

原始图像

肤色的二级蒙版与　　　　　　　肤色的二级蒙版与
4：2：2 色彩取样的素材　　　　　4：1：1 色彩取样的素材

图 5.35　正如你图中看到的，画面相同的素材。其中，4：2：2 的素材比 4：1：1 下变换的素材边缘更平滑。右图的蒙版，由于失真和马赛克，做不到和左图贴近的二级调色

色度平滑 4：1：1 或 4：2：0 素材

如果你在调整的素材的色度采样是 4：1：1 或 4：2：0，这样的素材没有太多的色彩信息，应该说色彩信息真的很少。虽然素材的色彩采样值不一定是导致一级校色和二级调色出现马赛克的原因，但色度通道对键控影响很大。事实上，即使是 4：2：2 编码的素材，键控的边缘有时也会稍微有点失真。平滑边缘、减少蒙版抖动的其中一个方法，就是在调色软件中使用某种色度平滑插件。

对于在原始压缩过程中由于缺少色彩信息而导致边缘毛刺的低质量素材，可以选择性地模糊视频图像的 Cr 和 Cb 通道，以平滑粗糙的边缘。事实上，如果你的调色系统允许用户在 $Y'C_BC_R$ 色彩空间中，选择性地使用过滤器来调整特定的色彩通道，在这种情况下，你无须依赖额外的插件，可以直接手动调整。在视频信号的色度分量上稍微增加一点模糊，许多情况下有助于蒙版的边缘平滑和降低蒙版噪点。

控制图像处理的流水线

另一种优化键控的方式：在键控前调整图像。现在，如果你所用的调色系统允许，那么你就能根据 HSL 选色的实际需要来控制图像的处理顺序。大多数软件能这样做，有一些则不能。

- 在达芬奇 Resolve，你可以将 HSL 选色节点的输入端连接到任何一个之前的节点的输出端；可以选择原始状态的图像，或选择从其他节点输出的调色后的图像，节点方式让调色师能非常清晰地知道键控源的图像状态。

- 在 Assimilate Scratch，你可以对 Source 层或对 Primary 层进行抠像，也可以通过调整 Recursive，或在 Texture Fill、Matte 上选择键控源。[1]

- 在 FilmLight Baselight 系统，当你添加键控，建立 Inside Outside 和 HueAngle 选色层后，紧跟着就会出现 Reference 层（参考层）。Reference 层让调色师选择键控源：你可以选择原始素材或调整后的画面作为选色基底。Baselight 的插件使 Reference 层可做蒙版调整层。

- 在 Autodesk Lustre，Source Primary 按钮会确定是否使用源素材，或使用一级校色的结果，并以此为键控基础[2]。

- 如果在非线性编辑软件上进行调色，如苹果的 Final Cut Pro，Adobe Premiere Pro，和 Avid 的 Media Composer，它们的过滤器接口是基于堆栈方式（层方式）运作的，这种情况下过滤器顺序决定处理顺序。当你在多个过滤器的底部插入一个调色过滤器，即键控是对所有过滤器的处理结果进行采样。

进行键控采样时，到底是选择在原始素材采样还是在调色后的素材上采样，这是根据具体的调整需要来确定的，不同出发点有不同的做法。

在某些情况下，你的调整可能会很极端。例如，在做过 "bleach-bypass（漂白效果）" 的素材上选色将会导致可怕的键控。这时，需要考虑是否在原始素材上采样。

另一方面，如果你调整的素材本身是低对比度和低饱和度（例如，使用胶片扫描仪获得的素材或使用 raw 格式记录的素材，例如 RED）的素材，在调色后再做键控比较好。

以下章节，将描述如何通过控制图像的处理流程来改善键控。

提高图像饱和度或色彩对比

其中一个有助于提高键控质量的关键方法是：在进行键控前，提高图像的饱和度或增加整体图像的反差。通过增大画面的色彩对比和亮度对比，拉开图像中不同颜色之间的距离，这样能更容易地分离颜色。你可以把提高饱和度或对比度这个操作，作为一种拉开 "距离" 的方法，如：拉开选色目标的颜色差距，或拉开需要排除的区域的颜色差异。

图 5.36 的左图，在没有调色的情况下，男演员的淡蓝色衬衫很难从冷调的高光中区分出来，主要是因为原始素材的反差太低。不管怎样，提高对比度和饱和度有助于 HSL 选色。

图 5.36　左图，没有调色的素材，由于低反差和低饱和度，较难做键控。右图，同样的图像，增强了反差，准备制作键控

通常情况下，你会在一级校色时增加画面的饱和度和对比度。但如果你的最终目标是低饱和的色彩风格，

1　Source 即源素材层；Primary 即一级校色层；Recursive 是 Scratch 特有的，它可以控制调色的层级关系：你可以在一级校色与所有 scaffolds 层的合并结果上调色，或在特定的 scaffolds 层调色。Texture Fill，它是 Scratch 中调整蒙版（特殊）内容的控制页面；Matte，这里的 Matte 不指蒙版，它是 Scratch 中调整蒙版的控制页面。

2　即可以选择从原始素材做键控，也可以选择从一级校色的结果上做键控。

那就需要在第一步（节点或层）提高整体画面的饱和度和对比度；在二级调色时，对目标物体做分离（选色抠像）调整；第三步根据需要，整体调整画面的饱和度和反差（图 5.37）。

图 5.37 三步调整过程

通过图 5.37，我们可以看到这一调整过程。该图像是由节点 1 开始为键控准备 [1]，在节点 2 用 HSL 选色来调整男演员的淡蓝色衬衫，并在节点 3 降低整体饱和度来创建最终的理想效果。

在一级校色之前做二级调色

另一种策略：在做一级校色之前先做二级调色的 HSL 键控。有时，一级校色会导致高光或暗部被切除，那么我们可以用键控制作高质量的蒙版，把需要的画面细节找回来，这个方法特别有用。

需要注意的是，大部分现代的调色系统都是 32 位浮点图像处理方式，能保留"界限以外"的图像数据，所以如果你正在做细微的调整，这个问题不会经常出现。然而，总有一些操作会大大压缩图像细节，或会直接切掉图像细节（如在调色软件中使用 LUT 或做了其他专门针对画面细节的操作），即使如此，这个方法仍然是有价值的。

在图 5.38 中，我们可以看到画面略为有些曝光不足，后景又有一条白色的反光的车道，这意味着，如果我们把中间调提高到我们预想的水平，车道的高光就会被切掉。

图 5.38 调整对比度，进行适当的曝光，结果白色的车道高光被切掉，见右图的调整结果

要解决这个问题，先做一个二级调色作为第一步调整，这样，你键控抠像并调整的图像细节全是来自原始信号的。然后，在第二步调整中做一级校色调整（图 5.39）。

当你以这种方式工作时，你可以适当降低马路的曝光值，以配合第二步调整将会增加的曝光值。换句话说，如果你提前知道提高整体画面将会丢失某个部分的高光细节，那么对于这个将会被裁切细节的部位，在被提高之前降低它的值，最后让整体画面得到合适的曝光结果（图 5.40）。

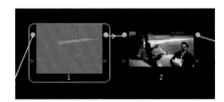

图 5.39 节点 1，在马路上做键控，让你在节点 2 之前能有选择地控制马路的反差，因为要在节点 2 调整整体画面的对比度

图 5.40 最终的调整结果。通过提前降低路面亮度保留了细节，即使整个镜头的反差被加大了

---

1 即一级校色。

这个手法同样适用于改善饱和度，在过饱和、信号被裁切之前降低特定物体的饱和度。

预先模糊、降噪或以其他方式调整正在进行键控的图像

在某些情况下，图像中过多的噪点或激烈的运动对制作一个平滑的键控是一项挑战，即使你使用了模糊。在这样的情况下，你可以尝试一个方法：在做键控前模糊图像。有几种方法可以做到这一点。

- Assimilate Scratch 有一个便利的"Pre-Blur（预先模糊）"参数，可以让你在做键控之前模糊图像。在视觉上，这个操作并不影响图像；它只是对图像进行了软化处理，而这个处理结果将会反馈给键控。
- 在达芬奇 Resolve，你可以创建一个节点树，在其中一个节点模糊图像并大幅度降噪，或者（根据选色目标）仔细地调整，为链接到第二步调整的键控打好基础。为了避免这个操作会模糊校正过的图像，可以在另一个节点的遮罩输入端接入键控，这样键控源就是图像的原始输入状态（图 5.41）。

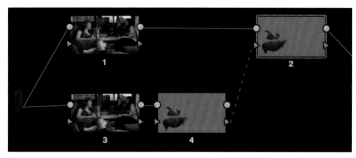

图 5.41　在达芬奇 Resolve 通过模糊图像来提高键控质量，而不是模糊最终结果的图像。在节点 3 模糊图像并在节点 4 做键控，键控源是（节点 3）模糊过的画面。节点 1 是一级校色，节点 2 是一个二级调色，可以调整从节点 4 输出的蒙版（通过节点底部左边的键控输入）

然而当你使用个方法时，请记住你在修改的这个节点（或层）只是为了下一步键控使用，当键控反馈到另外一个调整（或节点）上，这时的调整是在图像信息未被干扰的源上进行的。

不常用的限定工具组合

很容易被忽略的是：当你尝试制作一个棘手的键控时，也许可以用不常用的限定控件组合来解决选色的困难。我执导的一部电影[1]故事发生在沙漠，演员服装的色调与他们周围环境的土地颜色实在是太接近了，我陷入了无休止的苦恼之中。

不过，我开始意识到可以使用不同的限定控件组合来制作键控，如下。

- **色相和饱和度**限定控件组：我的这些镜头光线很暗，画面中物体等亮[2]，根据这样的画面，很难分离出我所要的物体，因为亮度键会污染我的蒙版。后来我发现画面的一些细节比图像的其他部分饱和度要高。对于我这个案例，虽然使用色相和饱和度键控组合也不能得到绝对完美和平滑的键控（特别是高压缩的素材），但在紧要关头依然可以使用这个限定组合。
- **亮度和饱和度**限定控件组：亮度和饱和度的组合是隔离天空的好方法，还可以用于降低物体的饱和度（例如水的蓝色或服装的颜色）。

HSL 选色的不同用法

图像分割是指图像的分层处理，用于执行非常具体的色彩校正（图 5.42）。工作经验越多，越容易定位影调的区间分割，以及更快地部署（调用）最合适的二级调色工具以应对手头的工作。

用二级调色的手段进行影调分割是一个关键的策略，即能解决具体问题，又能风格化图像。有时你会发现，只需使用一个一级校色就能做出一个扎实好看的图像，这很大程度上都是摄影指导（摄影师）的功劳，如果没有细致的光影设计和色调设计、没有摄影师与美术部门服装部门通过良好配合实现视觉设计，就不可能给

1　这部电影的调色师也是原作者。
2　等亮体即原文的"equiluminant"，指整个图像的亮度在一个很窄的范围内，几乎只有色彩对比度，没有亮度对比度。

观众呈现一个扎实的、精良的画面。

图 5.42 左图是原始图像。右图是被人为色彩量化的图像，以说明如何将图像自然分割的概念应用于 HSL 选色隔离

这种全面的摄影控制并不总是可行的，特别是那种时间紧预算低的剧情片，或者是那种你没有从开始到结束一直都参与拍摄的纪录片，甚至可能连演员的服装都不统一。其结果就是大大增加调色师的工作量。

以下章节会讲解相同的 HSL 选色工具，如何用不同的使用方法来达到不同的创作目标。

隔离和调整特定元素

这是 HSL 选色最基本的用法。特别是在我的工作中，HSL 选色最常见的应用是解决饱和度问题。

正如我们在本章前面看到的，其中一个常见的操作是处理那些过于夸张的、高饱和度的物体。例如，图 5.43 已经做过一级校色，提高了对比度和饱和度。但一级校正的结果，导致背景的红气球非常明亮抢眼。这时使用选色，能容易地减弱气球的颜色。

图 5.43 左边的气球和彩带饱和度很高。用键控来分离并降低它们的饱和度，让观众的注意力回到演员身上

而另一种相反情况，如缺乏饱和度的图像则使用"增强特定对比度"（参阅第 4 章）这个方法，使用 HSL 选色增加特定物体的饱和度，给客户创造更高饱和度的假象，而不是提高整体画面的饱和度。

例如，图 5.44 的饱和度并不低，但色彩对比不够。比较容易改善画面的调整是隔离女演员的毛衣，然后增加毛衣的饱和度，让这个沉闷的画面增加一点活力。

图 5.44 隔离女演员暗淡的毛衣，给毛衣多一些颜色，能为这个单色调的场景带来更多的色彩对比

使用这个策略，你可以鱼与熊掌兼得：甚至可以在降低图像饱和度之前，单独增加一两个元素的饱和度。

注意 在低饱和度的画面上进行二级键控往往比较棘手，特别是如果隔离对象的面积较小就比较难办。这是本文提及的操作中比较耗时的一种，如果你的客户赶时间，这个方法可能不适合。

调整两个单独的区域

我们已经看到如何反转键控蒙版，保持已经被隔离的元素再调整蒙版以外的一切。另一个分割策略涉及 HSL 限定工具，用 HSL 键控来分离比较容易选中的区域，然后单独对蒙版内部和外部进行修正（图 5.45）。

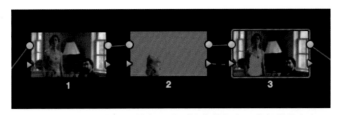

图 5.45　节点 1 做了基本的一级校色，节点 2 和节点 3 分别调整蒙版内和蒙版外的内容，两个节点共用一个蒙版

当你试图保护某个主体或对特定物体进行特殊的颜色处理时，这是个特别有用的策略。例如，图 5.46，客户想把女演员的绿色裙子单独变暗，而画面的整体环境要另外处理成温暖的黄色调子。

使用 HSL 选色，很容易就能把裙子从画面中分离出来。

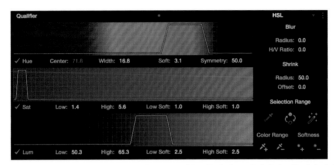

图 5.46　绿色裙子需要被键控选入，从整体画面中隔离出来，以方便调整到客户想要的颜色

然后，你可以在蒙版内部（白色）进行调整，修改裙子（在这个实例中压暗且提高饱和度），然后在蒙版外部（黑色）应用一个二级节点调整环境，在高光添加暖色（图 5.47）。

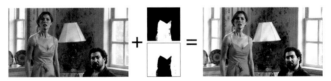

图 5.47　对这个场景的两个区域进行调色，一是调整键控里的裙子，增加绿色和
压暗裙子的颜色；另一个区域用于调整裙子以外的环境

在不同调色软件中，如何对内部或外部蒙版分别调色的方法如下。

- 在达芬奇 Resolve，在裙子的选色节点以外创建一个"outside node（外部节点）"。
- 在 Adobe SpeedGrade，选择一个调整层，然后选择分配给蒙版内部或外部来定义调色结果影响图像的哪个部分。
- 如果你正在使用 Autodesk Lustre，单击"Inside"按钮。
- 而在 Assimilate Scratch，复制做过选色的"Scaffold"，在这个新的"Scaffold"里反转遮罩。
- 在 FilmLight Baselight 系统，选中带有选色操作的层，并选择所需的调色方式，在工具页面切换 Inside 或 Outside 做调整。

在许多非线性编辑系统中，基于过滤器的二级调色要使用这个功能的话，需要先复制一次这个过滤器，然后反转这个过滤器来调整蒙版以外的画面。

想进一步了解使用这个方法进行皮肤层次的分割和环境的调整，详细示例请浏览第 8 章。

分别调整图像的亮部和暗部

许多情况下，有可能过度曝光和曝光不足同时出现在一个画面中，例如，当一个光照不足的物体站在窗户旁边，或者演员坐在车里，前面有玻璃。背光式的窗户是很难控制曝光的，除非摄影组能够用中性密度贴膜处理窗户或给场景的主体反射补光，平衡内部外部光线，摄影师往往故意曝光过度一些来做平衡。

如果是这种情况：画面中（窗户）极其明亮的区域没有曝光过度，所有可见的细节都有，而车厢内部也没有过分的曝光不足。你应该能够使用 IISL 选色来解决这个问题。特别是，我们可以只使用亮度限定控件来隔离亮部或暗部（图 5.48）。

图 5.48　达芬奇 Resolve 中仅针对亮度信号的亮度键

然后，根据由此产生的蒙版，调整图像曝光不足和曝光过度的区域，使它们的曝光更接近（图 5.49）。

图 5.49　抠取车内最暗的部分，用于减轻暗部的阴影（提亮），增加男演员脸部和汽车仪表盘的细节

除了这个镜头，这一技术对于所有镜头都能有效地处理两个完全不同的曝光区域。不过，小心控制暗部蒙版的边缘的软化程度，它们会与图像的亮部重叠，如果重叠部分太多可能会导致光环出现，看起来不自然。

控制暗部反差

最难处理的事情之一就是调节暗部阴影的比例。例如，一般情况下很容易整体提亮或压暗一个主体，虽然结果可能显得有点失真（washed out）。不幸的是，如果你在匹配镜头，其中一个镜头是在比较晚的时间拍摄的，另一个镜头是中午拍摄的，客户要求把这两个镜头做成同一时间段的感觉，要想匹配好这两个镜头，就要处理好暗部比例的问题。

然而，想改变演员脸上暗部的光线比例并不容易。图 5.50 的左侧图像是原始画面，女演员左边脸部的阴影比较明显，结合她右边脸部的高光，整个画面立体、富有戏剧性、有下午的光线感觉。

有一种策略是使用亮度曲线减轻中间调偏暗的部分，同时保持浓重的暗部，以保持图像更多细节。然而，可能只使用曲线调整并不够具体。

另一种可能性是使用之前的方法，做一个二级键控，只使用亮度限定控件来分离并提亮脸部中间调偏暗的区域。再加上降低亮部的操作，这就可以了，而我们现在有一个更少尖锐的高光、更亮的画面，如图 5.50 右侧图所示。

图 5.50　对图像的暗部做键控，这样更容易温和地提亮这个区域，减少暗部的比例，现在画面看起来像中午的样子

当试图减轻拍摄对象脸部的阴影时，你需要特别注意：未经调整的高光与调整后的阴影之间的过渡。如果这个中间位置开始显现出过度曝光的边缘，那你就要去调整亮度限定控件的容差（或柔化）手柄和羽化，尽量减少这个问题边缘。如果不解决这个问题，你可能需要往回调整一点才能继续往下进行。

当你进行这类型的校正，确保不要过分提高暗部，否则你会做出曝光过度的效果（用键控创建出来的区域本来应该更暗一些，反之亦然，像 20 世纪 80 年代初的音乐录影带的样子）。还有，如果羽化和暗部提亮没有恰到好处，图像会开始像劣质的高动态范围（HDR）素材一样。

用降低饱和度来分离物体

一个会经常被问到的技法是：如何在主体颜色保留的同时，主体以外的区域是黑白的？这个手法在电影《欢乐谷》里[1]贯穿始终。根据目前为止已经介绍过的技巧，这个问题应该很容易解决，特别是如果你要隔离的主体拥有独特的色相、饱和度或亮度，这就更加容易了。

基本上，就是在需要保留的物体上制作键控，反转蒙版，然后把主体以外的一切饱和度降为零（图 5.51）。

图 5.51 键控分离了女演员的粉红色裙子，反转蒙版，把其他部分的饱和度降为零

善用组合蒙版

前面的示例图 5.51 还不错，一位演员的衣服颜色被完整地保留，而其他环境是黑白的，已经达到我们的要求。然而在实际工作中，客户要求鲜有这么简单。例如，如果我们想要两位女演员都是彩色的？幸运的是，某些调色软件能让我们把不同的键控组合成一个（或多个）蒙版。

图 5.52 显示如何在达芬奇 Resolve 完成这个任务，我们可以使用四个独立的调整（4 个节点），分别隔离粉红色的裙子、红色的头发、两位女演员的肤色和其中一位女演员的绿色衬衫，然后我们可以使用一个 "Key Mixer" 节点把所有蒙版组合在一起。

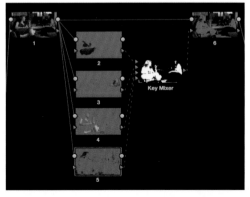

图 5.52 在达芬奇 Resolve 使用多个节点，把四个独立的 HSL 键控组合成一个键控来用。每个键控可以针对其主体元素分别优化

---

1 《欢乐谷（Pleasantville）》1998 年，导演是盖瑞·罗斯 Gary Ross。

最后，将得到的组合蒙版输入至节点 6，反转蒙版，把选区以外的画面内容饱和度降到零（图 5.53）。

图 5.53　把组合蒙版以外的一切饱和度都降为零。我特地保留了这个不太完美的蒙版结果，
借此说明这个操作的难度，并说明精细地调整蒙版的重要性。对应这个问题蒙版，
我数出了 14 个问题（你会在本章的结尾找到一个完整的列表）

根据图 5.53 的例子，我们其实可以进一步讲解更多关于键控和形状遮罩（作为垃圾遮罩）的组合，但是我可是有一本书要完成的（因为这样的组合应用及其变化实在太多）。

> **贴士**　如果你在达芬奇 Resolve 中使用"Key Mixer"节点来组合蒙版，在"Color（调色）"页面的"Key（键）"工具页，有"Gain（增益）"和"Offset（偏移）"[1] 两个参数可以调整，可以让调色师调整每个输入的蒙版的对比度；单击选择需要调整的输入节点，并点击"Key Mixer"来选择蒙版做调整。

当你把多个由 HSL 键控节点和形状遮罩创建的蒙版组合起来，你可以使用一些历史悠久的合成技术来控制整个合成过程。我们知道，在蒙版的选项或软件的合成工具中，提供了"Lighten（变亮）"和"Darken（变暗）"合成模式（有时也被称为 Blending 或 Transfer 模式），方便用户调整蒙版之间的合成关系。这值得多花一点时间来学习，因为许多调色、合成和剪辑软件，都会给用户提供一些工具来做蒙版合成，从而制作复杂的蒙版，所以你要熟悉这些工具。

图 5.54 演示了用 Lighten（变亮）模式来组合两个遮罩，结果是两个蒙版的白色区域合并成一个蒙版。发生这种情况，是因为 Lighten（变亮）模式会比较这两个重叠的图像，并保留蒙版内每个最亮的像素。

图 5.54　在 Autodesk Smoke 中，两个圆形的蒙版由"GMask 节点"创建，
使用"Blend & Comp"节点的 Lighten（变亮）模式，把两个蒙版组合成一个

下一步，我们可以看到图 5.55 是如何用 Darken（变暗）混合模式只保留内部的白色区域，即两个蒙版重叠的范围。事实上，这是很常用的方法，以便限制 HSL 键控与形状遮罩（或 Power Windows）之间产生的蒙版（稍后我们会在第 6 章中看到这种蒙版组合）。Lighten（变亮）混合模式的相反模式是 Darken（变暗），Darken（变暗）会比较两个重叠的图像并保留各自最暗的那部分像素。

最后，图 5.56 演示 Darken（变暗）混合模式的不同使用方式：使用反转的蒙版"雕刻"出另一个蒙版的重叠部分。因为 Darken（变暗）是比较两个图像并保留各自最暗的像素，这意味着你可以使用黑色的形状，如外科手术般裁切白色的形状。

1　这里的 Gain 和 Offset 不同于一级校色的 Gain 和 Offset。

图 5.55　使用 Darken（变暗）混合模式组合形状遮罩

图 5.56　在反转其中一个"GMask"节点之前，使用 Darken（变暗）合成模式，
可以使用反转的圆形在另外一个圆形上"挖出来"

使用交叉遮罩是非常好的方法，可以做出比以往更加复杂的蒙版。如果画面中的某个物体很难只用一个蒙版将它一次选全，可以尝试改用组合蒙版。

对特定的影调范围调整饱和度

某些调色软件会提供特定的亮部和暗部饱和度调整工具，让调色师可以针对图像影调的特定区域调整饱和度；如果你所用的调色系统缺少这些特定的工具，那么你可以使用自定义影调区域的简单方法来调整该范围的饱和度。

对于亮度限定控件，你需要做的就是选择图像的亮度范围，在这个限定范围内，你可以减少或增加该区域的饱和度（图 5.57）。

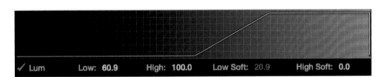

图 5.57　用达芬奇 Resolve 的亮度限定控件隔离图像的影调范围，以改变该范围的饱和度

当你定义出要调整的区域，降低或提高该范围的饱和度是一件简单的事，结果是可预测的。在图 5.58，你可以看到大片的亮部区域已被隔离，用于饱和度调整，这个范围比一般软件的高光饱和度工具的可选范围要大。

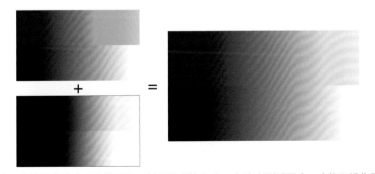

图 5.58　使用亮度限定控件自定义图像的影调区域并降低饱和度，在这个测试图中，去饱和操作影响的是亮部区域

此外，一旦定义了蒙版范围，你可以单独调整蒙版内部或外部的饱和度。这是个好方法，可以在提高中

间调饱和度的同时，无须为了视频合法化再去降低亮部和暗部的饱和度。

这也是很好的技巧，可以用于隔离有限的亮部或暗部范围，并用极软的过渡来做细微调整。

整体去饱和度，再使用 HSL 选色有选择地增加饱和度

这一个手法是一位芝加哥的调色师鲍勃·斯利格（Bob Sliga）[1] 演示给我看的。这个技巧更加专业、更有针对性，对创造特殊的画面风格和偶尔的实利性调整都很有用。这个方法，只针对那些在用户调色后还能从源素材的原始色彩信息上制作键控的软件。

诀窍是先完全去掉整体图像的饱和度，然后在原始图像的颜色基础上拉键控，如图 5.59 所示。

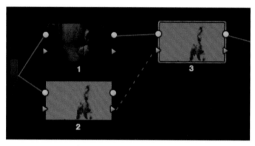

图 5.59 基于源素材的原始色彩信号做键控

利用这种键控思路，调色师可以把人为的颜色增加到场景中，对特定的物体进行"着色"（图 5.60）。在达芬奇 Resolve 创建这种效果的节点树，如图 5.59 所示。

图 5.60 左图，去饱和度并增加了对比度。右图，带颜色的部分来源于键控，键控源是原始素材的颜色

这种调色方法很酷，在特殊情况下能做出一种超凡脱俗的风格。然而，我也会用这个手法降低图像亮区的颜色噪点、减少物体上过多的饱和度（比如说围裙的红颜色）尽可能减少最反感的噪点，然后我可以通过键控和着色将红色拉回来。最终的调整结果与之前相比是一个巨大的进步，而且效果很自然，几乎无法分辨。

调整色相曲线

色相曲线功能强大，而且直接就能快捷调用，调色师能温和或夸张地更改图像中对应的色彩分量，只需在对应的色谱放置一个控制点即可。不像 RGB 曲线，控制点有可能会影响整个图像影调，色相曲线只影响用户定义的、对应的色彩分量范围（图 5.61）。

图 5.61 SGO Mistika 中的色相曲线界面

1　鲍勃·斯利格（Bob Sliga），美国人，是著名调色师，调色培训讲师和 Demo Arist。

贴士　一些调色软件，如达芬奇Resolve，允许用户在浏览窗上点击、拖动并搓擦，来采样浏览窗上的图像颜色，自动激活对应采样物体的色彩控制点，用户控制该点就能轻松地调整对应的具体内容。

色相曲线的强大在于它能基于特定物体的色相进行快速地改动，曲线操作的数学运算使大多数调整变得平滑和无缝，并不会出现HSL选色后人为痕迹很重的边缘。当你有针对性地大幅度更改图像饱和度，这是特别好用的方法（在实际工作中我经常这么做）。

注意　通常，在工作中调色师会在色相曲线上放置多个控制点，为了能在谨慎地做精细调整的同时限制其他颜色不变，即使是这样，你会发现，其实用HSL选色来抠像会比较扎实，更能紧密地隔离物体。对于这两种类型，随着工作积累，针对实际情况你可以灵活切换这两个调整方法。

大部分调色系统至少有以下三种色相曲线：
- 色相 vs 色相（Hue vs Hue）
- 色相 vs 饱和（Hue vs Saturation）
- 色相 vs 亮度（Hue vs Luma）

有些调色系统也会多出来以下两种色相曲线：
- 饱和度 vs 亮度（Saturation vs Luma），这个曲线的功能很强大，它以饱和度曲线为基础，可对应调整图像上需要更改饱和度的影调区域。
- 饱和度 vs 饱和度（Saturation vs Saturation），这允许多个目标饱和度调整，包括与色彩抖动操作等效的饱和度调整，能给本来图像中饱和度最低的区域增加饱和度。

当然，最小的色相曲线控制是对应于视频信号的三原色。

对比不同的色相曲线

在许多调色系统都能找到色相曲线，包括达芬奇Resolve，Assimilate Scratch，FilmLight Baselight系统和宽泰Pablo（其中，宽泰（Quantel）是这些曲线的鼻祖，宽泰的产品从Paintbox到Pablo都将色相曲线工具归类到"Fettle"界面）。图5.62为对比不同调色系统的色相曲线。

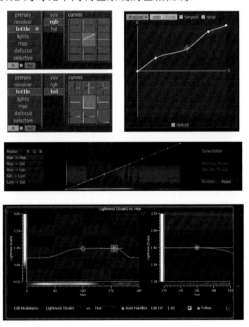

图5.62　不同调色系统的色相曲线控制界面，从上至下依次为：宽泰的Fettle界面，
Assimilate Scratch以及FilmLight Baselight系统

然而，非编系统的 Colorista II 色彩校正插件的出色特性之一，就是一对圆形的 HSL 控制，基本上执行相同的功能（图 5.63）。这些高效独特的色相曲线已内置到它们的用户界面。

- 左边的控制，结合了色相 vs 色相和色相 vs 饱和度的功能；改变特定的色相角度来改变色相；另外，改变该色相与中心的距离，可以调整饱和度（实际上，与色彩平衡控件的操作类似）。
- 右边的控件允许你改变 Hue vs Luma（色相 vs 亮度）。

该系统的唯一缺点是：色相控制手柄的数量是固定的，然而，曲线工具通常允许用户添加尽可能多的控制点。实际上，可能除了极少数多种色相的精细调整 Colorista 做不到，其他的曲线调整都可以在 Colorista 界面完成。

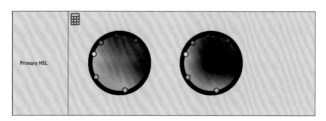

图 5.63 魔术子弹 Colorista II 的圆形 HSL 色相工具

接下来，让我们看看每一个以三原色为基础的色相曲线的功能，并利用色轮测试图进行对应的测试。

色相 vs 色相曲线（Hue vs Hue）

色相 vs 色相曲线，让你隔离色相范围并改变该范围颜色的色相。其效果近似调整色相参数（大多数调色软件都有色相调整工具），你可以无限制地调整色相，甚至 360 度旋转整个图像的色相（如果你制作关键帧动画，这会出现熟悉的"彩虹转动"）。然而，在色相曲线界面上，你可以限制特定的色相，将色谱颜色偏移到指定位置。

在以下示例中，曲线上光谱的蓝色部分被提高，该区域被"松散地"隔离出来（图 5.64）。

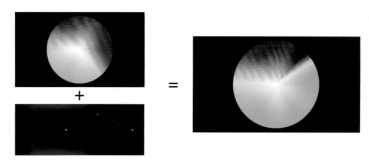

图 5.64 色相曲线有三个控制点，把其中一个抬起来，对应色谱上蓝色部分的色相曲线被隔离出来了

调整结果：对应色轮中蓝色渐变过渡的区域，该范围的色相被改变，在这种情况下变为绿色。由于该曲线的平滑过渡，我们可以看到色轮由原始颜色变成绿色的色相过渡。虽然这个操作在测试图上变化明显，但在真实世界的图像中，这并不总是显而易见的；而细微的色相调整可能会比大幅度的色相调整更有效果。

我会使用这个工具对肤色（利用色相曲线的优势，针对皮肤色相收窄曲线，再做微调），树叶和天空做细微的调整（你将在后面的章节中看到所有的方法和技巧）。

色相 vs 饱和度曲线（HUE vs SATURATION）

色相 vs 饱和度是我最常使用的色相曲线。它可以让你隔离特定范围的色相，提高或降低该范围的色彩饱和度。现在，用色相 vs 饱和度曲线隔离色谱中的蓝色（以下这个例子）并降低曲线，让该范围的饱和度降低。再次，因为这是一条曲线，所以变化温和；然而，曲线的幅度越大，从高饱和度到低饱和度的过渡就越明显（图 5.65）。

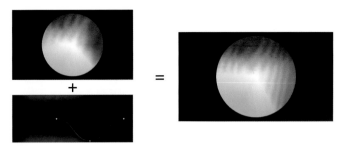

图 5.65   分离并降低蓝色区域的曲线，即降低了一部分色轮的饱和度

这是一个强大的风格化调整工具（例如，降低所有元素的饱和度，除了天空的蓝色），解决广播安全问题（例如，减少过多的红色信号），或镜头匹配（例如，降低微妙的黄色偏色，这是用其他方法难以隔离的）。

色相 vs 亮度曲线（HUE vs LUMA）

色相 vs 亮度曲线，可以让你在特定的色相范围内提亮或压暗对应的影调范围。以下例子，你可以隔离色谱的蓝色部分，并降低该区域的曲线，令测试图形变暗（图 5.66）。

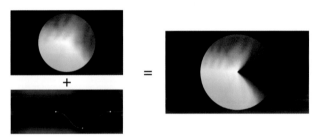

图 5.66   隔离色谱中的蓝色部分

这是潜在的强大工具，也是非常棘手的一个，其结果高度依赖于调色软件的图像处理质量。然而，你可以在几乎所有类型的调色软件中使用色相 vs 色相曲线、色相 vs 饱和度曲线进行平滑调整，但色相 vs 亮度曲线则处于劣势，因为它操纵信号时是用信息最丰富的亮度分量来对应处理数据最贫乏的色度分量。因此，调整这个工具会出现令人不快的人为痕迹，如马赛克和锯齿边缘。

不管你的调整有多细微，如果你工作的素材是 4：2：0 色度采样（如 HDV 或基于 H.264 的格式），这些人工痕迹几乎是立即出现（图 5.67）。4：2：2 色度采样的素材具有多一点调整弹性，可以在出现不愉快的人为痕迹之前做些小调整，但是调到某个程度时，4：2：2 的素材也不理想。

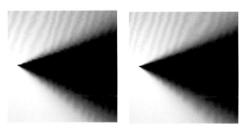

图 5.67   放大我们的测试图。左图使用 ProRes 4：2：0 编码，我们可以
看到用了色相 vs 亮度曲线后的糟糕结果。右图，相同的图形，
使用 ProRes 4444 编码，相同的校正呈现出平滑的过渡

然而，你可以在图 5.67 看到，这个工具在使用 4：4：4 色度采样的素材时才能真正地派上用场。如果有全部的亮度和色度信息可用，你就能发挥色相 vs 亮度曲线的最大优势。

色相曲线的灵活运用

有些色相曲线界面会在曲线上放置一系列预定义控制点，为调色师提供快速的起点，而有些软件的曲线界面则没有预先设置控制点。

关于曲线控制点很重要一点就是：需要通过增加额外的控制点来"锁定"（或隔断）曲线上不需调整的区域。例如，以下事例中的曲线，你可能会对图像中的橙色做一系列调整，而不影响临近的黄色或红色。

在目标区以外的色相范围旁边放置控制点以限制自己的调整，防止引起目标区以外的画面内容发生色相变化。

使用色相曲线来处理混合照明

现在，我们已经知道了色相曲线的工作原理，让我们来看一些实例。大部分场景的最大问题是混合照明，这样的场景会存在两种不同的色温互相竞争。你也许可以通过使用色彩平衡调整来解决问题，但很多时候没那么简单。

我发现，尤其是针对微妙的混合色彩的镜头，色相 vs 色相曲线可以很好地快速解决这个问题。下面的镜头，带有很微妙的绿色（或黄色）偏色，这些偏色是来源于现场固定的荧光灯管，拍摄时场景又不能换成蓝色日光灯（可以在原始图像图 5.68 的红圈内看到溢出部分）。

图 5.68　色相 vs 色相曲线调整（在 Assimilate Scratch 中），
用于把场景中一些溢出绿色（黄色）荧光转成冷蓝色的日光

这种调整对于 HSL 选色来说过于微妙（比如，窗户外面比窗户里面蓝色更多的场景，我经常用这个方法来解决混合照明的情况），如果用 HSL 选色尝试解决这个问题，可能会导致中间调出现比我们想象中还要多的洋红色。

另一种策略，可以降低绿色的饱和度，但这样做会减少场景的色彩；用色相 vs 色相曲线这种方式，能把这些绿色换为令人愉快的蓝色模拟日光。其调整结果平滑、不着痕迹而且高效。

使用色相曲线有选择性地改变饱和度

这是一个使用色相 vs 饱和度曲线将图像风格化的实例。图 5.69，原始画面的绿色台球桌与橙色的球饱和度高。客户想把观众注意力放在球上，使用这种创新的曲线方法，先在曲线上只抬高橙色色相的饱和度，以提高橙色台球的饱和度；对应绿色台球桌，在曲线上用控制点收窄范围，降低台球桌的绿色饱和度，使其变得更微妙、更暗。

图 5.69　在色相 vs 饱和度曲线 上调整多个控制点（Assimilate Scratch 调色软件），
减弱绿色的桌子并提暖橙色球的颜色，还有男演员的皮肤色调

这个调整增加了画面中木头的份量，也提高了橙色桌球的饱和度，还为男演员的皮肤色调添加了一点暖色。更重要的是，橙色的球在调整后更加突出了。

对过于分散注意力的元素，色相 vs 饱和曲线也非常适合用于快速降低目标物体的饱和度，比如颜色过多的蓝色衬衫，涂成鲜艳红色的车，或救生衣那种夸张的颜色（我遇到过所有这些情况）。

总体而言，它是增强色彩对比的有效工具，它能把本来场景中颜色接近的色彩元素拉开。例如，一个夏季拍摄的、带有绿色草坪的镜头，但这个镜头的色彩吸引力不大，你可以用色相 vs 饱和度曲线给草坪增添活力。

使用色相曲线轻微地强调某些颜色

实现画面独特饱和度风格的另一种方法，是用色相 vs 饱和度曲线贯穿整个场景，降低或增强特定色彩的饱和度，基于某些颜色的相对强度来创建风格。

这种层次的控制，早就被摄影师们通过精心选择胶片的类型来实现了。通常广为人知的是，柯达彩色负片拍摄的画面会有不错的暖色调，会带有生动的红色和橙色；而富士彩色负片的颜色稍微偏冷，对蓝色和绿色极其敏感性。这些都是大致情况——具体的胶片变化会很大——尽管如此，许多与你一起工作的导演和摄影师可能会以不同种类的胶片（颜色）作为参考画面。

你可能会认为，想得到这种暖色调或冷色调为什么不使用色彩平衡控件来调暖或调冷图像？其实，强调或削弱光谱中不同部分与偏色是不一样的，因为选择性的饱和度调整将不会对图像的中性色调有任何影响。这是完全不同的手法。

其他类型的 HSL 调整

在不同的调色软件中，还有其他类似于针对特定范围调整色相的工具。下面介绍其他类型的 HSL 调整，虽然本书的示例演示相对集中在色相曲线的使用，但在实际工作中，以下校正类型也可以取代色相曲线。

矢量调整（VECTOR 或 KILOVECTOR）

在 HSL 选色和色相曲线出现之前，"Vectors（矢量）"工具就存在了，它相当于分离矢量示波器上的某部分颜色，再重新分布这组颜色。在 1982 年 VTA 科技公司（"VTA Technologies"是达芬奇前身）推出了 The Wiz，它是基于苹果 II 计算机的胶片扫描仪，可以支持十个矢量色彩二级校正。后来在 1989 年，更名后的达芬奇在 Renaissance 调色系统中推出更精确的调色系统 Kilovector。

矢量方式的二级调色现时仍在许多调色软件中使用。Assimilate Scratch 有"Vector（矢量）"调整界面，提供六个可自定义的颜色范围，可用来改变隔离范围中颜色的色相、饱和度和亮度。其他使用矢量方式的调色软件包括有 FilmLight Baselight 和宽泰 Pablo。

在 Assimilate Scratch 界面，该"Centre（中心）"参数是指调整分离色相的角度，而"Width（宽度）"参数指中心色相左右两侧的范围调整（图 5.70）。

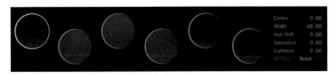

图 5.70　Assimilate Scratch 中的"Vector（矢量）"界面

UI 界面上有六个色盆为默认颜色，它们都可以被随时调整，也就是说，一级和二级都是在 RGB 色彩空间中调整。点击其中一个颜色来选择需要调整的色相范围，再调整"Hue Shift（色相偏移）""Saturation（饱和度）"和"Lightness（亮度）"参数。

其他有趣的矢量调整工具还包括以下内容。

- Baselight 系统有一个名为"Six Vector"的色相调整工具，类似"Hue Angle Keyer"键控器的界面，可以让你选择六种自定义色相范围之一，可用调色台旋钮调整，或通过在屏幕上改变滑块来调整。

- 宽泰（Quantel）的 Pablo，IQ 和 EQ 系统有一个界面称为"Revolver"（图 5.71），它给颜色范围的改变提供了六个自定义调整。然而其"Color warping（颜色扭曲）"算法允许进行不同质量的调整。

图 5.71　宽泰 Rio 中的 Revolver 界面

Filmlight Baselight 系统中的色相偏移（HUE SHIFT）工具

FilmLight Baselight 系统具有另一种风格的色相调整被称为"Hue Shift"。在 Baselight 界面，开启时间线右上方垂直工具栏的"Hue Shift"，就可以对应更改所需的色相（基于 RGB 色彩空间，一级校色和二级调色都可以用）[1]。

只需操纵对应要调整的色相滑块，就能改变图像。两套滑块调整，让调色师能分别调节每个颜色范围的色相和饱和度（图 5.72）。

图 5.72　FilmLight Baselight 系统中的 Hue Shift 界面

高级键控器

调色和合成的界限一年比一年模糊。特别是，合成软件早已具备各种制作蒙版的键控工具。然而，那些只强调蓝幕或绿幕的合成软件，对抠像前的色彩调整缺乏必要的灵活性。

而且，基于 HSL 的色度键控不是二级调色时制作键控的唯一途径。例如，许多调色系统，包括达芬奇 Resolve、Assimilate Scratch、Autodesk Lustre 还有 FilmLight Baselight 系统也有 RGB 键控器（图 5.73）。

RGB 键控器在使用上有点难度，这是因为红、绿、蓝加色作用的抽象性不够直观，参考 RGB 分量示波器，RGB 键控器可以方便地以不同的方式隔离颜色范围；在某些情况下，使用 RGB 键控器会出现有趣的结果。图 5.73 是其中一种 RGB 键控器。

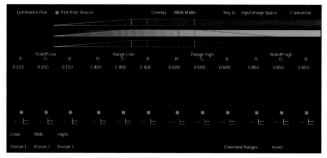

图 5.73　FilmLight Baselight 系统的"RGB Keyer"

1　原作者描述的是用鼠标直接在软件中操作，没有使用调色台。

　　为调色系统所设计的更复杂的键控器，它们以不同方式使用色彩模型来形成键控，甚至提供色彩空间的三维模型来生成键控。请看接下来的两节内容中的一些方法。

FilmLight Baselight 系统的 DKEY

　　FilmLight Baselight 系统提供了先进的 3D 键控器"DKEY"，DKEY 允许用户在图像中拖动矩形进行采样，在三维的 RGB 立方体中创建"Volumes（体积）"（图 5.74）。

图 5.74　在 Baselight 的浏览窗口拖动一个矩形，为键控采样

　　当用户完成采样，"Volumes（体积）"就被创建了，你可以调整该体积"Start and End Offsets（起始和结束的偏移量）"的值，还有"Radius（半径）"和"Softness（柔化）"，以便更精确地在 RGB 立方体中雕琢该体积的范围，更好地分离颜色（图 5.75）。

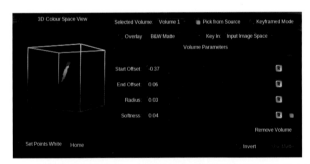

图 5.75　DKEY 键控器提供的参数，方便调色师精确调整 RGB 立方体内的颜色范围

　　工作时，可以中键单击并拖动左侧的 RGB 立方体，你可以更好地观察隔离出来的颜色范围的形状。你可以根据需要多次增加采样体积，使用"Selected Volume（选择体积）"的弹出式菜单切换体积的调整参数。把它们结合起来，雕刻区域的综合结果最终形成键控蒙版（图 5.76）。

图 5.76　最后，用 DKEY 分离出来的围巾蒙版

Autodesk 的 DIAMOND KEYER（钻石键控）

Autodesk Lustre 纳入了 Autodesk 合成软件 Flame 中的 "Diamond Keyer" [1]。而 Smoke 有一项 "Colour Warper" 功能，除了提供典型三路一级校色控件和基于曲线的 Gamma 校正（事实上，Gamma 控制仅通过一条曲线进行调整），还提供了三个 "Selectives（可选菜单）" 或二级色彩分离调整，这些都在一个 "Colour Warper" 界面内。从 "Work On" 弹出式菜单中选择，开启 "Diamond Keyer（钻石键控）" 选项（图 5.77）。

单击 "Pick Custom（选择自定义）" 按钮，开启采样模式，你可以在目标区域点按拖动鼠标来定义颜色和饱和度区域，在扁平的色彩立方体中会出现一对钻石形状（图 5.78）。

这些形状的图形为蒙版微调提供了参考。内部浅灰色的形状让你定义选区范围（Autodesk 称之为 "Tolerance（容差）"，而外部形状让你调整容差（"Softness（柔化）"）。你可以使用一套单独的，更传统的滑块控件来调节蒙版亮度 [2]。当隔离区域定义完成后，隔离出来的区域（即保留区）是彩色的，而被排除的区域仍然保持灰度（图 5.79）。如果你喜欢，也可以从 "View（视图）" 的弹出菜单中选择 "Matte（蒙版）"，用灰度表示隔离。

图 5.77　在 Smoke 的 "Colour Warper" 界面中
选择 "Diamond Keyer（钻石键控）"

图 5.78　内部形状和外部形状，提供色相和饱和度的
容差和柔化控制，以定义你的键控范围

图 5.79　在需要隔离的图像区域拖动滴管，采样该区域的颜色，并使用 "Colour Warper Selective"
调整蒙版。被隔离的区域会保留现在的颜色，而被排除在外的区域会以灰度显示

对于确实难以隔离的图像，可以使用 Smoke 的 ConnectFX，其中，"Action（行动）" 节点提供的 "Modular Keyer（模块化键控）" 是一个基于节点原理设计的复杂键控（图 5.80）。采用 "Modular Keyer（模块化键控）" 抠像，尤其对那种由复杂操作所产生的蒙版和垃圾遮罩的多种键控组合，其处理过程非常流畅。

"Modular Keyer（模块化键控）" 采用了多种不同的键控器，可以组合使用（亮度，HLS，RGB，YUV），但最著名的是 "Master keyer（主键控器）"。"Master keyer（主键控器）" 有单一的界面，提供了原始采样和另外三种采样，被称为 "Patches（补丁）"。

1　后文称为钻石键控。
2　只控制蒙版不影响实际色彩。

图 5.80　Autodesk Smoke 中的"Modular Keyer（模块化键控）"节点树，可以方便地组合多个键控，还能根据拍摄的需要以不同方式来控制蒙版遮罩

此外，"Master keyer（主键控器）"提供了优秀的蒙版操作，可以简单地单击蒙版来调用滑块，让用户可以粗糙或细微调整该区域的透明度。"Modular Keyer（模块化键控）"经常被用于抠绿幕，它有能力键控任何颜色范围，也可用于导出蒙版进行其他操作的限定，包括色彩校正。

> **注意**　更多关于使用 Smoke 及其"Modular Keayer（模块化键控）"的详细信息，你可以浏览我的《Autodesk Smoke 要点（西贝克斯出版社，2013）》（Autodesk Smoke Essentials: Autodesk Official Press（Sybex, 2013））。

关于图 5.53 的问题

这是我最开始粗略选色的结果（保留饱和度和去饱和度调整），让我们来看看能在图 5.53 指出多少个问题。

1. 穿粉红色裙子的女演员头发部位穿孔。
2. 穿粉红色裙子的女演员口红被去饱和。
3. 穿粉红色裙子的女演员肘部被去饱和。
4. 穿粉红色裙子的女演员坐的椅子顶部边缘依然是橙色的。
5. 穿粉红色裙子的女演员膝盖边上的扶手依然是橙色。
6. 沿着粉红色裙子的边缘暗部，被去饱和了（饱和度为零）。
7. 穿粉红色裙子的女演员双腿交叉的阴影部分，被去饱和了（饱和度为零）。
8. 穿粉红色裙子的女演员鞋底位置，颜色过渡可以更缓和。
9. 有一朵花仍处于带饱和度的状态。
10. 有些水果仍处于带饱和度的状态。
11. 那本书是有饱和度的。
12. 猫的臀部带有饱和度。
13. 穿绿色衬衫的女演员背后的枕头有饱和度。
14. 穿绿色衬衫的女演员的嘴唇饱和度降得太多。

第 6 章

形状遮罩

　　像 HSL 选色功能一样，另一种通过分离区域来进行二级调色的方式是使用"Vignettes（暗角）"，也称为"Shapes（形状）""Masks（遮罩）"，在达芬奇被称为"Power Windows"，在 Avid 中被称为"Spot Corrections"。其中思路很简单：在需要调整的区域周围创建一个形状，通常是简单的椭圆或矩形，大多数调色软件还允许调色师绘制贝塞尔曲线的形状（图 6.1）。你绘制形状即创建灰度遮罩，用于限制该区域内部或外部的调色。

> **贴士**　你稍后将看到，如果是调整亮部、暗部，或改变色温，简单的形状通常比复杂的形状更可取、更好用。不过凡事总有例外，但我建议保持形状越简单越好。

图 6.1　左图，画面中间创建了一个简单的椭圆形，用于光线的分离调整，突出中间的男演员，如右图

　　在很多情况下，形状遮罩可能是分离调整的最佳方式，特别是在后期制作中再次布光时，用遮罩调整会比用 HSL 选色更好，大面积分离明暗区域会更容易更自然。如果你需要分离的区域界限清晰，使用形状来调整的效率会更高——以图 6.2 为例，分别调整天空和森林。

图 6.2　用一个形状遮罩调整天空的颜色，把远处的森林、田野、道路的颜色调整分开。
第二个形状遮罩用于保护画左电线杆的颜色，避免它受影响变蓝

　　在其他情况下，你可能会发现，当你需要隔离的主体含有色度和亮度信息，使用 HSL 选色（如第 5 章中所述）会是比较好的解决方式，会更易于从画面中的其他物体分离开来，特别是如果这个主体很有特点或主体经常移动，这都可以用 HSL 选色来分离调整（例如，在前期拍摄中，由于服装部门或摄影师的问题，出现了信号超标的明亮洋红色衬衫，这时可以使用 HSL）。

　　具备通晓何时选用形状遮罩和选色的经验，就能提高调整的效率和质量，这类经验并不完全是那种"非此即彼"的固定方法或步骤，还是要基于实际情况做判断。正如你在第 5 章中看到，限定工具可以结合形状遮罩使用，进一步改进最终结果，所以调色师经常一前一后地结合这两个工具使用。

　　这一章描述了一些最常见的遮罩使用方式，你可以利用它们来调整图像。本书中的其他示例，也介绍了用相关的技术或工具来实现对应的手法或效果，你可以在实际工作中选用这些方法，但本章的示例很典型，你几乎会每次都会用到。

形状遮罩的 UI 控制界面及其调整

不同的调色软件，有不同的形状遮罩控制界面，提供的控制细项在每个软件都有差异，但几何形状的基本原理决定了大多数的形状控制选项都相差无几（图 6.3）。

图 6.3　形状遮罩控制界面及其参数调整面板，这些调色系统从上至下分别是：
达芬奇 Resolve、FilmLight Baselight、Adobe SpeedGrade 和 Assimilate Scratch

让我们看看不同调色系统常用的形状遮罩控制界面。

基本形状遮罩

一般来说，你会有至少两种简单的形状遮罩可以选择，有时会有三种（图 6.4）。

- **椭圆形**，调色时最无处不在的形状。它们可用于创建暗角效果、提亮演员脸部、制作圆形的渐变效果，还有——取决于你的调整是针对圆形的内部还是外部——可以用凹面或凸面曲线屏蔽（或遮挡）画面的边缘[1]。
- **矩形**，是第二常见的形状选项。简单的多边形调色可用于任何情况，可以保留窗户或门外的细节信息，也可以沿着矩形的几何边缘做暗部渐变。它们还允许在缺乏专用的**渐变**遮罩（即下面介绍的形状）时用来做调整，例如天空渐变。
- **渐变**，较不常见，但极为有用和高效，当你需要简单的线性颜色变化时可以使用。它们能很好地在任何表面或区域上创建天空渐变或线性的阴影变化[2]。

这些简单的、默认的形状遮罩另一个好处就是它们可以用调色台直接创建，并使用调色台上的旋钮、圆环和轨迹球做调整。典型的形状调整参数包括大小、宽高比、位置、旋转角度和柔化程度。某些软件会让你使用调色台的轨迹球来控制形状的位置，而圆环调整旋转角度。其他软件使用两个旋钮来定义形状的位置——一个用于控制形状的 x 轴，一个用于控制形状的 y 轴（图 6.5）。

1　相当于制作暗角。
2　这里指制作暗部渐变，也称渐变压暗。

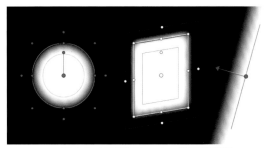

图 6.4 达芬奇 Resolve 的形状遮罩，对比这几个形状：椭圆、矩形和渐变

图 6.5 上图，屏幕上的软件界面，把形状遮罩的控制图形化了。下图，达芬奇 Resolve 形状遮罩控制界面中对应的数值参数

　　然而，有些通用的遮罩控制能让你直接使用鼠标或手绘版控制形状的相关参数。这些 UI 界面通常采取以下的通用设定。

- "Transform（变换）"手柄，允许你重新定位和旋转形状（图6.6）。
- 形状边角处的手柄可以调整形状的大小。宽高比有时是被锁定的，有时不锁定。如果宽高比是锁定的，形状的侧边通常会提供手柄控制，可以挤压形状的宽度或高度。
- 按住 Option 键，围绕形状中心做旋转操作。
- 按住 Shift 键，限制形状在垂直或水平方向移动，或者在调整期间约束形状的宽高比。

图 6.6 Adobe SpeedGrade 的复合控制"构件（widget）"，提供超过八种形状控制调整参数

- 遮罩边缘的柔和度控制用于调整遮罩边缘的模糊程度，有时可以用来单独控制形状的（外部）边缘，或与"Transform"关联控制遮罩的内部边缘。

　　最后，每个形状参数还具有一组可以通过滑块调整的数值参数。无论你调整形状时是使用调色台，还是用鼠标在软件界面上操作，这些参数存储并定义了每个形状的数据。

自定义形状遮罩

　　自定义形状通常能在特定的调色软件中找到。自定义形状，用于隔离不规则的主体，在任何情况下都非常通用。有些调色师用自定义形状代替椭圆形，他们认为手动从头开始绘制一个形状要比调整椭圆的位置速度更快。

　　通常，自定义形状使用鼠标、光笔和手绘版绘制，或调色台的跟踪球对应形状的各个控制点并对其进行调整。然而，一旦创建好自定义形状，它们通常也具备所有相同的大小、旋转方向、位置、旋转和柔化（羽化）的控制选项，正如简单的椭圆或矩形调整（图6.7）。

　　调色软件通常会试图让形状的绘制过程变得简单，在此前提下，大部分形状可能会相当宽松（就比如用 HSL 选色，回忆下当你选择亮部或暗部键控时，蒙版也是比较松的），特别是在实际工作中，客户在你肩膀后面看着监视器，这种情况下形状绘制会很匆忙。

图 6.7　一个自定义形状用于压暗前景元素，帮助把关注点落回镜面反射的男演员身上

通常情况下，当你在图像上单击添加控制点，你就会进入形状的绘制模式，在目标物体的周围绘制"连接点"。控制点有以下两种类型。

- **B splines（B 样条曲线）**[1] 在许多方面是最简单的操作。控制点在实际形状中并不相连，通过形状朝着自身的方向"拉"，以施加间接影响。若要创建更复杂的形状，添加更多的控制点并把它们更紧密地排列在一起。其简单性让它们能更快捷地使用；然而你会创造更多的点来创建更复杂的形状。

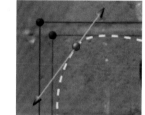

图 6.8　在 FilmLight Baselight 中的贝赛尔曲线控制

- **贝塞尔曲线**[2] 是经典的计算机绘图曲线，用在比如 Adobe Illustrator 之类的平面软件中。曲线的每个控制点都有一对手柄，用于定义曲线的形状和锐度（图 6.8）。

通常情况下，你会有多边形（硬角边缘）和曲线边缘之间切换的选项。

> **贴士**　请务必检查你所用调色软件的帮助文档，查找当你即将完成形状绘制时应该做何操作的指南，是否简单地插入控制点来闭合形状；如果不是，可尝试在即将完成的几何形状附近添加一两个额外的控制点来完成形状闭合。

当你在绘制形状时，避免添加过多的控制点是个好主意，因为过多的控制点会导致稍后对该形状的调整更烦琐，而且会使形状的关键帧动画变得更麻烦，要尽量避免。

在大多数用户界面中，当将要结束形状的绘制时，可以通过单击形状的第一个控制点来完成形状的闭合，不过有时需要单击"Close Shape（关闭形状）"按钮来完成形状绘制。

羽化和柔化

调整遮罩的其他关键手段是羽化或柔化（feather 或 softness）。通常形状的柔化调整由一个单一的滑块控制，基本上，柔化形状遮罩的边缘与柔化蒙版一样。

如图 6.9 所示，复杂的羽化控件提供自定义的内部和外部羽化调整。对应形状的控制，每个可调节的部分通常会有三个控制点。

- 内部控制点，定义内部边界的羽化程度。
- 外部控制点，定义外部边界的羽化程度。
- "master（主要）"控制点（即图 6.9 中的绿色控制点），可以同时移动内部和外部控制点。

在对不规则形状羽化时，内部形状和外部形状之间的距离越接近，羽化程度越少，反之，内外形状的距离增大会增加羽化效果。

Adobe SpeedGrade 添加了一个巧妙的羽化控制：一套"Contour（轮廓）"控件，允许你用两个参数

1　B- 样条是贝塞尔曲线的一种一般化，可以进一步推广为非均匀有理 B 样条（NURBS）。而非均匀有理 B 样条曲线（NURBS），是一种用途广泛的样条曲线，它是计算机辅助设计及计算机辅助制造的几何造型基础，得到了广泛应用。

2　贝塞尔曲线于 1962 年，由法国工程师皮埃尔·贝塞尔（Pierre Bézier）所广泛发表，他运用贝塞尔曲线来为汽车的主体进行设计。在数学的数值分析领域中，贝塞尔曲线是电脑图形学中相当重要的参数曲线。

（"Exponent（指数）"和"Weight（重量）"）来调整从中间到边缘羽化的衰减方式（图 6.10）。"Presets（预设）"对于常用的轮廓设置很有用。

图 6.9 自定义形状与不规则羽化（左图）及其遮罩（右图）

FilmLight Baselight 提供 Matte Curve[1] 可以用曲线的衰减来控制形状的柔化程度，通过单击"Edit Matte Tool（编辑遮罩工具）"按钮即可调整（图 6.11）。使用这条曲线，你可以针对目前的形状创建所需的自定义轮廓。

 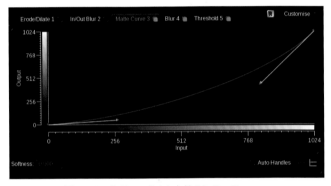

图 6.10 Adobe SpeedGrade 的 "Contour（轮廓）"控制

图 6.11 在 Baselight 中的 Matte Curve（蒙版曲线），可以自定义形状的羽化衰减

可以灵活使用不同的工具，基于形状的羽化和轮廓控制都是创建"精致的边缘"的关键，运用这两个工具可以收紧形状遮罩的某一区域，也可以在另一区域做羽化操作，以创建自然和无缝的过渡效果。

反转和组合形状遮罩

大多数调色软件能让你反转形状，以定义调色效果应用于遮罩的内部还是形状外部。另一方面，许多调色软件具有相同的能力，分别将调色效果应用到形状的内部和外部，正如使用 HSL 选色一样（有关详细信息，请参阅第 5 章）。

更高级的形状遮罩用法是使用布尔运算组合多个形状（图 6.12）。典型的布尔运算能进行以下操作。

- 把两个形状组合成一个遮罩。
- 一个形状相与另一个形状相减。
- 一个形状相与另一个形状相交。

这类似于第 5 章中所示的多个 HSL 蒙版的组合方式。布尔运算是遮罩组合最重要的功能，"一个形状减去另一个形状"尤其常用，在实际工作中，你需要隔离画面背景的大片区域，但需要保留这片区域中的某个部分不被调色影响，就要用到形状的布尔运算。

图 6.12 达芬奇 Resolve 的布尔运算选项，能让你决定两个形状之间是融合关系，还是相减关系（一个形状中减去另一个形状），也称遮罩的减法或加法模式

图 6.13 显示了一个典型的例子。矩形遮罩用于压暗背景，从而让注意力转移到左侧演员身上，但右侧的演员就会被扔进阴影中。

---

1 在第 5 章也出现过"Matte Curve（蒙版曲线）"，在 Baselight 中这个蒙版曲线针对选色蒙版和形状遮罩的调整，所有形状和任何方式的选色都可以使用，特此注明。

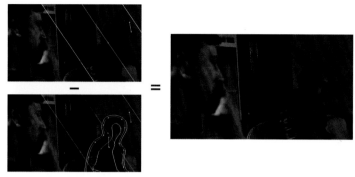

图 6.13　矩形遮罩压暗了画面右半部分，用一个自定义形状保护暗处的演员

使用第二个形状，我们可以从压暗的遮罩中把他抠出来，让他保留在明亮的位置。

> ### 其他调色软件的手动遮罩调整
>
> 　　如果你使用的软件没有内置的形状遮罩工具，你可以添加滤镜（或效果器）。如魔术子弹 Colorista II，可以提供此功能进行二级调色。或者在你所用的应用程序中使用内置工具，结合额外几个步骤来创建这些效果。
>
> 　　在应用程序中创建形状遮罩再调色，通常这类型的软件是层级关系的，你能复制并重叠镜头（这是这类软件最简单的层级操作），把放置于上层的镜头用于绘制形状遮罩，裁切出你所需要调整的部分。当这个遮罩绘制完成，加上羽化遮罩边缘，再在这个遮罩区应用你需要的效果就能达到调色目的。
>
> 　　另一种可能性是使用如 After Effect 这种支持调整图层的应用程序。通过在图层中应用遮罩，就可以限制该部分图像，在该区域应用任意效果。

突出主体

　　当使用形状来突出画面主体，传统上会用另一个不同的名称——"Vignettes（暗角）"。暗角指的是光学和机械上产生的一类现象，通常在拍摄时要避免出现：电影或视频图像的边缘周围，会有暗下去的一圈。然而这种人工压暗的手法已被用于调动注意力和创造画面风格。例如：

- 围绕主体压暗，可以调动观众对主体的注意力。
- 形状遮罩可以作为"虚拟的黑旗"，减少镜头中过亮的环境光。
- 固定方向的阴影渐变，在比较平的图像上可以均匀地提亮画面，增加画面维度（深度）。
- 自定义形状还可以故意模仿光学或机械镜头的暗角，匹配其他场景的镜头效果或创建复古电影风格。

　　用暗角调动画面的注意力，人工制作暗角的技术从无声电影时代就有。最初，在长镜头或到演员的特写镜头，电影制作人员在镜头前放置暗角来突出画面主体，正如这个 1925 年默片电影《失落的世界（The Lost World）》的截图，由贝茜·洛芙担纲演出（图 6.14）。

图 6.14　1925 年无声电影《失去的世界》，图中演员是贝茜·洛芙。我们可以看到一个很重的暗角，让观众的注意力都放在演员上。调色师乔·欧文（Joe Owens）[1] 指出这个技术在 D.W. 格里菲斯导演的《党同异伐》中也用得很多

1　乔·欧文（Joe Owens），加拿大调色师，是 Presto!Digital 的拥有者和调色师。

这种技术今天仍在使用，而这个效果通常是在后期制作中再创造，而且现在更加自然和微妙。在以下示例中，两名女演员与背景互相"竞争"，因为整个场景光线明亮而且均匀。然而使用自定义形状，可以将背景中左右两侧的墙壁以及前景左边女演员底部的鞋，全部削弱并放入阴影中，令女演员更向前景靠，拉开女演员和背景的距离（图 6.15）。

图 6.15　人工绘制的暗角把注意力加强到女演员身上

画面主体比周围环境亮度更高，更容易抓住观众的注意力。如果遮罩的角度和形状轮廓都很好，那作用于该遮罩的调色效果相当于（自然地）深化了这个区域的阴影。观众不应该察觉到形状或某个形状的存在，除非是蓄意保留的形状效果，才能看出形状。

> **贴士**　若要了解如何使用暗角达到最好的效果，可以从不同光比的图像中研究光影的相互作用。理想的形状遮罩，是能巧妙地分割出图像中要弱化光线的区域，同时又能完全伪装成画面的暗部，融入场景的环境光线中。

这个技术在这种情况下更有效更好用：拍摄期间主体和背景之间的光比最好是由摄影指导控制。用打光来控制观众的注意力是一项功能强大的技术，而最佳的暗角控制是电影摄影师的艺术。尽管如此，许多周期和预算有限的项目得益于额外的形状遮罩，从而调整光线并提升画面效果。

我们来看一些实际的示例，直接用形状遮罩来调动观众注意力。

给演员补面光

在我实际工作中做得最多的工作，估计就是在人脸上使用羽化程度很大的椭圆来增加演员脸部对比度，特别是在调纪录片时，我会通过这个方法来提亮他们的脸部，突出人物。效果是类似于使用反光板来增加主体与背景的对比度（我总是希望前期拍摄时他们已经这样拍了）。

使用形状遮罩的优点是它能隔离图像的部分区域来调色，如果饱和度和亮度的差异并不重要，可以不考虑做 HSL 选色。你所要做的，只是在需要突出的演员脸部，用形状包围起来并强调该区域。

在图 6.16，画面中右侧的男演员并不是特别的突出，特别是这个场景轮到他讲台词的关键时刻。在这种情况下，用椭圆形环绕他的脸部，准备通过调整中间调提亮他的脸部。

完成分离后，接着的操作很简单，通过提高 Gamma 和降低 Lift 来扩大对比度。我们不只要提亮他的脸，要有选择性地拉伸这个区域的反差，沿着光线的方向增加演员脸部的光感。

> **贴士**　你可以切换到遮罩以外的区域，稍微降低遮罩外的图像饱和度，这是另一个强调遮罩内部主体的方法。

在某种程度上，就像我们在拍摄时加入了反光板，给演员反射更多的光线。如果能把遮罩内的暗部水平保持不变，那么即使高光被提亮了也能有助于隐藏遮罩。

图 6.16　创建一个带柔和过渡的遮罩，提亮演员脸部

　　这种方法棘手的地方在于，遮罩的羽化程度要足够好（通常羽化值会高一些），但是它不会在演员脸上有明显的效果，如果羽化值不高，反而会导致演员头上出现光晕，这是差劲的二级调色的必然结果，成熟的调色师是不会做成这样的（图 6.17）。

图 6.17　左图的演员头部在调整后，有一圈光环围绕他的头部，这是由于遮罩形状大但羽化程度太小、还有内部和外部的暗部水平并不匹配所导致的。右图，演员脸上的校正没有这个问题，因为形状、羽化程度和调色都进行了细致调整

　　如果出现光晕的问题，可以调整形状的大小和羽化来隐藏它。羽化值将取决于你在隔离的区域上做什么样的反差。如果能把遮罩内外的暗部水平保持一致，那么很宽的羽化和渐变都是合适的。另一方面，如果提亮主体会提亮暗部，就需要更严格的遮罩边缘，以免出现光晕。如果单独使用羽化不能解决这个问题，你可能需要重新调整该区域的反差，试着让二级调色与背景更好地融合。

深化暗部

　　前景主体的亮部水平与背景的亮部水平接近，我们的视觉系统在很难区分这两个相近亮度的情况下，可使用形状遮罩来分离物体并压暗其周围，转移观众注意力。如果不知道自己是否在处理等亮的图像，请尝试完全降低它的饱和度，如果你在灰度模式下难以选择主体，那么它就是等亮体。

　　图 6.18 是调整过的正午光照的场景，但女演员和男孩与复杂的背景之间有些难以区分。

图 6.18　去饱和度的图像，显示了女演员和男孩的亮部水平和
背景元素非常接近，使其很难轻易区分开他们和背景的关系

> **贴士** 另一个检验等亮体的好方法是，将你的显示设备切换到只有亮度的模式，然后集中观察图像的边角位置。如果当你盯着图像的一角，并用眼睛余光观察图像时分辨主体是有困难的话，那就是等亮的。

使用一个非常柔和的形状遮罩并微妙地压暗四周的物体，这样能很好地降低背景亮度。现在由于提供了柔和的视觉提示，眼睛会往画面的主体方向浏览（图 6.19）。

图 6.19 用（椭圆形）暗角压暗周围，调动观众的眼睛往画面的主体移动

对于此类型的操作，最灵活快速的形状往往是椭圆形而不是自定义形状。据我的经验，简单的椭圆形往往比自定义形状效果要好。当你绘制形状时，要注意隔离目标的主体轮廓，而不是根据明暗来绘制形状。如果控制形状遮罩不谨慎，就会出现明显的人为痕迹（图 6.20）。

图 6.20 一个羽化值不高的自定义形状，这个效果比不上前面示例所用的椭圆形

椭圆形，从另一方面来说它是完全抽象的，但事实上画面最终效果有点更类似于现场的实际光线效果。

使用椭圆形不是一个硬性规定。注意，要时刻留意你的椭圆形有没有出现不合意的光晕效果。在使用任何类型的形状是都要做好边缘羽化，原因有两个：通常你不想让观众察觉到形状的边缘，还有就是你通常不想在形状中出现任何纯黑色。

利用遮罩来制作极其微妙的压暗结果，观众几乎察觉不到，尽管你已经调动了注意力并提亮了图像的中心。如果这时你不确定羽化是否够好，你可以切换到轨道可见模式[1]，并隐藏或打开轨道，比较遮罩调整之前（左图）和之后（右图）的图像，结果会很明显。

通过合成添加阴影（暗角）

如果你所用的软件没有形状调整工具，你可以使用形状生成器和合成模式为图像添加暗角，这两个功能在大多数的非编软件和合成软件中都能找到。

1. 在要调整的图像上叠加一个形状图层工具或渐变生成器（即渐变图案）。选择需要的形状类型（通常是椭圆、线性渐变或矩形）。

1　作者并没说明在哪个软件中操作，根据他的描述，他是在层级方式的调色软件中完成这个对比的。建议读者参考图 6.19 的两幅图，比较使用遮罩前后的效果。

2. 设置形状的位置和大小，根据图像调整需要覆盖的区域。

3. 提高边缘柔化的羽化值，或者更改线性渐变的宽度。

4. 使用 Multiply（相乘）合成模式来创建压暗的效果。

　　理想的情况是使用放射状或线性的渐变（从黑色到白色），让遮罩层和素材层 Multiply（相乘），高光的部分就会变透明（保留素材层的内容），渐变深灰色部分会变半透明（变暗），黑色范围依然保留黑色。

　　这个方法另一个技巧是，如果你改变渐变形状最暗的阴影部分（例如，把它从黑色改成灰色）就会改变该合成效果的透明度（改变暗角的亮暗程度），那就无须更改叠加层的不透明度，工作效率可能会更高。

创建视觉深度

　　使用形状来创建深度时，在与立体视觉无关的情况下，了解我们的视觉系统如何解释各种深度信息，这会对调色工作助益良多。在纪录片《光影的魅力（Visions of Light）》（1992），摄影师维托里奥•斯托拉罗（Vittorio Storaro）[1] 谈到了电影摄影师在非立体电影中增加二维画面深度的能力。我们调色师也可以在与立体电影无关的情况下，通过运用调色工具更好地帮助完成这些任务。

理解六个景深要素

　　在二维画面上创建视觉深度的原理被画家和电影制作人员广泛应用。幸运的是，立体视觉只是人类视觉系统中用于区分深度的七个或更多要素中的一个。其他要素，对导演和电影摄影师，以及在少数情况下呈现和放大视觉效果的调色师来说，都至关重要。

三个不能过分强调的景深要素

　　首要注意的有三个深度要素，在后期制作中这几个深度要素是不能被更改的，除非你打算在一些应用程序如 Adobe 的 After Effects 或 The Foundry 的 Nuke 上再次合成和调整。

- **透　视**，即场景中越大的物体越近，越小的物体距离越远。例如，广角镜头拍摄的物体会占领前景、中景和背景，能大大提高观众的纵深感。透视感是构图及镜头型号选择的综合结果，透视感其实与调色师没有太大关系，调色师最多只能通过平移或放大画面再次构图。

- **遮　挡**，指画面中一个物体盖住另外一个物体。无论前面物体的尺寸是多大，被遮挡的物体总是被认为在更远的位置。

- **相对运动**，这也是深度要素。以下例子你可能会觉得熟悉：近的物体在行驶的车窗前经过，其运动速度比远处的山脉或建筑物移动的速度要快。电影制作人员可以通过摄影机和演员之间的创意性遮挡来利用运动元素（如果在此类场景中使用形状遮罩，就要做大量的运动跟踪和关键帧动画）。

四个可调整的景深要素

　　下列四个深度要素在所有图像中都可以调整，它们能增强和控制观众对深度的感知。

- **亮度和色彩对比度**限定了其他的深度要素。玛格丽特•利文斯通[2] 描述了光线的明暗应用，特别是从暗到亮的渐变会触发大脑"在哪里"的（定位）系统（如第 3 章中所述），从而产生深度错觉。

- **色相和饱和度**是关键，但这个深度要素往往被低估。高饱和度的物体看起来一般会比较低饱和度的物体更靠近我们。与此同时，暖色的物体看起来离我们距离比较近，而冷色的物体看起来会离我们比较远。

- **烟雾和漫射光**是一种气氛要素，这个要素利用颜色和饱和度来提供视觉深度，与度假时在山林中看到的景色类似，就如一个低对比度或偏蓝的风景镜头，表明山的距离很远。

- **纹理和景深**也是深度要素。越近的物体细节越明显，由于我们的眼睛有视觉限制，越远的物体细节越少。试想一下站在篱笆的旁边；离你最近的枝叶细节丰富，但沿着篱笆，这些细节变得隐隐绰绰。

1　维托里奥•斯托拉罗（Vittorio Storaro），凭借《末代皇帝（The Last Emperor）》（1987）获得第 60 届奥斯卡最佳摄影奖。

2　玛格丽特•利文斯通（Margaret Livingstone）美国哈佛大学医学院的神经生物学专家。

同样，图像中焦外画面的两个深度要素是由景深提供的，通过焦点所在位置让观者感知物体的远近。

> **注意**　马克·苏宾（Mark Schubin）在他优秀的个人博客（http://schubincafe.com）中讨论了立体的电影和电视，还包括其他广播工程相关的话题。

- **立体视觉**，立体视觉要用两台摄影机，摄影机的两支镜头间隔和我们的瞳距相似，使用两个同时捕捉到的图像来创建深度幻觉。汇聚面的交接点（取决于这两个图像的哪个部分是完全对齐的）[1] 和眼调节幅度（当人眼对焦在一个物体上，使两个图像信息叠合进行立体观察的能力）[2]，结合这几个条件形成立体效果。如果你碰巧在立体项目中工作，大多数调色软件会提供汇集点调整，让你分别调整左右眼的画面位置。

使用渐变的形状遮罩来创建深度

你可以使用形状遮罩在本来是平面的图像中创建景深感。你可以看到如何使用一对由黑到白（汇聚在虚构的地平线）的简单渐变做出深度。不运用其他景深要素，单独使用灰度渐变就能增加画面深度（图 6.21）。

你可以利用相同的现象，通过使用形状遮罩来完成。在图 6.22 的示例中，调色后的图像自然柔和。画面有足够的对比度，但向前景延伸的餐桌似乎有点平，在座的三个人光线分散。

图 6.21　渐变的灰度坡道能创建深度错觉　　　　图 6.22　使用羽化过的矩形遮罩压暗桌子，添加深度

这个实例使用一个矩形或多边形会比较简单，朝着演员方向的遮罩边缘过渡十分柔和，隔离并压暗了桌面。本质上我们是给画面增加了一个渐变形状，达到与图 6.21 相同的效果，通过人为添加渐变来增加图像深度。

仅用饱和度来实现微妙的深度控制

由于饱和度本身就是一个深度要素，你可以通过结合自定义形状和调整饱和度，为场景创造更微妙的深度。靠近镜头的主体通常色彩丰富，有选择性地降低图像某个区域的饱和度，意味着该范围距离更远。预算扎实的服化道部门可通过仔细选择的油漆、绿色植物和服饰来实现色彩控制，但如果你拿到的素材场景缺乏这种控制，你就要编造出这些色彩构成。

图 6.23 中的示例，一对情侣在城市的屋顶上。整体场景是温暖的，在他们后面的背景还有很多颜色。然而，通过一个羽化的椭圆将演员和背景隔离（这个方法比较快速但调色结果可能会不够干净，也可以合并几个 HSL 选色图层来做分离），可以选择性地提高红色和蓝色的饱和度，巧妙地增加演员们的色彩对比，然后再去饱和或将背景调冷，把背景往后推得更远。

1　俗称汇集点。
2　也称为体视调节，尤指人眼对各种距离的调节作用。

图 6.23　用羽化值很高的形状来分离前景的两个演员，目的是稍微提高他们的红色和蓝色，并同时调冷和降低背景图像的饱和度。用一个微妙的遮罩让这对演员更往前景靠，与背景拉开（书本的纸张打印会夸大这个效果）

在更改对比度和亮度都不适合的情况下，以这种方式控制饱和度和色相，能拉开主体和背景的距离。

通过光线控制来调动视觉中心点和深度感知

技艺精湛的电影摄影师会严格控制场景中的光线，最大限度地调用深度元素并同时注意考虑观众的视觉中心（并不是指摄影师要帮助艺术指导将单薄的布景藏到阴影里这种过分的要求）。

不幸的是，在实际工作中并不总是有预算或时间来仔细完成每个场景的布光。幸运的是你拥有这些工具，能在后期制作中帮助摄影师，像使用黑旗一样降低每个镜头的边缘灯光，来模拟这些经典的灯光控制。

图 6.24 的镜头已经调过颜色，呈现出弱光的室内夜景。然而在演员右侧的前景墙壁和左侧的背景墙壁上仍然有大量的光线。

图 6.24　调色后的夜景室内镜头

使用一个带羽化的、简单的多边形，沿着光的方向（墙面被包含在遮罩中）稍微调整一下形状的角度。通过反转遮罩，你可以压暗并降低遮罩外部的饱和度，使焦点更集中在女演员身上。两边的亮光被压掉，这样的室内夜景让观众更信服，而且所有的这些调整都不影响中间的女演员。

在这个调整中，关键在于当你调整中间调时，不要把阴影压得太低，否则观众就会察觉出来，认为太刻意了。

人工控制焦点

另一种调动观众注意力的方法是使用调色软件中的模糊功能，结合形状遮罩使用，创造人工浅景深。

图 6.25 已调过色，现在演员接近剪影状态，演员背后被阳光打亮。画面的色彩状态刚好，这时导演认为男演员的焦点对比起旁边加热器上的文字，对观众来说视觉中心点不够强烈。在这种情况下，使用形状遮罩来提亮男演员会影响整个画面的调色意图，所以我们改用"Blur（模糊）"或"Softening（柔化）"来控制（图 6.26）。

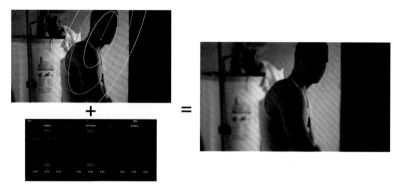

图 6.25 故意光照不足的前景人物，与过多细节的背景形成鲜明对比

　　这个情况使用椭圆形遮罩很容易就能解决，创建椭圆形遮罩并羽化，放置于我们想保留的焦点上。现在我们放在男演员上半身的位置，反转遮罩，然后在现时的遮罩上将模糊效果应用到背景上（图 6.26）。

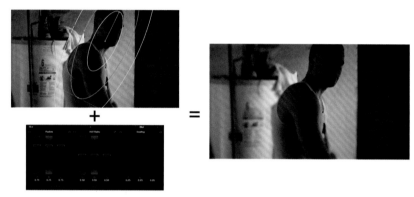

图 6.26 调整达芬奇 Resolve 的"Blur（模糊）"参数，创建人工浅景深

　　图 6.26 的示例使用了达芬奇 Resolve 来调整，但这种效果可以在任何一个调色软件中完成。请查阅你所用软件的帮助文档来实现相同的模糊调整。

形状遮罩与 HSL 限定控件混合使用

　　形状遮罩不仅仅对调整对比度有用。你可以结合 HSL 选色来帮助场景中难以抠干净的键控元素。这个做法很基本和常见，几乎在每个有键控选色和遮罩工具的调色软件都能做这种复合调整。

　　这种工作方式类似于这一章较早前讨论的布尔（运算）操作。当你打开一个形状遮罩并在同一时间使用限定工具，蒙版的白色部分是用于调色的区域，保留了键控与形状重叠的部分。这很容易就能把那些用限定控件也难以消除的蒙版给省略了，因为这些有问题的键控会影响真正需要调色的目标蒙版。

　　延续图 6.9 的示例，画面环境阴暗，床上躺着女演员，影调现在是完美的，但女演员的身体部分太过于融入背景，人物不够突出。我们想把注意力放在她身上，但简单的形状遮罩不是最好的解决办法，因为她身上斑驳而不规则的阴影，所以使用自定义形状遮罩的难度太大。

　　在这种情况下，使用 HSL 限定控件来隔离她脸上和肩膀上的皮肤是最好的解决办法。然而，当我们在她脸上选色采样时，由于整个房间的灯光颜色和床单都是冷色的，与她的肤色接近，导致这个键控不可能做得干净，无论如何都会包括一部分床单的高光（图 6.27）。

　　解决方法是使用一个形状遮罩来隔离键控，保留我们需要调色的区域。这样做可以很快完成调整，而且得到两个不错的结果：使用 HSL 键控可以提供高精度蒙版，再用形状遮罩做隔离会让整个操作变得简单。

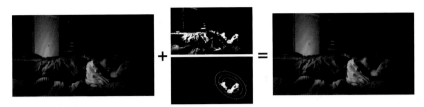

图 6.27　用一个形状遮罩约束 HSL 键控，我们要提亮这个组合遮罩中女演员的脸和肩膀，并增加饱和度

以数字方式重塑光线

工作的项目如果是纪录片或独立电影，这种类型的影片拍摄时大多数严重依赖快速布光甚至直接用自然光，我经常面临的挑战之一，就是寻找各种方法来增加画面深度和视觉效果，否则场景看起来就会很平。让我们看看如何使用自定义形状控制光影。

现在，根据图 6.28 的场景和光线，我们需要考虑一个问题：当前光线适合这个图像的叙事内容吗？初始调色后的场景是温暖的，稍微有点亮的、低饱和的"美国哥特式"风格。

图 6.28　左图，未调色的原始场景。右图，已做一级校色，营造了一个温暖的场景

如果制作周期和预算充足，灯光部门可能会在实地场景等待并观察一天内不同的光线效果，直到光线落到房子上（才开始拍摄），或者他们可能使用在镜头前加丝制品的方法（丝化法）来切掉一部分前景草坪上的光线。但是，他们可能无法用丝化法处理房子后面的整片树，或做其他夸张的前期调色。

幸运的是，数字后期调色提供了其他的解决方案。

绘制光影

图像的焦点应该被放在那个有点阴森的房子上。现在它是自然的饱和度不高的状态，想让观众的焦点都放在房子上的最好办法是把房子提亮一些。这样做能达到双重目的：一是出于视觉中心点的考虑，二是要使房子看起来更怪异。因为提亮房子相对于整个自然光的场景会显得有点不自然，提亮的同时还加强了不安感。

房子使用矩形或多边形就能容易地分离出来（图 6.29）。如果我们保持边缘足够柔软，我们可以"反弹"光线，无须担心要根据房子的形状而创建复杂的形状遮罩，如果手绘遮罩画不好，反而会弄巧成拙，尤其是对于那些手持"漫游式"拍摄的场景。

图 6.29　用多边形遮罩来隔离和提亮房子

一旦把房子分离出来，我们可以通过提高中间调和一点点浅暗部来提亮房子。小心不要提高所有初始状

态在 0%（IRE）的绝对黑位的像素，因为这样才可以将房子变成不自然的乳白色外观。

为了将观众的视觉中心点引导到房子上，我们下一步会在前景上围绕草坪绘制自定义遮罩并羽化，然后再压暗（渐变类型类似于图 6.22 的示例）并降低饱和度（图 6.30）。

图 6.30　用一个柔和的自定义遮罩隔离并压暗前景的草坪，添加图像深度

调整后强化了草坪的延伸感并增加了深度，正如我们前面看到的结果。

为了确保房子在屏幕的中心（和观众的视觉中心），还有最后一步操作，就是要压暗房子左侧的树。那些树上有些亮，不是我们想要的阴森的效果。使用另一个自定义的形状。我们根据光线的轮廓绘制自定义遮罩并软化这个形状，然后降低 Gamma，将树推入更远的背景（图 6.31）。

图 6.31　我们最后的调整，分离并压暗房子左边的树，将其推入背景

调整羽化值是画面各个元素衔接自然的关键，特别是树和天空交接的位置。

最后一次校正结束后，我们的调整就完成了，调整之后我们的注意力会直接放到房子上，之前的自然光已被改变，达到了导演想让场景带有阴森恐怖气氛的要求。

作为调色策略的图像分割

前面的示例很好地说明了其中一种很好的图像分割思路。在进行图像或场景的初步评估时，找出如何创建所需效果的最好方法，就是要打破它，在大脑中将其拆分成一系列的分散区域，针对每一区域进行特定的色彩调整。当你学会用这种方式想象场景，就会更容易看出该如何使用二级调色，无论你使用 HSL 选色还是形状遮罩。

图像分割的一项重要技巧，就是知道在特定的区域该组合哪些相应的工具来提高工作效率。某些调色师认为尽可能多地使用二级调色是最好的工作方式。个人而言，我会试着弄清楚如何用最少的二级调色来达到调整目的，以此为前提我的工作速度会更快，项目的视觉效果将更有效率地呈现，而且最终调色结果会更自然。

然而，你进行中的项目类型及客户的审美将最终确定图像分割的程度是否适合。在自然主义的纪录片上不适宜做过多调整，但充满灯光和色彩的昂贵的商业广告就不能像纪录片那样简单处理，要更风格化。

减 光

我发现最常见的灯光校正问题之一，就是场景中有太多的环境光。如果你看过很多经典电影的摄影，特别是黑白电影（更容易找出明暗比例），你会察觉到一位纯熟的摄影师会让我们的目光始终保持在场景主体上。他们通过控制背景的暗部来减少场景中照亮了无关物体的多余灯光。

已做一级调色的图 6.32，高光被提亮的同时保持暗部，加强了内部的暖光。不过，他们头顶的墙面出现了亮光。

图 6.32　一级校色导致提高了背景亮度，这是我们不想看到的

　　然而一个简单的修正会令画面更有戏剧性，我们可以通过使用自定义形状来压掉天花板的反射光，使场景更集中更紧张（图 6.33）。

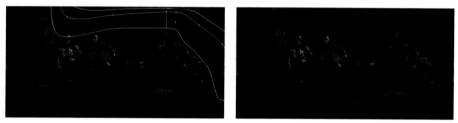

图 6.33　使用自定义形状遮罩，遮挡背景墙上的亮区，令光线更集中在画面主体上

　　一般来说，自然的、令人信服的灯光调整就是顺应当时现场的亮暗关系，而不是与场景本身的光影关系相悖。这也是要牢记的规律，一般来说你会羽化遮罩边缘，所以不要让隔离目标的边界和遮罩距离太紧密，应当留出一些空间。

　　和本章中的其他示例一样，可以降低 Gamma 来解决这个背景亮区，但也要注意 Lift 控制，以确保暗部不会被压得太多。

　　调整之后，房间让观众觉得更大更神秘，这样我们就达到了这个画面的叙事目标。

保留高光

　　有时，用于压暗画面的自定义形状会重叠场景中的实际光源或自然反射的物体表面。人为地减少那些元素的亮度会导致不自然。如果调整结果看起来明显不正确，你就要有所行动。

　　图 6.34 的画面正有这个问题。一级校色强调了高光的冷色（假定光源是来自显像管的老式电视），还有自定义形状用于压暗后面的墙壁，营造更像深夜观看电视的感觉。不幸的是，形状和灯重叠在一起，我们把墙调暗后，这盏灯看起来有点奇怪。

　　根据你所用的调色软件，有几个办法能使这些在暗部的亮光恢复原状：仔细控制遮罩或更改图像处理顺序。

　　最简单的解决办法是组合使用 HSL 限定工具和形状遮罩隔离这盏灯，用灯的蒙版形状减去创建的形状遮罩。

　　这里用达芬奇 Resolve 说明此示例。选择那个做了形状遮罩的节点，开启 HSL 选色并隔离灯（这个键控比较容易做，因为灯是明显的明亮的红色）。创建蒙版后反转蒙版，那么蒙版将自动减去形状遮罩，如图 6.35 所示。

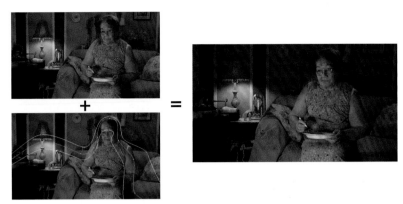

图 6.34　压暗演员背后的墙壁，使灯变得阴暗，但是要考虑到它是在房间的光源之一

图 6.35　用 HSL 选色隔离灯具，用形状遮罩减去灯的键控蒙版，把灯恢复到原来的亮度水平

结果是灯的亮度（以及其他一些反光表面）返回到原始亮度，使最终画面结果更突出，现在图像的对比度最合适。

在更多合成类的软件中，同样的效果也可以做到：先复制图层，在新的图层上对需要保留的区域做键控，把这个图层叠加在已经调暗的画面层上。

这只是形状遮罩很粗浅的应用

正如你所看到的，形状遮罩有无数种用法。本节中主要集中于基础的用法，即压暗画面和强化观众的视觉中心点。但形状遮罩也可以用于添加色彩或重新调整颜色，可以提亮区域而不总是压暗它们，根据你所用调色软件的功能，形状遮罩还能分割图像区域，进行更积极的整体调色。请参考你所用软件的帮助文档以获取更多信息。

形状遮罩与运动

基于形状遮罩的数字化二次布光，正如前一节所示的，这是一个强大的、可以增强（或者偶尔重塑）原始图像光影关系的手法，但摄像机和拍摄主体的运动会影响这个手法的运用。

很多人认为，只要边缘羽化足够大，依然可以把固定不动的形状直接放在移动幅度较少的物体上，这一节开始之前，忘掉这个概念是非常重要的。事实上这种做法并不少见，但有时这种软化的形状看起来就像一块亮斑。即使拍摄对象进出移动一次或两次，只要形状遮罩的本身不会引起观众的注意，可能还是一个不错的调整。

如果这么做就能解决遮罩的问题，那你就能完成调整并继续往前工作。但是，如果拍摄对象或摄影机的移动与形状的位置是分开的，那你将需要做一些操作把遮罩匹配到物体正在发生的运动轨迹上。在图 6.36 的例子中，矩形遮罩成功地减少了树干的光。如果这是一个固定镜头的话，我们的工作已经做完了。

图 6.36　摄相机和拍摄对象的运动可能会打断调整思路

然而摄相机轨道是移动的，我们之前放置的遮罩在镜头结束时从树移动到女演员的脸上，这样的遮罩是没用的。

幸运的是，大多数调色软件会提供两种方法来解决这一问题。首先，遮罩可做关键帧，遮罩的位置、旋转和形状都可以做关键帧动画。其次，运动跟踪可以识别图像中移动物体的特点，按照软件的跟踪方式来跟踪，你可以根据摄影机和（或）主体的相对运动，使用软件中自动生成的运动路径，自然又快速地匹配移动遮罩的运动。

跟踪遮罩

接下来我们开始讨论动态跟踪，它是迄今为止最好的工作方式。所有运动跟踪器的前提，都是在需要跟踪的物体上选择一个特征，结合你所用程序分析出来的一系列关键帧（通常是整个镜头的关键帧），就能自动创建一个运动路径，生成遮罩动画。

传统的基于跟踪点的动态跟踪系统，如 Autodesk Smoke，它是使用一对盒子[1]和一个十字线。不同的软件使用不同的术语，但一般来说，内框（如图 6.37 的白框）是用于参考图案[2]，在十字线中心之上，它定义要跟踪的位置。外框（图 6.37 的红色框）是用于分析区域[3]，它定义了软件对该区域搜索范围的大小（图 6.37）。

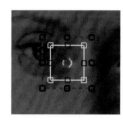

图 6.38 显示了一个相当典型的操作，通过跟踪演员的眼睛，使一个形状跟随演员脸部。另外，用 Smoke 的"GMask"工具来创建自定义遮罩时，你可以跟踪遮罩上的每个控制点来跟踪分离出的物体，就像轨迹匹配一样

图 6.37　执行单点跟踪，跟踪演员的眼角。如图所示，红色框内的跟踪范围会将运动路径赋予遮罩动画

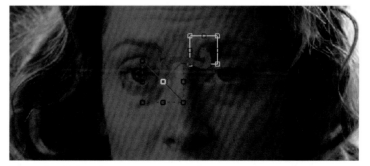

图 6.38　正在工作的单点跟踪。红线显示的跟踪轨迹是由单点跟踪的跟踪点所定义的运动路径

1　也称跟踪框。
2　即跟踪点。
3　即跟踪范围。

常用的四种跟踪方式：
- 单点跟踪，跟踪对象的位置。
- 两点跟踪，同时跟踪两个特征，把两点的位置和旋转信息提供给跟踪形状。
- 四点跟踪，比较不常见，但它允许四角透视变形应用到跟踪形状上。
- 多点跟踪，允许你跟踪形状的每个控制点，整个形状会跟随着物体运动。

如果你使用运动跟踪，并手动选择跟踪特征来进行，以下是一些通用原则：
- 选择跟踪特征，最好选对比度和角度都一样的。这能让软件更好地根据跟踪特征逐帧进行跟踪。
- 设定的分析区域越大，软件跟踪得越好，但跟踪的时间也越长。有些软件的跟踪速度足够快，但有些跟踪效率低，会增加跟踪时间。
- 如果分析区域太小，跟踪的物体或摄影机快速运动将导致跟踪失败。
- 如果应用遮罩的对象没有任何可做跟踪的特征，你可以跟踪其他具有相同运动轨迹的物体。然而这个跟踪特征的选择，最好是场景中和应用形状遮罩的对象处于同样的景深位置。举例来说，如果相机正在移动，而你想要在模糊的树叶上应用一个形状遮罩，那就不要跟踪远处的山，因为视差会让山的移动比前景的树叶慢，所以如果跟踪山的话，遮罩就跟不上树叶的真正位置。
- 如果画面中只能自动跟踪一个狭窄的范围，那么能用自动跟踪的地方尽量做自动，然后结合使用手动关键帧来完成这项工作。这仍然会比纯手动设置关键帧快，而且大多数软件能让你组合使用手动关键帧和运动跟踪。

达芬奇 Resolve 使用不同类型的运动跟踪器（图 6.39），它不是手动选择跟踪特征来进行跟踪的。你只需按实际需要创建形状，然后使用达芬奇 Resolve 的跟踪器自动分析镜头中物体的运动轨迹。类似的跟踪方法也被 Adobe SpeedGrade 和 FilmLight Baselight 系统采用，用于在它们的区域跟踪。

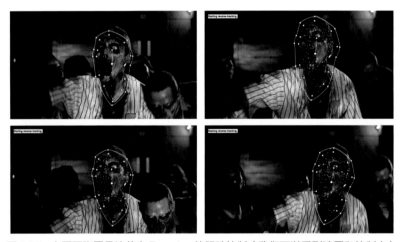

图 6.39 上面两张图是达芬奇 Resolve 的跟踪控制（我们可以看到遮罩和控制点），接着下面的图是正在进行跟踪。基于自定义形状及其跟踪点来自动跟踪

达芬奇 Resolve 会自动选择一组可追踪的跟踪点，并使用由此产生的多点跟踪信息来改变形状的水平或垂直方向，以及改变形状的缩放和旋转，遮罩在跟踪对象的同时会记录跟踪数据，这些数据显示成曲线图（图 6.40）。如果必要，可以（多次跟踪）覆盖任何一个跟踪数据来提高跟踪结果（即跟踪精度），还可以手动覆盖某些跟踪点来对付遮挡物体（比如前景物体遮挡了被跟踪对象）。

正如你可以从图 6.41 看到，使用这种类型的跟踪器，即使跟踪目标在运动过程中出现尺寸大小和旋转角度都在变化等复杂情况，都会变得容易应对。不过，也会碰到更有挑战性的情况，所以这里有一些提示，用于克服在区域跟踪时会出现的常见问题。
- 如果跟踪完整个物体后，跟踪结果不是你所需要的运动，可能遮罩大小、旋转角度或位移都不满意，通常可以收缩形状，跟踪更小的区域，仅限于你想达到的运动范围。例如，某演员的头部不规则移动，你也许能跟踪他的眼睛、耳朵、鼻子来获得必要的运动类型。达到跟踪目的后再调整形状的尺寸，那么遮罩就会以修改后的形状运动。

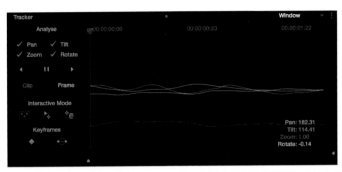

图 6.40　达芬奇 Resolve 的跟踪控制面板会显示分析出来的跟踪数据，你可以根据跟踪
数据来解决问题，有问题的跟踪数据可以反复重写，多次跟踪

- 如果你的追踪器可以让你关闭不同类型的变换类型（即平移、垂直、缩放、旋转），你可以禁用不需要的类型。举例来说，如果遮罩位置跟踪得很好，但由于图像中的各种运动会导致遮罩尺寸改变得太多，那么禁用缩放就可以很容易地达到跟踪目的。
- 当拍摄对象的后面还有其他物体在移动时，比如一棵树，它就会阻碍跟踪点，所以区域跟踪仍然没有帮助。这是造成大多数区域跟踪失败的原因。在这种情况下，在遮罩走到那棵树后面之前，通常可以用某种机制来跟踪前半部分，然后跟踪从树后面移出的后半部分，从该遮罩前半段跟踪末点到下一个理想跟踪起始点之间直接做插值。只要被摄物体沿直线路径移动，就可以很好地工作，但如果拍摄对象移动轨迹不规律，可能要进行手动关键帧设定。

图 6.41　Imagineer Systems 的 Mocha 能做复杂的跟踪、逐帧绘制遮罩和目标擦除，
能解决许多调色软件内置的跟踪和 roto（手绘逐帧遮罩）无法解决的棘手问题

如果你愿意学习另一种软件——Imagineer Systems 中被普遍应用的 Mocha（www.imagineersystems.com）——有更先进的方法来做跟踪。凭借精良的 roto 工具，平面跟踪和摄像机轨迹来解决三维跟踪，你可以紧贴跟踪主体创建更精细的隔离遮罩，从而应对不同的跟踪任务，且易于将遮罩输出并导入到任何软件中。此外，一些调色系统，包括 Assimilate Scratch 和宽泰（Quantel）Rio，能让你直接导入 Mocha 的跟踪数据。

当我们需要快速解决简单问题时，我们可以选择使用调色软件内置的更快速的工具，而在跟踪困难或需要更好的跟踪结果，以及有时间使用第三方软件时，选择使用高级跟踪工具如 Mocha 会很方便。

合成软件已开始具备更先进的跟踪功能。例如，Adobe After Effects 有一个内置的 3D 跟踪器，这让遮罩匹配摄影机移动更方便（图 6.42）。

图 6.42　Adobe After Effects 内置的 3D 跟踪器能解决摄像机的运动，
它可以让你的形状和遮罩"黏住"在场景，仿佛它们实际就在房间里那样自然

持续发展的 2D 和 3D 跟踪，预示着未来更易于应对复杂的运动镜头及其遮罩调色。我曾经告诫初级调色师，不要在他们的工作中使用太多形状，因为通常下一步制作关键帧时会浪费时间。然而，随着效率更高和更强大的跟踪工具出现，我发现选用形状遮罩时唯一要考虑的，是使用这个工具能否解决问题。

其他摄像机跟踪软件

如果你有兴趣了解更多关于摄像机跟踪以及跟踪信息如何与合成软件协同工作的更多资讯，可以了解以下软件，或许能帮助你解决工作流程中的一些问题。

- Pixel Farm 的 PFTrackX，提供摄像机和目标跟踪用于 CG 整合，其中 PFMatchit 是基于节点的轨迹匹配应用程序，它提供摄像机和目标轨迹跟踪合成功能（www.thepixelfarm.co.uk）。
- Vicon（威康）的 Boujou 也提供摄像机跟踪和轨迹匹配（www.metrics.co.uk/boujou）。
- Andersson Technologies（安德森科技）的 Syntheyes 提供摄像机跟踪，轨迹匹配，图像稳定以及允许用户导入跟踪数据的 After Effects 插件（www.ssontech.com）。

遮罩动画

效果好又省时省力的运动跟踪并不是万能的。偶尔会遇到跟踪结果不满意的镜头，那就要求助于手动关键帧。

第 7 章将讨论根据不同的调色要求来创建和操作关键帧。就目前而言，调色软件在处理色彩校正关键帧和形状变化关键帧时通常是以相同方式工作的。事实上，许多调色软件会为所有形状遮罩提供一个单一的轨道专做关键帧。这简化了关键帧动画的初阶任务，但它也会使之后的关键帧调节变得更加棘手。

如果你知道当前镜头需要做一些手动关键帧，那么保持遮罩的简单性会更容易成功。不要试图跟踪拍摄对象的每一个细节，这可能并不必要，如果你需要细抠形状的细节，那将会是一个噩梦。事实上，无论你的形状遮罩是静止的还是运动的，如果你能保持形状简单、结构合理，并注意遮罩内的光影（而不是注重纯粹的物理特征），养成这样的工作习惯，那么你的效率会更高。

如果你只是要对遮罩的位置做手动关键帧，这个要求比较容易满足。对于这种情况，我建议选择一个具体的参考点来作为关键帧的开始（例如演员的鼻子，一个按钮或者车把手），然后使用某个控制点或遮罩的十字线的位置作为参考，按照对象特征进行工作。从本质上讲，你变成了一台运动跟踪计算机。

然而，在现代调色软件中，你会发现那种简单的遮罩运动位置匹配是很难做到又快又好的。在被迫进行 roto 的可怕情况下，你可能需要花大量时间做手动关键帧（roto 指的是通过手动操纵让形状跟随移动主体，也就是改变形状轮廓的过程）。

例如，图 6.43（之前图 6.13 出现过）是个很好的例子,展示了用自定义形状对远处的男演员进行隔离校正。

然而由于下面两个图像是在同一个镜头，我创建的形状只针对一帧，只要演员移动，形状就无法跟踪了。

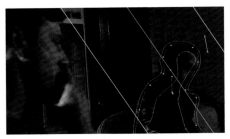

图 6.43 遮罩在人物上的第一帧是可行的，但当演员移动时，遮罩的位置就完全
不合适了，我们需要逐帧手绘动态遮罩

为了解决这个问题，我们需要对遮罩的控制点做关键帧动画，让形状随着演员的动势移动（图 6.44）。

图 6.44 放置关键帧并根据男演员的动势重新绘制形状

关键帧动画和形状遮罩的交互使用是广告调色的重要基础，当你需要精确地分离产品、汽车和演员，还有在进行夸张的风格调整或富有魅力的颜色处理时都会用到，所以当你换到不同的调色系统时，熟悉你所用软件的形状遮罩和关键帧动画的每个功能是一个好主意。

更好地进行逐帧手绘动态遮罩的贴士

Roto——逐帧手绘动态遮罩是一门艺术，它很难又快又好的完成。有很多合成艺术家是这方面的大师，质量上乘的逐帧手绘动态遮罩能在整个后期合成的流程中与目标完美贴合。

然而，roto 艺术家可能会花费几天甚至几个星期才把一个镜头的 roto 做好，而调色师通常会在客户严密的监视之下工作，因为一个镜头的调色时间可能平均只有一到五分钟，所以时间效率与 roto 不同。现在的高配置电脑对做 roto 工作有所助益，一般来说，可以在你创建的每一对关键帧之间自动插值，所以现在不需要根据拍摄的每一帧进行 roto。事实上逐帧 roto 通常是不可取的，因为它可能导致延迟运动，很容易就会让观众察觉出来。

不幸的是，演员们的走位移动很少是纯线性的、可预测的，而这也正是 roto 艺术的用武之地。这里有一些关于 roto 的提示：

- 如果你知道自己将要做 roto 遮罩，选择拍摄对象在其最复杂的位置时下手，根据这个初始状态在画面上绘制你的遮罩。你不会希望在中途添加控制点（如果你所用的软件甚至还允许增加控制点的话）。
- 如果可能的话，使用形状的位置和几何控制让遮罩与物体一起移动，节省时间。在大多数应用程序中，你可以先跟踪被摄物体的运动轨迹，然后使用关键帧改变遮罩的形状。
- 根据隔离的目标物体，尝试将其分成更小的重叠形状，单独追踪（或做动画）会更容易。在图 6.45，该男子被拆成三个不同的形状遮罩。这让你进行 roto 和跟踪时更容易纠错，在出错时不必重复操作，而且更小的形状更易于跟踪，从而消除工作时可能发生的问题。

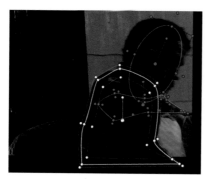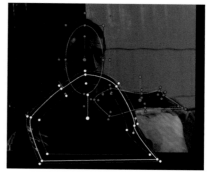

图 6.45　如果你所用的调色软件允许，结合多种形状来 roto 一个正在移动的对象，可以使工作更容易

- 当你在 roto 时，通过密切关注它在镜头慢放和快放时的状态，更能成功地匹配拍摄对象的运动。这些都是在制作最重要的关键帧时的要点。
- 一旦对这些主要的物体运动制作关键帧，那么你可以使用一分为二的原则来微调 roto，在每对关键帧之间反复播放，找到离物体形状最远的那一帧，并添加必要的关键帧。
- 和往常一样，注意遮罩的羽化边缘。尽量避免光晕围绕在你想隔离的物体边缘上。

这样就完成了。请记住，运动跟踪和逐帧手绘动态遮罩的工作，相对于那些多年专注于这类工作的合成软件来说是调色师常用工具中比较新的一项。roto 遮罩可能并不有趣，但是它确实是让我们创造风格和影调的窍门之一，这在前几代调色工作站中很难想象的。

关键帧动画调色

大多数调色软件都提供"Keyframes"也被称为"Dynamics",它们都指关键帧工具,方便调色师进行关键帧动画调色。如果你对合成软件或非编软件中的特效功能熟悉的话,就会知道这个内容。

要实现多种不同类型的关键帧功能,取决于你所用的调色系统。关键帧动画调色是一门重要的技术,是一个全面的调色师的必备技能。

本章的目的,主要是拓展多种灵活运用关键帧的方式和思路,以解决调色过程中的各种问题,并在项目中更好地享受使用关键帧,创作大胆的画面风格。

关键帧调色工具的类比

一般情况下,调色软件中的关键帧工具远比它们在合成软件中简单。然而,对于调色艺术家来说,时间就是生命,这一点必须牢记,所以典型的关键帧设置界面早就被设计成效率超过功能,在调色台也能找到对应的关键帧设置按钮,方便调色师操作。

一般情况下,在调色软件界面(UIs)中,关键帧设置会采用下列三种形式之一。

*   **放置和调整**,必须首先添加一个关键帧,然后在该关键帧上进行调色或参数调整。
*   **After Effects 模式**,打开需要调整的参数的关键帧,每当用户调整那个特定的参数就会自动添加额外的关键帧。
*   **全自动关键帧**,一旦启用,你进行的每一步调整都会自动生成连续的关键帧,无论是调色还是更改参数。

上述每种关键帧设置的形式各有优缺点,很多调色软件允许用户在两种或甚至包括以上三种方式之间切换,这取决于手头的项目。

此外,不同调色软件处理关键帧的范围是不同的。在大多数调色软件中,色彩校正数据的嵌套层次结构,是由"调色 > 校正 > 属性 > 参数"组成的。换句话说,每次调色都包括一个或多个校正操作,每个操作都会有相应的属性(颜色属性、推拉摇移、形状遮罩属性,等等),在这些属性内都会有不同的参数调整(形状遮罩属性包括 x 轴位置、y 轴位置、尺寸大小、羽化、旋转,等等)。不同调色软件,关键帧设置的细节程度有所不同,以下是两种设置方式。

*   **关键帧统一校正设置**,是指每个校正及其校正功能下所含的每个校正参数,它们设置关键帧时共用一个区域(同一组或同一轨道)。这种效率很高,但它提供的单独控制是最少的。
*   **关键帧参数校正设置**,关键帧设置可以细至每个校正功能内的每个参数,每个参数对应的关键帧用独立的轨道来管理。这(特别是在昂贵的设备)提供了更加细微的控制,然而这种调整可能会更耗时。

如果你很运的话,你所使用的调色软件能让关键帧设置在以上两种方法之间切换。使用第一种方法,设置单个轨道中所有校正参数的关键帧,适用于快速高效的简单调整。当你使用第二种方式来做特定的关键帧调整时,可以打开对应的校正属性或参数来修正,也能节省时间。

在以下章节,将探讨四款调色系统的多种关键帧的设置方式。如果你所用的软件不在此列(我不得不尽快完成这本书),我感到抱歉,但我希望这篇概述会给你提供更好的思路,你可以在所用软件的帮助文档中找到对应功能。

关键帧的局限性

大多数调色软件在关键帧动画设置上会有不同的限制。例如,某些应用程序不允许曲线调整做关键帧动画,某些软件可能不允许设置 HSL 选色关键帧。请查看你所用软件的帮助文档,以了解更多相关信息。

达芬奇 Resolve 的关键帧设置

在达芬奇 Resolve 中，所有的关键帧设定和管理都在"Keyframe Editor（关键帧）"（图 7.1）上进行。关键帧包含多种轨道，一种是在当前调色的每个节点（即多个校正器，达芬奇官方中文版称之为"校正器"），以及一个额外的 PTZR 轨道（即"Pan（水平移动）""Tile（垂直移动）""Zoom（缩放）""Rotate（旋转）"的缩写。达芬奇官方中文版称之为"调整大小"）。每个校正轨道可以打开对应的多个参数属性进行关键帧设定。

图 7.1　达芬奇 Resolve 中的"Dynamic（动态）"与"Static（静态）"关键帧。注意，截图中是不同校正轨道的单独的关键帧（每个"校正器"对应于一个节点）和校正中的轨道或节点中的个别特性（相关参数组）

静态关键帧显示为圆圈，动态关键点显示为一对钻石形状或菱形[1]，而且菱形之间会有灰色的长 X 链接（可以联想你使用油脂铅笔在胶片上画线条）。静态关键帧是前后帧突然变化的，从上一帧到下一帧颜色变化没有过渡，如果时间线中没有实际编辑点，它们经常被用来改变母带中从一个镜头切到下一个镜头的调色。

动态关键帧用于过渡的动画状态，可以在整个调色过程的所有节点（也可以在单个节点本身制作），或者制作从单独某组调色参数到另外一组的过渡。你可以通过右键单击任何一个传出或传入的动态关键点，并从弹出窗口中单击"Change Dissolve Type（更改动态特性）"，可以让你平滑或缓解过渡的开始点和（或）结束点。

关键帧作为转换工具使用，因此你可以把播放游标放在两个关键点之间的任何位置，并调整该位置的颜色（或 PTZR）。在其他调色软件中，你不需要把播放游标放在关键点上做静态关键点修改（除非你已经启用了所有节点参数的自动关键帧设置，这样就能立刻铺上效果）。

当使用关键帧来处理动画调色时，请注意在一组关键帧两侧的镜头调色时，这组关键帧前后的调色必须有相同的节点数目。如果其中一侧的关键帧比另一侧的关键帧要用更多的节点，首先创建更复杂的调色[2]并设置关键帧，然后在另一侧将不需要的调整节点重置颜色和对比度，实现自然过渡。

你可以使用多种方法添加关键帧，进行动画调色，这取决于你想操作的范围。

- 使用调色台上的"Add Static Keyframe（添加静态关键帧）"按钮和"Add Dynamic Keyframe（添加动态关键帧）"按钮，轻松地对当前选定节点的所有属性进行同步动画。这个方法适合用来做快速的动画调整。这些按钮将一次性将关键帧添加到所有节点的每个属性中。

- 在你想要进行动画处理的轨道（例如，第四轨）右键单击，从弹出菜单中选择"添加静态关键帧"或"添加动态关键帧"（图 7.2）以设定每个节点的每个属性的关键帧动画（例，如果你想对 Power Window 添加静态关键帧，就不需要为颜色校正再添加关键帧）。

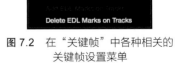

图 7.2　在"关键帧"中各种相关的关键帧设置菜单

- 通过单击节点属性名称左侧方形的"auto keyframing（自动关键帧）"按钮（图 7.3），打开自动关键帧设置，单个节点内的任一属性（颜色校正、遮罩、虚焦模糊，等等）都可以进行自动关键帧调整。在此模式下，你对相关参数进行的任何调整，都将自动放置关键帧控制点。

1　以下形状按菱形描述，以对应静态关键帧的圆形。
2　节点数目较多的比较复杂。

- 在一个特定的节点上，通过单击对应的校正轨道左边的方形按钮，打开自动关键帧，记录节点中所有属性的动画关键帧。在此模式下，只有做过具体调整的属性会被关键帧打点，但该节点内的任何属性，都可以做关键帧。

- 使用弹出菜单的"All/Color/Sizing（全部 / 调色 / 调整大小）"（图 7.4），或用调色台来切换关键帧模式。All/Color/Sizing 中的"Color（调色）"选项，关键帧设置被限制在所选节点的调色轨道上。All/Color/Sizing 中的"PTZR（调整大小）"选项，关键帧设置被限制在时间线上的平移 / 垂直 / 缩放 / 旋转轨道。

图 7.3　调色节点（校正器）中的自动关键帧按钮

图 7.4　关键帧右上角的弹出菜单，可以切换不同的关键帧打点模式

你一旦创建了关键帧，可以通过单独向左或向右拖动关键点来移动关键帧，在"Keyframes（关键帧）"中直接能看到效果。你可以通过按住 Shift 键，拉出一个边框，将关键帧成组选上，然后按住 Shift 键将它们向左或向右集体移动。

关键点可以单独删除，也可以成组删除，按住 Shift 键拖动鼠标，选择一组关键帧，按下键盘上的 Delete 键即可。

ADOBE SPEEDGRADE 的关键帧设置

Adobe SpeedGrade 的关键帧设置比较简单。每个片段的每个调色层，都会有单独一组的关键帧设置（图 7.5）。

在 Color FX 页面，每个你添加到节点树的节点都相当于在该页面创建效果，每个节点都有一个单独的关键帧设置并可以管理其参数。SpeedGrade 有两种类型的关键帧："hold keyframes（固定式关键帧）"，创建生硬无过渡的关键帧调色；"dissolve keyframes（渐变式关键帧）"，创建从一帧到另一帧的插值渐变关键帧。

SpeedGrade 有手动和自动两种模式的关键帧。如果你想为了安全起见，你可以直接手动制作关键帧。首先，你需要通过按下 F2 键来创建一个关键帧，然后你就可以通过定位播放游标（无论播放游标是放在时间线的顶部或关键帧的右边）调整你想要调整的。

当使用渐变式关键帧给调色动画创建一个插值，你需要单击关键帧按钮（或按 F2）两次，第一次添加第二个关键帧，第二次把它变成一个渐变式关键帧。从第一个关键帧到第二个关键帧的插值，表现在时间轴中的箭头，你可以在图 7.5 看到。

这种类型的手动功能可以防止参数意外做了关键帧（相信我，在其他应用程序会很容易忘记关闭自动关键帧，并最终出现一堆多余的关键帧，难以修改。）。

你可以通过在时间线中拖动它来移动关键帧，也可以通过移动播放头到它的上面，使用"Previous/Next Keyframe（上一个或下一个关键帧）"按钮（F3 和 F4），然后使用"Delete Keyframe（删除关键帧）"按钮（按住 Shift 键加 F 2）来删除关键帧。或者还可以在关键帧轨道内拖动或选择多个关键帧来逐个删除。要删除所有关键帧，单击"Delete All Keyframes（删除所有关键帧）"按钮即可（图 7.6）。

图 7.5　在 Adobe SpeedGrade 中的关键帧调色

图 7.6　Adobe SpeedGrade 时间线上的关键帧控制

如果你想针对特定的调色分别设置关键帧，你可以使用一个单独的调整图层对应每个关键帧调整（图 7.7）。

如果你有良好的自我控制能力，你可以单击自动关键帧按钮，来自动记录调整的参数或遮罩。当完成操作时，记得关掉这个按钮。

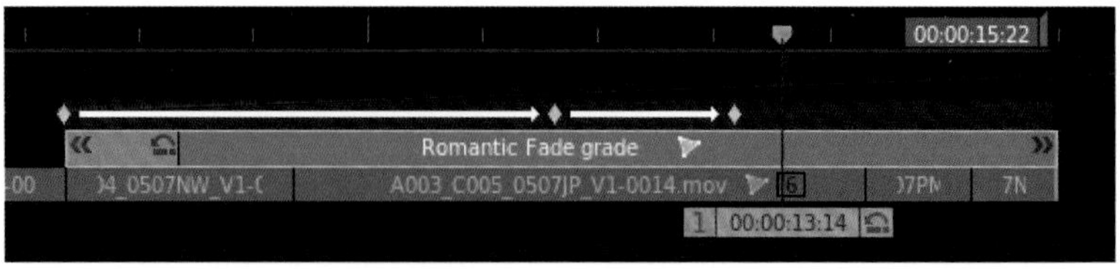

图 7.7　多个调整图层都可以独立设置关键帧，影响同一片段

FILMLIGHT BASELIGHT 调色系统的关键帧设置

在 Baselight 中，无论你使用的是插件版本或者是工作站系统，关键帧在关键帧设置界面中显示的方式如下（图 7.8 关键帧设置界面 "Keyframes"）。

图 7.8　在 FilmLight Baselight 调色系统中的关键帧设置界面

虽然每个 Strip（调色层）[1] 都拥有自己的关键帧，但是所有 Strips 的所有关键帧，在关键帧设置界面都是单独一轨的。为了便于管理可能出现的关键帧非常密集的情况，可以选择过滤显示关键帧（图 7.9），以帮助显示某个关键帧插值或当前所选的关键帧。

你可以用下列方式添加和删除关键帧。

- 单击每个调色工具下的 "Set Key（设定关键帧）" 按钮，将该操作的关键帧时间线手动添加到相应的 strip 上。当 "Set Key（设定关键帧）" 按钮变成蓝色时，在播放游标的位置就会出现关键帧。
- 再次点击蓝色 "Set Key（设定关键帧）" 按钮，让关键帧失效。
- 选择关键帧设置弹出菜单中的 "Auto Edit（自动编辑）"，令 Baselight 系统进入一个模式，在这个模式下，你做的任何调整将在 Strip 上自动添加另一个关键帧。
- 按一下 Blackboard 调色台 [2] 的 "Unset/Set（取消设定或设定）" 按钮，启用动态模式，可将关键帧添加到当前调色的每个 Strip 内。

图 7.9　关键帧筛选显示菜单，让你可以选择在 Strip 上显示不同参数的关键帧

如果启用 Stripe 的 KFS 按钮，会进入这样一个模式：当你在 Strip 中设置一个关键帧，会自动在同一时间设置成所有 strip 的关键帧。

每个 Strip 的关键帧的插值，取决于 Strip 插值模式的设置，它是一个弹出式菜单（图 7.10）。

关键帧对应的每个控制，通过单击 "Set Key（设定关键帧）" 按钮，在弹出式菜单上选择不同设置，就可以切换不同的插值模式，有以下几种模式。

- "Constant（恒定模式）"，删除当前关键帧的播放头的位置，相应的参数保持在一个恒定值。
- "Linear（线性关键帧）"，从一个关键帧平稳过渡到下一个关键帧。
- "S-curve（S 曲线关键帧）"，使两个关键帧之间的值平滑过渡。
- "Smooth（平滑关键帧）"，在调整过高和不足的关键帧之间，平滑关键帧可以确保从上一个值到下一个值的平滑过渡。

Strip 中所有关键帧的关键帧插值模式都可以随时单独更改。

若要编辑关键帧的值，你有三种模式可以选择，可通过选择关键帧编辑的弹出式菜单选择（图 7.11）或使用调色台上的按钮。

1　在 Baselight 中，一个调色层可以包括多个 Strip，Strip 是 Baselight 独有的调色结构。

2　Blackboard 2 调色台是 Filmlight Baselight 专用的调色台。

图 7.10　"Offset（偏移）"工具下方的
"Set Key（设定关键帧）"按钮和
关键帧模式的弹出式菜单

图 7.11　"Keyframe Editing
（关键帧设置）"的弹出式菜单

- "Auto Edit（自动编辑）"模式，需要播放游标完全停在关键帧上才能对其进行编辑。否则，如果播放游标不是在关键帧上，在自动编辑模式下更改的话，就相当于新建了另一个关键帧。
- "Edit Left and Edit Right（编辑左边和编辑右边）"模式，让你可以调整播放游标左边或右边的关键帧，当你发现这个镜头中某帧的位置更有用时，就能方便地更改已有关键帧。

　　你可以在关键帧之间复制和粘贴数值，通过将播放游标移动到一个关键帧，并按 Command-Shift-C 来复制该值，然后将播放游标移动到另一画面——有或没有关键帧——再按 Command-V，进行粘贴。

　　可以通过右键单击一个或多个关键帧（一次一个）来移动关键帧，从上下文菜单中选择"Add to Move Selection（添加移动选项）"，然后按 Command-[或 Command+] 来向左或向右移动选定的关键帧（图 7.12）。

图 7.12　被选定的关键帧带有箭头，指向左右，可以使用的键盘快捷方式或调色台操作该关键帧的移动

　　你还可以移动关键帧，把播放游标放在特定的关键帧上，同时单击 Blackboard 调色台上的"Control and Move（控制和移动）"按钮（在 strip 中的所有关键帧可以通过单击调色台上的"Control""Shift"和"Move"来选择），然后单击"Move（移动）"按钮，转动调色台上的转轮，直到关键帧就位。

　　若要删除关键帧，把播放游标放在关键帧上，单击"Unset/Set（取消设定或设定）"按钮。或者，你把播放游标放在两个关键帧之间，然后单击"Delete Left（删除左边关键帧）"按钮或"Delete Right（删除右边关键帧）"按钮。

ASSIMILATE SCRATCH 的关键帧设置

　　Scratch 在其小型时间线上，以一系列垂直的白线显示关键帧。为简单起见，所有关键帧在这里以一个轨道出现；但是，如果你想要对每个校正及其参数的关键帧分别进行查看和操作，可以打开曲线窗口，在层级结构列表中，显示了每个可以用来做关键帧的设置（图 7.13）。

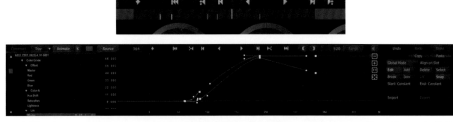

图 7.13　上图，在 Assimilate Scratch 内，迷你时间线上的关键帧；下图，Assimilate Scratch 的曲线窗口

在 Scratch 中，有三种启用或关闭关键帧的模式（图 7.14）。

- "Off（关闭）"模式，调色时禁止增加新的关键帧。
- "Manual（手动）"模式，开启 UI 界面上多个关键帧控制，它可以让你在调整之前手动放置关键帧。
- "Auto（自动）"模式，你做的所有操作更改的所有参数都会自动生成关键帧。如果使用自动模式，

当你完成调整后不要忘记将其关闭，否则你就会有一堆不必要的关键帧，事后还要删掉它们。

"Set Key（设定关键帧）"按钮，允许你在当前播放游标的位置添加一个关键帧。首先，你对要进行动画处理的参数做出调整，然后单击"Set Key（设定关键帧）"按钮，打上关键帧。先调整，后设置。

图 7.14　Assimilate Scratch 中的关键帧模式和控制方式

"Trim（修剪）"按钮，允许你将当前关键帧所有调整过的参数值偏移。再次，你需要首先进行调整，然后单击"Trim（修剪）"按钮，将数值赋予之前已存在的关键帧。然而，"Offset All（偏移全部）"按钮，允许你偏移当前选定的已调整过参数中所有关键帧的值。

"Curve window（曲线窗口）"的功能非常强大，它允许你添加、删除、移动和调整关键帧的值和位置，以及提供强大的贝塞尔曲线来控制自定义关键帧插值。你可以平移和缩放曲线窗口，进行更精细的控制调整。

校正曝光变化

我最常做的动画校正镜头，是相机的自动曝光或自动拐点功能造成的亮度变化。虽然，这种情况最常见于纪录片，但它也会发生在拍摄故事电影的时候，摄影师并不能保证他们的手时刻在控制光圈，特别是在导演喜欢不关机一直拍和两个镜头之间的照明偷偷发生了变化的时候。看来，在一个很棒的镜头里出现不必要的曝光变化，在拍摄中越来越难避免这样的情况（图 7.15）。

图 7.15　前后两帧图像中出现了不想要的曝光偏移。关键帧能让这个镜头的曝光变化平滑过渡

另一方面，你也会遇到这种情况：一个长镜头，光线无意中发生了巧妙的变化。你可能想知道每当你移动播放游标，为什么波形监视器会上升或下降，直到你搓擦播放游标，快速观察镜头才会注意到它颜色变暗。在这些情况下，你看到的是在镜头中间只有云，而且遮挡了太阳。现在，云层的逐渐变化或许是可以接受的，但如果它们的变化非常明显，你可能必须对它们做一些调整。

无论是哪种曝光不均匀的素材，你都可以通过创建动画校正来处理，通常能把问题最小化（有时也能完全修复曝光问题）。

只要软件允许、操作有可能的话，最好在一级校色以外创建关键帧。添加 Secondary、Scaffold、Strip 或 Grade（不同系统的二级调色称呼不同），在第二个层或节点里创建动画关键帧来调整，这样的话很容易修改或重置，而且不改变原始的一级校色，防止在调整关键帧的过程中把之前的调色抵销（图 7.16）。

图 7.16　在新建的第二个节点（在达芬奇 Resolve 中）中进行关键帧调整，这样调整时不会影响之前的调色

技巧是从头到尾播放片段，以确定你需要处理的每一个图像变化，并添加两个关键帧，一个在开始，一个在每次曝光变化的结尾，即你需要更改的位置。

贴士　判断光照变化的一个好方法是观察波形监视器。当图像的亮度发生改变，示波图顶部的轮廓变化会非常清楚，这样可以帮助找到很难看得出来的非常微妙的变化。

假设这里只有一个灯光转变（你很幸运），在镜头尾部，画面的理想状态下，在时间线上创建一帧固定不变的关键帧。换句话说，这是能让镜头变回"正常"的一帧（图7.17）。

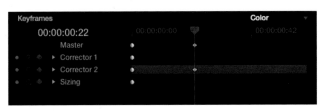

图7.17　在最后发生曝光偏移的位置添加一个关键帧，在这个位置上，镜头曝光值已达到正常水平

为了使你下一步的工作更轻松，在结尾关键帧的画面位置抓取一个静帧。当你开始进行曝光调整时，你会用到这个静帧做比较。

现在，曝光变化达到其最大偏差的状态的位置，放置一个关键帧，在这种情况下，第一帧的图像是最暗的，调整这个位置的曝光（可能也要调整饱和度，因为无论是升高还是降低整体图像的对比度都会影响饱和度），使图像在第二个关键帧与你创建的第一个关键帧图像相匹配（图7.18）。

图7.18　调整图像的第一个关键帧，以匹配曝光变化后的图像

如果你调出之前保存的静帧，用画面分割做对比，可以使用波形监视器辅助亮度调整。拖动当前画面，将前后两个关键帧的画面分割显示，你可以清楚地看到高亮、中间色调和阴影之间的不同。更妙的是，在这个例子中有一个很浅的波形痕迹，清楚地显示了高光到底低了多少（图7.19）。

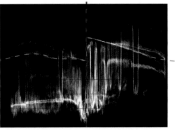

图7.19　你可以清楚地看到两个位置的曝光差异还有调色后结果的不同，特别是在分割画面情况下观看。通过分割画面，用波形监视器进行分析，显示了两个位置的区别在于：高光和中间调。两个位置的波形的共同特点，可以观察示波图的橙色虚线

根据镜头情况，可能很难获得精确的匹配，但你应该能够消除大部分这种亮度的变化，至少让问题不那么明显，观众不会轻易地察觉（图7.20）。

图 7.20 校正后的图像

用关键帧校正色调偏移

另一种较常见但同样难以解决的问题，出现在以下两种情况之一：摄影机的自动白平衡设置在拍摄的过程中触发不当，导致整个镜头出现不必要的色温转变；或摄影机已设置为手动白平衡，但摄影机在拍摄过程中要进行平移，可能会被放在摇臂上，或者还会被放在斯坦尼康上，拍摄时摄影机会从一种光源（室内）移动到另一种光源（室外）。在任何一种上述情况中，你最终得到的画面会从中性到橙色灯光（钨丝灯），或从中性到蓝色灯光（日光），就在镜头的中间发生变化（图 7.21）。

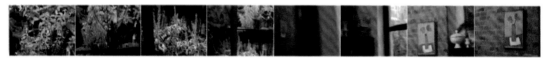

图 7.21 一组镜头序列，说明了从室外平移到室内的颜色变化

这种过渡是不可避免的，如果你正在处理一个真人秀或用手持摄影机拍摄的纪录片，跟拍的主体会忙自己的事情；但这种变化也能在故事片中出现，例如摄影机的焦点原本是在窗外（而且有可能没有时间使用色纸调整色温）然后戏剧性地平移到一个钨丝灯的室内。

> **贴士** 就像曝光变化这个例子，你可以在图像的理想状态下抓取静帧（有些地方的调色不受曝光偏移的影响），并使用分割画面来帮助你匹配这些基础的素材校正关键帧。

幸运的是，通过使用关键帧进行动画调色，会发现这是我们可以解决的另一个问题，或至少能将问题最小化。事实上，我们可能有两种方式来尝试。

关键帧调色

想纠正从一种光源的色温转变到另一种的色彩偏移，最简单的方法就是设置色彩平衡校正的关键帧，进行颜色补偿。让我们来看看实际的校正例子，如图 7.22 所示。

图 7.22 图 7.21 镜头的开始和结束，显示了明显的色温转变，从室外中性色温到室内鲜艳的橙色偏色。我们可以用动画关键帧解决这个问题

1.　要校正曝光变化，你可以把播放游标放在该镜头要做色彩平衡的位置，然后添加一个校正，然后按你的要求调整一级校色。

2. 接着，添加第二个校正（你会在这个节点创建关键帧动画调色）。观察并找准色温变化的范围，在变化开始及结束的两端都添加关键帧（图7.23）。

图7.23　关键帧曝光变化发生的范围，即素材出现变化之前的一帧和颜色变化后的一帧的范围

当关键帧匹配好颜色偏移的确切时间时，用关键帧做补偿性调整往往效果很好，有时最（无缝）难以察觉的过渡可能会比较长（如光线不足的情况下，一个缓慢的平移镜头，色彩变化就会很慢）；而在其他情况下，时间短的过渡也是可以成立的（在快速摇移过程中，颜色转变时间比观众察觉到的时间要快）。不太可能有一旦设定关键帧马上调色就完美的结果，没有一次性直接找准关键点的诀窍，必须建立关键帧后播放观看，再进行调整。

3. 现在，将播放游标移动到该关键帧上，即画面颜色最不正确的位置，在第二个节点里面做校色，匹配剩余的镜头。如果有必要，你可以在之前调整好的画面上抓一个静帧，分割画面作为参考，调整关键帧（图7.24）。

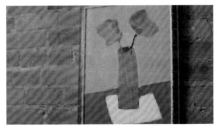

图7.24　左侧图，原来的图像偏色。右侧图，校正后的图像，在第二个关键帧上进行调色

4. 当你完成调整后，播放镜头来看看效果并进行必要的改动，达到最接近的匹配就可以了。如果颜色变化不完全是线性的，如果你能准确地指出哪些帧的颜色有问题，那么也许需要增加第二个或第三个关键帧来帮助调整，但一般来说，我发现两个关键帧足以满足大多数情况。

这个示例可以用简短的渐变来解决，当镜头摇过门外的一角，你可以看到微小的色温变化，它的变化过于细微，以致可以被忽略（图7.25）。

然而，有一个问题。摄影机经过的窗口，由于之前匹配室内的调色影响，导致洒进室内的室外光线现在显示成明亮的蓝色。虽然这让例子变得更复杂，但实际上这是一个很好的演示机会，用其他调整策略来处理不必要的混合照明（图7.26）。

图7.25　颜色校正动画发生的位置正是摄影机在平移，摄影机刚出画墙上的一小部分会变成蓝色。如果过渡足够自然，问题消失的速度够快，这也许可以接受，反之就要进行较大的调整

图7.26　另一个问题是不容忽视的：我们的校正让另一个窗口射进来的光线看起来很糟

5. 幸运的是，有一个简单的办法：添加第三个校正。使用HSL选色隔离冷色调的窗外高光。由于窗

户光线充足，蓝色容易分离，并控制好羽化的键控边缘（结合使用蒙版的容差和模糊效果），然后你可以重新平衡窗外的高光颜色，以匹配场景中主要的整体色温（图 7.27）。

图 7.27　使用一个 HSL 选色，让我们分离出完全不同的色温并进行校正

> **贴士**　使用 HSL 选色隔离并校正窗户的混合照明，这个手法非常好用，特别是当场景某个部分的色温与主要的环境色温显著不同时，就能使用这个方法。

这步操作结束后我们完成了调色，我们就可以在心里偷着乐，因为调整结果消除了令人分心的色彩偏移，不会让观众从场景里分心（图 7.28）。

图 7.28　最后从外到内的图像序列。用关键帧动画调整色彩平衡，完成调整

用关键帧遮罩来约束调色

虽然简单的动画调色往往效果很好，但还是会有其他情况——尤其是当你正在处理尖锐的边缘，像在这个例子中——它不可能把一个色温到另一个色温无缝过渡。在这些情况下，你可以试试使用遮罩动画把校正"擦出（划出）"画面。

这是一个比较复杂的操作，你要确保形状遮罩或 Power Window 的边缘能够匹配边界的移动边缘，即两种色温之间需要匹配的边缘。以下两个例子将会介绍两种情况，演示这个方法在哪里使用最方便。

关键帧遮罩示例 1

在第一个示例中，我们会看看如何纠正这些有可能出现在纪录片、真人秀和独立影片的问题：有颜色的玻璃车窗。如果已经对着有颜色的玻璃车窗设定好白平衡的摄影机突然转变拍摄方向，那么打开车窗后拍摄的窗外画面会很奇怪。

因为车窗是呈几何形状的自然"划过"屏幕，你可以利用一个形状遮罩或 Power Window 相应地进行擦除调整，隐藏人为的调色变化。

1. 播放这个镜头，你可以看到摄影机是从左到右、从前车窗到侧窗平移，而正是这个打开的窗户，颜色明显不同（图 7.29）。

2. 首先，按照你的喜好调整镜头。假设这个镜头的前后画面有足够的宽容度，允许你做很多调整，那么你可以先调整第一个镜头，抓取一个画面的静帧进行参考，帮助第二个镜头进行匹配，这是最快的调色方法。

图 7.29　通过观看连续的画面，从前车窗看到的颜色和之后在侧窗看到的颜色明显不同

3. 完成上一步后，添加第二个校正来处理颜色变化，既方便分开调整关键帧动画，又不影响一级校色。

4. 现在，播放到摄影机朝向窗外的位置。加载保存在步骤 2 中的静帧，做画面分割，并做出修正来实现两部分之间的良好匹配。因为玻璃会以有趣的方式影响光，它可能很难轻易地完美匹配，特别是天空，可能是由于部分偏振光的原因，但在这个镜头中，用一个简单的一级校正，调节 Gain 和 Gamma 色彩平衡和对比度控制，你可以得到相当接近的校正效果（图 7.30）。

图 7.30　侧窗画面的前后色彩校正，使用分割画面以配合在前车窗拍摄的颜色

5. 完成匹配后，可以进行动画关键帧，用形状遮罩或 Power Window 处理车窗划过的校正。拖拉游标找到车窗边缘被一分为二的那一帧，并使用矩形、多边形，或自定义形状遮罩或 Power Window，把色彩校正限制到刚刚打开的车窗。尽量保持遮罩的边缘，沿着校正后的图像和没校色的车体阴影制作形状，并且羽化边缘来隐藏校正过渡。如果你在步骤 4 中所做的校正是有效的，现在两个窗口应该已经近似匹配了，前窗玻璃上的杂光属于正常现象（图 7.31）。

图 7.31　第一个放置遮罩的位置，用于限制摄影机移动导致的侧车窗的校色

6. 然后开始用动画遮罩创建划动。如果你的软件允许你独立调整形状遮罩的关键帧，即形状动画与颜色校正无关，这会更好，因为这能让你改变颜色的同时，不会影响之前做好的遮罩划动的每个关键帧。

在图 7.32 中，达芬奇 Resolve 关键帧编辑器中的 Linear window 被用来创建划动，我们可以单独使用节点 2 的 Linear Win 轨道创建关键帧动画。打开 Linear Win 轨道的自动关键帧控制，可以方便地制作遮罩动画。

图 7.32　达芬奇 Resolve 关键帧编辑器，可以在达芬奇中把色彩校正和 Linear Window 分别做关键帧。
不规则运动可能需要几个关键帧才能实现无缝和隐蔽的划动动画。当你调整窗口时，
提前开启自动关键帧，可以随着你对形状的操作方便地完成动画

7. 当你做侧窗的形状动画时，一定要保持该运动边缘隐藏在暗处，并对齐要调整的不断变化的限制区域（图 7.33）。

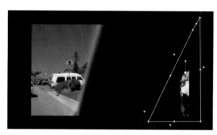 

图 7.33　遮罩动画从开始的一角到片段结尾的侧车窗。像这样的调整，
很重要的一点是保持遮罩边缘隐藏在效果里面

　　动画完成后，来回拖动播放这个镜头，以确保没有任何可见的人为痕迹，在必要的位置可以收窄形状遮罩。当你满意最终效果时，调整就完成了。

关键帧遮罩示例 2

　　在第二个例子中，你将看到如何使用相同的技术，解决拍摄时从室外转到室内发生的颜色变化，这样可以防止之前快速进行关键帧颜色平衡的操作过于明显。

1. 回到前面例子中使用的片段，播放镜头，找到摄影机从室外（快速）平移到室内，经过门框的那个位置。你可以在图 7.34 看到墙的其中一面是冷色调光，而在另一边，光线是暖色的。这太糟糕了！

2. 需要添加第二个校正以解决色偏；再次进行修正，匹配内部和外部的灯光颜色。

3. 校正后，添加一个多边形、矩形，或自定义形状或 Power Window（用哪种形状都可以），稍微羽化一点，放在画面以外左侧的位置（图 7.35）。

图 7.34　混合照明场景，在拐角处一侧的
色温与其他部分不同

图 7.35　设置一个形状准备做划动调整。形状的
初始状态在画布的左侧，准备用于朝右边划动。
注意到该形状的右边缘要有一点倾斜角度，
从而符合我们将要匹配的墙壁边缘

遮罩状态需要在画布之外，因为要给这个遮罩做关键帧，从左到右沿着墙分隔这两个墙角区域的不同色温。

4. 将一个遮罩关键帧添加到墙角，在画面墙壁左下侧刚刚离开的时候。然后把播放游标放到右下侧墙角刚好出现的位置，放置另一个遮罩关键帧，并调整形状，由此，遮罩从左侧到右侧包含整个画面（图 7.36）。

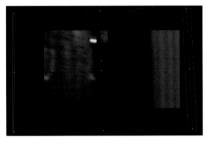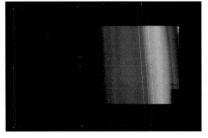

图 7.36　整个动画遮罩调色处理过程，随着墙角从左到右移动，减少室内的橙色

5. 播放整个镜头，如果需要的话可以继续调整遮罩动画或形状，保持遮罩边缘尽可能贴紧墙角。

若满意过渡效果，我们就完成调整了，接着，我们还要把在前面的示例中应用的 HSL 选色应用上去，解决镜头移动时的色温变化。

通过剪辑和叠化来调整过渡

要解决从一个镜头的调色过渡到另一个镜头的调色，有另外一个方法：故意将一个镜头剪辑成两个。然后添加一个叠化，并分离开来调整两个新的镜头片段。虽然这样操作会烦琐一些，但这种方法可以更容易地创建非常不同的调色，而且镜头之间的过渡更为流畅，结果往往比较好。

如果你要处理磁带到磁带式的工作流程，这是一个特别可靠的策略。磁带到磁带的工作流程，即需要针对已由剪辑师输出的项目母带调色。磁带被载入录像机 A，并由色彩校正系统进行视频处理，通过时间码同步，并最终记录到录像机 B。

如今，这个流程应该更恰当地被称为"成片母带"色彩校正，因为大多数现代的调色系统是基于数字文件的（图 7.37）。为了节省时间和精力，避免烦琐和耗时的项目准备，输出整个成片（最好是无字幕）的自包含文件到调色软件，可以输出如 QuickTime，MXF，或 DPX 图像序列等格式。

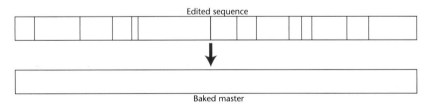

图 7.37　从一个编辑序列到单一个"成片母带"媒体文件

这意味着每一种转场效果[1]，速度效果，（不同的）图像文件，运动变换[2]，滤镜效果，图像生成器，和叠加模式[3]，所有这些都会被渲染和压缩成一个大的片段。

这样做的好处（特别是对于有做项目准备的人），是不需要很细致地为每个镜头筛选效果，这些效果可能是你所用的调色软件不兼容的。那些效果一般需要单独准备,完成后通常要输出成一个自包含的媒体文件,

---

1　即各种类型叠化。
2　即位移、缩放、旋转等。
3　即素材之间的加法、乘法等合成模式。

再重新放回时间线上替换原始效果。从我的经验上看，我可以说这的确是费时又费力，虽然这样做对调色来说比较好。

导出整个影片项目，基本上让每个能在调色软件中兼容的效果都渲染到目标格式中。但是，现在它是一个巨大的文件。如果这就是你拿到的文件，那么你就要对每个镜头进行手动关键帧调色和调整叠化（用动画遮罩或 Power Windows 掩盖移动和淡入淡出）。对于调色师来说，这很糟糕。

一个更好的工作方式是拿到母带的剪辑表，如 EDL（最典型的），AAF 或 XML，只要你所用的调色软件能够读取就可以。使用剪辑表的信息，大多数调色软件可以预套单个媒体文件，添加剪辑点和渐变，由 EDL 来还原初始的剪辑序列（图 7.38）。

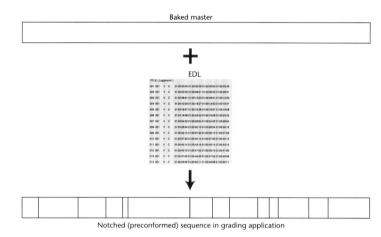

图 7.38　用母带文件和 EDL 剪辑表，在你所用的调色软件中创建一个预套序列

贴士　如果你被迫使用这类型的文件，一些调色软件会为你提供工具来帮助切开镜头。例如，达芬奇 Resolve 和 Autodesk Lustre 的自动镜头（场景）侦测工具，即使你没有 EDL 也可以把镜头裁切出来。虽然这些自动工具通常需要人为干预侦测结果，它仍然比手动去找剪辑点快得多。

这让你的工作变得容易，因为现在影片中的每个镜头，在调色软件中都是独立的，虽然这个影片的文件尺寸非常巨大。如果有渐变的素材，在你调色的时间线上，两个镜头之间直接会有叠化效果，不需要再添加关键帧模拟叠化。

这是因为，即使你之前收到的原始项目已把渐变内嵌了，你仍然需要在两个不同的镜头的调色之间添加叠化（图 7.39）。

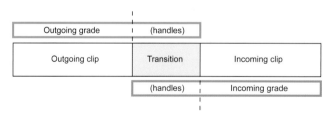

图 7.39　带 EDL 剪辑点的序列中的转场，使转场预留量能够用来渲染每一对有转场的调色镜头

该叠化基本上给你的调色软件提供了一个线索，它必须在这对片段的头尾留出余量，对应于每一个渐变过渡的时间。然后你可以用这些余量在两个镜头之间进行渐变过渡调整。这样可以减少你的工作（不必做关键帧），如果两个调色差别很大，渐变变化通常会产生一个更干净的结果。

要对内嵌切点的成片母带项目进行调整时，通常和调整其他节目一样，但有一个明显的例外：HSL 选色会改变内嵌的渐变颜色。

素材上被键控的 $Y'C_BC_R$ 或 RGB 水平不断在改变，这是因为被内嵌的渐变也是不断在变化。因为素材的水平正在改变，键控的蒙版就会随着这些变化而改变，有时甚至完全消失。

有时结果是不可见的，有时却不。但如果必须使用 HSL 选色解决问题，你可以尝试对 HSL 做关键帧动画，尽可能在渐变范围内保持键控蒙版的大小（如果你所用的调色软件允许这样操作的话）。

人为手动改变布光

你会发现经常要做的另一种动画校正，就是特意手动创建灯光变化。通常情况下，实际拍摄的开关灯效果没有荧幕上看得那么有戏剧性。或者在拍摄现场没有设计改变灯光，但由于剪辑的变化需要改变灯光。在任一情况下，你可以通过对比度动画，或颜色动画来解决这个问题。

灯光动画示例 1

这个示例，通过更改图像对比度来加强关灯的效果。主要是调整对比度。

1. 先播放片段，观察实际的光线变化（图 7.40）。

图 7.40　之前的一级校色，按下开关后灯光效果平淡无奇

镜头播放到一半，开关被关掉，但灯光随之被强化为点光源，照到开关的右边墙上，整体照明变化并不强烈。如果再挑剔一些，你应该可以注意到两到三帧内发生的灯光变化。

> **注意**　使用你之前的校正作为初始调色，并在第二个校正上进行动画效果的另一个优点是：如果你以后要更改底层的颜色，这样对你的动画效果不会有任何影响，你不必处理在动画过渡两侧的变化。

2. 套用一级校色到这个镜头，让这个镜头在明亮的部分看起来不错（包括给它一个有点橙色的色调来表示钨丝灯布光）。然后添加第二个校色，你将在其中进行关键帧调整。
3. 将播放游标移到灯光变化的第一帧，在手指即将按下开关的这个位置，创建一个关键帧，避免在这个关键帧上再次更改颜色。

我们放置一个关键帧在这里，因为这是原来灯光设计的最后一帧，在创建未来两帧的动画变化之前，将其锁定到位。

4. 移动播放游标前进到画面中灯光变化的最低水平（往前两帧）并创建第二个关键帧（图 7.41）。
5. 在第二个关键帧，调节对比度滑块以创建房间关灯后较暗的效果。视场景的实际需要来决定要调整到多暗，要考虑场景是餐馆还是礼堂，还是一个没有其他光源，只有月光的房间。

在这个例子中，想创造比较暗的夜晚，可以压暗阴影（不要压太多，否则你会失去细节），然后降低中间调和高光，营造一个昏暗的环境光。小心不要让高光压太暗；即使是熄灯了，观众仍然需要看到接下来的剧情。

图 7.41 两个关键帧用于设定切换开关灯光变化的开始和结束。
常用的设置手法通常要多几个关键帧来加暖或调冷

最后，减少之前你增加的橙色高光，增加冷色调的中性月光，降低饱和度，直到图像看起来像在晚上拍摄一样（图 7.42）。

图 7.42 新的关键帧动画调整，切换开关的前后

> **注意** 当你用关键帧动画进行风格创作时，要考虑到你所用的调色软件的限制。例如，一些调色软件不允许平滑的动画曲线过渡[1]。所以，如果你想制造对比度的动画调整，应该避免使用亮度曲线。

6. 与往常一样，播放片段，检查新的动画效果。

因为关键帧的变化是突然的——只有两帧——这个变化似乎是瞬间的。如果拉开这两个关键帧的距离，动画的发生比较慢，就会变成带渐进的变化效果。请记住，两个关键帧之间的距离决定了动画效果的持续时间。

灯光动画示例 2

对照明的更改不止体现在图像对比度上，还可以根据照明方案影响和模拟场景的颜色。下面的例子演示了如何制作颜色动画来模拟时间流逝，具体来说就是变化到落日的时间效果。当然，我们不能让阴影拉长，但我们可以尽量模拟画面质感。

1. 播放整个镜头，画面的亮暗有强烈的分割，确定了可以运用该效果。在开始之前，重要的是要创建初始调色，加深一点阴影（但要留出空间，让暗部看上去自然，有细节）和压低高光，以营造一个下午的样子，准备最终转变到日落（图7.43）。

图 7.43 完成一级校色，为后面做准备，将调成傍晚的样子

2. 完成一级校色后，添加两个调整（节点）。一个将使用 HSL 选色增加高光的颜色，另一个将被用于关键帧调色，动画更改 Gamma 和逐渐变暗镜头的阴影。图 7.44 显示了这三个节点。

3. 在第二个调整（节点）上使用 HSL 选色来隔离高光区域（图 7.45）。

---

1 即曲线工具不能做关键帧。

图 7.44　设置了两个额外的调整（节点）用于两个动画调色，以创建时间推移的效果

4. 分离高光后，你现在可以设置一对关键帧，将图像中性状态的高光逐渐转变为温暖的、金色或橙色色调。完成操作后，到第三个节点加上另一对关键帧，逐渐将 Gamma 从中性略微压低（图 7.46）。

图 7.45　隔离高光区域，准备把它们改得更金黄色。关键帧动画，让图像从中午过渡到模拟的夕阳

图 7.46　色彩平衡和 Gamma 两个简单的调整

完成调整后。通过播放镜头，我们可以看到平滑的渐进转变，从原来中性的下午到更加丰富多彩的，太阳位置更低的图像（图 7.47）。

图 7.47　这个光线动画效果的第一帧和最后一帧

如果你想继续创作（挖掘）这种效果，你可以尝试将另一个方法，反转键控，将蒙版变成暗部区域，当高光变暖时把暗部（轻微地）调冷，创建更突出的光影效果。

创意性的调色动画

虽然动画调色的运用通常针对性和目的性很强，正如这一章早些时候所示，其他可能性仍然存在，只是在大多数情况下，尚未被传统电影挖掘出来而已。

在这个最后的示例中，我们会看到如何用更具创造性的方式来进行动画调色来模仿汤姆·福特（Tom Ford，导演、时尚设计师）的《单身男子（A Single Man），2009》的效果（该片调色师是 Stephen Nakamura（斯蒂芬·中村）来自著名的调色公司 Company 3）。在影片中，演员的饱和度被慢慢地增加，特别是 POV[1] 镜头，呈现出对主角心灵强烈冲击的状态。

这是一个大胆的选择，而且不缺乏想象力。让我们来看看如何用可行的途径来创建类似的效果。

1　POV 即 Point-of-View 的缩写，是一种故事叙事的写作手法，决定着将从哪个人物的角度来讲述故事。

1.　在做出任何调整之前先评估镜头，规划一下调整思路（图 7.48）。对于这个图像，首先要创建一个反差很好的一级校色，要有明亮的高光，并在她的脸上模糊一点点（让皮肤更好）。要令女演员的脸变得"生动"，就像她转过头时的样子，你将会用一个非常柔和的单色（不是灰度图，只是单色），把冷色调添加到她的初始状态上。我们的目标是增加她脸上的颜色，但这样做要分两部分调整，首先，提高她的整体饱和度，其次，通过使用 HSL 选色，提高她脸上和嘴唇的玫瑰红色。

2.　现在，你已经决定要做哪些操作，开始创建初始校正（图 7.49）。

图 7.48　未调色的镜头　　图 7.49　在我们把这个画面用关键帧调色调回其生动的色彩状态之前，现在这个镜头是冷蓝色的"单色"状态

3.　现在，创建动画效果，再进行二级调色；添加两个关键帧，一个放在刚开始拍摄不久的片头位置，另一个大约在这个镜头的中间位置。在第二个关键帧上，把饱和度提回约 40%，并使用 Gain 调整色彩平衡，稍微将图像变暖一点点。

4.　接着，尝试让画面视觉上清晰一下，添加第三个校正，使用 HSL 选色只隔离她脸部中间调的红色。由此产生的蒙版有些噪点，通过加大模糊值减少蒙版噪点（图 7.50）。

图 7.50　使用 HSL 选色隔离演员玫瑰红色的脸，有选择性地增加饱和度作为动画效果的最后一部分

5.　为了提高演员脸部红色键控的质量，请使用原始图像的信息作为键控源，而不是在之前调色后的状态下直接执行去饱和或增加饱和的操作。这里举一个例子，请注意，在图 7.51 中，关键是使用一个单独的校正（节点 4），以图像的初始状态作为键控源，使用的是第 3 个节点的蒙版，用于提高演员脸部的红色。有关如何执行（选择优质键控源）这项操作的更多信息，请参见第 5 章。

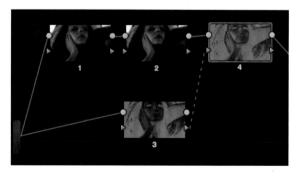

图 7.51　在达芬奇 Resolve 对上述效果的创建和操作顺序。节点 1 是一级较色，节点 2 是用关键帧来调节饱和度的增加，节点 3 是增加玫红肤色的关键帧动画

6. 要进行动画处理额外增加"玫瑰色"饱和度，要多添加两个关键帧，在之前做过整体饱和度动画的后面再开始新的关键帧操作（图 7.52），这将是你"增加饱和度"操作的第二阶段。在这个例子中，我也使用了色相 vs 饱和度曲线制作关键帧动画，特别给她的嘴唇增加更多的红色，以突出了她的口红。

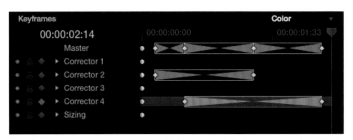

图 7.52 两套用于创建这种效果的关键帧，如图达芬奇 Resolve 的关键帧所示

7. 在第二个关键帧，大约提高了 50% 女演员脸部的饱和度。通过播放镜头，效果看起来不错，最后，我们的工作完成了（图 7.53）！

图 7.53 最终的调色结果。从开始的冷调子到最终的动画的序列；从左边的单色画面到中间缓慢增加暖色，再到最后色彩丰富的画面

不幸的是，我们不能在纸质书本中打印出动画关键帧的变化效果，但是你自己可以试试看。理想的情况下，这样的效果会跟随故事的叙述或情感线索的变化而进行合理变化，如果你想让关键帧动画自然地渗透到观众的意识中，那么每个关键帧的放置位置都应该好好设计，反之，关键帧效果就会不太和谐或很突兀。在潜意识层面，我们每个人习惯了化学的调整，我们眼睛中的虹膜能适应不同层次光亮，而这种效应可以纳入为同一类型的视觉经验。

第 8 章

色彩记忆：肤色、天空和植物 [1]

本章会讲一个意义深远的课题——观众的视觉喜好。作为调色师的多个任务之一，就是要了解观众希望看到什么。如果我们试图尽可能自然地传达和表现一个场景，那可以认为我们的目标是在光度学层面重现场景的色彩。

更多时候，观众的期望反映每个观者希望看到什么。很显然，我们都是戴着有色眼镜看世界的，或者，至少我们期望看到在屏幕上描述那样的世界。这个说法应该算是在安慰富有热情的调色师。毕竟，如果观众想看到真实的世界，他们离开沙发出门转转就能看到。从视觉设计师的角度来看，人们观看电影和电视节目是想看到一个更漂亮的、更风格化的或者是更有趣的世界。

的确，即使你在做一部极其严肃的纪录片，也有可能需要调色。比如，拍摄对象是一个面色蜡黄的上班族，场景内刷有一面白墙的会议室，而且灯光是荧光灯管，如果调色师严格准确地再现这个场景的色彩，观众很可能以为他们的电视有问题。一个画面看起来"应该"是怎样的，每个观众的心目中都有自己的参考，这些观众期望的变化会引起反应，无论这些反应是正面的还是负面的，都是作为调色师的你需要预测的。

这并不是指那些常见的死规矩：如"肤色的波形必须落在 I-bar"（理想肤色的中心点，它也可以落在靠近 I-bar 的位置），还有"水必须是蓝色的"（只有清洁的河流才是蓝色的，池塘的水也可能是棕色或绿色的）。然而被拍摄对象本身的自然变化以及现场主光源的性质，这些不同的因素反而为各种创意手法提供了很好的依据。

也就是说，观众其实对某些物品是有自身偏好的，调色师意识到这点会很有用。你可以利用这些观众的期望（或和他们的想法对着干），通过了解典型的观众喜好是如何对特定调整做出回应的。

本节将探讨物体成像和心理学研究，将观众的色彩记忆和色彩偏好与严格的精密光度学领域进行比较。正如前面的章节中所明确提及的，我们对色彩的经验完全是感性的；因此大多数成像研究和实验，涵盖了对经验重叠进行检查的研究，以及个体对色卡和图像的评估变化。

通过比较大量受试者对标准化测试色彩（通常是孟塞尔色块）在被严格控制条件下的感知，图像专家对量化观众偏好进行了长期探索，这些超过 70 年的研究结果很值得思考。

什么是色彩记忆？

柯达公司的巴特森（C.J.Bartleson）[2]，提出了关于记忆色彩的一些早期数据，他在 1960 年 1 月号的美国光学学会期刊发表了一篇文章，名为《熟悉物体的色彩记忆（Memory Colors of Familiar Objects）》。在这篇文章中，巴特森定义记忆色彩为"通过联想熟悉的物体来回忆那些颜色"。

该项研究是为了确定色彩记忆与特定的高度熟悉的物体有关。这项实验基于 50 名观察者（结合了"技术"和"非技术性"的观察者），物体会被命名，受试者要识别一组标准化的孟塞尔色样组合，确定出最能接近重现每种物体颜色的色样组合。

十种可视物被选定，观众对这些可视物的偏好呈现出一致性。这些可视物被列在表 8.1。

将针对每个可视物的选择数据化，可以发现这些数据点都在色调 vs 色度图中是很紧密的一团，结果清楚地表明了每个物体重叠的色彩偏好数据团，而且"三分之二选择色相的时间，均在 4.95 孟塞尔色调值。色度是在 1.42 孟塞尔彩度值，明度度在 0.83 孟塞尔明度值。"

这些结果有力地表明，我们对"色彩看起来应该是怎样的"有着共同期望。这些预期虽然并不完全一致，

1　原文标题是《MEMORY COLORS：SKIN TONE，SKIES，FOLIAGE》，其中 FOLIAGE 是叶子的总称，泛指绿色植物。
2　巴特森（Bartleson C.J.）美国人，伊士曼柯达公司研究实验室的研究员。第 2 章有提及他与布伦尼曼·艾德温（Breneman Edwen.J.）提出的巴特森－布伦尼曼效应（Bartleson-Breneman effect）。

但它们在统计数据上显著接近，并且这种偏离使得给定自然主题的变化和差异在照明上有意义。

记忆色	X	Y	Z	x	y
红砖	2515	1834	1206	0.4527	0.3302
绿草	0660	1105	0898	0.2478	0.4149
干草	1637	1970	1247	0.3372	0.4059
蓝天	1876	2437	3778	0.2319	0.3012
皮肤	5877	5700	4988	0.3548	0.3441
晒黑的皮肤	2660	2757	1987	0.3593	0.3724
绿色森林	0603	0833	0827	0.2665	0.3681
常绿植物	0498	0720	0716	0.2575	0.3723
陆地	0644	0698	0382	0.3735	0.4049
沙滩	3771	4193	2906	0.3469	0.3857

表 8.1　　　　　　　　　　　　　　　多个观察者的平均记忆色彩选择图

　　为了使这些测试成果离调色师更近，X-Rite 公司的汤姆·利安萨（Tom Lianza）[1] 把这些设置转换成 Cb Cr，这样我可以将结果叠加对应到矢量示波器上（图 8.1）。

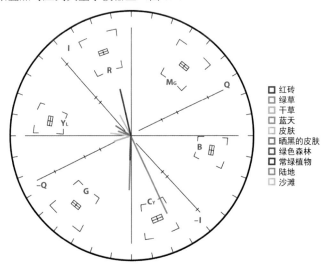

　　图 8.1　用来自巴特森的原始数据进行 CIE 到 Cb Cr 的数学转换，以便看到数据在
矢量示波器上的表现。为了让效果看起来更明显，我刻意夸大了它们的幅度（饱和度）

　　以我的经验来说，我发现这个列表适用于画面色彩的组成元素，在各种不同的项目中，甚至是在客户第一次发表意见之前，我经常会分离图示中的这些元素用于二级调色。我调过一部在沙漠拍摄的剧情片，花了很多时间寻找理想的沙子和土的色彩，并且我发现自己的注意力经常在建筑物的砖块上，因为这里只需轻轻一碰调色台即可增加饱和度。

记忆色彩显著影响二级调色

　　另一篇有启发意义的文章，题为《专家会利用记忆色彩来调整图片吗？（Does an Expert Use Memory Colors to Adjust Images?）》——讨论 Photoshop 艺术家的画面分区策略与色彩记忆间的对应关系，发表于

1　汤姆·利安萨（Tom Lianza），X-Rite（爱色丽）公司前数字图像研发部总监，现供职于 Photo Research 公司，担任技术总监一职，并于 2015 年 2 月，因在惠普 DreamColor 系列监视器的色彩校准处理和色彩处理流程上的工作，获得一项奥斯卡技术奖。

2004 年 IS & T/SID 第十二届彩色成像会议（2004 IS&T/SID Twelfth Color Imaging Conference，由克洛蒂尔德·布斯特（Clotilde Boust）[1] 和很多学者合著）[2]。

在一系列实验中，多位 Photoshop 艺术家处于受控环境中，对一系列图像进行特定的调整，这个实验跟踪了艺术家进行调整的区域。并对每个隔离区域中的调整方向也进行了测定。当所有受试者在四张不同图像上的工作数据汇总起来相互对照时，发现以下元素始终被隔离，被进行有针对性的调整（即二级调色，如图 8.2 所示）：

- 肤色
- 绿草
- 蓝色的天

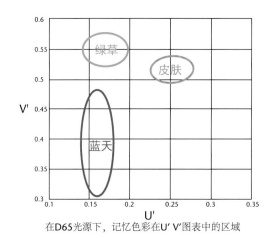

在D65光源下，记忆色彩在U' V'图表中的区域

图 8.2 对应 U' V' 图，这是 Photoshop 艺术家调整的绿色、肤色和天空的色彩区域

这三个记忆色彩尤其反复地出现在众多研究中，大多数观众对这组记忆色彩表现出明显的偏好。以我自己的经验来说，我发现在任何场景中，这三类色彩是客户要求我调整最频繁的三个要素，无论项目是新闻纪录片、商业广告还是故事片。

如巴特森的研究所发现的那样，调色行家们对这三种记忆色的调整趋于重合，每位受试者个人的调整在 U' V' 图表上，以向量标示出来时，都倾向将这些记忆色隔开并推向同一方向）。

对与记忆色彩一致的特定物体所做的调整，会落在一个足够紧密的区域内，这在统计学上是很重要的。并且每个区域的偏差要有足够大的空间来容纳这些个体偏好、主题的变化和场景灯光的影响（这一重点我将稍后解释）。

我认为使用数据来表示理想的记忆色，只能作为指导和参考，而不是硬性的规定。

记忆色彩优于实际色彩？

大量数据表明，几乎每个人都会把一些事物（皮肤、草、天空、植物、沙子）的实际色彩与理想（记忆）色彩结合起来。然而这些研究同时表明，我们的记忆色彩不一定与实际事物一致。

多项研究证实，相对于原始物体实际测量的饱和度，人们普遍愿意将自然色彩（实际色彩）增加饱和度作为理想色彩。博得罗吉博士（Bodrogi）[3] 和塔尔萨利（Tarczali）[4] 的白皮书《人类色彩记忆的研究（Investigation of Human Colour Memory）》，对纽霍尔（Newhall）[5] 和皮尤（Pugh）[6] 于 1946 年进行的实验结果进行了简洁的阐述：

1　克洛蒂尔德·布斯特（Clotilde Boust），法国色彩和图像研究科学家，现任法国博物馆修复和研究中心，研究部门图像组的主管。

2　原作者认为合著人数过多，并没有一一写下参与合著的每位作者。

3　博得罗吉（Bodrogi）博士全名彼得·博得罗吉（Peter Bodrogi），德国达姆施塔特工业大学照明技术实验室的资深研究员，曾参与撰写了大量的科学出版物，以及发明相关的色彩视觉与自发光显示技术专利。他一直是国际照明委员会（CIE）中数个技术委员会的成员。

4　汤·塔尔萨利（Tünde Tarczali），研究员，潘诺尼亚大学信息科学与科技专业博士。她的导师是博得罗吉博士。

5　纽霍尔（Newhall）全名西德尼·纽霍尔（Sidney.M.Newhall），任职于美国约翰霍普金斯大学，也曾是柯达公司（纽约，罗切斯特）的研究员。

6　皮尤（Pugh）博士全名爱德华·皮尤（Edward N.Pugh，Jr.）。职于加利福尼亚大学，是生理学和质膜生理学的教授。

在人们的印象中，砖块比实际更红，沙比实际更黄，草地比实际更绿，枯草比实际更黄，松树比实际更绿。而记忆色关于物体的亮度，除了砖块以外几乎都超过实际亮度；平均来讲，亮度需要额外的 1.1 孟塞尔明度值。而色度则再需要 0.95 孟塞尔彩度值。

巴特森在他的研究中举出了几个例子，用于证明记忆色彩是如何偏离实际色彩的测量值的。以下转述他的研究结果。

- 记忆色彩与实际色彩的对比，最一致的是人类的肤色。
- 尽管白种人（高加索人）肤色的不同主要体现在亮度上，但在人们的记忆色彩中，白种人的肤色比实际测得的平均肤色偏黄。在摄影和绘画中这一点表现得更为明显。
- 沙子和土壤，在记忆中色彩更纯同时也更黄。
- 草（草地）和落叶乔木，在记忆中比起黄绿色会更倾向蓝绿色。
- 蓝色的天空在记忆中比实际测量值要显得更青色，而且纯度也更高。

图 8.3 使用蝴蝶分屏对比了原始图像（左）与模拟的"记忆色彩"（右）。

图 8.3　对原始图片和（模拟生成的）记忆色彩进行了蝴蝶分屏对比。原始图像在左边。
右边图像做过两次二级调色，草地显现出的色彩更饱和而且更黄，天空的色彩更饱和也更青。

注意　蝴蝶分屏（Butterfly Splits）在比较两版有细微变化的图片时非常有用。这种蝴蝶图通常是用两台严格对齐的投影机做出来的，目的是突出（或对比）印刷图像或数字信号的两个版本。

在后来的论文中，纽霍尔对比了他和巴特森的研究结果，发现结论大体相似。后来，由巴特森和布雷（Bray）进行的研究虽然经历了一些波折但最终也再次证实这个结果。

色彩偏好

事实证明，当拿出某些特定物体的记忆色彩图像和实际图像，要求受试者选择最偏爱的色彩时，在对天空（比起青色更偏好蓝色）和草地（比起蓝绿色更倾向黄绿色）的选择上，观察者们选择了实际的自然色彩。

另一方面，同样的观察者在肤色上却选择了记忆色彩（比实际色彩更黄或金色）。

巴特森 1968 年的文章《色觉与彩色电视（Color Perception and Color Television）》中提出，理想的色彩再现应"基于原始场景来使观众满意"。换句话说，赏心悦目的色彩展示比精确重现而言更为重要。

这一主张与我的纪录片调色哲学非常吻合。虽然纪录片导演不一定对风格夸张的叙事节目感兴趣，但我经常给我的潜在客户提出这样一个建议，即为每个场景创造不同的色调，以观者的角度来调色，这个场景的色调应该是导演在拍摄画面时一瞬间的感觉，而不是中立冷静地再现原始场景的色彩（我在欣赏摄影大师安塞尔·亚当斯[1]的作品时也领悟到这一点）。处理画面时情感优先于还原自然色彩，在这一点上我和不少导演还有摄影师找到了共鸣。

对于商业客户来说，通过不同的尝试来寻找可以再现的色彩偏好，其终极目标是研究"人们最喜欢什么

1　安塞尔·亚当斯（Ansel Adams）是美国著名的黑白摄影师，以拍摄黑白风光作品见长。他提出"区域系统"的技术概念，即"区域曝光法"，他认为摄影师应借光线的变化，来控制底片和相纸上的密度观感。

色彩"？一项由乔伊·保罗·吉尔福特（Joy Paul Guilford）[1]和帕特里夏·史密斯（Patricia Cain Smith）[2]于1959年12月在《美国心理学杂志》发表的名为《色彩偏好体系（A System of Color-Preferences）》的研究，试图在没有对象关联的情况下获得纯色偏好的数据。

他们对40名观察员（20男，20女）的一般色彩偏好进行测试，并再次采用了一系列标准化的孟塞尔色块。要求被试者对每个色块进行评分，从0（最不愉快的想象）到10（最愉快的想象）。由此整理出各种色彩的"情感值"，高情感值标示被喜欢，而低情感值标示不被喜欢。

尽管这项研究可能具有地域局限性（受测者均住在内布拉斯加州），另外因为这项研究过于久远，人们的色彩偏好也可能受到了流行因素的影响，但下面还有一些十分有趣的研究，实验结果与此结论依然一致。

在纯色方面，男性和女性最喜欢的均是绿色 - 青色 - 蓝色。而最不喜欢的就是大家通常都不喜欢的绿色 - 黄色和品红色 - 紫色（这一结论在几十年后被帕蒂·贝兰托尼（Patti Bellantoni）的观察报告所证明，她的《如果是紫色的，有人可能会死》焦点出版社（Focal Press），2005）[3]。图8.4显示的是色调情感值图表中的一个例子。

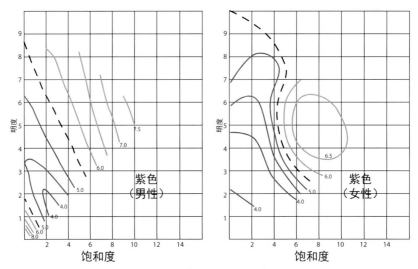

图 8.4 举例来论证吉尔福特和史密斯的论文《色彩偏好体系（A System of Color Preferences）》。虚线表示中立，蓝色代表积极的回应，红色线代表消极的回应。这项研究对男性和女性分别进行了评定

这项研究包括一系列对应于每个测试色组的标准效用评估图表，对此我已经重新绘制了一张图解（图8.4）。各标绘制线的数值表示，在亮度和饱和度上调节之后对色彩产生印象的有利程度，图中通过线的长度和相对于亮度与饱和度轴的位置显示了这种有利程度的变化。

最终我们发现，对于某种色彩（特定色调）的偏好，其实明显弱于对某种色彩的亮度和饱和度特定水平的偏好。

例如，在高饱和度下，红色、黄色和紫蓝色最受人喜欢，而绿色和紫色最不被喜欢。同时，当增加亮度后，黄色、绿色和蓝色也是最受欢迎的。

在这个研究其中一项是饱和度或亮度观察图表，它是基于观察者对每个色调组的偏好总结出来的，基本概括如下。

- 红色和紫蓝色是最受欢迎的，仅在高饱和度 - 中等亮度的情况或者中等饱和度 - 高亮度的情况下（受欢迎），但并非同时。
- 黄色，包括黄红色和黄绿色，当同时具有高饱和度和高亮度时是最受欢迎的。
- 在中到高亮度和中等饱和度的情况下绿色和蓝色是最受欢迎的。
- 在严格控制范围的中等饱和度和中等亮度的情况下紫色最受欢迎。

虽然很微妙，但这种数据仍然是有用的。在色彩校正教程中往往以喜欢隔离某人的衣服，然后彻底改变

1　乔伊·保罗·吉尔福特（Joy Paul Guilford）（1897-1987）是一位美国心理学家，以对人类智力的心理测量学研究而著称。他因应用心理测量方法和因素分析法进行人格特质的研究，特别是对智力的分类而驰名世界。

2　帕特里夏·史密斯（Patricia Cain Smith）（1917-2007），美国心理学家，鲍林格林州立大学荣誉教授。

3　第2章也有提及贝兰托尼的这篇文章。

衣服的色彩作为例子，但事实上，调色工作中更常见的是对饱和度和对比度做针对性的调整，因为这些调整也许会令色调产生一些微妙的变化。换句话说，有经验的调色师对不同程度的饱和度和亮度下的观众偏好十分敏锐，他们会相应地控制色调、优化场景的色彩再现。

顺便说一句，基于全内布拉斯加州受试者的研究，吉尔福特和史密斯还发现几乎所有的色调都在非常低的饱和度和亮度中表现出较高的情感价值。作者将此归结为对样本中物理纹理的偏好，而我却发现这与很多客户的倾向相吻合，这些客户倾向于保留图像的阴影细节。这也可能是个警示：注意防止将暗部过度去饱和。

从这项研究可以推断，有一部分特定人群具有相似的色彩偏好，但这些偏好优先涉及的是亮度和饱和度，其次才是特定色调。

色彩偏好的文化差异

另一篇由斯科特·费尔南德斯（Scott R.Fernandez）[1]与马克·费尔柴尔德（Mark D.Fairchild）[2]联合发表的题为《观察者偏好与文化差异对风景图像色彩复现的影响》（Observer Preferences and Cultural Differences in Color Reproduction of Scenic Images，2005）则更好地帮助调色师解决了这一问题。

作者提出另外一系列测试，主要用来测试观察者偏好与现实场景之间有何联系。这次接受测试的人员来自国际上多个不同国家（包括中国、日本、美国及部分欧洲国家），主要调查是否存在具备一致性的文化偏好。

尽管实验结果表明不同人群在偏好方面呈现出显著差异，两位作者仍苦心造诣地写道，"我们所观察到的文化差异对于大多数应用都没有多大现实意义"。此外，数据表明"包含人脸的图像相对于无脸的图像偏好范围更窄"。这一发现与"世界范围内肤色划分范围较窄"这一偏好不谋而合（至少，相对于光谱是较窄的）。值得一提的是，在这项研究中，图像集中包含一系列存在明显差异的多种族的肖像画。

但是，考虑到调色师这种职业常常是在做 2% 的细微调整，好让图像恰到好处，因此这些微妙的差异仍然值得关注。有鉴于此，论文结论中关于文化偏好的差异是值得思考的。实验结果如下。

- 与其他群体相比日本受试者倾向于较亮的图像。
- 相对于美国和日本组，中国受试者倾向于更高的对比度。
- 相对于美国组，来自东半球的受试者倾向于更高的饱和度。
- 相对于美国组，日本受测者倾向于偏暖的图像。
- 相对于美国组，中国受测者倾向于偏冷的图像。

尽管这看起来是十分微妙的文化相似性对色彩偏好的影响，但作者力图强调实验人群之间的差异不大，而且实践经验也表明个别客户的偏好并不一样，所以很容易就推翻这些实验结论。不过这依然是一个有趣的研究途径。

另一方面，一些特定色彩在不同文化中承载着不同的寓意。这是不同于色彩偏好的另一个完全独立的研究，它主要研究与色彩关联的文化语义。如果你意识到自己在一个跨文化的团队工作，而你又熟知这种文化属于世界的某一具体区域，那么在加入团队之前，做一些针对该区域艺术史方面的研究，对你将十分有利。

"自然约束"

特定人群对色彩有明确的预期，另外我们也可以看到受试群体在这一方面的其他偏好表现，现在让我们从另一个角度来看看这个问题，即"自然性"。

谢尔盖·扬德里科夫斯基（Sergej N.Yendrikhovskij）[3]于 1998 年发表了一篇题为《色彩还原和天性约束（Color Reproduction and the Naturalness Constraint）》的论文，这篇论文针对在如今这样一个各类显示设备与打印技术都让人目不暇接的世界，为如何定义彩色图像质量及使用何种手段测量彩色图像质量方面都提供了大量翔实且极具价值的背景知识。

举一个对于调色师来说很好的例子，扬德里科夫斯基将记忆色彩的范围描述为就像一个人在杂货店中找香蕉。在这种情况下，各种环绕的陈设和光影现象肯定会影响人眼对色彩的感知，人会根据对香蕉的色彩感

1　斯科特·费尔南德斯（Scott R.Fernandez），毕业于纽约罗切斯特工学院，获色彩科学和图像学研究生双学位，他还是 IS&T 和 ICCC 的会员。

2　马克·费尔柴尔德（Mark D.Fairchild），在纽约罗切斯特工学院的科学院的研究与研究生教育任副院长，色彩科学项目和孟塞尔色彩科学实验室的总监和教授。他著有《色貌模型（Color Appearance Models）》。

3　谢尔盖·扬德里科夫斯基（Sergej N.Yendrikhovskij），色彩科学家，荷兰埃因霍芬理工大学教授。

知，与内部心理记忆中理想香蕉的记忆色彩和偏好进行比对。

这个事例强调了这两个关键点。

- 记忆色彩是与视觉主题进行比较并吸引观察者的基础。

- 某些人的理想色彩（记忆色彩）可能和实物精确测量的色彩并没有什么关系。这时候客户就会告诉你，"我不关心它是否精确，但我希望它更黄一些，更饱和一些！"

根据扬德里科夫斯基的推测，图像的自然性在一定程度上取决于场景中某一元素与观者联想到的记忆色之间的匹配。此外，他指出图像自然性也取决于被研究对象的色彩与场景主光源的紧密程度。

最后，他指出一个场景中所感知的自然性也依赖于该场景中最关键物体的色彩。这与之前很多被引用的记忆色研究有相似之处。换句话说，对于具有明显的肤色、树叶或者天空的场景，如果记忆色十分接近观众的期望值，这些元素将被作为衡量整个场景色彩是否自然的基准，只要它与场景光源的整体色温一致，就容许有色彩差别，而这无疑将会影响二次调色，另外，如果期望表现自然的话，对二级调色也要克制（即不要过分修饰）。

扬德里科夫斯基也煞费苦心地指出，一个给定的主体（物体）的色彩"不是一个单一的点。即使像香蕉这种均匀着色的物体也包含了不同色彩的斑点"，因此，作为调色师的我们如果试图过度纠正特定主题的自然色彩变化，结果可能会显得色彩过平和不自然。

最后一项观察的一个极佳例证，是我给一部电视纪录片中的一个脸部近景演讲镜头做调色的经历。受访女性是斑点肤质（化妆师没在预算里），她的皮肤上有斑驳的红色。当时客户要求我消除这些红斑，但当我做了色调曲线调整，将红色的斑点完美地融合到她的其余肤色中时，客户变得犹豫不决了。尽管她的肤色有了新的"理想的"颜色，但她看起来完美得很不自然。最终解决方案是略微从所谓的"完美"匹配回退一些，取理想肤色与肤色变化区间的中间值。

图像质量的定义

扬德里科夫斯基把这个领域的大部分研究放在一起总结，试图创造一种算法来精确预测对普通观察者而言的图像"质量"。下面宽泛地总结他的研究假设。

质量 = 自然性 + 色彩性 + 可识别性

换句话说，感知图片质量是观察者需要做出的一种权衡行为，主要体现在观察者要在这几方面做这种权衡：对自然色的喜爱、对丰富色彩的需求，以及最大程度分辨图像及辨别画面场景中所有的元素。

扬德里科夫斯基引述调查结果，观察者偏向于色彩更丰富的图片，即使这些图片被认为略微不自然。换句话说，在"质量"的定义中，观察者可能把色彩性看得比自然性重要。

什么是色彩性？

费多罗夫斯卡亚（Fedorovskaya）[1]，德利得（de Ridder）[2] 和布隆马尔特（Blommaert）[3] 的论文《自然场景彩色图像的色度变化与感知质量（Chroma Variations and Perceived Quality of Color Images of Natural Scenes）》也试图建立自然性与图像的感知质量之间的联系。在为观察者对各种图像的评分绘图后，研究人员发现，"自然性，是自然场景图像色彩再现的一个重要的感性约束……（但）不同于图像质量。"

这项研究发现，色彩性对图像的感知质量有显著影响；观察者们认为，当增加图像的色彩性时，图像的质量就越高，但这只存在于某个区间内，超过临界值，图片就被认为质量较低。这个临界值在被图表化后，足够明确，一致性也很高，因而具有统计学意义。

色彩性是一个有趣的概念，因为它不是一个简单的饱和度参考。色彩性是指观察者对物体色彩丰富度的感知，而且这种感知受制于各种各样的标准。

---

1 费多罗夫斯卡亚（Fedorovskaya）全名埃琳娜·费多罗夫斯卡亚（Elena A. Fedorovskaya），现任罗切斯特技术学院传媒科学学院特聘教授，曾是伊斯曼柯达公司的研究科学家。

2 德利得（de Ridder）全名哈布·德利得（Huib de Ridder），现任荷兰代尔夫特理工大学工业设计工程学院信息化人体工程学专业的全职教授。1982-1998 荷兰知觉研究所的视觉组（IPO）组员，当时他的研究主要集中在基础和应用视觉心理物理学。

3 布隆马尔特（Blommaert）全名弗兰斯·布隆马尔特（Frans J.J.Blommaert），研究员，荷兰知觉研究所的视觉组（IPO）组员。

- 明亮的物体显得颜色更丰富。
- 相同颜色的物体，较大的物体比较小的显得更加丰富多彩，即使它们有相同的色彩和饱和度。
- 色彩对比明显的图像会比色彩对比不那么明显的图像显得更丰富多彩，即使两者的色彩饱和度一样。

有趣的是，研究人员发现，标绘出来的最大临界值（在此区间内，色彩性视为等同于色彩质量）基本相同，而这与研究对象本身无关。换言之，临界值在以下测试中非常相似，比如水果摊的水果，肖像画的背景下的女人，户外的庭院场景以及从外窗照到屋内的阳光。这表明可接受的色彩性的常见阈值并非必须依赖于被观察的图像类型。

在一个相关的观察中，埃德温·兰德（Edwin Land）[1]的"视网膜大脑皮层理论（Retinex 理论）[2]及影响皮层计算的最新进展——色觉与自然的图像（Color vision and the natural image）"（发表于 1983 年在国家科学院年会）列出的数据表明：相对于对色调的变化，观众对饱和度的变化更为宽容。这表明，在对自然的图片调色时，操作与彩度相关的色彩分量时，相对于做创意性调整而改变色调来说，调色师有更宽的调整范围。

什么是可识别性？

可识别性描述的是观察者可以识别图像中的重要细节和主题的难易程度。就像扬德里科夫斯基指出的那样："如果一幅画包含的元素是不可辨别的，那么它不太可能被定义为高品质"。从这个角度来看，图像质量可认定为自然性和可识别性之间的一种平衡。

我认为，可识别性是基于已涵盖在前面的章节中三个图像特征之间的相互影响。

- 正如我们在第 3 章所学的，增加对比度有助于感知图像锐度和边界细节，这既增强了图像的边界性，又提升可识别性。
- 在第 4 章中，我们看到色彩对比进一步帮助我们在画面中把一个研究对象与其他研究对象分离开来。事实上，色彩对比度也是彩度的一个重要特征，这是另一种提高质量感知度的重要手段。
- 最后，第 6 章所示的调色师手动增强暗部，通过使用遮罩来减少等亮体的影响，当被摄物体的色调太接近其周围环境的时候，使用这个方法可以让（观众的）亮度敏感的视觉系统清晰地分辨图像。

识别性，在扬德里科夫斯基的论文第 5 章有所讨论，而他建议：实现可接受的图像识别性可能需要的"夸张图像的某些特征（例如，通过提高色彩对比和彩度的手段），会造成图像不太自然，但却是最佳状态（这是从信息处理的角度考虑的）"。

因此，当我们在调整画面时，保持眼睛看到的图像的清晰度，控制对比度和控制光影、调整色彩平衡，以确保观众在任何场景中都能很容易地看到他们想要看到的内容。

从另一个角度来看，识别性的概念对一些我们尝试更夸张的处理来说，会得到很有趣的结果。尤其是从色彩对比来看，接着，我们以识别性作为判断依据，看看调色可以夸张到什么程度。图 8.5 显示了三种不同色偏的画面，最左边的画面完全偏色，中间的画面偏色情况没那么严重，右边的画面基本正常，但仍有可见的细微偏色。

图 8.5 褐色偏色按比例递减，从深褐色的 Sepia tone（对比度最小），到中性的图像（对比度最大）。
译者注：Sepia tone 是一种色彩风格，这种风格的特点是复古的棕褐色

1　埃德温·兰德（Edwin Land）（全名埃德温·赫伯特·兰德（（Edwin Herbert Land），1909 － 1991），美国宝丽来公司创始人、即显摄影发明者，史蒂夫·乔布斯的精神导师。他持有 535 项专利。

2　1963 年 12 月 30 日兰德作为人类视觉的亮度和颜色感知的模型在俄亥俄州提出了一种颜色恒常知觉的计算理论——Retinex 理论。Retinex 是一个合成词，它的构成是 Retina（视网膜）＋Cortex（皮层）=Retinex。Retinex 理论主要包含了两个方面的内容：物体的颜色是由物体对长波、中波和短波光线的反射能力决定的，而不是由反射光强度的绝对值决定的；物体的色彩不受光照非均性的影响，具有一致性。

一个准等亮体的图像，很明显，图像的可识别性会受调色的强度影响。

别忘了光源！

所有这些信息中非常关键的一点是：我们所有工作项目内的天空、草地和肤色并不是完全相同的，也不应该将其调成一模一样的。因为这种忽视个体差异的做法相当无趣，这并没有考虑到在保持画面中所有元素统一时，场景色温的重要作用，所以图像会被调整成那种看起来很拙劣的合成图。

物理学和人类的视觉响应决定了自然场景的主要光源和一切被照亮物体的色彩相互作用，在典型的调色中，我认为物体的高亮部应该可以反映这一点。就这一点来说，埃德温·兰德（Edwin Land）引用了艾萨克·牛顿（Isaac Newton）（从拉丁文原文翻译过来）："自然体的色彩，来自它们最大程度反射的光线类型"。

兰德正确地指出，由于人眼现在已知的自适应特性（在第 4 章中详细说明），并不是完全正确的。然而，扬德里科夫斯基的研究清楚地发现，观众的偏好会根据观看环境变化而变化，引证的其他研究显示，受试者对喜爱色彩的选择是随着光线变化的。

此外，在 2006 年《影像科学与技术杂志》中的一篇论文《专家对数字图像的色彩增强与观察者的偏好判断（Color Enhancement of Digital Images by Experts and Preference Judgments by Observers）》，众多作者声明（引述最后的总结是我说的话）：

> 专家同样遵循一些规则：色彩校正必须在图像各部分和整体都是合理的，符合场景的光
> 源关系。被观察者接受的色彩，与记忆色的存在以及对整个图像的处理看似一致有关。

此外，本研究中"非专业观察者"的偏好显示：部分不被观察者接受的图像，记忆色的比例很高"。这表明，即使图像中的皮肤、树叶和天空色彩已经做过色彩校正，符合了"理想的"记忆色彩，但如果修正过的元素不能与整体图像的主要色温相容，图像仍然会被认为是人为修改的。

但不要认为这是限制。当测试首选对象色彩的光源效果时，扬德里科夫斯基发现，人们对天光色温冷或暖轴上的变化，比他们对红或绿照明光线变化的宽容度更大（从经验观察，我可以确认）。鉴于我们对自然界光线的共同经验，这是有道理的，但同时也给我们带来了可以影响观众感知放松或紧张的重要工具，即使在一系列自然色中，完全基于对场景中光源的色温调整。

尽管现在我们能很完美地对场景中每个重要元素都使用大量的二级校色，但是对于调整画面整体影调而言，一级校色依然是要重点练习的工具。

别太激动了

那么，作为调色师的你，是否有必要熟读所有这些研究资料呢？引用我和一位经验丰富的调色师在电邮交流中的观点，专业调色师的大部分工作是凭直觉的，基于多年为各类客户进行调色服务的经验。任何一个入行多年的调色师，都是一个此类信息的宝库。

刚刚提出了大量我深信对于调色领域有用的研究，我也想强调，过于字面化地解释记忆色彩是错误的，应该将视觉叙事方式尽量贴合观众预期。

要知道，明白观众的喜好并不是我们不经思考地服从他们。毕竟，有史以来的绘画杰作都各不相同，而且无论你在哪种项目上工作，最宝贵的是能找到一种独特的方式来表现项目视觉需要。

当从创造性观点出发时，无论客户和你决定怎样实现创意，只要你能一直把"要迎合还是违背观众期望"这个念头放在心上，无论观众是否意识得到（你的调整），但带着这个思路工作对你而言会是优势。

对我来说，这才是这份工作真正的乐趣：在惊悚片中寻找合适的紧张场面，对中央公园的绿色场景或反派的肤色进行轻微的反偏好调整，可以给观众带来恰到好处的不安全感。或反之，在对浪漫喜剧中的接吻场景进行调色时，完全迎合了观众想要的色彩、肤色、天空色和自然的阳光，将能帮助场景推向高潮。

理想的肤色

大多数调色师都认为，基本上调色工作的一半内容都是肤色调整。一般来说，如果要给观众带来视觉震撼，调色师必须协调好图像的整体风格和演员肤色之间的关系。事实上，调色师通常把画面中的演员肤色作

为场景色彩平衡的基准点。调色系统对肤色的处理方法有很多，在我们评估和着手调整肤色之前，应该对肤色的特点再多了解一些。

由于人与人之间的长期接触和观察，这使我们对健康的皮肤色调极为敏感，即使微小的差别也可能引起（出乎意料的）观众反响。肤色上黄色或绿色偏色太多，可能会让人看起来像生病了；肤色上太多红色，会让观众认为该演员可能是被阳光暴晒了（或者在酒吧里）。

肤色有一个优势：地球上每个人的肤色都在一个相当狭窄的范围内，这在矢量示波器上可以显示出来。如果你很难找出偏色，可以利用矢量示波器的"I-bar"来协助判断，根据波形与 I-bar 的距离来修正肤色，某位有远见的视频工程师设计了这个系统，标出了肤色的理想范围的中心点。

图 8.6，对于一般观察者来说，这个未校正的图像看起来色彩平衡相对中性；虽然画面看起来色彩很多，但是没有特别突出的地方，也没有什么错误。

我们用二级调色对肤色以外的色彩去饱和，如果没有周边其他色彩对比的话，同样位置的肤色会看起来更红，并且从矢量示波器可以看出，对应的肤色波形甚至靠右边向 R 靶位伸展，R 靶位代表纯饱和的红色（图 8.7）。

图 8.6　未校正的图像，画面有些许偏色

图 8.7　相同的图像，对肤色以外的一切去饱和度。现在可以看到这位演员的真实肤色

通过色彩校正减轻肤色的红色，得到更严谨、自然的皮肤色彩，比原始图像有明显提升（图 8.8）。

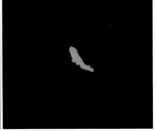

图 8.8　经过简单的一级校色后，这两位演员的肤色更自然了

接下来，我们将探讨人们的肤色是为什么和如何发生变化的，并探索出针对肤色的调整方法。

肤色是怎么来的？

关于皮肤，任何 3D 建模师或材质艺术家都会告诉你，皮肤在色彩、亮度和反射这些方面是一个极其复杂的表面。越了解皮肤的特性，越能更好地观察肤色对光的反应，你就能更好地控制肤色。

皮肤是半透明的，而且我们的肤色实际上是色彩吸收、光散射和皮肤各层反射的组合。

1. 黑色素，是存在于浅肤色和深肤色人群中的一种生物聚合物。这种色素增加了表皮（皮肤的上层）的色彩。有两种形式的黑色素：褐黑素，其范围从红色到黄色（也见于红色头发）；真黑素，其范围从棕色到黑色（也见于棕或黑色头发和眼睛）。真黑素是区分世界不同地区的人肤色的主要色素。尽管几乎每个人的皮肤都有一定量的真黑素，但褐黑素是很明显的遗传学特性。

2. 血液流经真皮层（位于皮肤的下层）毛细血管，因此携氧血红细胞也贡献了相当多的红色在肤色整体色调上。世界各地的人在这个色调上都差不多，无论一个人的表皮色素如何。但是，因为携氧和脱氧血红蛋白（前者是更红，而后者更蓝）对光的吸收不同，所以血液的色彩会有变化。动脉中含有较多的携氧血（为身体的一些部位添加饱和度），而静脉中含有较多的脱氧血（这并没有让人变蓝，它只是导致饱和度更平均）。

3. 调查研究也发现，深色皮肤（黑色素较多）吸收更多的光，从而使光较少到达真皮，并与血红蛋白相互作用。这也减少了肤色饱和度（艾丽·安哲罗普罗（Elli Angelopoulou）[1]《了解人体皮肤的色彩（Understanding the Color of Human Skin）》，2001）。

4. 真皮层还可能含有大量的 β- 胡萝卜素，使皮肤具有黄色或橙色光。β- 胡萝卜素通常是通过饮食（吃大量的胡萝卜和其他色彩鲜艳的蔬菜）积累的。

5. 最后，下皮组织是反射任何穿透至白色脂肪细胞的可见光的皮下层组织。在亚拉文·克里希纳斯瓦米（Aravind Krishnaswamy）[2] 和格拉迪米尔·VG. 巴拉诺斯基（Gladimir VG Baranoski）[3] 的文章《皮肤光学研究（A Study on Skin Optics）（2003 年）》中指出，这种反射率，加之表层和表层下光散射的组合，赋予了皮肤发光特性。作者特别指出，"胶原纤维是负责米氏散射的，而较小的纤维和其他微观结构负责瑞利散射[4]"，这种散射赋予了皮肤内部光的扩散特性（图 8.9）。

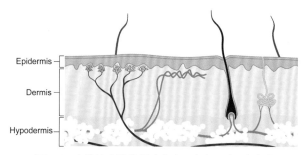

图 8.9　人体的皮肤分层（表皮、真皮、皮下组织）

黑色素、血液中的血红蛋白、β- 胡萝卜素和散射光，这些因素的组合使得皮肤的色彩和特性各有不同。但是，我们已经发现这种变化只发生在特定的范围内（假设是健康状况良好的个体）。因此我们将在后面看到，即使皮肤亮度差别很大，但不同的肤色波形都会落入矢量示波器特定的楔形范围内。

化妆

化妆在叙事性电影制作中起着至关重要的作用，有趣的是，化妆师会用着色基底（粉底）给演员的皮肤进行色彩调整，类似于调色师重新平衡视频图像中间调的色调，两者的手法相似。例如，给肤色白的对象应用黄色调，或者给肤色黑的对象应用暖色调，根据对象情况定制健康的肤色。多层的化妆有助于展示面部的肤色。

- 基底（粉底）是应用于整体妆面的一层，它为对象的肤色执行主要的"色彩校正"。
- 在基底（粉底）后加入化妆粉可以防止油光，然而有些配方粉会创造微妙的光晕。
- 腮红打在脸颊的区域既要突出（或淡化）颧骨，还要有针对性地在脸上添加暖色。用打腮红来模拟自然的腮红，选择合适腮红的常用手法是捏脸颊并匹配这个色彩[5]。如果调色师用吸管工具在演员脸

1　艾丽·安哲罗普罗（Elli Angelopoulou）博士，她的研究重点是计算色彩分析、多光谱成像、图像取证、皮肤反射、自然场景和三维重建反射分析等。她也是美国光学学会会员。

2　亚拉文·克里希纳斯瓦米（Aravind Krishnaswamy），高级工程师，资深软件开发者，摄影师。目前任 Google 照片部门工程主管，曾任加拿大安大略省滑铁卢大学计算机科学院自然现象模拟组技术指导和软件开发。

3　格拉迪米尔·VG 巴拉诺斯基（Gladimir VG Baranoski），现任加拿大安大略省滑铁卢大学计算机科学院副教授。

4　光束通过不均匀介质时，部分光束将偏离原来方向而分散传播，从侧向也可以看到光的现象，叫作光的散射。当散射体小于入射光的波长时，散射光的强度和光的波长有关，短波光的散射比长波光要强得多，称瑞利散射。当空气中有大于入射光波长的颗粒时，散射光强度和入射光波长无关，称米氏散射。

5　作者指直接捏演员的脸颊。

上采样，这可能不是一个好主意，点击腮红的面积无法代表整体的肤色。

- 眼线，眼影，还有口红都被用于面部细节，所有这些都会在调色师拓展对比度时被加重。

化妆正如调色一样，也可以为电影叙事服务。网站 Makeup.com 上，关于 Richard Dean（理查德·迪恩）的采访，在电影《美食、祈祷和恋爱（Eat, Pray, Love）》中他为朱莉娅·罗伯茨化妆，他负责了角色在电影不同时段中的各类面妆。

采访原文："在意大利，莉丝试图重新找回简单的激情，所有的线条变得柔和。腮红从颧骨外侧往面颊移动，给她脸部创造更多的自然，温暖的红光。她柔软的玫瑰唇膏被替换为更加丰满的裸色，显得更稚气一点。"

"在印度，静修，莉丝的脸被擦洗过。温度很高，她必须努力工作，所以她寻求某种心灵的净化。对于这一点，她的眼妆被弱化。唯一一次她似乎化妆了，是她作为嘉宾出现在一个传统的印度婚礼，她的眼线模仿该国妇女常用的夸张眼影粉。在这个场景中她的唇色和腮红色彩更金黄，肤色不再是无光泽的而是有着日落般的光晕。"

"在巴厘岛，莉丝完成了她的旅程，这里有她所有的早期外观元素。她的眼睛再次画上眼线，但以烟熏式晕开。腮红变成古铜色盖过面颊并延伸至鼻梁下。她的嘴唇比涂过口红要更湿润些。一个自然的感性女人出现了。"

一般情况下，拍摄时演员们都上妆或尽量忠于现场的配色方案（虽然我这里有些演员化妆不好的实例，通常都是低成本项目才会出现化妆问题），在这种场景的情况下，在调色上一般都不需要再做（二级）调整。但是，你会发现人们有无化妆之间的一些差异。

例如，上妆的对象他们脸上的肤色会和自己身体其他部位的色彩有一点不同（晒了很久太阳的对象也是一样）。取决于化妆方案和特征，例如颧骨和鼻子的两侧色彩会暖，并且可能会比面部的其余部分更暗。

此外，如果你正在做整体肤色的调整而不是对基础肤色稍作修改（即数字式"粉底"），注意你要对整个面部（除了眼睛部分）进行键控选色，以确保对妆容进行整体调整。

肤色的不同类别

每个人的肤色是不同的，而且你通常不会直接把每个人的肤色都往 I-bar 靠。为了说明这一点，图 8.10 显示了拼贴在一起的皮肤色块，这些测试色块来自于 210 位随机抽样的泳装模特。每个模特的皮肤色块是从手臂、躯干、大腿采样，以避免其面部化妆，每个样本包括从温和的高光到浅暗部的光影渐变以涵盖每种肤色变化。

采样群体包括亚洲人、非裔美国人、印度人（印度次大陆）和高加索人，额外采样了肤色苍白（或红色头发）的对象，还包括每个种族晒黑后的皮肤。全部测试图像都提前校正过，它们呈现的是各种摄影师认为的能吸引人的理想肤色（非科学调查）。

在矢量示波器查看这些全方位采样的肤色，如图 8.11 我们可以清楚地看到，肤色有可能出现的所有色调范围被限制在很明显的一簇波形中，在这个范围内波形仍有足够的变化空间。

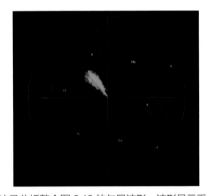

图 8.10　从 210 位各种已经色彩校正过的模特身上采集到的肤色样本，论证了可接受的肤色值的变化

图 8.11　这是分析整个图 8.10 的矢量波形，波形显示采样的皮肤处于相同的范围中，波形在矢量示波器中形成团状

相似范围内的肤色也被提炼成一组在 DSC Labs 的 ChromaDuMonde 12+4 测试图上的四个测试图块。这些类型的图表被广泛用于业界的摄影机校正，以及用于在色度学上精确重现 ITU-R BT.709。

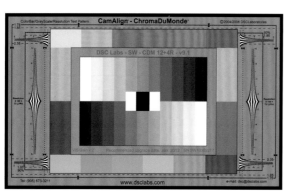
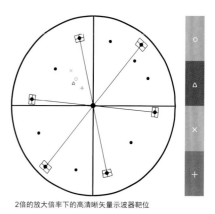

2倍的放大倍率下的高清晰矢量示波器靶位

图 8.12　DSC Labs 的 CamAlign ChromaDuMonde 12 + 4 测试图，
连同所附的矢量示波器图显示，矢量示波器的色彩矢量校准设定为 2 倍放大率

与 DSC Labs 总裁大卫·科利（David Corley）[1]交流时，他分享了他的研究团队是如何使用高精度光谱仪对不同人种直接做光谱分布的广泛采样。利用这些数据，他们选定了四个与非洲人、亚洲人、白人和印度人的肤色"平均"色相和饱和度相一致的测试色块，如图 8.12 所示。随附的矢量图显示出，在矢量示波器设置为 2 倍放大率时，这些目标的位置应该达到的靶位。

另外 DSC Labs 测试卡在更真实的图像内展示了相同的一般肤色，四名模特是来自于多伦多 Ryerson 大学影视艺术项目的学生。四位入选女性的肤色都是和图 8.13 所示肤色测试图匹配的。

图 8.13　DSC Labs 的 CamBelles 夏季测试图（CamBelles Summer test chart），
旨在为对调整匹配后的摄像机提供详细评估参考。肤色与如图 8.10 中所示肤色块匹配

在场景中统一或者加重主体间的差异时，能够掌握肤色落入的大体范围是很有用的。下面的观点部分基于化妆品行业的派生类别，包括每个类别在菲氏量表[2]中的相应评级，菲氏评级被皮肤科医生用来区分不同肤色对 UV 光的反应。

为了帮助我们进行评估，这些类别以序列方式呈现，按照它们出现在矢量示波器中从金色（或橄榄色）至红色（或褐红色）的角度来排序（图 8.14）。

正如你所见，在中性照明下图 8.14 中模特们的肤色在视觉上看起来不同，但是转化为矢量示波图时，波形仅在角度上有着微小的差异。虽然细微，但是这些差异非常重要，因为观众对这些差异是如此敏感。因此，肤色调整受益于调色师的精细调整和敏锐眼光，即使是细微调整也可以显著改变我们对一个人肤色的感知。以下快速纲要是不同皮肤类型，对光线和阳光照射的反应，以及通常需要哪些色彩调整。

1　大卫·科利（David Corley），DSC Labs 的总裁和创始人，SMPTE 会员。
2　菲氏量表，Fitzpatrick scale，该表由哈佛大学皮肤病专家托马斯·菲茨帕特里克（Thomas Fitzpatrick）于 1975 年编制。

- **苍白、粉红色或白皙的肤色**：第一种类型的皮肤不会晒黑，但可能长雀斑；而且容易晒伤。这包括红发和非常白的金发女郎（相同的黑色素不仅赋予了皮肤色彩，还决定了头发的色彩）。一般白肤色的人倾向于矢量示波器上的红色靶位（在肤色标示线 I-bar 的右侧），但由于真黑素水平偏低，他们可能相当不饱和。有些极其白皙的人肤色甚至可能有轻微偏蓝（如果你想快速调整这种肤色的图像，是很麻烦的）。

图 8.14　不同肤色的色调比较。矢量波形展示了围绕肤色线（I-bar）左（指向黄或橙）右（指向红）的微妙色调变化。为了便于直接比较，所有模特的照明都是相同的

- **红色或红褐色的肤色**：第二种类型的皮肤晒黑程度轻、容易晒伤。这种肤色也偏向矢量示波器中的红色靶位（到肤色标示线的右边），通常要比其他肤色类型的皮肤饱和度更高。肤色浅和肤色深的人都有可能属于这个类别。

- **中等或深色的肤色**：第三种类型的皮肤（逐渐晒黑），还有第 4、第 5 和第 6 种类型的皮肤（晒黑程度逐渐增加）。这是不在此列表中所述的任何个体的平均肤色。在非创意性照明时，肤色波形就落在肤色线 I-bar 上，而且这种肤色的饱和度的高低取决于个人。它包括了更浅或更深的肤色。

- **橄榄色的肤色**：第四种类型的皮肤更容易晒黑。这类肤色通常在落在肤色线 I-bar 左侧。当他们和你正试着去修正的另一个对象处于一个双人镜头中时，他们往往会很突出，因为和别人都不一样。单纯的中间调校正可能对两个对象有明显不同的效果。如果它真成了问题，你就不得不对其中一个对象做二级校正或蒙版校正，对其进行单独校正。

- **金色或亚洲皮肤**：亚洲有一点用词不当，因为许多不同的人都可能会出现金色肤色。你会发现，这些肤色有时会落在肤色线 I-bar 左侧极远处，虽然并不总是这样。如果肤色是被晒成金黄色的，那么这种肤色饱和度较高；如果金色调是自然肤色，饱和度可能较低。

- **过度喷涂晒黑色**：这是值得一提的，因为他们是如此的可怕，也因为喷涂晒黑色是用来给演员（或新闻主播）上色的速效方法。喷涂晒黑色使对象看起来像胡萝卜——它们是橙色的（虽然足够的胡萝卜会微妙地改变你的肤色，但是没有人会吃那么多鲜艳的蔬菜）。这个问题通常是过度饱和，良好的修复往往是用 HSL 选色来隔离这种肤色，或者缩短肤色对比曲线的范围，并将其稍稍去饱和。

下面的部分，将讨论关于肤色的色相、饱和度和亮度方面的具体特点。

皮肤的特征

我们已经知道了负责创建皮肤色调的元素，那么现在让我们跳开理论，本着分析和色彩校正的目的，进一步对肤色的色相、饱和度和亮度特性进行研究。

皮肤的色调

在观察 RGB 分量示波器时会发现，所有的肤色通常在红色通道上都很强、绿色通道较弱（偶尔会有例外），通常蓝色通道最弱（图 8.15）。

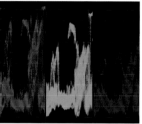

图 8.15　RGB 分量示波器与对应的肤色

把脸放大并且检查分量示波器，更明确地显示演员脸部的波形（图 8.16）。

然而，同一个拍摄对象的脸部色调都会略有不同。观察相同的演员脸部，放大脸部并用矢量示波器检查，你可以清楚地看到色相在面部各部位的楔形通常变化多达 5 度（图 8.17）。

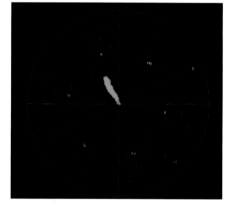

图 8.16　限于分析面部皮肤色调的 RGB 分量示波器　　　　图 8.17　放大的脸部矢量波形

一条平均曝光的素材，肤色通常属于中间调范围内。由于色偏经常可用简单的调整来修正以达到白人（肤色）的色彩平衡，通常可以用 Midtones 来微调肤色，这些我们将在后面的章节中看到。

我一直在谈这个问题，肤色的表现是高度依赖光的质量和场景的色彩平衡的，清楚这点很重要。因为皮肤是由内而外部分透光的，所以场景的色温会与演员的肤色发生一定的相互作用。

图 8.18 中的两个镜头，相同的两个演员和类似的拍摄构图，但环境有很大的不同。左图，光线是较为温暖的金色，这使他的脸看起来更加暖，肤色更加红润饱和。右图，中性柔和灯光使脸部饱和度较低，更接近演员的自然肤色。

肤色和光源两者之间密切的相互作用，就是导致这两个画面肤色差异的原因。十之八九的镜头中（假设灯光充足），特别是那种每个镜头都精心拍摄的项目，在做了适当的一级校色之后，演员肤色和背景就能产生很棒的结果。

在一个更加复杂的方面，另一种影响皮肤颜色的情况就是周围的背景对肤色感知的相互作用。

图 8.18 相同演员，类似的带关系构图，因为两个环境的灯光不同，导致肤色不同

在下面的例子中，来自同一场景拍摄的两张照片并排。如图 8.19 分屏所示，两者肤色接近相同，但海军男演员后面的淡绿色墙壁导致感知不同，这时你就需要考虑了，因为这很难与院子里群众的肤色（感知）相匹配。

图 8.19 虽然脸部肤色已经匹配，但是，如果每个镜头中周围的环境不能平衡好，就会出现这样的两个镜头

这也是一个需要二级调色的示例，调整墙的颜色，或调整院子里人物的周围环境（要对肤色进行隔离保护），做轻微的修改会让人感觉更加匹配。

皮肤的饱和度

肤色的理想饱和度总是与场景的其余部分有关。如果背景色彩单一柔和，皮肤的饱和度水平低一些对观者来说会显得充满活力。另一方面，如果背景颜色丰富并饱和度高，肤色的饱和度水平需要高一些才能给人留下印象。

这就是说，肤色的饱和度一般落在矢量示波器的 20% 至 50% 幅度之间。幅度的多少取决于你想要传达的肤色类型。下面提供一些指导建议，这些是根据我自己的经验，以及多年来我对时尚摄影的非学术性调查中得到的。

- 被认为是很时髦的那种苍白肤色，一般在矢量示波器的 20% 和 30% 之间的幅度内（图 8.20，中间图）。如果你正在调整幅度小于 15% 的肤色，你可能正在为光滑皮肤的妆容亮丽的演员调色，或者是在给吸血鬼的脸调色。
- 肤色极深的人，皮肤表皮有大量的黑色素会吸收更多的光，这样光和真皮毛细血管的互动就减少了，就会加重皮肤的颜色。这并不一定会很大程度地改变皮肤色调，大量黑色素会带来红色和棕色，但是这会轻微降低饱和度，所以肤色很深的人可能会和肤色苍白的人落入同样的饱和度范围（图 8.20 左图）。
- 肤色在一般水平的人无论是较深或较浅的肤色，可能更容易落入大约 35% 的幅度内，可能延伸到 25% 至 40% 的范围内（图 8.20，右图）。
- 皮肤颜色丰富的人，无论是晒成的金色还是天生的红肤色，都有可能会比较极端地落在 35% 到 50% 的幅度，如果不想过分夸张，限制在 40% 是一个相当不错的选择。

图 8.20 不同的肤色饱和度及矢量波形的对比。网格线已叠加在矢量波形上，以方便提供参考。
从左至右，这些模特的测量幅度分别落在 30%、32%，以及 40%

皮肤的亮度（曝光）

对曝光的建议是非常主观的，但也是可以得到一般化的结论：在每个镜头中应该充分利用整体反差和曝光控制，让画面中最重要的主体清晰可辨。

如果将曝光调整比喻为混音，你要设置混音中每个声音元素的水平，其中最重要的元素，例如人声，在混音中是最清晰的。而在调色时，画面中演员的肤色就是这个"人声"。如果他们在颜色和曝光水平方面与画面中其他元素过于接近，演员就会不突出（假设你需要让他们突出）。在镜头中的人物不一定要比其他东西亮或暗，他们只需要明显的突出。

摄影师安塞尔·亚当斯用他的区域系统来阐述这些内容，这在他的著作《负片（The Negative）》中讨论过（由布尔芬奇出版社发表于 20 世纪 50 年代，并且被修订过多次，是被强烈推荐的读本）。亚当斯主张将曝光后的图像影调范围为十个区（绝对黑色为 0 区），以便详细分配整个可用的影调范围，以最大限度地提高对比度（这个想法类似于第 5 章中讨论的对比度拓展）。

按亚当斯所说的标准，在太阳照射下的白人皮肤区间如下：皮肤暗部在第 4 影调区，中间调的肤色在第 5 区，平均亮度的白种人皮肤是第 6 区，亮一些的白种人皮肤在第 7 区，白种人皮肤的高光在第 8 区（图 8.21）。

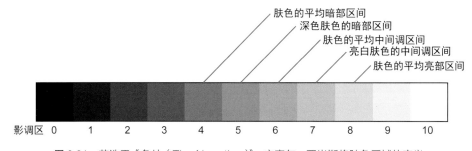

图 8.21 节选于《负片（The Negative）》，安塞尔·亚当斯将肤色区域的定义

亚当斯的方法适合于纪录片，不过纪录片的主体要清晰，这点非常重要。但如果你调色的镜头是摄影师精心设计的、具有戏剧性的素材，（亚当斯的）这些原则可能会有些保守。

如果你想要一组理想的、能覆盖皮肤高光、中间调和暗部的皮肤影调范围，那么对于均匀曝光的理想化图像，下文可以作为一个起点，其中每个影调区间中较高的部分留给较浅的肤色。

- 从 60% 到 90% 的高光，当然，除非你特意寻找过曝的镜头（通常是那些在皮肤旁边或从人背后打光的镜头）。比如拍美女的镜头，最好避免对皮肤的"硬切"，除了那些常见于鼻子、脸颊和前额的高光点。而自然纪录片的皮肤反差处理比较柔和，亮度较低。另一方面，剧情片的摄影常采用非常高的对比度，采用较强的光来让脸部更明显。

- 平均中间调通常范围从 40%（深肤色）至 70%（很浅的肤色）。恰当的中间调曝光，完全取决于周围的环境；在明亮曝光的场景与暗一点的场景，对皮肤中间调的提亮效果是完全不一样的。

- 阴影的范围从 10% 到 50%；要避免黑位被裁剪。再次，戏剧化的摄影会采用阴影来塑造脸部的形状，很多摄影师并不介意将脸部的很大一部分放在阴影中，但建议通常至少要使用一个细长型的光补回

　　脸部中间调。

　　这个公认的常用曝光参考在图 8.22 可以看出。整个图像的对比度范围从 10% 到 85%（IRE），这能拍到不错的阴影深度，保留了女演员脸部和外套的细节，以及没有那些直接到达 100%（IRE）的高光（除了少数镜面亮光和反射）。然而，你现在很难在这个细节丰富的镜头中单独辨识出皮肤的曝光值。

图 8.22　尽管这个画面的整体对比度范围不错，皮肤的曝光还是很难评估

　　通过屏蔽几乎整个画面，除了落在女演员脸上的高光和暗部还有男演员的后脑勺，你可以清楚看到演员本身的反差不错的肤色，肤色范围落在 12% 到 80%（IRE）。肤色以外的画面内容整体对比度分布也很理想。根据以上判断，两个演员的肤色正好落入中间调（图 8.23）。

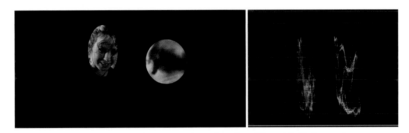

图 8.23　与图 8.22 相同的图像，做了肤色隔离

　　在任何场景中，肤色较深的人吸收更多的光线，有可能比在相同场景中肤色亮一点的人暗 10% 到 20%。这是正常现象，通常不需要纠正[1]。

　　以下片段只做过很少的色彩校正（图 8.24），三个男演员在狭小的电梯环境，灯光环境相同，所以他们得到的光线比较平均。

图 8.24　三种不同肤色的人在相同的灯光环境中

　　通过分别单独隔离男演员的脸并检查波形监视器的波形，你可以看到中间男演员的波形落在最低的位置，平均亮度水平大约 10%，低于其他两个男演员（图 8.25）。

　　本节中的建议只是帮助你入门的简易指导。每个项目都有其独特的风格，不同的要求、曝光和人物对象，所以很难把所有可能的情况都概括出来。此外，随着经验的增加（和精心校准的监视器），你会发现自己越来越依赖你的眼睛来判断皮肤色调。然而每当你对肤色有疑问时，总会有示波器作为后备，帮助判断。

1　也可以根据实际情况考虑。

图 8.25　分别单独隔离脸部，评估不同肤色的亮度水平

关于 In-PHASE，I-BARS 和肤色指标（也称肤色线）

很多年前在 Final Cut Pro 3 还在开发中的时候，对于大部分桌面视频编辑者来说，新添加的色彩校正工具和视频示波器都是很新的东西。然而工程师团队们正努力使这些不为人熟知的功能（例如 Lift, Gamma, Gain 控制和视频示波器等）可以被新的受众群体所理解。与此同时，我接到了任务要把用户体验记录下来，而这些用户过去是从来没有接触过三路色彩校正的。Final Cut Pro 矢量示波器的设计很巧妙，它包括一个半的同相轴线，并且用这个标线作为肤色的平均指标，这是根据视频示波器多年的使用经验而成文的规则，而不是特别的巧合。

为了使这条线的作用变得更加明朗，这条指示线被命名为"肤色线"。这个名字对新用户而言是很有意义的，因为这个指标的目的与信号基准无关，而是给人们提供色调指示的新的阅读范围。

后来研究调色软件 Color 的手册，我定义为术语"I-bar"（"I"代表"In-phase"，"bar"因为它是条线），因为色彩工程团队应用全部四个同相正交标示，而且我觉得更有经验的受众一定会感激这条线对于信号校准标准定义的最初目的。

这么多年我已经和很多人讨论过 I 和 Q 轴的历史了，虽然这些指标背后的工程原因和肤色并没有什么严格的关系，我个人感觉是同相指示器位置的巧合功用（肤色线），随着时间的推移，超过了它的初衷。

晒黑

晒黑的皮肤是一种自然保护手段，免受过量紫外线（UVA 和 UVB）照射，而没有防护措施的皮肤，其细胞 DNA 会被破坏。当人们被晒黑后，表皮最顶部的黑色素会被紫外线氧化，这一过程使其变得更黑。与此同时，更多的黑色素被产生并且移动至表皮顶层，在那里进行着同样的氧化反应。结果就是皮肤的黑化提供了抵抗阳光的保护性屏障。

在时尚摄影和电影中，晒黑的皮肤（不包括苍白的肤色）在矢量示波器中普遍呈现出增加 30% 或更多的饱和度，通常低于平均曝光（当然，晒黑的程度是品味的问题）和较深的阴影（不裁切黑位）。

色调范围可以从金色到红色，晒黑这件事本身并不会显著改变人的自然肤色。但是如果晒黑油或其他人工制品已被用于"加强"晒黑，就会偏离我们希望再现的自然肤色。

注意　皮肤出现晒伤的第一个迹象不是变红，事实上你的皮肤会被"烤熟"。它是人体对 UV 射线中毒反应的结果，通过输送额外的血液到真皮细胞来加速愈合。这就是为什么晒伤区域在触摸时会变得苍白：你挤压了这些额外供给的血液，而在你松手的时候它们又会回来。

情感的色彩

除了以上特征，有事实证明皮肤颜色本身也会发生改变。

大部分人认为调色能影响场景的情绪。然而我认为场景的情绪也能影响调色决定。在纪录片制作中我经常碰到这种情况：场景中的情绪是真实的，采访对象的妆容通常很淡，影片越到后来整个场景的情绪越发激烈。场景的情感色彩同样适用于任何情况下的人，无论是采访对象还是专门的演员。

很多人试图将人的肤色简单地规范化，用像调音台将对话水平正常化一样的方式，无论什么情况都让特定的人脸肤色在每个镜头保持中一样。我认为这是个不太有效的方法，因为有很多元素会影响肤色的变化，包括环境灯光、演员的位置还有不同场景中故意为之的妆容变化，等等。

然而，当人们生气时肤色的变化很巧妙。如果是真的生气，通常他们的脸会变得通红。观察图8.26的两个图像。

左图平静的男孩，皮肤是普通的苍白面色。右图生气的男孩肤色比较红润，充血导致满脸通红。

我整理了一些调色师要面对的问题，在对场景的调色过程中，需要思考空间内的情感构建以及演员肤色情绪的处理。至于你如何去处理肤色，这取决于你和客户对于肤色的理解（或固有观念）。基于你调色的不同场景类型（或场景中正在发生的情节），下面是一些需要考虑的因素。

图8.26　同一个男孩，在平静时（左图）皮肤白皙，哭泣时（右图）脸部充血导致变红

- **带演员的叙事性场景**：保持场景本身应有的颜色，不要画蛇添足。若你雇佣一位演技精湛的演员来表演，但调色师的色彩处理与表演相悖，这又有什么意义呢？也就是说，有可能演员脸色的红晕在一些镜头中更加明显，而在其他镜头中不明显，那么在调整的过程中就需要保持一致性，这是个比较有挑战性的事情。因此，我们可能需要逐个镜头添加或削弱演员脸部的红色，以确保他们的肤色与场景的情感氛围相匹配。
- **有受访者的纪录片场景**：这可能很棘手。如果把头部特写切换到另一个机位，从平稳的采访切换到风景，然后返回到较为激动的采访，这就会产生奇怪的脱节。如果客户要求转换得天衣无缝，在这种情况下我会缓解这种强烈的对比来避免过多的不连续性。在另一方面，如果在采访过程中，创作目标是让受访人达到情绪不安的状态，那么我们就保持这样的强烈对比吧。
- **皮肤偏红的人肤色变得更红的情况**，这个规律估计你会遵守。如果你的演员或受访者的肤色略红，很有可能当他们生气时脸部会看起来像一颗葡萄。在这种情况下，我想你一定会马上减轻他们脸上的红，防止红色过度吸引观众的注意力。不过，我还是会让演员脸色保留一点红。

当然，最终我们还是要按客户要求来完成工作。我最近调色的一个纪录片中，有一组同一位女性的近景，客户就要我消除她脸部的红。然而如果这种情况也出现在你的项目中，你可以参考我在上文中提到的做法。

皮肤也可以是其他颜色的

其实肤色也会发生动态变化。在学习如何看待皮肤与在现实生活的情感线索的过程中，我们可以了解更多关于视觉系统的工作原理，并在这个过程中可以更好地理解为什么皮肤色调是调色最重要的方面之一。

马克·肖恩吉梓（Mark Changizi）[1]，一位对人类视觉特性做了很多研究的认知学家，在他的书《视觉革命（The Vision Revolution）》（本贝拉出版社（BenBella Books），2009）中讲述了一个令人信服的案例，那就是人眼三锥体对光的波长的敏感性，特别提到不同肤色的变化是由于高氧感性或低氧甚至简单血压（皮肤中血液的含量）造成的。此外，他注意到，通过这些微妙的线索，这些敏感性是如何让我们检测到一个人的心情和健康的变化。

首先，如果用图表来表示人类皮肤反射光谱，你会发现无论什么反射，图表都有一定的形状，皮肤中的血液会强烈地影响反射光谱。图8.27中的图表引用自艾丽·安哲罗普洛（Elli Angelopoulou）[2]的《人体皮肤的

1　马克·肖恩吉梓（Mark Changizi）是一位理论神经生物学家，科普作家和作者。他提出了"感知现在"假说来理解错觉。
2　艾丽·安哲罗普洛（Elli Angelopoulou）博士，她的研究重点是计算色彩分析，多光谱成像，图像取证，皮肤反射，自然场景和三维重建反射分析等。她也是美国光学学会员。

反射光谱（The Reflectance Spectrum of Human Skin）》（宾夕法尼亚大学，1999 年），在其中 23 名 20 到 40 岁的志愿者的皮肤反射率（手背），这些志愿者是来自各个种族的男性和女性，采样过程使用 Oriel Multispec 77400 光谱仪读取光谱读数来严格控制照明。

意料之中的是，每个图表的形状、显示的色彩分布或多或少是相同的，即使每个图的高度（表示明度）有所变化。有趣的是在每个图中间的 W 形状，进一步显示了与血液中血红蛋白的氧化作用的对应关系。

如果我们看到三种类型的锥体细胞对光的波长的敏感性的关系图（如图 8.28 所示），很容易看出，短、中、长锥体细胞并不是均匀分布的，但中和长这两种锥体细胞却紧密排列在一起，这很可疑。

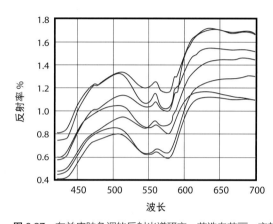

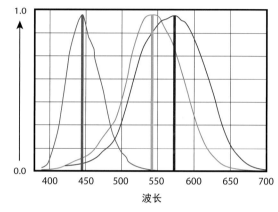

图 8.27　有关皮肤色调的反射光谱研究，节选自艾丽·安哲罗普洛的《人体皮肤的反射光谱》

图 8.28　此图展示了人类视锥细胞的简化反应曲线，垂直线标示出的每条反应曲线的峰值。（来源：维基百科可视化数据出自《人类视锥细胞的光谱敏感性（Spectral Sensitivities of the Human Cones）》，安德鲁·斯托克曼[1]，唐纳德·麦克劳德[2]和南希·约翰逊[3]，《美国光学学会杂志》，1993）

肖恩吉梓研究发现，中锥体和长锥体的平均敏感性与肤色反射的 W 形部分重叠，与血液中的血红蛋白浓度的差异相一致。简而言之，我们的眼睛进化为可以看到血氧浓度的微小变化，这一点通过在光谱反射图上叠加的光谱敏感度图表可以看出来（图 8.29）。

在《视觉革命（The Vision Revolution）》的第一章中，肖恩吉梓对于肤色感知基线的研究，正是此现象的绝佳案例，此现象使得我们对由于情绪或疾病引起的变化尤其敏感，即使这种变化稍纵即逝。正如肖恩吉梓所说，"我们尴尬时会脸红，愤怒会脸红，恐惧则会引起脸色发白或者发黄；如果被卡住而窒息，脸会变紫……如果你运动，你的脸也会变红；如果你感觉头晕，你的脸可能会呈黄色或泛白；如果你照看一个攥紧小拳头努力排便的婴儿，你会发现他的脸在瞬间变得微红、浅紫。"

显然，所有这些颜色，红色、紫色和黄色都有各自的情感关联。而如何能更加清楚地看到由于血液循环而导致的颜色变化才更有趣。

- 血液量则使得人的肤色要么偏蓝（过量血液）要么偏黄（低血压）。
- 血液的氧合（即氧化作用）则使人的肤色呈现出一种红到紫（高氧）或绿到蓝（贫血）的色调。

如果你在视频的色相环（图 8.30）上观察这些相互关系，当推动色相环来改变皮肤色调时你会发现，皮肤色调的变化会改变观众对影片人物的印象。

需要记住的重点是，在生活中这些颜色是根据我们自身的情况而不断变化的。随着时间的推移以及皮肤的护理，这些在皮肤的色调以及饱和度上的微妙变化，也都可能转变为在影片中给观众的暗示。

1　安德鲁·斯托克曼（Andrew Stockman），现任伦敦大学眼科专业教授。

2　唐纳德·麦克劳德（Donald I.A. MacLeod），德国基尔大学物理学教授。

3　南希·约翰逊（Nancy E.Johnson），美国圣地亚哥州立大学联合调查员，研究学者。

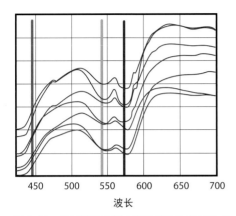

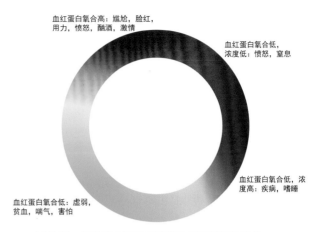

血红蛋白氧合高：尴尬，脸红，用力，愤怒，酗酒，激情

血红蛋白氧合低，浓度低：愤怒，窒息

血红蛋白氧合低，浓度高：疾病，嗜睡

血红蛋白氧合低：虚弱，贫血，喘气，害怕

图 8.29　通过锥体的最大响应峰值来叠加肤色光谱反射率数据，我们可以看出，人类锥体敏感性和血红蛋白反射率是相匹配的

图 8.30　皮肤的生理反应表现为相应的颜色变化，与《视觉革命（The Vision Revolution）》图 7 中附加的视频色相环相匹配

艺术创作，艺术肖像和肤色

在这本书的第一版中，我花了很多时间研究人的皮肤色调，并一直尝试理解什么样的肤色更加自然，观众期待看到的又是什么样子的，以及这两条线索又是如何贯穿在电影图像中的。有一个问题一直徘徊在我的心里：电影或广播节目调色师是否可以从纷繁的美术世界中汲取一些经验？然而，美术（或艺术）世界从理论上讲是无界的，其过程始于一块白色画布，这难道意味着绘画全是源于偏好吗？没有规律可循吗？

近日，在明尼阿波利斯（美国明尼苏达州南部城市）的艺术节，我很幸运可以遇到苏珊·贝克[1]，她是一位用非常结构化的方法来练习和教学的纯艺术肖像画家。令我印象深刻的是她的工作，还有她在其中阐述了她的绘画过程和方式，她很慷慨地分享了艺术家对肤色的看法。肖像艺术家正如调色师一样，都是受客户委托而工作，所以就掌控人物形象这个广义层面来说，涉及的艺术性与技巧性在一定程度上有所重合。我惊讶地发现，肖像画家的处理进程和数字调光师[2]的调整，两者之间的处理方式非常相似。

就本节而言，贝克很慷慨地分享并简单讲解了她未完成的作品以及一些速写作品，以帮助说明我们谈话的各种主题。

灯光和光线评估

这点应该不足为奇，光线对画家非常重要，正如光对任何电影摄影师一样重要。许多绘画艺术家像调色师一样严格控制工作室的条件，他们会非常仔细地选择户外灯光或室内的灯泡。有趣的是，画家作画时推荐的光线条件最好对应于画廊的灯光，以匹配艺术家的工作条件和观众的观看条件，你可以在第 2 章读到相关内容。

前面的章节中一直有提到，光的质量对观察肤色有巨大影响。根据贝克所说的，古典的照明色温是"北面天光"，这样的光有点冷，所以依靠自然采光的画家会使用面向北的窗户，以减少在他们一天的工作过程中的光线变化。

在贝克的工作室中，她采用了间接的自然光，用 5000K 的灯泡补光。这显然比 D65 要暖，我发现这与胶片投影光源的 5300K 相对应，这是个有趣的巧合。利用灯光来营造反差，贝克通常旨在创造足够的暗部反差来营造适合脸部的维度（深度）。我发现大多数在她工作室中的画像都有着不错的阴影，有着古典油画大师风格的痕迹（图 8.31）。

我对于画家们在评估时使用的技法特别感兴趣，因为他们不运用任何数字工具来辅助评估。而调色师

1　苏珊·贝克（Suzann Beck），肖像画家，生活在美国明尼苏达州的明尼阿波利斯市。

2　本节译者专门用调光师替代调色师，由于本节描述的是画家和调色师在利用光线和调整分析光线的共同点，特意在此处说明。可能在过去胶片时代有所区别，而现在的调色师和调光师两个称呼几乎是一样的。

们却可以"作弊地"使用 5 个图形数据（至少 5 个示波器）来分析图像，帮助我们做调色决定。所以我们来看看画家们的评估技巧——只需要坐下，用眼睛"看"图像，并把它分成几个构成部分。

贝克的首要建议：开始时要完全专注于学习如何分析图像的阴影以及如何划分图像，将画面转换成不同的明度（或亮度区块）。有趣的是，贝克提到大多数初学者在开始时很难真正"看到"阴影并感知其中的明度差异。以下是她对初学者的提示。

- 眯着眼睛，减少眼睛看到的光。这与电影学校里摄影课上提及的内容是相同的，摄影师可以眯眼观察或使用深色玻璃（画家也会使用）减少视锥细胞的进光量，触发眼睛的视杆细胞，帮助评估场景中亮部与暗部之间的对比。

图 8.31 亮度的对比为画面中的人物带来深度。（图片由艺术家苏珊·贝克提供）

- 使用较小的 18% 灰色块来对比画面中的不同元素，观察图像的哪些部分比这个"中间"点图像的亮度暗或亮。也可以使用 10% 的灰色作为参考基准，这与平面摄影或电影摄影类似。在绘制肖像画时，可以将一张白卡举到画布上，正如电影拍摄的过程中使用白卡一样，你可以更客观地看到你的调色板（所用的色系）（图 8.32）。

- 在颜色的周围放置参考物，当评估画布上的肤色搭配时，可以用手来比较画布上的肤色，这样可以评估自然肤色与画布上的肤色是否接近（图 8.33）。记住，所有肤色的色调是相似的，在很多情况下这是个很客观直接的测试。

图 8.32 白卡纸可以帮你看清你所用的色系。（图片由艺术家苏珊·贝克提供）

图 8.33 用你的手来比较和评价画布上的肤色。这样做更客观。（图片由艺术家苏珊·贝克提供）

明度的重要性

调色师称为亮度，画家称为明度，实际上我和苏珊·贝克的谈话深入讨论了明度作为图像基础的重要性。训练有素的古典画家都知道明度的重要性，明度能提供清晰的识别性、形状、体积和图像的深度，即使画面中没有颜色，如图 8.34 所示。

贝克提到一个很有意思的话题：不同流派对明度的处理有所不同。例如，印象派画家经常使用色彩对比来区分光影，明度的运用相对较少，画面结果是更明亮的、亮度平均的图像。

在另一方面，如古典油画大师们——例如伦勃朗，大量使用明度来实现光影之间的强烈分化。这两种用来表现图像影调的方法，类似于数字调色的高对比度和低对比度，你可以选择用图像的亮度、色相和饱和度来营造对比反差。

特别值得注意的是如何处理不同影调之间的过渡。由于明度是图像的基石,无论你是要极其柔软的过渡、非常通透的环境照明、柔和的阴影(类似电影的高调 high-key),还是要棱角分明的过渡、明显的光、阴影较暗(类似电影的低调 low-key),关键是在两个影调区域之间创建平滑的过渡,在数字调色工作中,我发现自己也是专注于解决这个问题。僵硬的数字过渡会导致轮廓线出现明显的人工痕迹,特别是如果你过于夸张地拖拉曲线时,而且这样的过渡通常让人不舒服。事实证明,平滑过渡的反差也是肖像画家们首要解决的问题。无论你如何处理你的图像反差,观众会下意识地判断这些过渡的质量,所以要反复练习,熟练掌握手头的对比度控制工具,学习观察和利用这些影调过渡。

关于画家如何看待明度,另一个有趣的方面在于他们是在空白的画布上建立图像,所以对如何从明度“平面”建立人物的脸部空间(立体感)有明确的意识。本书第 6 章中讨论了使用形状或遮罩增加图像深度,而画家们从草稿到三维空间的呈现,也使用了相同的原则,首先是铺底色,如图 8.35 所示。

图 8.34　这幅画即使没有任何颜色,但主体也是明确的,这个例子突出了明度或亮度的重要性,无论是绘画作品或数字影像,明度是所有图像的基石。
(图片由艺术家苏珊·贝克提供)

图 8.35　用明度平面构建立体感,首先粗略的铺上底色。
(图片由艺术家苏珊·贝克提供)

基于不同影调(明度)对图像进行视觉分析是个很好的模式,可将图像拆分成独立的可调整区域。此外,这是很好地解释了为什么一些特写的采访对象或演员的画面显得很平或没有吸引力,因为没有反差的明度不会给画面提供深度,你会最终失去视觉线索(深度要素),让画面呆板。梳理这些反差会对你有所帮助,但前提是你已经掌握了寻找它的技巧。

当然,肖像画关注的是真实性和高辨别度,这是与影视调色共通的一点。贝克描述,在控制明度的过程中,强调一个高光覆盖在另一个高光上有利于主体,这指的是在绘制“光照下的皮肤”时,在人物的额头、鼻子、脸颊、嘴唇的最高处小心地描绘高光,让人脸更立体并引导观众视线(能在图 8.36 清楚地示出)。在数字调色时,我们通过降低其他地方的明度来强调脸部,同时保持住场景的照明方案,让原来的灯光方向不再含糊。同样,优秀的调色师要考虑数字上的二次布光,利用调色软件的遮罩,以不同的方式来重塑场景的光。当然,你可以在调色过

图 8.36　注意观察图像,在原有的合理的光线环境下,为了强调嘴唇和脸部而画出的高光部分。
(图片由艺术家苏珊·贝克提供)

程中对场景中再做任何灯光都可以，但如果你尊重拍摄时的实际灯光环境，匹配当时的灯光方向和光量度，会让你的调整显得更加逼真自然。

> **注意** 贝克指出，绘画语境中的"高调"或"低调"相对于照明而言更多偏向于配色方案，虽然两者是相关的。"高调"是指画面以亮色为主，阴影不是那么明显。"低调"是指画面以暗色系为主，亮色更接近中灰。

先前讨论过的很小但很重要的一点，就是被称作"高光峰值"或"闪光点"的概念，贝克把它描述为"超高光"。并指出脸部高光其实并不是整个数值范围的最高部分，她还说小的镜面高光在图像内不仅提供了一个视觉上的亮点，同时还产生了光泽和冲击力，这可以作为让观众关注点更具体的一个工具。

在肖像作品中，这些高光则体现在人物的鼻子、嘴唇和眼球（代表镜面高光）上最亮的点。尽管这些从技术上讲只是图像上突出的点而已，但肖像画家们却对其极其推崇，因为某些闪光的亮点可以很清晰地引导观众的注意力。尽管这些高光有这样的吸引作用，贝克却建议她的学生在使用上最好不要超过 3 个，并且鼓励学生们谨慎地将其放置在最希望观众看到的位置上。虽然耳朵是频繁放置这些高光的地方，但如果你想让观众聚焦在人物脸上的话，那就要适当削弱耳朵的这些高光点。进一步来说，过多的超亮高光会削弱画面的主要内容、降低图像的影响力。

组合明度和色调

现在我们把颜色加入进来讨论，事实证明，在实际绘画时肤色不是单一的一种颜色；它是分层颜料的集合。贝克与我分享她所面对的挑战：如何在一个有限的调色板上调出世界上所有的颜色，在视觉媒介上展现鲜活的人物。

油画是层层叠加覆盖的，根据这个特点她会"从中间开始画"，创建中间调的底色，然后在此基础上铺（覆盖）亮面和暗面。在为皮肤色调的高光和阴影混合颜色时，贝克强调，皮肤受光面的颜色与皮肤暗部的颜色要稍有不同，这对创建充满活力的视觉差异很重要。沿用同样的思路，她简化了色调的范围，注意不要将"高光色调"放到阴影区，保持亮部和暗部之间的明显区别，如图 8.37 所示。

图 8.37 留意亮部色块与暗部色块之间的明显区别。（图片由艺术家苏珊·贝克提供）

这里有个概念点化了我。贝克提到，针对脸部阴影的颜色，有许多不同的颜料混合方式，通常来说将黑色与皮肤亮部的色调混合，可以得到简单的低饱和色彩，但通常来说这种颜色并不讨喜。相反，如果混合补色来创建阴影色调，你建立的光影差异会更有活力。同时，对肖像画家而言，保持皮肤的阴影色调与肤色的统一也很重要。

图 8.38 展示的两幅速写就是为了说明这一点。左图，人脸的暗部颜色是由黑色和皮肤亮部色调混合而来的，基本上这个颜色会让画面变暗和饱和度变低。右图则相反，阴影颜色是通过添加互补色得到的，将色调拉向另一个方向，而不是简单地降低色彩的饱和度。这个效果很难在印刷的纸质书本上呈现，但于我而言，两者的差异在视觉上有点像日景和夜景的对比。

皮肤阴影饱和度的处理意图是要让肤色有活力并突出肤色，这一点恰巧与我的调色经验吻合。如果暗部的饱和度过高要降低下来，我提倡选择性地增加或减少饱和度以确保图像的暗部区域不会看起来很假，我注意这个问题很久了，皮肤暗部的饱和度低时，画面感觉会完全不一样。有一点饱和度是好的，有时也是必要的，但把皮肤暗部的饱和度降低，会使肤色看起来灰色和苍白，所以如果你要做这类调整，必须保持敏锐的眼光。这也适用于仅针对亮度信号的对比度扩展，把降低饱和度作为二级效果，可能会无意中让脸色发暗。当然，如果你需要让演员的脸色变成铁青的样子，这个方法能帮你完成调整目标。

图 8.38　这两幅人像说明了保持皮肤阴影色调的重要性。
（图片由艺术家苏珊·贝克提供）

如果想在进行颜料混合使用时，创建更多的深度和色彩互动，可以使用一些技巧，例如将冷色调油画颜料层叠加在底层的红色颜料上，创建"Optical cooling（光学冷光）"的阴影。因为油画颜料本身是半透明的，这是对光的过滤，让你在工作中能真正感知颜色的相互作用。

在关于用哪些颜色来建立皮肤色调方面，大多数的皮肤颜色事实上都有类似的色调，画家往往依靠自己特定的颜色组合并混合（调和）这些颜色。对于不同的皮肤颜色，简单地通过混合皮肤调色板的不同颜色比例就足够了，除了偶尔在特殊情况下混合特定的"首选"颜色。

贝克采用了棱镜调色板（Prismatic palette）来组织她的色彩选择，类似弗兰克·文森特·杜蒙德[1]使用的调色板，弗兰克是一位画家还是一位很有影响力的老师，他在棱镜光的分解基础上发明了一种颜料布局法。调色板上的红色、灰色、蓝色和绿色是由明度来排列的，从最亮到最暗，颜料混合后，该颜色的明度是基于大气透视的原理来决定要加多少黄色。调色板本身就是极其重要的深度要素，由绿色、蓝色和红色这些和黄色混合较多的颜色更接近观察者[2]，那些包含黄色十分少的颜色离观察者更远，表面上来看是由空气中光的过滤作用引起的。从这个调色板着手，贝克开始混合钴蓝色、镉橙、镉红、黄赭石和钛白粉，调出舒服漂亮的皮肤色调（图 8.39）。

除了通过混合一些亮丽的颜色来实现区分人物或者突出对象以外，画肖像画的次要目标与数字调色一样，都是要从背景中将对象区分出来。为此，某些色彩搭配（色彩对比）往往对拉开肤色和背景很有用，如图 8.36 所示，贝克运用色彩对比和饱和度，并小心地压暗背景，让主体与背景分离。

当考虑到肤色的特定混合颜色时，贝克提出另一种有趣的"红绿灯"混合方法——用有微妙差异的黄色、红色以及绿色的色调来定义面部区域的颜色，这个经典技术受到几代画家的青睐。这个方法是，在面部纵向中间部分的三分之一处（即脸颊和鼻子），呈现最自然的微红，这是受面部血管中血液以及阳光强度的影响导致的。在面部的上三分之一处肤色呈淡黄色，因为没有那么多的血液流经额头，而且通常也会用头发和帽子来遮挡阳光的照射。而面部的下三分之一处，下巴呈微绿色（通常与一个人在五点钟时的影子一致），这也是很机智的错觉，因为绿色（蓝色或者低饱和度）的颜色可以让观者形成"不在一个平面上"的印象。特别是当绿色与红色对比时，脸下部轻微的绿色就营造了较好的维度感。所有这些微妙的相互影响都可以从图 8.40 看出。

画家和调色师一样，需要迅速开展工作。对他们来说通常需要绘制草稿，先创造出一个大致的基调，同时通过反差来揭示出画面中不同颜色的大致组合方式。在一幅画中，当把不同的颜色组合在一起时，往往需要把相互临近的颜色画出来之后，才可以真正看出要表现的东西。因此，画家们通常先草拟出基本的颜色组

1　弗兰克·文森特·杜蒙德（Frank Vincent DuMond）（1865—1951），20世纪美国有影响力的教师画家，美国印象派画家。棱镜调色板（Prismatic palette）是弗兰克为了方便指导他的风景画学生而发明的。

2　由于棱镜调色板的发明是用于是写生作画，"观察者"也可以理解为画家

合，以此来定义脸部的多个面，用以评估配色方案，然后再在此基础上，基于实际色彩的相互作用进行更加细致的调整。所以与媒介无关，有关色彩的工作都是个循序渐进的迭代过程（无法做到一步到位的调整）。

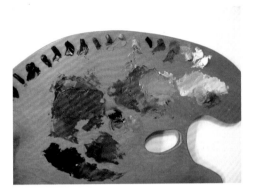

图 8.39　贝克的调色板，实际应用棱镜调色板混合皮肤色调。
（图片由艺术家苏珊·贝克提供）

图 8.40　在这幅图中可以看到"红绿灯"似的
三种颜色 : 黄色的额头，偏红的脸颊和鼻子以及
浅绿色的下巴
（图片由苏珊·贝克提供）

绘画和电影艺术一样，光源是画面的决定性因素。例如，晨光的高光偏黄，并且这个背景光会反射在脸上，或许还会有些色彩偏好上的夸张。

考虑到所有这些条件，观众的喜好也影响着肖像艺术家们，正如观众影响调色师一样。考虑到几个世纪以来可作为参考的绘画作品，不难看出皮肤色调对当今时尚潮流发展的影响。现今世界的部分区域，17 世纪流行的假发和苍白的女性肤色已经让位给被晒黑的或者较为自然的肤色色调。但其他一些文化还是比较喜欢浅色系的肤色。

这也不全是客户的错。贝克分享了她对肖像画家尼古拉·费欣（Nicolai Fechin）[1] 展览作品的印象（作品年份从 1910 年至 1955 年）。费欣移民到纽约以后，最终在 1923 年移居到新墨西哥州的陶斯。在贝克看来，画家在俄罗斯创作的作品比他后来的作品，在色温方面相对来说要冷一点。尽管红色和橘色作为必要的底色，让皮肤焕发生机，但在这一时期他的肖像画的肤色色调中，增加了一层"冷光"的外衣，从而得到了一种肤色苍白的效果。在搬到新墨西哥州后，他的作品呈现出来的色调变得更温暖、更饱和了。不管具体原因是什么，这并不是说移居使他的作品彻底改变了色调，只是从侧面反映出对不同工作地区的回应。

润饰细节

在和贝克的谈话中提及的最后一个重要特征，就是在一幅作品中通过有意识的润饰细节来控制焦点的想法，这和调色师通过对图像局部进行选择性的模糊或者削弱对比度，以此来突出焦点的方式是一样的。这两种处理手法都是有力的引导观众眼球的方法，而且这样的例子很容易在画作中找到 : 画家通过对作品细节层次上的处理，引导观众将注意力放在他们希望观众注意到的地方，同时也防止观众迷失在细节里面。正如贝克所说，"眼睛喜欢细节，眼睛会被细节吸引的"，还有，"我是肖像画家，不是画衣服的画家"。

在运用控制细节的过程中，部分来说就是要控制对比度。我们已经知道增加对比度可以明显地增加图像锐度 ; 而潜在的问题是，过分增加反差所带来的锐度将会导致图像出现问题。图 8.41 这幅未完成的画作中，这个男人的头发和脸部所呈现的细节有明显的差异。脸上刻画的眼睛、嘴巴和胡须在细节方面都呈现得很好，而头发在细节方面却可以明显看出处理得很粗糙，而且局部的低反差也直接造成了头发中最暗部分和最亮部分的差异。

1　尼古拉·费欣（Nicolai Fechin）（1881—1955）是俄裔美籍画家。出生在俄罗斯喀山的木雕工手艺人家庭。1923 年移居到美国纽约。1955 年去世，享年 74 岁。其作品别具一格，代表作有《秋天》《卡努里雅肖像》《父亲像》等。

这与视频调色中压缩黑位的主题相吻合。在浏览贝克已完成的作品时，我发现一般来说她总是利用最深的阴影部分来呈现一些细节。这种增强整个图像维度感的方法是通过保留一点脸部与头发的暗部阴影信息来实现的，而不是仅仅把图像拉平（图8.42）。

图 8.41　为了吸引注意力，脸部会被清晰地描绘出来，画面中细节丰富的区域会吸引观者的眼球，但是像头发这类不太重要的区域，描绘的细节相对少一些（图片由艺术家苏珊·贝克提供）

图 8.42　即使在脸部最暗的部分仍有一些细节，而像衬衫这些不太重要的区域几乎没有细节。（图片由艺术家苏珊·贝克提供）

研究伦勃朗

有一位艺术家在我们谈话中被多次提及，他是著名的荷兰画家和版画家伦勃朗（1606—1669，伦勃朗·哈尔曼松·凡·莱因是他的全名）。任何想要学习巧妙的光影控制手法的人都应当仔细研究他的作品。

同时在准备本书第二版的工作过程中，与贝克交流后，在我去国际广播会议（IBC）的旅行期间访问了阿姆斯特丹国家博物馆。最近长时间展览一件标志性作品——《夜巡（Night Watch）》[1]，画于1692年，阿姆斯特丹国家博物馆是该画作的新家。

这幅画概括了本节中提及的所有内容：对明度的强大运用，创造惊人的灯光效果，色彩对比的精细调配，以及对画面中不同物体进行不同程度的细节描绘和控制。

带着关于深度效果、色彩和渲染刻画的主题去观察这件作品，我注意到在小幅图片中看不出来的一个地方（这也是你去一趟阿姆斯特丹的借口）。队长弗兰斯（穿黑色衣服与红色腰带的那个人）的手，给画面带来了惊人的深度，让人感觉他的手直接伸出来，手的影子比真实情况要更大。在欣赏这种惊人的表现效果的同时，我注意到队长的脸却只用相当少的细节刻画。坦白地说，伦勃朗把"委托他绘画的该组织的一位领导"画成柔焦，让队长的手非常清晰并伸向画布外的观众，这是画家惊人而勇敢的举动。

用于修改肤色的简单技巧

所以，既然我们已经研究了人类肤色可能发生的自然变化，那么让我们根据目前所知，将其整合到一个框架里，并在此框架中对场景内的演员肤色做出快速可控的调整。

当使用矢量示波器来判断自然的肤色时，我们已经看到，在中性场景中的平均肤色通常落在I-bar的20度左右。随着经验积累，你开始学会发现在矢量示波器上，场景中的肤色会对应一束波形。当你发现这束波形，就可以使用各种工具来调整其色相和饱和度。

图8.43提供了肤色波形的通常分布范围示意图，对应了前文所述的基准。

1　原文对《夜巡》做了非常翔实的介绍，为方便读者阅读，译者另外标注。http://en.wikipedia.org/wiki/The_Night_Watch，画作的实际名字是《弗兰斯·班宁·柯克（Frans Banning Cocq）队长的连队和中尉威廉·拉腾巴赫（Willem van Ruytenburch）准备巡逻》。

　　记住，这些都只是近似的准则；这是一门艺术，不是科学。此外，肤色不太可能是场景中唯一的元素，例如，被相似颜色背景包围的演员（周围是金色木质家具、米黄色墙壁或地毯以及橙色内饰），在这种情况下，矢量示波器很难具体地分辨出肤色来，这时就要依靠人眼对图像的视觉感受了。

　　下面将讲解三个例子，帮助大家对肤色中的色相与饱和度之间的互动建立大致的了解，这样无论使用什么调色技法，都可以更好地调整和控制肤色。

　　在这三个例子中，常用策略是直接将整体场景调色至预期的风格效果。完成整体调整后，使用各种方法执行二级调色以纠正肤色。

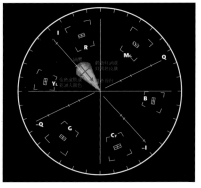

图 8.43　肤色调整的一般准则

使用一级校色来调整肤色

　　当你在调整图像的色彩平衡时，可以参考前文中演示的落在中间调范围的皮肤质感。由于肤色在曝光良好的场景中，皮肤的色相变化相对微妙，你可以只用单独的一级校色来调整肤色，不必使用过多针对性的调整。

　　调整皮肤色调的诀窍，在于使用色彩平衡控制工具来反复控制高光和中间调的关系。无论你是否在校正偏色的情况或故意要调整某种风格，最好先用 Gain 来调整整体图像（假设这适当），这样同时使用 Gamma 控制肤色会更容易。

　　当然，是否简单地只用一个调整完全取决于图像的影调范围，但这是一个不错的开局。在下面的例子中，图像的初始状态已经做过对比度调整，而且图像的颜色从高光到暗部是相当中性的（图 8.44）。

图 8.44　上图，校正了对比度，但没有校正色彩。下图，画面调暖了一些，但对女演员的肤色影响过多

　　将 Gain 往橙色方向推可以使画面变暖，但由此产生的画面变化会很大，也会影响大部分中间调，以及加重图像偏色（图 8.44）。我们可以通过使用相反的调整，把 Gamma 向蓝色（青色）推，直到她的皮肤减去过多的橘色，在高光失去之前添加的暖色前停止调整（图 8.45）。

　　当我们把肤色调回到更可接受的（橘色较少的）情况时，整个图像添加了合理的暖色调（图 8.46）。补偿性的中间调调整使暗部带有了一点蓝色，对暗部做少许橘色调整就可以修复（图 8.46），这些调整只使用了一个单独的节点（或层）。

　　在使用二级调色来解决肤色问题之前，确保已经用尽所有三路色彩校正的可能性，再进入二级调色，这是提高工作效率的好习惯。

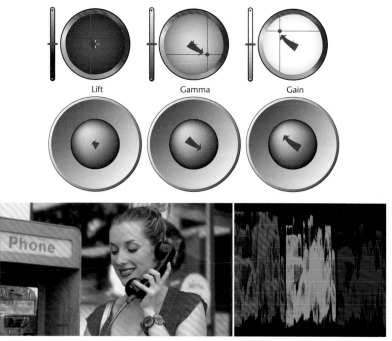

图 8.45　这个调整是将高光调暖、中间调调冷，从而让肤色橘色不会太多。
暗部稍微向橘色小范围地调整，可以改善由中间调调整造成的过度补偿

图 8.46　对比调整前后，显示出所做的色彩校正

通过调整对比度来调整肤色

　　若要通过调色来改变演员皮肤的平滑度，有时通过简单的对比度调整就达到目标。例如，如果需要为有雀斑或其他小细节的脸部皮肤添加一些平滑度，轻微的过度曝光或许就可以很好地隐藏这种肌肤细节，但是要注意不能过曝太多。例如，下面的图像看上去还不错，只是女演员的皮肤有些小瑕疵需要掩盖（图 8.47）。这种方法并不适合于每一个场景，但对于合用的场景，皮肤调整其实很简单。

　　在使用这种方法时，最好把调整范围限制在一个窗口或某一遮罩中，这样就不会影响场景的整体对比度（图 8.48）。

图 8.47　需要调整肤质的图像

图 8.48　用圆形遮罩将调整限制在女演员面部的高光部分

通过用曲线或其他有针对性的对比度控件可以适当增加面部的高光，使不完美的部分降到最小（图 8.49），但不要过度调整，不然会让画面看起来像被切掉细节或令人不悦。如果没有仅用亮度（Luma－only）这个调整工具，那就要针对中间调降低饱和度，以去除之前校正操作导致的颜色过剩。而且也可能需要再平衡一下由此操作引起的高光色彩问题。

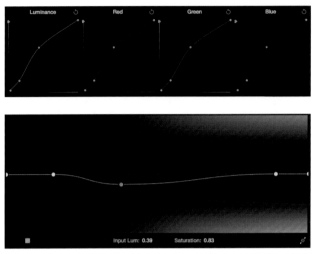

图 8.49　用曲线提高对比度，提高她脸部的高光部分，用以减少不想要的皮肤细节，这个操作
会导致饱和度增加，可以用降低中间调饱和度的方法来解决（使用饱和度 Vs 亮度曲线）

如果细心观察，你会发现画面现在的亮度很舒服，但必须要注意，不要过度提亮皮肤的高光（图 8.50）。

相反，仅用亮度（Luma－only）的反差控制能让肤色看起来更粗犷（图 8.51）。另外，如果要把这种效果只应用在皮肤上，你需要用一个遮罩来限制调整范围。

仅用亮度控制（Luma－only）来提高反差，你可以够轻松地突出演员脸部的每一颗痣、雀斑或是皱纹（图 8.52）。

若你的影像叙事需要塑造一个坚韧严酷的

图 8.50　当你通过提高脸部高光来减少不必要的皮肤细节时，
要注意将皮肤高光控制在合理范围内

气氛，需要高对比度、低饱和度的图像时，再用一点锐化会更有效果。

图 8.51　隔离出演员的肤色，为调色做准备

图 8.52　用亮度曲线来增强对比度，突出他更粗糙的皮肤。
痣、雀斑和皱纹使他的脸看起来更加粗犷

当对比度调整压掉了头发细节

当我为咖啡色头发的女演员和有色人种调色时，这种情况经常发生：对比度调整会使脸部和其他部分看起来很好，但是却让头发看起来很糟糕（图8.53）。在这些情况下，需要将头发从场景其他部分区分出来，进行单独处理。在以下示例中，高对比度的处理使得这位演员的头发看起来很糟，没有细节。

要解决这个问题，一个有效的办法是对头发使用 HSL 选色（图8.54），相对于肤色和其他有颜色的元素来说，头发通常是最暗、饱和度最低的区域。反相键控后，除了头发以外的区域就会受到之前调色的影响。

图 8.53　高对比度调整使他的头发看起来很糟　　　　**图 8.54**　用 HSL 选色来分离头发。通常来说头发有颜色，在这种情况下只用亮度限定控件是错误的

对图像施加的过曝处理反而淡化了头发和其他重叠区域，现在画面看起来很糟糕，这是因为画面的某个区域本应该更暗的，但结果比原图更鲜明，头发也被过分强调了（图8.55）。

所以接下来我们要将头发部分的反差调回来，去匹配原来头发的对比度，调整后的头发黑位就不会像之前黑得那么重、那么明显了（图8.56）。

这些操作也许很麻烦，但这却是能保持画面高对比度的同时让视觉感受也不错的好方法，这样调整后演员看起来就不会那么糟糕了。

图 8.55　反转键控，让对比度调整只对头发以外的部分起作用，但现在有点处理过头，看起来不太自然　　　　**图 8.56**　在他的头发上增加一些反差处理，通过反转键控在不切掉头发细节的前提下匹配头发以外的部分

使用色相曲线调整肤色

现在，如果你想使用不同的处理方法，那另外一个方法就是使用色相 vs 色相、色相 vs 饱和度曲线进行肤色微调。

对于已做过一级校色的图像，你可能只需要做一些细微改变，那么色相曲线是一个既快捷又流畅的调整方式。尤其适用于肤色明显区别于背景的情况。

举个例子，图8.46中我们在一级调色中已经做了暖色处理并稍微去饱和，为了增加色彩对比，还加强了蓝色。整个画面基调已经定下来了，却导致男演员的肤色失去了原有的活力，虽然他的肤色还在可接受的肤色范围内，但客户不喜欢。

这时使用色相 vs 色相曲线，在橘色偏黄的范围中增加一个控制点（某些软件的曲线会自带一些控制点）。

然后在中间已定义的部分增加另外的控制点，并向上拖动，色相将更倾向于红色（图 8.57）。使用色相曲线，微小的调整也能产生明显的效果。

图 8.57　使用色相曲线调整，将偏黄的橘色转向偏红一些

这种调整最终对墙也产生了一点影响（因为它接近人的肤色），但是还好，因为这种调整是相对的。最终的结果是演员的肤色在环境中显得更突出一些，更重要的是，他看起来更为强势、更加立体，这对场景来说非常重要。此外，修改后的肤色很契合场景的灯光，并且看起来很自然。使用曲线来构建画面效果其实并没有那么难。

色相曲线对于淡化皮肤斑点也非常有效。如果面部毛细血管过于旺盛，会导致在脸颊和（或）鼻子上引起红点，你可以用以下两种方法中的一种来进行非常紧凑的曲线调整（使用两个非常接近的控制点），用来在限定的区间内调整讨厌的红色。

- 使用色相 vs 饱和度曲线去掉一些过量的红色。这是一种缓解问题的微妙手法，但是饱和度不要降低过多，否则脸色会变得苍白。
- 使用色相 vs 色相曲线，把（斑点的）红色色相往肤色的整体色相方向移动，这能维持现有的饱和度水平，也能使斑点区域融合得更好。此外，对于色相曲线来说，小调整胜过大调整。在这个实例中，如果红色（斑点）与皮肤其余的部分可以完美匹配，那么可能会导致过于均匀的肤色，面部细节过于平坦，看起来会很怪。

> **贴士**　某些调色系统比如 FilmLight Baselight，允许用户放大正在调整的曲线，让精细的曲线调整变得更容易，比如前文的这个例子。其他调色系统如达芬奇 Resolve，允许用户单击图像自动采样，在对应的色相曲线上布置控制点。

使用 HSL 选色调整肤色

如果使用（一级）色彩平衡控件不能达到你的要求，或者你要创建极端的色彩风格，而你早已意识到肤色将会受影响，在这些情况下，采用二级的 HSL 选色来解决这个问题是最好的办法。

在特别复杂的光线设计情况下，比如混合照明，一个演员被不同的色温照射时，有时单独调整肤色会更快。但是在使用 HSL 选色对肤色调整时，要注意肤色不要和主场景的光源色温偏离太远，不然会显得不真实。当然，除非"不真实"就是你所追求的画面风格。

一个较为罕见的实例是：同一画面内有两个肤色极其不同的演员，使用 HSL 选色调整肤色处理会更容易。如图 8.58 所示，整体调整会对肤色白皙的女演员有利，但会导致男演员肤色变紫。在这种情况下，我们不得不对其中一位演员做二级调色，对肤色做单独调整。

> **注意**　橄榄色皮肤的演员与肤色红润的演员出现在同一个画面，这样的场景也经常出现。

我们对女演员的肤色很满意；事实上，她的肤色是我们调色的最初参考。幸运的是，男演员的肤色比较极端，反倒让我们容易制作键控；结合 HSL 选色与遮罩让我们非常好地隔离出了他的肤色中的紫色。如果他的脸会移动，那么使用运动跟踪即可。

图 8.58　结合使用 HSL 选色与遮罩来隔离男演员的脸。最后的校正消除了紫色，
而且两位演员的肤色之间也保持了一些差别

　　男演员的肤色被分离出来后，将 Gamma 往黄色（绿色）方向拉动，让他的肤色更舒服，这样男演员的肤色和女演员或画面其他部分相比比起来，看起来就没有那么奇怪了。

　　在此实例中，我决定先不谈饱和度，而是先集中减少他皮肤的紫色，同时使他的肤色比女演员多一点红色。我的目标不是要让这两个演员看起来肤色相同（他们肤色不同是很自然的），但我想让他们处在一定的范围内，这样他们肤色的不同就不会让观众分心。

　　贴士　在对肤色制作键控时，记住，红色和黄色都是相当常见的颜色。所以，在肤色上制作键控有时可能会很棘手，尤其是那些色彩采样率低的、高压缩的视频格式。很有可能要结合遮罩和 HSL 选色才能从相似颜色的家具、墙纸或油漆中隔离出需要调整的肤色。

不要养成对肤色矫枉过正的习惯

　　最后一个例子显然有些极端。假设有精心拍摄的素材和优秀的化妆师，通常不必对每个片段的肤色单独调整（除非后期制作预算和时间充足）。矫枉过正是打乱日程安排的一个大问题，如果你不小心，过度调色所导致的"人造感"风险就会加大。其中窍门是在面对素材时，要知道什么时候可以结束一级校色并快速进入二级调色，有针对性地解决问题，而不是教条式的处理；这些技巧是要花点时间学习才能掌握的。

在一个校正内，我应该做到什么程度？

　　清楚地知道演员和目标主体的原始肤色是个好办法，这样你就不会对肤色矫枉过正（在调色时有疑问的话要咨询导演或摄影师）。只要肤色看起来健康并且看起来是人的肤色即可，然而肤色没有标准，认为某种特定的皮肤颜色和饱和度就是理想的肤色，这一点是相当主观的。有些客户会喜欢更多的金色，让调色师把肤色调得像被阳光亲吻的感觉，而其他人会更喜欢偏粉的、苍白的肤色。

　　不要小看妆容对肤色效果的影响。在具有充足预算的节目中，演员的理想肤色可能早已定好，而且演员可能已经化好妆，呈现出影片所需肤色。在这种情况下，调色师的主要工作将是维持和平衡图像的原始肤色。

　　在预算较低的项目中，花在化妆和灯光时间比较少，调色师就会有较多的发挥余地和可能性，对演员们做大幅度调整，以保持每个演员看起来都是最好的状态（或者是最坏的，这由剧情决定）。

　　与往常一样，参与了前期拍摄的客户应该清楚每个人的肤色应该是什么样。如果有不一致的妆容，例如一个演员从一个镜头到下一个镜头，肤色或多或少变红润了或晒黑了，你需要根据项目选择哪个肤色是适合这个影片的，然后再去平衡每个镜头。

道听途说和偏好调查

我听说过无数关于西海岸的制作人喜欢晒黑的肤色，而东海岸的制作人喜好苍白的肤色的轶事。虽然我怀疑这有当地演员的肤色（特征）以及特定的导演、摄影师或制片人的喜好这些因素在里面，但是这些事情总是激起我对研究不同地域的肤色偏好差异，以及不同肤色的显著特点的兴趣。

曾有一个有趣的学术研究，是关于将吸引力的概念与印刷及数字媒体中的人类肤色再现相结合。例如，凯瑟琳·史密斯（Katherine L. Smith）[1]，皮尔斯·科尼利森（Piers L. Cornelissen）[2] 与马丁·托费（Martin J. Tovée）[3] 2007 年的研究报告《色彩三维模型与人类女性魅力判断（Color 3D Bodies and Judgments of Human Female Attractiveness）》分类记录了 40 个男女平均分布的白种奥地利观察者，在观看一系列共计 43 个混合了皮肤晒得黝黑与没晒过的白种奥地利女性志愿者的录像带后的反应。

就皮肤色调而言，史密斯（Smith），科尼利森（Cornelissen）和托费（Tovée）发现，与以前基于此主题的跨文化研究相反，观察员明显地表现出倾向于较暗的、皮肤晒得黝黑的志愿者。作者援引其他的研究得出结论，对晒黑的偏好"似乎主要针对西方文化中的白种人"。

这与本哈德·芬克（Benhard Fink）[4]，卡尔·格拉默（Karl Grammer）[5] 和兰迪·桑希尔（Randy Thornhill）[6] 2001 年的论文《人类（智人）面部吸引力与皮肤结构及色彩的关系（Human（Homo sapiens）Facial Attractiveness in Relation to Skin Texture and Color）》的研究结果不谋而合。在这项研究中，54 名白人男观察员判断 20 名女性的脸的吸引力（也是在奥地利，这里似乎是吸引力研究的温床）。再次，对晒黑的皮肤的偏爱被发现。此外，人们明显偏爱平滑的肤色，虽然毫不奇怪，但是合理解释了"皮肤平滑"技术在电影、视频和杂志中的广泛应用（我遗憾地发现这个手法有时被过度使用）。

最后，在皮肤颜色变化的情况下，研究发现唯一一种统计上明显的色彩，也是与吸引力呈负相关的色彩，是过度的蓝色。考虑到平均皮肤色调中的蓝色通道是典型的最弱通道，并且蓝色对于已知的各类肤色都处于色相对立位置，这是非常合理的。没有人愿意看起来像他们已经淹死了一样。

在光谱的另一端，各种各样的社会学研究观察到了世界其他地区对浅色皮肤的偏好。Li, Min, Belk, Kimura 和 Bahl 在他们的论文《四种亚洲文化中的皮肤美白与美容（Skin Lightening and Beauty in Four Asian Cultures）》（《消费者研究进展（Advances in Consumer Research）》，第 35 卷，2008 年）中研究了这个方面。他们通过分析来自印度、中国香港、日本和韩国的消息以及杂志所用化妆品广告模特的肤色，明显发现颜色较浅的肤色在"化妆品、护肤品、皮肤护理服务、食品和声称能改善皮肤质量的饮料，以及其他皮肤相关的产品或服务"市场中表现突出。他们的论文从正反两方面描述了这种偏好背后的文化关联性，如果你的工作就是做这类型的广告，这应该是不错的资料。

摄影师李·瓦里斯（Lee Varis）[7] 在他的一本很棒的书《皮肤（Skin）（威立出版社（Wiley），2006 年）》中涉及了一些有趣的轶事，关于他多年来研究肤色的地区性偏好。例如，典型的例子是，中国的出版物倾向于非常苍白的肤色。

他还提到了自己的失误，国际客户想要更亮的肤色，而他交付的照片却是基于实际情况的肤色。此外，自这本书第一版，我跟世界各地不同的调色师对话过，证实了印度和日本客户对更亮的肤色有明确的倾向。

现在，我绝对不主张只用一套规则来调整世界上不同地区人的肤色。此外，由于几个世纪的移民，大多数城市人口成员之间的自然差异变大。盲目地将肤色的可能性限制在特定的色块上是不负责任的。

高端图片摄影师、电影摄影师和调色师是一群非常国际化的工作人员，所以要对（你所在的）后期制作市场的流行趋势和视觉习惯有明确的理解，这一点至关重要。如果你正在和国际化的客户工作（或者，你刚

1　凯瑟琳·史密斯（Katherine L.Smith）博士，生物和心理学院心理科，英国纽卡斯尔大学。

2　皮尔斯·科尼利森（Piers L.Cornelissen）博士，目前是英国约克大学心理学系高级讲师。

3　马丁·托费（Martin J.Tovée）心理学博士，目前在英国纽卡斯尔大学任教。

4　本哈德·芬克（Benhard Fink）博士，目前任职于德国哥廷根大学，是生物与人格评价专业和柯朗研究中心"进化的社会行为"专业的埃米诺特研究小组负责人。

5　卡尔·格拉默（Karl Grammer）博士，目前是澳洲维也纳大学人类学系教授。

6　兰迪·桑希尔（Randy Thornhill）博士，目前是新墨西哥大学的特聘教授。

7　李·瓦里斯（Lee Varis），美国著名摄影师，Varis PhotoMedia 的创始人和所有者，他的个人网站：http://varis.com/

好在另一个国家担任调色师），这是你的优势，大胆地去感受你和观众之间可能存在的那种独特视觉预期，而不是重复你过去做过的工作。

用二级调色的手法调整肤色

通常情况下，仅用一级校色在调整环境的同时，应该足以调出赏心悦目的肤色。然而有些例外情况就需要调色师针对性地调整肤色，扮演"数码化妆师"。

下面介绍不同的二级调色手法，以解决常见的各种问题。正如你将看到，大多数手法严重重叠，例如用 HSL 选色创建有针对性的调整，还有用遮罩来限制你想凸显的物体的键控。其中要点是帮助你思考如何使用二级调色来解决实际工作中会遇到的问题。

通过统一色相来改善肤色

在某些情况下，不均匀的光照或缺乏合适的化妆会导致皮肤色调会有些不平均。可以做一个简单的修复，使用限定工具来隔离需要改善的肤色范围，降低一半（或左右）饱和度，用于最小化不均匀的色调，但不要消除图像的所有颜色，然后使用 Gamma 色彩平衡将肤色推向想要的方向（图 8.59）。

图 8.59　从左到右：调整之前，隔离皮肤，降低皮肤饱和度，用一种色调重新平衡肤色

在重新平衡画面之前，你把饱和度调得越低，肤色保留的原始变化就越多，所以这个方法是非常灵活的。如果操作得当，效果类似于在此区域使用金色反光板，在皮肤上反射出令人愉快的的光照。

但是要注意调整不要过度。能让肤色看起来"有活力，健康"的一部分原因是色相的微妙变化。皮肤色调过于统一看起来会显得人工痕迹重，就像化了非常浓的妆一样。如果完全消除了肤色的自然变化，结果看起来会像假的一样，并且很无精打采。

保护肤色免受过度调整的干扰

当你想为某个演员出场的环境创造夸张的色调时，这个方法是非常重要的。你要小心地处理，否则镜头中的演员肤色会受到风格化调色的影响，我们会失去之前调好的正确肤色。

对于这样的情况下，常见的解决方案是创建风格化的调色，通过使用 HSL 选色来隔离演员的皮肤。然后把这个二级调色拆开来操作，分别单独调整蒙版的内外，拉开主体和背景并确保被孤立的主体颜色与新的光源相协调。

以下镜头是一个夜景镜头，已做一级校色：扩大对比度，压低阴影（在 0%（IRE）保持了细节），并巧妙地提高中间调让女演员更突出。整个镜头是自然的暖色调，肤色良好。然而，由于各种原因，客户需要把场景环境变成冷色调（图 8.60）。

这种比较暗的镜头若把 Gamma 往蓝色（青色）推效果最好，因为我们通常要避免使用 Shadow，这样会导致背景中的黑急剧地往蓝色偏移。在整个图像中，保留场景中的纯黑色会提供更色彩化的感觉，而不是整个图像均匀地偏向蓝色。

但是，考虑到用 Gamma 控制也会使女演员变蓝，所以我们需要做些调整防止她变成蓝色的外星人（图 8.61）。

我们添加第二个校正，使用 HSL 选色在女演员的脸上制作键控，色相、饱和度和亮度键控都开启，尽量隔离她的肤色，同时让肤色以外的背景内容越少越好（图 8.62）。如有必要，可以对蒙版边缘使用模糊处理。

隔离肤色以后，反相蒙版，对选区以外的范围进行适当地调整以限制我们下一步校正。

图 8.60　做过一级校正的初始图像

图 8.61　如果我们盲目地按照客户的要求，对背景
和演员套用风格化的调色就会出现像图片上
那样蓝莓般的肤色

> **注意**　从特效合成的角度来看产生的蒙版可能不是很好看，但请记住，你的目标是保护皮肤的中间色调，而不是制造一个蓝幕或绿幕效果。蒙版的边缘可能会有一点噪点，但只要噪点或者不规则边缘在播放过程中不太明显，就可以用垃圾遮罩来处理。

有了隔离的蒙版，我们将使用 Gamma 将画面推向蓝色，同时降低饱和度，这让画面的冷色能沉下来，不会太跳跃。为确保黑色区域依然是黑的（我并不追求 0% 完美的黑色），我们用 Lift 做一个相反的操作，以平衡 RGB 分量示波器波形的底部。

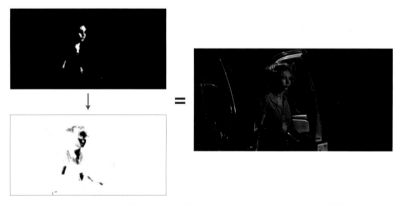

图 8.62　使用 HSL 选色，通过反转遮罩来隔离演员的肤色，并使用选区结果来调整肤色以外的整个区域

这种方式调整后能很好地保护演员（肤色）的高光和中间调。然而即使我们还没对演员肤色进行调整，现在画面看起来已经有点奇怪了：背景饱和度降低了，而且背景的颜色和肤色是补色关系，反而加强了两者的对比，演员在画面上像突兀的橘子汽水。显然，现在演员与场景的光源之间没有相互关系，导致场景的人造感很强。

若要解决此问题，我们需要添加第三个校正，使用我们已有的 HSL 选色的反向版本（了解更多关于如何反转蒙版的详细信息，请参阅第 5 章）。

新加一个校正反转蒙版，这样可以很容易地减少演员肤色的饱和度，使其更好地融入场景的色彩层次。使用 Gain 把她调得偏蓝一些也是一个好主意，这样她的肤色看起来像受到环境光的影响（图 8.63）。

图 8.63　添加另外一个色彩校正，让女演员的肤色与背景更加贴合，看上去更加真实

不要再为 "Orange and Teal" 给我发邮件了！

前几年在网络上有一系列很火的文章，是关于在冷色调的背景下加强肤色的优势和劣势，这些文章已经被贴上了 "橘色和蓝绿色风格" 的标签。Stu Maschwitz 有一篇很棒的概述（含图片）《保留我们的肤色（Save Our Skins）》；而博主 Todd Miro 对于整个发展趋势的尖锐批判更加幽默地呈现了这一主题，"橘色和蓝绿色调——好莱坞，别再疯了（Teal and Orange—Hollywood, Please Stop the Madness）"（www.theabyssgazes.blogspot.com）。

是这样的，正如我希望这本书可以说明的，现代的色彩校正技术已经可以实现图像细分处理，对其中的每一个元素都做单独的校正，这样就可以很容易获得高色彩对比的画面，正如先前看到的例子一样。这与特殊的配色方案无关（这些是由美术部门创造的），但是当面对风格强烈的调色或布光时，如何保持颜色分离与此就有很大关系了。我也要指出，不是每次夸张的用色都是调色师的错——也有可能是摄影师在前期拍摄时使用大量的色纸，污染了整个场景，这种情况过去十年都很常见（应客户要求，在某些项目中我需要降低前期拍摄时过多带颜色的灯光）。

正如在第 4 章讨论过的，自然光的色调范围是从冷（蓝色）一直到十分暖的颜色（钨丝灯和"黄金时间"的橘色）；并没有那么多普通正常的场景，你往往需要与辅助光里的品红或者绿色打交道。

夸张的色彩处理可能是错误的，过分的调色会分散观众对影片内容的注意力，会让观众更多地去关注某些其他特质，而不是将注意力放在整体图像或叙事本身（不过，如果你为 MV 和广告调色时，反而可能会利用这个手法）。数字调色处理常会出现以下两种情况。

- **饱和度过高的肤色**：如前所述，肤色的饱和度视情况而定，但一般肤色都有一个相对的上限，观众对色彩的感知会随着背景颜色的饱和度而变化。如果背景是柔和的颜色或被互补色（淡蓝色）所主导，那么色彩的感知会有所加强，所以，若画面需要自然一些的处理时，可以减少一些肤色的饱和度，防止皮肤看起来过于夸张。
- **过度被保护的肤色**：肤色与场景中的主导光源是互相影响的。如果背景是冷色调但是肤色并没有反映这一点，那么调色后的结果会看起来像是抠像合成的：前景和背景的色彩并不匹配。

最后，如果是面向客户的话，我会提供多种方案供他们选择。我个人倾向于在保持真实性的前提下进行风格化的调色处理，但是如果顾客想要某个元素特别得鲜明，我会用一些特定的工具来调整。正如很多人指出的，过度隔离肤色毫无疑问成为当下的一个视觉特征，但是没什么好苛责的，色调本身并没有错。

这样的校正结果很大胆，但是看上去却自然合理。当你需要对环境做一个大胆调整的同时，却害怕这样会使得环境中的人物看上去很可怕的时候，这个手法是十分有用的。这也是一种在色彩对比度差、人物与环境融合太多的背景中，能使演员在观众眼中突出的方法。

另一种手法：往前找回肤色

如果你的影片需要夸张的色彩风格，保持画面中某个元素不受影响是很有挑战性的。当你在精心地做一系列色彩调整后，你意识到需要给画面找回真实的肤色，很多调色软件提供这种处理方式：可以从先前的层或节点中抓取出需要用到的区域（或信息），然后应用到有需要的层或节点。图 8.64 为一系列试探性的调整处理后的图像。

　　肤色很明显需要恰当的处理，但是（有些）客户非常喜欢调色痕迹很重、色调影响整个画面的手法，而你会犹豫：处理肤色的话，会不会搅乱前面这 4 个节点？如果所用的调色软件允许这样处理，那么可以用遮罩或选色分离画面中的某个元素，将之前的图像信息抓回来，覆盖在之前调色的结果上。图 8.65 使用达芬奇 Resolve 展示了这个手法（使用了层混合节点（Layer Mixer）），节点 6 使用了选色，从最初调色的节点 1 中获取图像信息，结果是节点 1 覆盖在节点 4 的结果上。

图 8.64　在夸张的风格化处理之后，画面效果并没那么吸引人，因为肤色被严重影响了

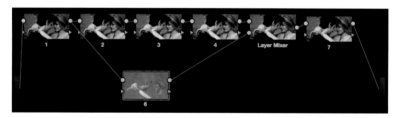

图 8.65　用节点 6 来抓取节点 1 的图像数据，用来分离并改变肤色，画面结果建立在节点 4 输出的色彩效果上

　　如果你第一次使用这个手法，肤色很可能根本并不匹配场景，对键控的皮肤进行微调能让肤色更贴合场景，得到满意的效果（图 8.66）。

图 8.66　最终画面，现在的肤色是从之前的调色处理中抓取回来的，
而且也能与之前经过多重处理的夸张的色彩风格相匹配

控制胡须阴影

　　对一些男性来说，多毛的体质使他实质上不可能坚持一整天，在该长出胡子的地方很容易长出深色的胡茬（我想起《辛普森（The Simpsons）》的一个情节，霍默·辛普森刮胡子时刮得干干净净，仅仅持续没几秒，他常年长胡须的地方就逐步显现在脸上了）。当此情况发生时，结果是嘴唇周围和下颌可能会出现蓝色偏色。

化妆师通常会混合一些稍暖的颜色在演员的底妆上，使用混合颜色来粉饰阴影，克服这种情况。当化妆师没有这么做的时候，你可以使用二级调色来尝试做类似的操作。

在接下来的例子中，我们看到男演员脸部有一些轻微的胡茬。假设客户希望胡茬看起来没那么明显，那么我们针对此情况进行校正。

很明显，阴影越暗就越容易区别开来。但胡须阴影的键控是很困难的事情。尽管会有所谓的"蓝色"偏色，但是事实上你要再对较暗部分的肤色进行 HSL 分隔，在这过程中你将必然会选到脸部的其他部分。另外，也很可能会用到限定器中的模糊或平滑控制，以减弱蒙版边缘（图 8.67）。

图 8.67　尽可能做好分离选区，尝试选中胡须，即脸部较暗的阴影部分。这是个很难做好的键控

完成选区后，你可以用 Gamma 将肤色往橘色和黄色方向推，匹配脸部其余的肤色。胡须的阴影与相应的肤色中和后，如果还需要重新调整整体结果的话，可能要针对肤色使用色相 vs 色相曲线、色相 vs 饱和度曲线进行调整。

这个方法的效果没有在实拍时对胡须或妆容作处理那么好，但是它可以在必要的时候帮忙改善上述问题。

通过加重脸红来增加色彩

接下来的手法最适用于色相 vs 饱和度曲线（至少在使用这些曲线时调整速度是最快的），当然你也可以使用 HSL 里的色相限定控件做出类似的效果（隔离出一系列红色）。

> **注意**　不要将此操作应用在化浓妆的人物上，除非你想要她（或他）的皮肤看起来有点浮夸。

这个想法是用于那些做过一级校色后肤色看起来有些苍白的情况，在皮肤有限的区间中增加一些红色补回一些血色。调整结果是会增加口红和腮红的饱和度（如果演员涂了腮红的话），并且也会对肤色较红的部分增加颜色。

在下面的例子中（图 8.68），一级校色已经让女演员的肤色变得很准确，但她看上去有点苍白，而且妆容不是特别浓，客户想给她增加一点色彩。

图 8.68　调整色相曲线（色相 vs 饱和度），以增加女演员脸上的红色

使用色相 vs 饱和度曲线（图 8.68 中有展示）来操作会相对简单，在这个曲线上打点来"压制"曲线上的其他部分，就能很容易地分离出一条狭窄部分的红色。控制橙色的度是其中的技巧：橙色太多，整个肤色都会过饱和；橙色太少，调整又几乎不见效。

对应矢量示波器，如果你看到薄薄的一小片红色波形开始向 R（红色）靶位方向去，而其他更接近 I-bar 的波形则留在原地，那么你的操作就是正确的。而且从视觉上，你应该可以看见女演员脸上的口红和腮红变得更加生动了，然后你可以再调整一下饱和度来看看效果。这类调整大部分都是很细微的（你也不想让她看上去像一个小丑吧）。

这个手法的反向使用可以用来减轻纪录片中被采访对象那种红扑扑的皮肤，他们可能一直在哭泣或者情绪沮丧。有的人在这些情况下会脸红，虽然做些许色彩增强是自然并且可被接受的，但是色彩增强得太多就有可能会使观众觉得电视机出了问题。

在这些情况下，你可以使用色相 vs 饱和度曲线或者 HSL 中的色相限定控件做一个类似的隔离，然后减少红色，而不是增加红色。

创建皮肤高光的柔光效果

接下来的手法解析了如何使用 HSL 选色来突出身体轮廓，给高光增加光泽；这个方法对男性和女性的效果是一样的。对于以下几种情况的人物尤其适用：想达到有魅力、有时尚感或者有吸引力的效果。

一个显著的例子就是泳装广告，而且这个手法对于需要强调人体曲线和肌肉、骨骼形状的场景都会有效果。最后，这个手法变成了一个很好的"丰胸"的方式，因为乳沟是通过高光和阴影来定义并表现出的。

在图 8.69 中，皮肤面积较多，这对使用这个方法来说是非常理想的。在原始画面中，女演员躯干部分的高光有点平，而且她身体曲线的突出点也很少。使用 HSL 选色可以很容易地解决这些问题。

图 8.69 为人物体型轮廓增加一点光泽，巧妙地强调出肌肉和身体曲线

这个方法的总体思路分为以下几步。

1. 制作一个 HSL 键控，分离出相当窄的、皮肤高光的区域。

2. 调节亮度限定控件，进一步把选区约束到你需要加亮的特定皮肤区域。目的是只改变肌肉的轮廓。

3. 更改容差数值修正选区，然后柔化蒙版边缘。蒙版是用于制作光感的，而不是要转移注意力的，所以蒙版的处理要仔细。

4. 最后，根据画面本身的曝光值来提高中间调，以增加合适的光感。

调整结果是女演员更有立体感和更突出。

减少不必要的皮肤反光

现在介绍一个相反的操作手法。人类皮肤因为它的纹理和半透明特性，会有自然的柔光效果，一般是不反光的。当存在油脂、汗液或者其他反光的化妆品时，皮肤就会反光了。

皮肤反光是由高光反射引起的，反射的高光比原本的面部高光更白更亮。当皮肤表面的反射光强到足以盖过人物皮肤的自然色时，就会发生反光。在图 8.70 中，演员脸上的白色高光就是皮肤反光的明显例子。

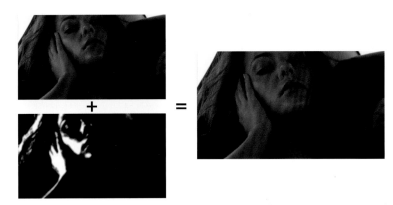

图 8.70　柔化 HSL 的蒙版（仅使用饱和度键和亮度键调整），隔离出较亮的区域用来调整

通常情况下，化妆师会靠打粉来消除面部油光，但是当处于温暖的环境、高温的舞台灯光或现场情况紧张时就会出现新的挑战，到最后有可能演员的脸是油乎乎的。当然，也要搞清楚演员的皮肤是不是特意需要这种反光效果，因为也有可能是故意化妆出来的效果。

很多时候，这种明亮的反光是不可取的。虽然不能彻底消除它，但你可以采取措施使其最小化。你可以使用 HSL 选色的亮度控件和饱和度控件，对物体上需要调整的高光部分进行采样，然后将其柔化或羽化（如图 8.70 中所示）。

你所隔离的高光部分对调色质量有很大的影响。你首先要确保选区在反光区域内，而且选区内的渐变过渡也在反光区中。

当做好蒙版后，可以降低 Gain 来减少反光的亮度，但这一调整不能太过明显（如果调整过多，图像看起来会很不自然）。适当添加一些颜色也可以帮助消除反光（在此示例中添加的是黄色）；使用 Gamma 来调整也可以帮助保持她的肤色。

如果你要调整的图像有特别强烈的高光反光，只用一个单独的节点（或层）是很难完成对反光的校正的。这时你就需要再添加一个二级调色，用它选出其余的反光（但要确定新的蒙版比第一个小），然后用 Gain 进一步消除高光。

要时刻注意，不要过度有针对性地调整对比度，因为这样做出来的效果可能会比原图更加严重。这种调整手法通常是非常微妙的，并且不会经常使用。在另一种情况下可能会非常高效：你可能需要使用两个甚至三个二级调色来消除反光。每个调色（节点或层）处理图像中很少的一部分高光。通过调用或隐藏这个调色（节点或层），可以避免将图像压平。你只需要注意对蒙版边缘做柔化处理，以防止图像出现色调分离的情况。

平滑皮肤

这个方法也是为了解决比较困扰的肤色问题。使用的也是 HSL 限定器，尽管使用的手法有所不同。用同一个女演员的特写做示例，我们要将整个脸部全部隔离出来。在选区上应用些许模糊使她的皮肤变光滑。

首先，你要观察脸部哪些区域最需要做调整。由于脸部大部分在阴影处，所以最明显的问题一般会出现在脸部高光或中间调部分（图 8.71）。

我们将再次使用 HSL 限定器为皮肤创建一个蒙版，而且要在蒙版上尽可能多地省略细节。我们最大程度地模糊皮肤蒙版，但如果同时模糊了眼睛、嘴唇和鼻孔，就会弄得一团糟，所以蒙版只需覆盖在我们设为目标的区域。如有必要，我们还可以组合使用限定器与形状或 Power Window，做进一步限制（图 8.72）。

图 8.71　一级调色后的图像

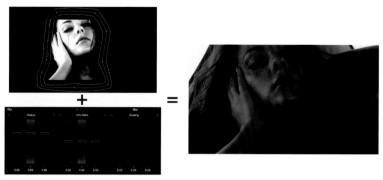

图 8.72 在达芬奇 Resolve 中，对蒙版区使用模糊，调整女人的肤色
（也可以用 Mist（雾化）选项来实现更明亮的效果）

分离出高光区域之后就可以使用模糊效果。例如达芬奇 Resolve 在 Color（调色）页面里有一个专门的 Blur（模糊选项卡），而 Assimilate Scratch 在 texture（纹理菜单）中也有可用的模糊选项。而 FilmLight Baselight 使用的是 Soften（柔化）插件。所有这些模糊或柔化控件都受限制器和遮罩窗口的控制（图 8.72）。

> **注意** 如果调色软件具有柔化图像纹理（或质感，Texture）的功能，如"Promist"风格效果或降噪功能，这些都可以提供不同的方法，但也是使用相同的思路来柔化肤色。理想情况下，应该用最少的模糊值来最大程度地掩盖最严重的瑕疵。图 8.72 是用了适当的柔化值之后的结果，你可以看到她的眼睛、眉毛、鼻孔和嘴唇周围都是锐利清楚的。

从剪辑的角度来讲，我必须要说这种技术已经被滥用了。人天生就有毛孔，而且高端摄影机经过多年的发展才在色彩和对比度之外还能（完美地）呈现面部纹理，这样做反而丢失了细节。

如果修改之后的画面已经没有粉刺或其他显著的瑕疵，那客户的基本需求已经被满足了。除非需要刻意营造出虚幻感，否则我认为过度消除健康的皮肤纹理是一件很耻辱的事情。

去除特定的瑕疵

下面的手法你可以在大多数调色软件中做到，这能帮助你在没有数字绘图（digital paint）的条件下掩盖瑕疵。在这个例子中，一些眼尖的客户会发现脸部的小瑕疵并且希望调色师将其消除（图 8.73）。

最简单的解决办法是用一个圆形窗口或形状将它隔离出来，再很好地羽化目标。如果拍摄对象是移动的，你要使用跟踪器，让窗口跟随瑕疵点一起移动（图 8.74）。

现在你需要做的就是添加一些合理的模糊效果。这样可以将图像的那一小部分柔化，但是不明显，而且，你添加的模糊效果越多，那个瑕疵就会和周围的皮肤越容易混合在一起（图 8.75）。这种手法可能无法彻底消除瑕疵，但肯定会减少它的影响。

图 8.73 图像中的雀斑
需要被消除

图 8.74 用圆形的遮罩将
这个斑点隔离出来

图 8.75 使用模糊效果将瑕疵点融入
周围的皮肤，调整到将斑点消失

如果你的软件可以增加颗粒或噪点，你可以在同一窗口的柔化区域上添加纹理，稍微加回一些噪点，直到它与周围皮肤混合成一体。

模拟吸血鬼、晒伤、僵尸和其他极端效果

现在介绍最后一个技巧，我觉得这个技巧很有趣（不过不常用）。每当拿到蓝色月亮的场景，你就会被要求创建更极端的画面效果，比如吸血鬼，几乎零饱和的肤色或晒伤的鲜红色。如果要做这类明显的效果，那么你的调整要尽量避免影响背景。

虽然这类效果通常由实际的（特技）化妆来完成的，在接下来的例子中，将展示如何突出妆容，打造更进一步的效果。图 8.76 中，演员目光险恶，画面已经呈现出令人相当不安的氛围。然而在这种情况下，客户希望更进一步，并希望看到演员的脸部是更低饱和、"坏死"的状态。

图 8.76　用一个遮罩或 Power Window 限制 HSL 选色范围

如同本节中所示的很多手法，这种完整的肤色隔离通常需要结合使用 HSL 选色和遮罩或 Power Window，不包含任何背景才能完美做好这种效果。如果演员四处移动，你还需要使用运动跟踪或关键帧，让遮罩随演员移动。

此外，在制作效果时需要观察蒙版上的孔洞，这些是男演员的胡须、面部阴影和眼睛。对于当前画面，这些孔洞是正常的，因为我们不希望影响这些区域，这些元素（包括演员眼睛）不需要降低饱和度。

现在你已经知道，对肤色进行键控，是创造这种效果的基础，但真正有趣的是讨论我们（对肤色）的调色方式。要创建一个适当令人毛骨悚然的效果涉及两种类型的调整。首先，将饱和度降低 10%，开始给他一个严重不健康的样子，如果要调得更重更夸张，让演员脸部灰度越来越高即可。

第二，想要让画面看起来可怕，可以将 Gamma 和 Gain 适当地推向蓝青色，让肤色偏冷灰色，而不是推向橘色将画面中性化，记住先前所提到的吸引力研究，该研究显示人们对蓝色的皮肤色调的厌恶（图 8.77）。这次，我们能"兴高采烈地"创作与观众期望相反的效果。

此外，因为苍白的肤色会反射更多的光，你可以通过调整对比度来提高男演员脸部的亮度，提高一点 Gamma 和 Gain；降低一点 Lift 是为了在提亮脸部的同时，保持有力的暗部。

最后的画面，可能就是你想要的令人不安的图像。如果想要做出恐怖电影演员脸上那种血红色，你可以试着使用色相 vs 饱和度曲线，添加多个控制点，降低橙色的同时保留红色，就可以做出这种特别的效果。

另一示例是使用遮罩来调整肤色的特殊效果，制作一个紧贴脸部的手绘遮罩并进行跟踪。通过使用"Luma-only（只有亮度）"曲线来抬高对比度，将 Gamma 往绿黄色方向推，降低整体饱和度。然后提高最暗的红色的饱和度可以给僵尸妆容增加更怪诞、病态的颜色效果（图 8.78）。

注意　低饱和的"发蓝的"苍白肤色，在设计编辑和时尚摄影中也是一种流行的风格，比起电影长片这种色调更适用于风格多变的广告片。当然了，谁知道导演或摄影师下一次会要什么效果。

有技巧的调色，是备受折磨的化妆师最好的朋友。

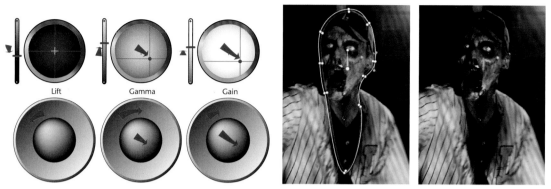

图 8.77　这些调整可以让男演员的肤色提亮和变冷　　　图 8.78　跟踪遮罩，用来隔离化妆区域，以创造一个更怪异的形象

理想的天空颜色

几乎任何外景镜头，最常见的调色要求之一就是让天空更蓝。通常来说，天空的拍摄记录比我们现实观察到的要复杂，无论用胶片或数字拍摄都很难捕捉天空，这是由于雾气、过度曝光和不合作的天气造成的，各种原因都会打破电影制作人员拍下蓝天的愿望。在这些情况下，你可以使用多种调色手法，把颜色填补回来。这样做最现实，所以学习如何分配天空的颜色是很有用的。

清澈的蓝天

地球的大气层散射了阳光中大部分较短的蓝色波长，形成了天空的蓝色。这被称为瑞利散射，由英国物理学家约翰·瑞利勋爵（John Rayleigh）记述了这个现象。

当制作不同种类的天空调色时，请记住，天空是梯度渐变的，日光时顶端最暗，越接近地平线越亮（图8.79）。这是因为空气不只是散射蓝光波长，阳光的其他可见光波长也有散射，但比例较低。波长越长的光，就能穿过越厚的大气层，最终在远处获得足够的全部波长散射，使天空呈现白色。

图 8.79　曼哈顿的中央公园，清澈的蓝天会有理想的蓝色和干净明确的渐变

这意味着在面对一个典型的湛蓝天空时，要考虑天空调色的不同策略，天空色调从画面顶部到底部相当一致，但饱和度的峰值在顶端，越接近地平线饱和度越低。在另一方面，亮度的最低点在顶部，最高点在地平线。

瑞利散射也解释了为什么山脉和其他远景特征有更多的蓝色，更远处却更白，即使在没有雾的情况下（图8.80）。

光在观察者和山之间被散射，其方式与在观察者和外部大气层之间的散射是相同的。这被称为漫射光（这是一种不同于雾的现象）。

图 8.80　离观察者较远的山变得更蓝，这是因为大气中的蓝色光的散射

天空的色相范围

蓝天的平均色在亮度、饱和度和色相范围（从淡青色到深蓝色）上差别很大，是由以下因素造成的：

- 天空的颜色会在高海拔地区加强，空气稀薄令蓝色较深，饱和度更高。
- 在低海拔地区，天空的整体色彩趋向于饱和度少一些，并更亮。
- 太阳在天空中的高度会影响天空的颜色，这取决于你的纬度和时间（图 8.81）。

图 8.81　比较不同的天空情况。每条画面色相差异很大，但在其图像范围内都可以接受

用 HSB 色彩空间来表示，未经调色的天空片段（不包括大气的影响，如污染）的平均色相范围从约 200（接近青色）到 220（接近基本的蓝色）。在矢量示波器检查这个范围（由之前的多个天空渐变切片图像组成），得到如图 8.82 所示的楔状波形。

因为当天空接近地平线时饱和度会下降，所以当太阳在天空中位置较高时，地平线的天空一般是白色的。但是天空可能会被从地球表面反射的光所着色。有本很好的书《色彩和光线》（剑桥大学出版社，2001 年），作者大卫 K. 林奇（David K. Lynch）和威廉·利文斯顿（William Livingston）提出如下意见。

- 在水面上，靠近地平线的天空是黑暗的。
- 在茂密的植被上，靠近地平线的天空是稍带绿色的。
- 在沙漠上，靠近地平线的天空是褐黄色的。

这样，各种大气效应如日出和日落的光线，气象条件和空中的颗粒物，都会导致地平线的颜色变化。

天空的饱和度

所有从顶部到底部的天空渐变中，变化最大的色彩分量是饱和度，从天空顶部大约是 50% 至 60%，到地平线上的 0%（不被建筑物或山脉影响的话）。

天空的亮度

由于瑞利散射的特性，天空亮度色彩分量的变化与其饱和度是相反的，最低亮度的天空在图像的顶部，最高亮度则在地平线上。下一节中的图 8.84 中，你可以看到天空渐变对比的波形分析，它揭示了从天空顶部到地平线，天空切片排列的范围高达 35%，如果摄影师使用偏光滤片，这个范围可能会更多（图 8.83）。

如果天空有丰富的蓝色，记住它的亮度是不会达到亮度范围的顶点 100% 的，因为白点通常会保留给非饱和的高光。

图 8.82　与图 8.81 相同的天空色相和饱和度范围

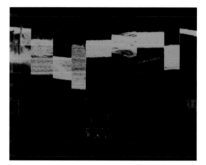

图 8.83　对比分析图 8.84 的天空渐变波形，说明了饱和的天空可能会占用的亮度范围

天空的渐变角度

天空的渐变角度取决于相机和太阳的位置。太阳在天空中位置较高或相机背向太阳时，天空的渐变几乎是垂直的（关于天空渐变的比较，请看图 8.81）。

然而，当相机朝向太阳方向时，渐变的角度益发相对于太阳的低位，如图 8.84 所示。

图 8.84　天空渐变的角度和颜色随着太阳和摄影机相对位置的变化而变化

天空的颜色与摄影机位置相关

当太阳低于自身的顶点，天空最暗的部分是离太阳最远的位置。换句话说，当你背对太阳，你会看到天空的最暗、最饱和的一部分。对比同一场景中正反打镜头组的天空颜色时，这是很令人惊愕的，因为一侧的天空看起来与另一侧的非常不同（图 8.85）。

图 8.85　一组正反打镜头，拍摄时间是接近傍晚的下午，太阳位置影响了天空的样子，天空的颜色取决于摄影机的位置

在这些情况下，你的直觉感受将决定画面的处理方式，你可以不修改天空的亮暗水平，真实的天空情况也是如此,但如果它太分散注意力,那就可能需要调整其中任意一侧的镜头,调整天空以增强感官上的连续性。

其他天空效果

很明显，天空颜色不总是蓝的。考虑到它们在电影里的价值，以下有一些最常见的天空效果。

日落

随着太阳在天空中逐渐降低，你和太阳之间的大气密度增加，过滤掉蓝色和绿色的光，留下波长较长的红色光。

当空气很干净时，夕阳的天空一般是黄色的，如图 8.86 所示。

颗粒物如污染、灰尘，云和红色波长的光反射，都会产生摄影师钟爱的红色或橙色或桃红色的日出和日落（图 8.87）。

图 8.86　干净空气中的黄色日落，并覆以五颜六色的斑驳云彩

图 8.87　城市中特有的颗粒物会造成日落带有更多桃红色

如果有半透明的云在天空中，那么这个画面的光将极具戏剧性，会出现条纹状日落，这种情况带有多层次的红色、黄色和橙色，这种多重变化与云层覆盖的密度有关（图 8.88）。

海洋上强烈鲜明的带红色（橙色）的天空，由于盐颗粒使红色波长散射比例更大（图 8.89）。

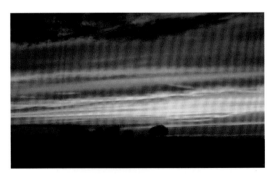

图 8.88　一个特别戏剧性的日落，由多种颜色组成，由下面卷层云构造的反射所导致

图 8.89　带红色的海景日落

云呈现白色，是因为水汽和尘埃粒子明显大于空气分子，因此光线是从这些表面上反射出来的，而不是散射。云呈现出活泼的去饱和纯白色，是因为它们的反射光（图 8.90）。

云，尽管外形飘忽不定，但它能吸收、反射以及散射光线。那些银色和灰色的云层内层，是特别密集云的阴影部分。在所有情况下，云是去饱和的，阴影区一般是较亮和较暗灰色（图 8.91）。

图 8.90 去饱和的白色积云，带有明亮的中午光线   图 8.91 浓积云显示出亮和暗的区域

例外情况是从云层下反射日出或日落的光，这会添加一个强烈的橙色或红色色彩分量（图 8.92）。

图 8.92 日出或日落时的光线，从雷雨后的云图（悬球状积雨云）上反射的景象

云也过滤光线，阴雨天气的环境色温（大约 8000 K）比北方平均天空的色温（6500 K）明显更冷。

雾

瑞利散射（Rayleigh scattering）主要是指蓝色的天空和漫射光，米氏散射（Mie scattering）是光的另一种现象，微小的粒子散射所有波长，导致白色眩光和蓝色缺失。这一现象是由雾霾以及在一定的大气状况下出现围绕太阳的白色眩光造成的。（气体中的）浮粒也会引起米氏散射，无论是自然的（水蒸气、烟雾、灰尘、盐）还是人造的（污染物）。

其效果是远景的弥漫和发光，通常有低对比度和阴影褪色的情况（图 8.93）。

图 8.93 左图，米氏散射造成的烟雾笼罩在熟悉的天际线上。右图，调整对比度，尽量减少烟雾的影响

可以选择使用一级校色的对比度控制或曲线，扩大图像对比度，降低阴影和中间调，同时保持高光，你可以用这些方法减少雾霾。虽然不能完全消除雾霾，但你能增强图像细节，带出更多的颜色和深度。

摄影师对天空的控制

天空的拍摄可能会非常棘手，取决于场景的整体曝光，明亮的天空很容易曝光过度。此外，我们认为在前期拍摄时如果不使用辅助手段，通常很难捕捉到丰富的蓝色。

一般情况下，除非影片对天气条件有特定的要求，强烈的蓝色和鲜明的渐变通常是室外日光场景的拍摄目标之一。以下两个实用的工具可以帮助你在拍摄过程中加强天空的颜色和渐变。

- **偏振镜（Polarizer filters）**：天空中的光被偏振，即光波在空气中传播时被散射向各方。天空中最高点的光被偏振得最多。通过旋转偏振镜，可以限制通过镜头的光线进入一个方向，或另一个偏振方向，这样能通过变暗和增加饱和度来加强天空的颜色。你可以用二级调色很好地模拟这种效果(详见下节)。然而，偏振镜也能减轻雾霾的扩散效果，并减少水和玻璃的反射，而这些效果可能只能在拍摄前期处理。
- **中灰渐变镜(Graduated neutral density filters)**[1]：这些滤镜一半带有中性密度(ND)涂层，另一半没有，两半之间有柔和的过渡。把有 ND 涂层的一半对着天空的方向，你可以降低天空曝光来匹配镜头里的其他物体。有时这可能会导致在天空中可见的渐变（视构图而定，滤片上的渐变也可能会覆盖到物体上）。尤其是当拍摄者使用有色渐变滤镜时，会将蓝色或日出的颜色添加到本来无色的天空。你可以在后期调色时用遮罩模拟这种效果。

撇开天空着色的技术原因，天空颜色最终是主观决定的。调色师要具备对各种自然现象的认识，才不会违背观众对天空颜色的固有观念，但如何选择天空颜色要遵守实际的项目需求，以及客户想实现的观感。这其中会有很多变化的余地。

调整天空颜色的手法

调整天空的最快方法是使用色相曲线，特别是色相 vs 色相曲线和色相 vs 饱和度曲线可以赋予天空额外的质感。如果你在调超人电影（Superman movie），你需要让画面中天空的蓝色色相与其他物体的色相（在波形上）保持足够远的距离，那么使用这些调整方法将会很有效。

1. 图 8.94 的图像已经完成一级校色，加深了暗部，并对建筑物添加一些大气层的颜色。不幸的是，调整后天空看起来青色有点太多，不符合我们客户的要求。

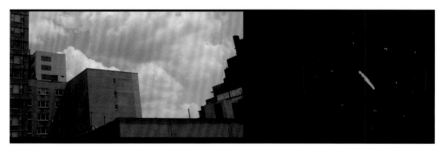

图 8.94　一级调色后天空的颜色已经调出来了，但客户想减少青色

2. 我们添加一个校正来调整这个青色，使用色相 vs 色相曲线。我们将添加三个控制点（如果需要）：外面的两个用于隔离青色到蓝色的范围，中间的控制点用于调整，拖动中间的控制点向上或向下偏移蓝色，同时观察矢量示波器，让波形向蓝色目标靠近。进行曲线调整时，请牢记，操作上失之毫厘，整个画面将谬以千里——往蓝色调整的幅度过大将会导致颜色反常，出现紫色天空（图 8.95）。

我们可以看到调色后的效果，如图 8.96 所示，矢

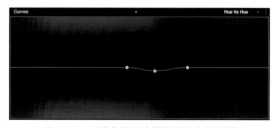

图 8.95　对青色的天空做细微的色相调整

1　简称 GND 或 ND。

量示波器的波形往更远一些的蓝色方向延伸。

图 8.96 相同的图像，校正色相后的效果

然而我们还没有完成工作。现在色相是正确的，可以在这个基础上增加饱和度让天空颜色更饱满又不让它太分散注意力。

3. 我们同样添加三个控制点做尝试；外面两个控制点用于隔离青色到蓝色的范围，中间的控制点要调整饱和度，拖动它提高天空蓝色的饱和度（图 8.97)。

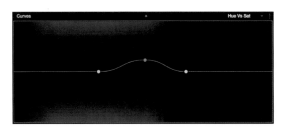

图 8.97 增加蓝色天空的饱和度

我们可以看到不错的调整结果，如图 8.98 所示，矢量示波器其中一端的波形伸展开来，远离中心。

图 8.98 相同的图像，校正饱和度后

调整结果很理想，既生动又不失自然而且客户很满意。为了更清楚地看到调整的效果，让我们看看调整前后的比较（图 8.99）。

图 8.99 调整前（左图）和调整后（右图）

要知道，虽然色相曲线允许非常具体的调整，它的长处是平滑的渐变调整而不是 HSL 选色那种锯齿边缘，而潜在的缺点就是曲线调整最终有可能影响画面内其他相似色相的物体。

例如，前一个示例中那些反射到建筑窗户的光被包含在曲线的影响范围中，不过这个情况是自然的，因为那些窗口最有可能反射了天空的蓝色，因此提高天空饱和度的操作是相对自然的。

> **贴士**　当你在同一层或同一节点中应用多个连续的色相曲线调整，不同的调色软件处理图像的曲线与色彩之间的对应性是不同的。在某些软件中，之前的曲线调整会影响下一个曲线调整中的色相位置。其他软件，所有的曲线采样色相都一致，这样，即使你使用色相 vs 色相曲线将红色改变成橙色，如果你要改变"现在的橙色"的饱和度，你仍然需要用色相 vs 饱和度曲线来隔离原来的红色。

使用 HSL 选色调整天空

如果你没有色相曲线，或者是用色相曲线也避免不了蓝色以外的元素，接下来最简单的天空校正方法就是添加二级调色，基于天空的颜色制作键控。这是对天空镜头添加或更改颜色的快速又简便的方法。

如图 8.100 所示，原始图像已经做过一级校色，增加了对比度和提亮中间调，让演员更突出。虽然已经添加过二次调色来增强草地和树丛的绿色，色彩处理比较中性。这个镜头看起来不错，但如果天空的蓝色更强烈会更好地反衬画面的绿色。

我们将使用 HSL 选色来隔离天空，用吸管或拾色器选出我们要增强的蓝天范围（图 8.100）。

图 8.100　这个镜头已经做过一级校色和二级调色，但还可以用额外的调整来改善天空的颜色

出于手动调整的目的，请记住，因为整个天空的影调范围就在中间调，亮度控制可设置在中间调内相对狭窄的范围里，即使范围小但仍然能分离整个天空。

在这点上我们有一个创造性的选择。你可以选择通过扩大键控蒙版，将整个蓝色天空和云含括在蒙版中，让颜色校正应用到整个天空。或选择仔细地排除云朵，如图 8.100。

> **贴士**　将云朵排除在修正外，在技术上是比较正确的（通常云是饱和度低的白色）。在另一方面，如果云朵是脏脏的灰色，那么给整个天空（包括云在内）加一点蓝色，可能看起来会更好，会使它们显得更加自然和半透明。这一切都取决于你要达到的效果。

在实际的调色前先观察波形监视器（图 8.101，左图）。你应该注意到天空对应的波形是独特的一条横道，在中间调范围内紧密相连。正如上一节提到的，这是相当典型的饱和的蓝色天空。由于天空刚好在中间调，将 Gamma 控制向青色或蓝色方向推可以增加天空的颜色。当进行这样的初步调整时，可以来回从青色到蓝色推动，观察色相变化下的颜色差别（图 8.101，右图）。

天空的饱和范围度通常在从 0% 到 50% 的幅度，取决于一天（太阳位置）的时间。你甚至可以进一步增加天空颜色（往青色或蓝色推），但很快你会发现天空开始变得不真实，像霓虹灯似的。

调整颜色后，如果你对云的颜色不满意——例如，它们开始看起来像变色的暗沉的暴风云——对应刚刚调整好的天空区域，可以再次调整 HSL 的亮度限定工具，将云朵包含到调整范围中。

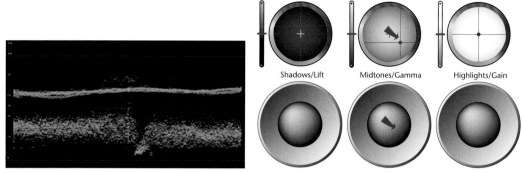

图 8.101　天空的值集中在中间调，在波形监视器的 60% 至 70%（或 IRE）。
因此，做相应的天空调整时使用 Gamma 或色相控制最有效

当天空已经有一个很好的渐变或根本就不应该有渐变的情况下，这是很好的调整方法，因为一个单独的调整会影响到整个天空。又或者在天空颜色很少的时候，这也非常有用，例如，当你想把阴霾或雾气的天色变成晴朗的蓝天；而且明亮的天空高光与前景的物体或风景有着显著差别时，此方法最适合。当摄影机在运动或人物在天空和摄影机之间移动，这也是速度最快的调整天空的方法。

用遮罩增强天空颜色

另一种类型的天空校正也是常用的：当天空已有足够的蓝色但你认为它还是有点平，那你就需要做这类操作。正如第 3 章里曾经提到的，渐变能增加深度元素，可以帮助直接将眼睛导向动作，天空渐变也具有相同的功能。

实际工作中，电影摄影师经常把渐变的滤镜放在镜头上方，用于增加天空的深度。同样的效果，在后期制作中用遮罩就能轻松做到。不同于光学滤镜，后期遮罩的颜色、亮度、柔软度还有宽度都可以完全自定义，以适合原始的天空颜色或镜头的画面颜色，适应项目的调色需要，这就是在后期进行这步操作的好处。

这种技术在细节复杂的图像上也能使用。如果摄影机的运动幅度小，你的遮罩基本不会被察觉出来；然而摄影机运动幅度过大可能会有点尴尬，除非制作的遮罩足够大，并跟踪场景中的运动特征。或者还可以使用动画或动态关键帧抵销摄影机运动，但要做到真实自然还是有难度的。

使用遮罩增加简单的天空渐变

这种调整手法也是摄影师的常用技巧，用渐变滤镜有选择性地为天空添加颜色。效果类似于一些汽车的挡风玻璃，玻璃顶部蓝色或灰色的半透明区域，从顶部黑色渐变到底部完全透明。

这种手法的目标是要复制在天空中的自然渐变，并压暗过于平淡的天空，同时添加维度（纵深感）和颜色。让我们看看如何做到这一点。

图 8.102 中的原始图像，一级校色扩大了整体的对比度，提亮了那排树；在二级调色中，增加了树叶的绿色，提高了一些色彩对比。但是天空却没什么起色，虽然天际线有一条漂亮的淡橙色，那是因为天色快到晚上了，这个橙色可以保留。

虽然我们对水的蓝色感到满意，但我们不能只用色相曲线来完成我们的要求。此外，用 HSL 选色可能会更麻烦，因为那片树的锯齿形状，还有我们要加强的蓝色与想要保留的橙色之间的差别太微弱，所以使用 HSL 估计太不适合。

解决方法是添加二级调色并创建你需要的形状或 Power Window。在此示例中，我们将在画面底部使用一个羽化值足够大的矩形，将足够柔和的天空渐变放置在橙色部分的上方。

你可以使用椭圆形来创建圆角渐变，也可以匹配天空角度制作自定义形状。一般情况下，沿着自然的天空颜色和角度绘制形状就能得到不错的结果，但谨慎起见，必要时可以按照天空的角度重新调整形状。

一旦将遮罩的位置放好，通过调整 Gamma 将天空修改至所需的颜色会很容易，同时调整渐变范围，让渐变以及现有的颜色在地平线上实现无缝过渡。

图 8.102　在这个示例中我们需要增加天空中暗淡的蓝色而不影响水中的蓝色

　　在增强天空颜色时，你会有很大的回旋余地。然而实际情况却经常难以解决。获得新想法的最佳途径之一听起来相当的老生常谈，那就是你要随时密切注意周边环境。一天内不同的时间变换，一年中的不同季节，以及你所在的地理位置（沙漠、森林、城市或海滩），你一定会发现这些天空颜色的显著不同，其中一些参考你可能在调色时会用到。可以在你的智能手机上装个好用的照片应用程序，如果你玩静态摄影的话，也可以投资一台好相机。这些参考图片不知何时能用上，但多看多拍总会有惊喜。

　　最后，要注意控制天空的调整幅度。对天空的调整很容易使天空饱和度过高，又或者使天空色相过蓝或过青，这两项操作都可能会导致天空看起来像像霓虹灯——如果你在调最受欢迎的犯罪题材电视剧，这可能是可以接受的，但在细致入微的剧情中可能就不成立了。操作上的细微差别，将导致整个画面差之千里。

　　贴士　在树枝边缘或演员的头发顶部混合了一点点蓝色，只要它不是特别明显，是可以接受的。如果，你可以尝试多个形状遮罩的布尔运算组合，在重叠的天空渐变遮罩上创建一个用于"切出"遮罩的形状。

日落和清晨的光线特点

　　有时，你会被要求将场景调成日落和日出。根据镜头的情况，你可能需要进行大量的色彩平衡来配合不断变化的光线，或通过大幅度校正来模拟所需光效的特质，这都是因为素材不在同一时间拍摄而导致的。为什么？

　　在日落或日出时拍摄始终是一个棘手的议题。拍摄任何场景都需要花费大量时间，而且制作人员不时会告诉你天光快没了。如果制作团队效率高，设备都预先设置好，那么拍摄就有可能覆盖场景的各个角度，但随着太阳的移动，各个角度的光线质量会显著不同，由此拍摄的画面在剪辑后势必需要色彩校正。

　　有些情况下，实际的日落仅用于空镜（establishing shot），该场景的其他镜头在其他时段拍摄时会在拍摄现场模拟那个空镜的灯光。

　　日落和清晨照明如此棘手的另一个原因，是摄影机（胶片或视频）不一定能"看到"人眼看到的东西。有时某些镜头的确是在这些时间段拍摄的，但画面依旧不够生动，需要再加强。老练的摄影指导可以在拍摄过程中照顾到这一点，但如果在其他不太受控的情况下，作为调色师的你会被要求调出该时段中独特的光线质感。所以想有效地开展调色工作，你必须了解光的运作。

太阳的变化影响光的特质

　　与日落和晨光相关的暖色是由同一种现象造成的。太阳在天空中的位置较低时，阳光穿过越来越密集的大气层（图 8.103）。较厚的大气层吸收阳光中更多的蓝色和绿色波长，产生越来越温暖的光，在日落的时候色温可能大约是 1600 度开尔文（了解更多其他光源的比较，可浏览第 4 章的色温图表）。

　　下午晚些时候的暖光即所谓的黄金小时，它指的是在日落前一小时（也包括日出后的一小时）开始，太阳光的色温从下午天光的大约 5000K 开始改变，到约 3000K 的黄金小时高峰期，直至约 1600K 的日落时分(所有这些值都受大气条件限制，例如云量)。

因为黄金小时的光特质被认为可以更好地烘托演员和室外场景，拍摄日程（如果预算许可）往往会采用这个时间段拍摄。

天空中的颗粒物会加重日落和日出的暖色。而森林火灾和火山造成的烟雾，还有季节性气流夹带的粉尘，都会加剧来自太阳的偏红或橙色的光。

此外，太阳在天空中位置越低，场景光量就越少。补偿光线的方法很多，可以用摄影机和灯光调节，通常，在素材上可以看到的最明显的结果就是对比度变得更高，暗部进一步变深。减小光量的副作用就是增加噪点或颗粒，这取决于摄影机或胶片类型。

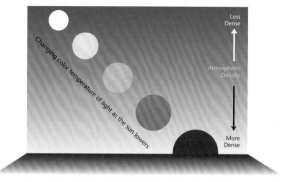

图 8.103 太阳光的色温变化，太阳位置从低到高

所以，这解释了落在被摄体上的光的整体特性。然而这只是画面的一部分。我们来看一个最低限度校正的"黄金小时"镜头，该镜头截取于叙事电影，可以说明创造一个令人信服的夕阳效果的画面其他重要特质。研究图 8.104 并检查颜色在高光和暗部的质量。旁边是此图像的分量示波器，以供更细致地检查。

图 8.104 做过最低限度色彩校正过的"黄金小时"镜头

一般来说，日落和日出有三个重要的特性。

- 非常温暖的高光偏色取决于太阳的位置，太阳位置越接近实际日落位置光线越暖。这是场景光线的关键，高光的偏色相当激烈，甚至淹没中性的主体颜色（白热的高光会保持低饱和度）。
- 中间调的暖光。然而，由此产生的偏色不会和高光一样强。这是辅助光，仍然是来自天空其他部分的散射。
- 接近正常颜色的暗部。虽然蓝色通道被压低，这个镜头的绿色和棕色是自然的。这是关键的观测结果：图像较暗的区域仍然是干净的，完全饱和的暗部颜色和高光的偏色形成了鲜明的对比。

晨光落在城市和公园的天际线，如图 8.105 所示。观察树丛的暗部，它们是中性的，而不是更多的金色高光。金色阳光对高光的影响比对暗部大。

图 8.105 晚一些的早晨阳光令高光变暖，但暗部大多数是中性的

以上这三个特性为分析日落和日出场景提供了很好的开端，组合使用一级和二级调色调整它们。

区分早上和晚上

虽然早晨和晚上的照明在技术上是相同的，一天的开始或结束通常有着显著的情感差异。根据之前谈论的不同的色温和大气条件，底线是：到底需要多强烈的颜色才能满足场景的情感表达？

虽然对这些情况进行概括总是危险的，但是我建议有几点需要考虑：可选择的近地平线光线（的颜色），是从金黄色到橙色再到暗橙红色。这时的场景大多数是：演员睡醒了，吃早餐并去工作，他们身上的高光可能会带有更多的金色或黄色特性，因为太阳位置在天空中越来越高，所以我建议用金色的光来表示早上会非常适合。这样并不会很过分，这些颜色是那种明亮的，精力旺盛的、乐观的色调，通常符合发生在早晨的场景。

在另一方面，人们习惯于火红色的夕阳，所以用温暖的橘黄色或淡红色的高光表示晚上是相当不错的选择。因为这些温暖的色调会让场景更浪漫和（或）激烈，这也可能正好满足导演和摄影师的影片主题。

最后，对于项目而言，精准（还原真实）的大气层色彩并不一定符合拍摄要求，但它很有指导意义。

创建"夜晚"照明

记住这些观察方法，现在是时候把它们应用到实际操作了。图 8.106 拍摄于午后。明暗比例反映了该镜头是在一天内晚些时间拍摄的，但太阳位置还没有足够低，所以天空没有真正的夕阳暖光。导演希望这一幕能让观众马上有"夕阳"的感觉，所以它显然需要一些调整。

1. 这个镜头曝光良好，还没进行色彩校正。你可以看到很强的高光，这对我们需要创建的风格非常有用（图 8.106）。

图 8.106   这个未调色的镜头具有较强的高光

2. 降低 Lift 加深暗部。这个场景应该是一天快结束的时候，画面应该稍暗一些，但对于这个图像千万不要切掉阴影，因为暗部有很多不错的阴影细节，由于调色导致图像细节损失对调色师而言是很丢人的。

3. 拖动 Gamma 向橙或黄色方向推可以创建温暖的中间调，直至你感觉图像颜色很暖，但不要调到有过热的感觉。为了保持纯正的黑色，要用 Lift 做相反的调整，让 RGB 分量示波器的底部波形对齐。

我们的目标并不是创建上一节所提及的超暖高光，只是将整体画面变暖，让图像有温暖的感觉。

4. 最后，准备给高光增加显著的颜色，将 Gain 降低约 10%（图 8.107）。

调整后的图像是温暖的，阴影更深一些，但暗部依然保留细节（图 8.108）。

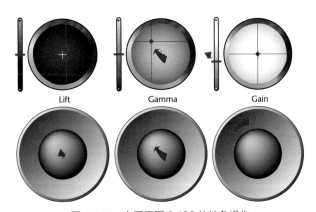

图 8.107   应用于图 8.106 的校色操作

调整后的 RGB 分量示波图（图 8.109），画面带点暖色，红色通道微微被抬高，而且暗部已经校正好了（这就要依靠校准过的监视器，以帮助确定什么情况下暗部平衡是最好的）。

 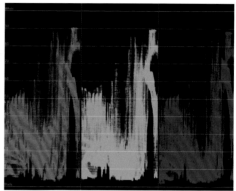

图 8.108　校正后的图像　　　　图 8.109　RGB 分量示波器分析调整后的图像

现在已经建立好了素材的基本观感，让我们继续调整图像的高光让画面看起来更像日落。

你可以用过滤器中的"Whites color balance control（白位调整）"，尝试将高光调暖，但由于过滤器重叠了（高光区的）范围，你可能最终会让整个图像都变暖，这不是我们想要的效果。改用二级调色对特定范围进行针对性调整。

5. 在这个镜头上添加另一个调整，使用 HSL 选色的亮度限定工具隔离图像高光：选中那些沿着女演员的脸、袋子上的光，还有背景墙上的光（图 8.110）。通过调节范围手柄（通常是控制限定范围的顶部）隔离最亮的高光，然后调整公差手柄（通常是手柄底部），软化键控蒙版的边缘，让蒙版平滑过渡。最后，增加软化值或模糊参数来模糊边缘，以防止片段播放时蒙版的边缘发生抖动。

6. 成功分离高光后，接着添加最后的调整，将 Gain 推往橙或黄色反向，创建所需的"黄金小时"的高光颜色。在做这个调整的同时注意观察图 RGB 分量示波器的波形，防止切掉过多的红色通道（图 8.111）。

 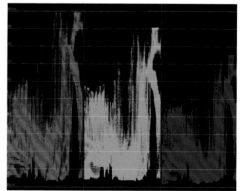

图 8.110　使用 HSL 选色中的亮度　　　　图 8.111　留心观察 RGB 分量示波器的波形，
　　　　限定工具来隔离高光　　　　　　　　　　　　以确保不切掉红色通道

如果你想给高光添加更多颜色，但红色通道被切掉得太多，可以考虑回到一级校色并降低一点高光，给信号的肩部多留一些调整空间。

调色完成的图像，中间调被提亮并加暖了，高光信号合格，明亮而温暖，如图 8.112 所示。

图 8.112 校正后的图像，模拟黄金小时的光线

请记住，高光的颜色强度与太阳在天空的位置有多低直接成正比。如果你不确定如何像这个片段来调整对比度和高光颜色，你可以向客户提问当前的镜头是在什么时候拍摄的，或者咨询客户想要把画面调整到哪个时间，更接近日落时间还是更远一些？

加强和创建日落的天空颜色

下面的调整过程演示了如何调出落日般的天空颜色，创建出拍摄时并不具备的晚霞色彩。在我们的例子中，将使用一个恐怖电影的空镜，画面中有一个小镇，画面前景是尖塔教堂。这是个完美的借口，可以大胆地调色使画面色彩更加强烈。

图 8.113 的镜头已做色彩校正，扩大了对比度，并在建筑物上添加了一些色彩。为了给云层增加有条纹（纹理）的日落风格，我们将加入二级调色，使用 HSL 选色用滴管或拾色器分离天空中更亮的，中间偏暗的云层部分。考虑到图像中的噪点，使用模糊或羽化，软化边缘得到一个相对比较平稳的遮罩。

图 8.113 结合使用 HSL 选色和自定义遮罩，给多云的天空添加日落的光线效果

不幸的是，由此产生的蒙版包含了太多的建筑，没有哪种遮罩能既保留云又能排除教堂的尖顶和其他建筑物。解决的办法是使用自定义形状或 Power Window 隔离天空与城镇和尖塔。

幸运的是，它是个固定镜头，所以我们不用担心要进行动画处理或跟踪遮罩。而且，这是一个相当精致的遮罩，我们发挥调色软件的优势分别调节遮罩内部边缘和外部边缘的控制点，根据建筑物的轮廓来控制不同位置的羽化程度，避免由于调整天空而在建筑物周围造成光晕，或影响建筑物的边缘颜色（图 8.114）。

形状绘制完成后，与键控组合在一起就能把调色的影响范围限制在天空和更小的屋顶上，如图 8.114 所示。

获得一个不错的蒙版后就可以开始调整高光或 Gain，往黄色、橙色或粉红色推，与整体场景混合在一起，融合天空颜色。与往常一样，当我们为场景大胆地增加颜色时，观察 RGB 分量示波器，注意过饱和高光的色彩可能会被不小心切掉；也要留意图像上非法的高光颜色。如果有疑问，可以打开波形监视器中的"Saturation（饱和度）"选项，并检查是否有部分波形超过 100%。最后，营造出一个背景看起来恰当的、有暗示意味的、颜色隐约可见的场景。

令人信服的日落和清晨观感往往涉及高光的针对性调整。当你要对亮度范围进行极端调整的同时又不影响其他范围，这些调整手法就能派上用场。

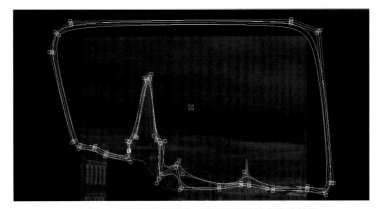

图 8.114　使用自定义形状，避开天空键控中的建筑物

贴士　请记住，用亮度分量进行二级抠像也是获得最干净蒙版的一种很好的方式，甚至对高压缩的素材也能很好处理，因为 Y'C_BC_R 视频的 Y 通道总是具备信息量最大的数据。

戏剧性的云朵（或云层）调整

这里有一个方法，能在戏剧性的场景中加强云层的效果。我最喜欢的招数是曲线调整，曲线能非常有选择性地拉伸高光的对比度，带出更多云层的细节。这个效果可以给场景增加一些戏剧性，否则就只是沉闷的一片灰色。

图 8.115 的镜头做过一级校色，加深阴影并将场景调成冷且沉闷的调子。现在云层挺有趣的但它并不突出，看起来云量没有实际多，所以我们看看能否通过提高云层的对比度改善场景。

图 8.115　没被校正的图像，提高云层对比度将给画面增添更多戏剧性

开始创建这个效果，我们要在 Luma（亮度）曲线的上半部分增加一对控制点（图 8.116）。第一个控制点将锁定不需影响的暗一点的区域，而右边的第二个控制点，影响对应云层高光的最顶端，让云层高光更明亮。当我们提高云层高光的同时，需要确保云层的高光不会出现裁切或失去宝贵的表面细节。

现在，我们在之前的两个控制点之间添加第三个控制点，将这个控制点往下拉，让对应的云层阴影变暗，进一步扩大云层对比度增强边缘细节，营造场景最有气氛的一刻。这个调整的技巧并不是过度增加云层的对比度，否则云层会看起来不自然。

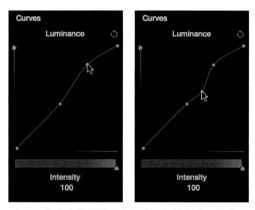

图 8.116　左图，在亮度曲线的上半部分添加控制点，提高云层的高光。
右图，添加第三个控制点，控制云层的阴影

调整结果正是我们想要的，更戏剧性的云层如图 8.117 所示。

图 8.117　校正后的图像，带有增强过的喜剧化的云层；草坪的高光区域也被曲线调整影响了

　　不幸的是，目前的调整也影响了前景草坪最亮的区域，这看起来很奇怪。我们可以减少校正幅度，或者我们可以使用一个遮罩或 Power Curve（自定义曲线蒙版）将我们的校正限制在图像的上半部分，解决我们的问题同时又能保持云的对比度（图 8.118）。

图 8.118　使用达芬奇 Resolve 的 Power Curve（自定义曲线蒙版），限制亮度曲线的影响范围

非常顺利地解决了问题，现在戏剧性的云层效果是无缝并且完整的（图 8.119）。

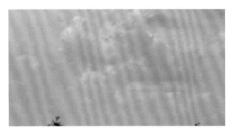

图 8.119　调整后的图像，校正仅作用于云层

仔细看看效果，图 8.120 显示了云层增强前后的细节对比。

图 8.120　云层增强之前（左图）和之后（右图）

如果在你所用的调色软件中没有亮度曲线，你可以尝试使用 HSL 选色隔离天空的云彩，然后用类似的方法调整 Gamma，拉伸云层的对比度。

理想的植物颜色

> 必须特别注意植物的颜色，尤其同一场景的自然外景拍摄的镜头和搭建的外景拍摄镜头交切时，植物会具备多种不同色相，从黄色绿色到非常蓝绿色。如果天然的植物颜色在舞台上没有忠实地重现出来，这个差异将会扰乱观众。
>
> ——SMPTE，专业动态影像中的色彩元素

植物颜色是三个记忆颜色的最后一个，在电影和视频图像中植物是观众都会敏感的另一个共同点。大多数植物的外观颜色来自叶绿素，叶绿素生成植物细胞并给植物提供能量，还有重要的光合作用。

叶绿素吸收紫蓝色最强烈，吸收橘红色光程度稍小，由此形成出我们本能就能即刻识别的绿色色调。我与 Margaret Hurkman（玛格丽特·赫克曼）博士（不是名字的巧合——她就是原作者的母亲）交流过，她是 Ball Floraplant（美国保尔花卉植物公司）的观赏植物培育人员，对于各品种的叶子而言，叶色素会影响人对植物的偏好，植物培育者会根据叶子的颜色选择哪些是分发给温室卖给消费者，哪些用于绿化环境，哪些则将被丢弃。

叶绿素在明亮的阳光下分解，因此它必须由植物再生。不同的植物产生不同程度的叶绿素，所以树叶的饱和度和色相会因植物品种不同而变化，尽管大部分的不同是很微妙的。

除了叶绿素，还有植物包含的其他两种色素。

- 胡萝卜素吸收蓝绿色和蓝色的光，反映出黄色。胡萝卜素比叶绿素更稳定，所以在叶绿素减少的病态叶子中，胡萝卜素依然保留相同的水平。

- 花青素在细胞液中溶解吸收蓝色和绿色的光，反映出红色。无论是一棵树还是绿色植物，花青素对土壤的 PH 值很敏感。酸性土壤产生红色色素，同时基土产生紫色色素。

尽管有其他色素的存在，但最健康的植物（草、树叶、灌木林）颜色是深邃的、丰富的绿色（图 8.121）。

图 8.121 春天健康的绿叶与樱花树盛开的粉红色花朵

叶子的色相也随其年龄而异——年轻的叶子往往发黄，但只是暂时的。一旦叶子完全长成，它就不改变颜色（除非是它们在一个满是灰尘、无雨的环境中）直到它们在秋天枯死。在图 8.122，你可以看到从同一棵植物的叶子变化，它们从黄绿色的嫩叶成长到蓝绿色的老叶。

图 8.122 很容易看出嫩叶和老叶的差别，嫩叶发黄而长成的叶子是深绿色的

基于普遍的、销售植物的商业目标，以下是赫克曼博士对判断长得不错的绿植的贴士。

- 暗绿色的叶子一般比较好，有更健康的外观。
- 长成的叶子呈现出黄色通常是有对应疾病的样子（可能是因为叶绿素减退或病毒和真菌感染）。
- 尽量减少叶子上斑斓的色彩（黄色条纹），这是首选。你可以使用色相 vs 色相曲线，如果有必要，尽量减少这种花斑的叶子（虽然斑叶在英国花园非常珍贵）。
- 对于开花植物，叶子和花朵的色彩和亮度如果对比度高是首选，绿色也能衬托花朵。
- 叶面的反光（光泽）被认为是有吸引力的特性之一。

在记忆的颜色和喜好的部分，研究表明，我们记得的植物是黄绿色多于蓝色绿色，但是我们更喜好倾向于蓝绿色多于黄绿色。这似乎表明，我们对绿色范围的接受程度很宽泛，但大多数人的喜好与植物培育者的选择相吻合，避免黄绿色色调。图 8.123 的绿叶采样，显示不同类型的叶子对应的绿色色调范围。

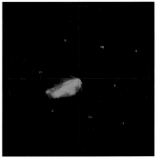

图 8.123　叶子的采样范围，样本来自各个场景的绿叶。矢量示波器分析每个
绿叶波形，显示出调色后的色相与饱和度的平均值范围

以我自己与客户一起工作的经验来说，我认为颜色更深（丰富）的绿色比更亮、更鲜艳的绿色更具说服力。较亮的绿色很快会像霓虹灯，除非马上降低其饱和度，在这种情况下，你会开始失去树叶的色彩对比。当然，这一切都是相对的，具体情况要看你要将场景变成什么类型，但如果你想要生动的绿色植物的感觉，颜色较深的叶子一般比浅色的好。

尽管之前讨论到黄色植物并不受欢迎，但是叶子薄到足以半透明，并且叶子的高光在黄金小时的场景中要相应地变黄（图 8.124）。

图 8.124　"黄金小时"和日落的光感为绿色植物的高光增加了黄色色调

在这些情况下，不仅仅是叶子发黄，整个场景都受到日落光照的影响，所以很明显，金色是光照的原因而不是植物受到病毒感染的原因。

调整植物的绿色

所以来看看下面不同的调整方法，可以帮助我们对场景中自然的绿色植物快速地做出选择性调整。

使用色相曲线调整植物

用色相曲线能完美地调整绿色植物。一般情况下，绿叶会有很多细节，任何一点风都会让这些小细节动起来，高频率的运动细节对于用 HSL 选色是一场噩梦——所有的运动都会导致蒙版边缘出现噪点或抖动。

然而，由于大多数场景内的绿色植物通常与其他元素的色相能很好地分开（除非你在校正火星人），你能用平滑的色相曲线进行调整，而且不会影响镜头内的其他元素。

图 8.125，一级校色提升了对比度，给镜头加暖了，现在从视觉上看，高饱和度和金黄的绿色叶子有点往前景靠。客户发现它会分散观众对场景中三个演员的注意力，要求我们把它降下来。

图 8.125　一级校色后，树叶非常鲜艳，可能会有点转移引观众的注意力。
使用两个简单的色相曲线，在调整树叶的同时不影响演员

所示的两个色相曲线调整如下。

- 使用色相 vs 色相曲线，用一对控制点很容易就能隔离光谱上的绿色部分，然后使用第三个控制点更改树叶的颜色，将树叶的黄色向蓝色偏。这里不应该做过多的调整，否则树叶会开始看起来奇怪；黄色－蓝色只是在矢量示波器上逆时针旋转几度。
- 另外三个在色相 vs 饱和度曲线上的控制点用于降低绿色部分的饱和度，相对于前景人物来削弱绿色。

最后的结果，绿叶颜色更深，减少了视觉干扰，场景依然保留了一级校色的暖色，而且不偏黄（尽管该男子的 Polo 衬衫黄色最多）。

一般情况下，我发现大多数对应绿叶的色相曲线调整，只需围绕绿色开始的位置顺时针或逆时针移动很少的几个百分点即可。更大幅度的移动会让树叶颜色马上变得怪异。

使用 HSL 选色调整植物

在一些其他情况下，比起色相曲线使用 HSL 选色来调整绿色植物可能会是更好的解决方案。一方面，一些色彩校正软件完全没有色相曲线。另一方面，你需要校正的绿色，只是整个画面自然分布的绿色范围中的一小部分。

后一种情况，HSL 选色可能会比色相曲线多更多选项，但如果 HSL 结合使用一个遮罩或 Power Window 就（可能）会更简单，省略不需要的绿色键控。

在任何情况下请记住，叶子的叶面上有很多嘈杂的细节。如果你的调整很微妙，其中差异可能不明显，以下的示例将涵盖几个不同的键控方式，其中一些可能会较为有利，具体取决于实际工作中的图像。

1. 图 8.126，你想改变常春藤的颜色但不更改其他绿色植物。基于这个出发点，我们可以结合使用 HSL 选色和遮罩或 Power Window，快速限制草地和灌木丛的键控范围。先应用一级校色，拉伸对比度和减轻中间调，重新平衡中间调，把中间调推向蓝色或青色，以加强建筑物的石头颜色，给图像增加一些冷色调。二级调色加在天空上，让天更接近蓝色而不是青色。这些调整过后，建筑物侧面的常春藤显得过于发黄，不过现在草地和灌木丛的深绿色是不错的。
2. 接下来，我们要增加一个校正，使用 HSL 选色键控常春藤。鉴于图像中绿色和所有其他色相之间的色彩对比，你有两个制作键控的方法可以选用：
- 使用吸管或拾色器，将色相、饱和度和亮度限定工具都开启，三个限定工具都使用，如图 8.127 所示，制作一个非常有针对性的键控。
- 或者，可以关闭饱和度和亮度限定工具，只单独使用色相限定工具，尝试更快速地捕捉更多绿色。键控结果可能是噪点更多一些，但如果有必要，这种方式有时可以更轻松地创建高密度蒙版，如图 8.128 所示。
3. 设定好选色范围后，由于我们不满意的只是常春藤的颜色，不是所有的绿色，所以使用自定义形状遮罩或 Power Window 保护草地和灌木丛（图 8.129）。

图 8.126　在此图像中你只想调整常春藤的颜色，保持其他绿色植物的颜色不变

 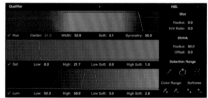

图 8.127　使用全部三个 HSL 限定工具调整常春藤的颜色

 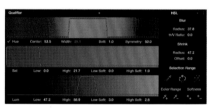

图 8.128　对同样的校正，只启用色相限定工具操作

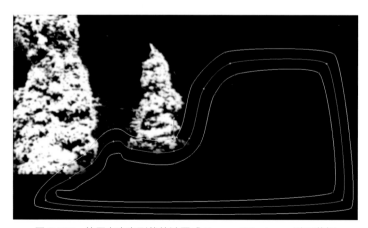

图 8.129　使用自定义形状的遮罩或 Power Window，避开草坪

4. 现在常春藤被隔离，适当调整 Gamma 让常春藤的颜色远离黄色，让它们更倾向于轻微的蓝绿色，调整结果如图 8.130 所示。

图 8.130　最后调整，对依附在外墙上的常春藤进行调色

可在图 8.131 看到更多调整前和调整后的细节对比。

图 8.131　常春藤的细节，调整前（左图）和调整后更多绿色（右图）

正如你可以看到，叶子里不同的绿色虽然细微但调整空间很大，通过调整不同的绿色可以增强或削弱场景的吸引力。图像中的绿色可以很容易地使用色相曲线或 HSL 选色解决，只需根据实际情况选择适合的工具。接下来，我们来看看另一组情况完全不同的植物。

秋天的颜色

到了秋天，树木为即将到来的冬天而落叶。树枝和树叶之间形成隔膜，停止生产叶绿素。由于叶绿素减少，花青素和胡萝卜素就会呈现出来，这就是为什么树叶在掉落之前颜色发生改变（图 8.132）。

图 8.132　秋天的色彩来源于植物的落叶机制，花青素和胡萝卜素

当说到秋天的颜色时，会出现以下三个常见的问题。

- 手头素材中秋天的颜色在屏幕上不够鲜艳。这个问题使用常规的色彩校正技术相对容易解决。
- 把带有秋天颜色的镜头，插入已经剪辑好的发生在夏季或春季的场景中。这是一个困难的校正，要取决于有多少颜色需要被削弱，具体要完美衔接到什么程度。
- 把带有绿叶的镜头，插入已经剪辑好的发生在秋季的场景中。这是最困难的情况，因为它涉及将生动饱满的颜色放到影片中，而且这些颜色在之前的场景中从来没有出现过。这最有可能需要用合成软件，像 Adobe After Effects 或 The Foundry 的 Nuke 才能创建令人信服的效果。

幸运的是，我们还有二级调色这个好朋友，虽然在实际工作中还是有些限制（没有合成软件那样大的自由度），但也能完成一些工作。

增强秋天的颜色

下面的示例演示其中一种调整方法，能选择性地带出图像的颜色，这看起来有点像色彩增强。图 8.133 的画面是在初秋拍摄的，图像看起来貌似没有带出太多树叶的颜色。

素材图像源数据（RED 的 R3D 源素材）比眼睛所看到的颜色要多，所以我们可以结合使用饱和度工具和色相 vs 饱和度曲线增强它的饱和度。

如果我们只是单纯地把饱和度提高，我们能看见场景中远处树丛的所有颜色，包括树丛的秋叶，颜色非常灿烂，但这样一来，绿色的饱和度就会过高。

方法是先调整整体饱和度，提高到我们认为树丛颜色开始出现，然后添加第二个校正，再使用色相 vs 饱和度曲线，有选择性地增加红色和黄色，同时降低绿色饱和度以保持场景中树荫的低饱和度水平。

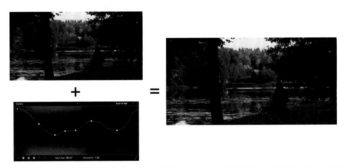

图 8.133　这是初秋拍摄的镜头，叶子带有一点秋天的颜色。结合色相 vs 饱和度
曲线工具，给远处的树丛带出更多秋天的色彩

调色后，远处的树丛和湖面的反射增加了漂亮的红色和黄色，并适当地削弱草坪的绿色。

饱和度工具和色相 vs 饱和度曲线的组合，对于图像中看起来颜色过渡柔和的色彩范围（或组合）很好用。

记住，如果你增强的秋天颜色已经非常明显了，那你需要留意画面的红色信号，红色是最有可能影响广播安全的颜色之一。当你增加饱和度时，观看高光和暗部的红色水平以确保红色没有超标。

隐藏秋天的颜色

如果你需要隐藏秋天的颜色，并把这个镜头或场景匹配到郁郁葱葱的电影上，那你需要实际地考虑，用简单的色彩校正可以做到什么程度。你有各种不同的色彩平衡和调整反差的工具，但大多数调色软件并不在数字绘画环境中，如果客户想要一个完全无缝的效果，可能需要把该镜头或场景发到视效艺术家手上才能更好的处理。

但是，如果他们只需要快速修复，只是有策略地抑制画面中秋天的感觉，而不是全部消除秋天的颜色，那么你就可以大致创建出令人信服的效果，至少不会被一般观众轻易察觉。

此示例演示如何使用 HSL 选色有选择性地键控，选出红色、黄色和紫色，重新平衡蒙版内的这些颜色，以匹配场景中能找到绿色的树叶。在可能的情况下需要相当激进（多个键控或键控色相范围广）的键控，尽可能隔离落叶，所以这个方法最适用于没有很多人的画面。

如果场景中有人走动，你可能需要用自定义遮罩或 Power Curve 保护他们，避免演员受到颜色影响。

图 8.134 展示了所有秋天中存在的颜色问题，你需要隐藏颜色包括鲜艳的红色、黄色和紫色，它们占据了很宽的色相范围，还要留意草坪和道路上覆盖的树叶，这些全部都是你可能或不可能解决的问题。

图 8.134　一个有红叶的镜头，画面中有好几处颜色问题需要校正

1. 第一步，我肯定你已经猜到要做什么操作，就是通过增加一个颜色校正和使用 HSL 选色，键控最亮的枝叶，隔离有问题的颜色。

使用色相 vs 色相曲线把树叶变绿色也是可以的，但这是个颜色转变非常大，而且你可能为了画面更真实也会去调整饱和度和对比度，所以 HSL 选色可能是你最好的选择。

> **贴士**　在某些情况下，你也可以尝试只用 HSL 选色中的色相限定工具（虽然这种键控的范围不太明显），隔离图像的红色和黄色区域。

你可以选择只用一个限定工具键控所有树叶，或者你可以使用多个颜色校正（节点）分别选择不同的颜色范围：选红色用一个，选黄色用另一个，第三个选紫色。现在，因为在画面中没有什么别的其他颜色，我们将使用一个单独的限定工具，因为黄色、红色、紫色占据了连续的色调范围（图 8.135）。

图 8.135　使用单个限定工具对叶子做键控

2. 键控创建后就可以将颜色往绿色方向调整。我喜欢使用 Gain 和 Gamma 色彩平衡控制，将它们往绿色推；这会令重新平衡后的颜色相对于其原始颜色值有些许偏移。它还保留了一点变化，我觉得这会比将键控内所有颜色都变成相同的绿色更切合实际。

3. 另一个很好的调整是降低 Gamma 的反差，加深绿色以匹配场景中其他绿色的树木（图 8.136）。

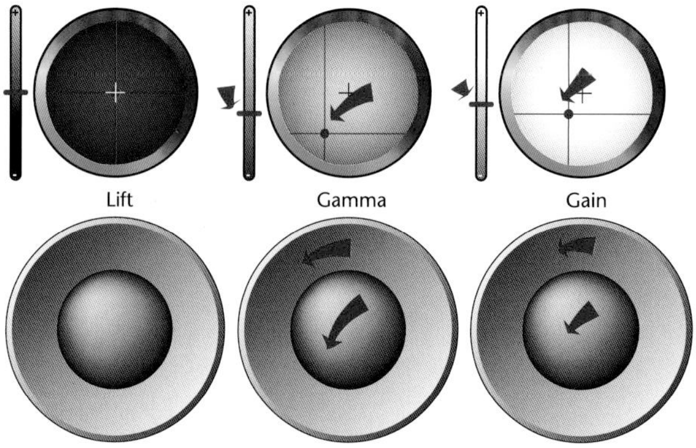

图 8.136 降低 Gamma，压暗绿色

然而在这个操作后叶子变绿了，但因为调整幅度过大，产生了过于鲜活的绿色，难以令人信服（图 8.137）。

图 8.137 调整后的绿色过于鲜活

4. 最后一个步骤是为了减少之前调整的饱和度，也许试验性地轻微推动色彩平衡（调色台的轨迹球），看看到底是黄绿色还是蓝绿色，哪个更适合作为最后的颜色组合。

矢量示波器是一个很棒的工具，它协助你做出这些调整。图 8.138 矢量示波器，显示调整饱和度前的波形（左图），如果你完全在蒙版内去饱和度，那矢量示波器只分析场景中原有的绿色（中间图）。诀窍是使用你的色彩平衡工具和饱和度工具，同时参考矢量示波器并移动蒙版中的波形角度和距离，匹配原有绿色波形的位置。

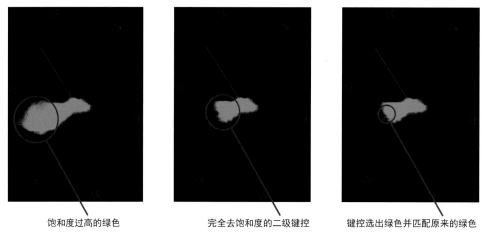

饱和度过高的绿色　　　完全去饱和度的二级键控　　　键控选出绿色并匹配原来的绿色

图 8.138 分析三个矢量示波器：左图，键控中的绿色调整饱和度过高；中图，素材原本的绿色波形；右图，饱和度调整后的波形。在矢量示波器中，良好匹配后的绿色波形会和原来的绿色落在的相同水平

你最终调整的结果（如图 8.139 所示）应该是统一指向绿色的一团波形，这样你调整的绿色就能匹配原始图像中的绿色，如图 8.139 矢量示波器所示。

图 8.139　完成调色后的图像

最终的结果并不完美——有些叶子仍突出来，颜色与草坪不一样，天空中的叶片有点紫边。不过调色很快就做好了。这个调整可能不够完美，但足以骗过普通观众，减少客户再去找特效合成师的麻烦。

第 9 章

镜头匹配和场景色彩平衡

在调色过程中，最消耗调色师时间的任务就是镜头匹配和场景色彩平衡，即匹配一个场景中所有镜头的色彩和对比度以及视觉质量，让它们看起来像发生在同一时间、同一地点。两个镜头之间的颜色，如果一个镜头稍微亮一些，另一个却有点暗，这样会突出它们之间的剪辑点，令剪辑看上去很不顺。此外，最可怕的是这种错误会持续出现，而你肯定不想看到这样的结果。

小心谨慎的摄影师所拍摄的画面会更易于镜头匹配，他们通过平衡每个镜头的布光角度及其曝光，尽可能在拍摄时处理好正反打镜头，匹配主镜头的布光。然而，即使最完美的布光也会受外界影响。比如在拍摄期间有一小片云遮挡了太阳。此外，如果你拿到的是匆忙抢拍的镜头，或者是使用自然光拍摄的镜头，那么在这个场景中你就要做大量的平衡工作。

预算充足的故事片和商业广告，往往最容易完成镜头匹配和场景的色彩平衡。因为他们的时间和预算都花在精细的布光还有周详的拍摄计划上，包括镜头的设计和布光角度的覆盖范围。

与其相反的是纪录片和纪实类的电视节目，调色的需求最多，由于这类影片的低预算和紧张的时间表，造成拍摄时只能使用自然光。一个场景通常会结合各式各样的地点和不同时间段拍摄的镜头。

胶片配光（Color Timing）

当我们谈论这个问题时，让我们远离一直在讨论的数字色彩校正方法，看看传统的胶片调色方式。在纯粹的光化学过程中，这种场景到场景的色彩校正是胶片配光的主要工作。胶片配光这个术语是由化学胶片的显影演化而来的，即胶片待在显影池的时间长短决定了图像的曝光。不过，这一进程已经使用到光学设备上。

> **注意** 以前的系统保留色彩调整的方式是在已套对的负片边缘上留下小切口，印片机可以检测到边缘的这些切口。这就是 notching 的起源，指的是将影片分解为组成镜头。

胶片配光师（Color timers）通常是艺术家或技术人员，他们在胶片实验室工作：套对负片、进行色彩校正、并对中间底片进行调色，还创建所有电影院的发行拷贝。顺便说一句，胶片配光师一定是与光化学过程相关的，如果采用数字化工作，那你就不是一个胶片配光师。

胶片配光涉及混合的模拟或数字或光学系统，其中最突出的是 Hazeltine，这是在 20 世纪 60 年代发布的（以其电路的发明者名字命名，艾伦·哈泽泰（Alan Hazeltine）[1]）。用于创建调整的实际设备叫作色彩分析仪（color analyzer），以及较新的型号如图 9.1 所示，在像 Film Systems International（FSI，胶片系统国际）之类的公司可以用到。作为胶转磁的前身，彩色分析仪本质上是一个视频系统，可以在改变胶片影像的色彩和曝光的同时进行预览和调整。

分析仪控件（Analyzer controls）由三个旋转拨盘组成，分别控制红色、绿色和蓝色的单独曝光。第四个拨盘控制密度（density）或图像对比度。传统上，对每个镜头的调整被存储在一英寸穿孔纸带上[2]，记录"帧计数提示（FCC，frame count cue）"和每个调整相应的颜色设置。较新的分析仪，如图 9.2 所示，添加这种现代设施作为自动数字校准（使用柯达 LAD 图表完成），"键码读取器（keycode readers）"可以记录电影胶片类型，保存预设，使用软驱和硬盘上存储的数据，帧存储和自动色彩分析。

1　（路易斯）艾伦·哈泽泰，（Louis）Alan Hazeltine（1886 — 1964），美国电机工程师和物理学家。20 世纪 20 年代初期，他发明中和式接收电路，把当时干扰所有无线电收音机的噪声中和掉，从而使无线电商业化成为可能。

2　穿孔纸带也叫指令带，是早期计算机的输入系统。也用于数控装置作为控制介质。穿孔纸带上必须用规定的代码，以规定的格式排列，并代表规定的信息。而数控装置（digital controller），习惯称为数控系统，是数控机床的中枢，在普通数控机床中一般由输入装置、存储器、控制器、运算器和输出装置组成。

图 9.1　Hazeltine 200 H 胶片分析仪

图 9.2　Filmlab Systems International Colormaster 的颜色分析仪的控制面板

每个拨盘控制的离散增量称为光点（也称为光号或 c-light）。一个光号是几分之一个的 "f-stop（档位）"（在这里一倍的光的多少被用来衡量和调整曝光）。不同系统使用不同的分数，每个光号可以是从 1/7 到 1/12 的 f-stop，根据分析仪的配置方式不同而不同。大多数系统对每个颜色分量和密度使用光号的范围是 50，在 25 时每个控件都是中性的。

色彩调整是通过使用穿孔纸带或配光会议得出的数据来控制接触式印片机，其中负片和媒体是被夹在一起印片的，使用药膜对药膜晒印法，从而能 1：1 复制帧尺寸。接触式印片机通过一系列光学滤镜过滤到复制品的光线（所使用的滤镜组合通过色彩分析仪进行的调整来确定），处理完后投影到银幕上来评估色彩调整，进行印前校对。

通常情况下，在印制代表影片最终效果的校正拷贝之前，改善配光是需要一些额外的步骤进行更改的。附注一下，当创建一个校正拷贝时，胶片洗印实验室会要你指定印片时的白平衡是 3200K 还是 5400K。3200K 适合较小型的钨丝光源投影机，而 5400K 是在大的场地使用氙灯光源投影所必需的。

为了保存和保护已套对的负片，会在第一次印片时创建一份复制的中间正片。这份中间正片使用的是和校正拷贝一样的配光数据，从而可以创建一份或多份中间负片来制作到电影院的发行拷贝。由于中间负片的配光是已经 "烧入" 的，他们很容易用湿或干印片机印制，如图 9.3 所示。因为它们是复制品，所以以损耗失效就不是问题（反复印片后它们最终会失效）——如果需要的话可以创建新的复制品。

图 9.3　用于配光负片以创建色彩校正拷贝的湿或干印片机

注意　在《理解数字电影（Understanding Digital Cinema）》（由查尔斯·斯沃茨（Charles S. Swartz）[1]编著，焦点出版社（Focal Press）2004 年出版）一书的第二章中，里昂·斯沃曼（Leon Silverman）[2]进行了很好的概述。

值得记住的是，在这个系统中，色彩的高光、中间调和暗部没有单独的控制。也没有二级调色，没有遮罩蒙版（Vignettes 或 Power windows），也没有图像处理滤镜或曲线。这些控件都跨越了为视频开发的、从模拟到数字色彩校正系统，并已被纳入当前为数字视频使用的色彩校正程序，数字中间片和数字电影工作流程。

1　查尔斯·斯沃茨（Charles S. Swartz）（1939 - 2007），美国电影制片人，导演，研究员和学者。
2　里昂·斯沃曼（Leon Silverman），数字影像工作流程专家，是好莱坞后期联盟发起人之一，现任华特迪士尼影业数字服务部总经理。

这令人清醒地认识到，在使用拍摄很好的素材工作时，前文中提到的四个控件就足够用来对整部电影进行色彩平衡和调色。有本事的配光师几十年都是这么干的，直到今天这些系统仍然在使用。因此，我们经常建议初级调色师限制自己在某些项目中只使用一级色彩校正。你会对一级校正的功效感到惊讶，而不是将遇到的每一个问题都诉诸二级校正，一级校正会让你工作得更快，在进一步调整之前，一级校正就能完成很多调整。

此外，许多资深摄影师喜欢简单的色彩分析或印片值系（printer points system）是因为它与曝光的光学方法直接相关，这是他们的饭碗，而且它简单又普遍。印片值系统基本上是摄影师与负责将最终图像输出给观众的洗印实验室沟通工作的通用语言。这也和现在我们使用的各种调色软件的各种工具相去甚远。此外，摄影指导（DoPs），他们的任务是在拍摄现场通过控制光影来严格控制图像，对于调色师自行通过二级色彩校正来进行戏剧性的修改，摄影指导通常是不赞成的。

由于这些原因，大多数色彩校正软件实际上已经应用了一整套方便你使用的印片值控制。如果你在一位DoP 监督下工作，她要求"红色值加二（也可以通俗表达为红通道加二条线）"，这时，知道这些控件在哪里以及它们如何工作会对你有所帮助。

数字印片值和 LOG 控制

正如在第 3 章和第 4 章所讨论的，许多现代调色软件提供了一组 Log 模式的控制以效仿色彩分析仪的红色、绿色、蓝色和密度的控制。

- 色彩平衡控制的 Offset 分别对应于红、绿、蓝控制，可以提升或降低每个色彩分量。
- Exposure 或 Master Offset 对应于密度，可以提升或降低整个信号。

更纯粹来说，大多数色彩校正软件也有数字式的印片值界面，由加号和减号按钮（或单个旋钮）来控制红色、蓝色和绿色，有时还有额外的密度控制。

由于各家实验室的不同设备，这些控件通常是定制的，以考虑到印片值对应的不同分数变化的定义。如果你使用印片值控制，要记得查阅用于定制特定控制的公式文档，并咨询洗印实验室，以确保你正在做的调整能对应他们所使用的设备。

与客户在一起工作的策略

在直接进入镜头匹配和平衡场景之前，重要的是要弄清楚你要如何安排与客户工作的时间。

如果你在调时长较短的项目，例如 30 秒的广告、音乐录影带（MV）、短片或短纪录片，整个项目可能只有一个下午或一天的制作时间，这种情况下，你可以直接与项目监制一起工作直至完成影片调色。然而，如果你在调时长较长的项目，如长故事片，你需要考虑与你的客户要一起工作多久，他们需要参与多少时间。

与监制一起工作

就个人而言，我喜欢在整个项目的调色过程中让尽可能多的客户参与。如果我对任何镜头有问题，我可以简单地转身并向摄影指导或导演提问他们想要的效果，而不是尽力去猜测客户意图之后再被推翻，沟通比猜测有效得多。

对于电影项目的调色，如果他们想坐我旁边连续 5 至 10 天，我会很高兴他们一直都在。然而，根据具体项目，你可能会与导演、电影摄影师或制片人一起或分开工作。他们可能没有监督整个过程的时间。

> **注意** 如果你在做商业广告、宣传片或企业形象片，可能会有代理商和公司代表参与调色过程，那房间就会更拥挤，潜在的争论会更多。

与监制一起调整样本（参考）镜头

另一个常见的工作方式是：如果你的客户时间紧张，最好安排时间较短的监督会议，在此期间，你会专注于影片中一到两个有代表性的镜头进行调色。当我以这种方式工作时，我会尝试先挑选场景中最具代表性的镜头进行调色（主要镜头或角度最突出的镜头）。

使用这种方式，你可以专注于你和客户一起工作的时间，一起为每个场景确定基调（通常是调色过程中最有意思的一部分）。落实场景基调后，他们可以离开去做别的事，在没有监督的情况下你继续调色，将每个场景中的剩余部分匹配到之前做好的调色。

> **贴士**　在这种调整样本（参考）镜头的工作流程中，调色师戴维·赫西[1]（Dave Hussey，他是 Company 3 的资深调色师）有一个很好的贴士：当你对每个场景的一或两个片段调色时，可以把它们保存到 still 库里面。然后，依次显示每个 still，把这一场景的镜头都设定成这个 still 的颜色，再播放整个场景。这对你接下来的工作有很大帮助，可以用来制定调整计划，并且可以让客户看到项目是如何被塑造的。

漫长的第一天

以我的经验，很多项目的第一天通常过得最慢，因为这一天我都在学习客户的审美。这一天我也要弄清楚如何将客户的要求转化为可操作的调色——这个任务不小，因为每个人对色彩和图像处理的表述方式都不同。

在正常情况下，放慢第一天的工作进度是明智之举，因为永远不要急着在客户面前、在最原始的画面上设定整个影片的调性。而第一天最好是用于建立你与客户之间的信任，让你自己明白导演、制片人或摄影指导（Dop）想要什么影像风格。

我的目标是在第一天的下午，自己先对几个新的镜头做一些调整，尽量做得漂亮，让客户没太多意见可提。

不要忘了落实审片日程表

专业的调色师知道，彩色校正是一个迭代反复的过程。正如剪辑师不可能只剪辑一次就能完成镜头之间的衔接，没有修改是不可能的。同样，虽然色彩校正会议的目标应该是尽可能提高工作效率，尽可能有效地落实每个场景的色调，而客户经常会很迷糊地做决定，在第二天早上他们会推翻之前自己定下的夸张的调色。此外，那些前一天带给你很多麻烦的场景，通常是第二天早上在几分钟内就能找出症结所在。

出于这个原因，考虑到一定次数的日常修改，建立一个审片日程表是个好主意。事实上，调色师鲍勃·斯莱葛（Bob Sliga）[2]曾经告诉我，他喜欢分开两步来调整：一是做快速的色彩平衡，然后在第二遍做更细致的精修工作。

此外，一旦个别场景要分开调色（因为有时会分成几卷或几本），如果你能与客户一起观看整个影片这是最明智的，看看客户是否有任何问题或想要继续修改。

最后，在定调会议结束时，我会鼓励客户在不同的场地播放他们的影片，如果可能的话，在不同的电视和不同电影院的数字放映机（投影）播放，确保在几个不同的收看过程中没有任何问题。如果这个项目会在电影节上放映，这也有助于客户将不同荧屏的色彩效果记录下来，做到心中有数。

当然这会很危险，如果影片在一个校准得极其糟糕的设备上播放，会导致客户写下了很多实际上并不存在的问题。这就是为什么我建议在多个设备上播放的原因。一旦客户在其中一个播放场地发现问题，而另一个场地却没有这个问题，他们可以专注于在多个场地都出现的常见问题，我会建议他们把问题写下来，并在最后一次审片时解决，在影片播出或销售前将画面做到最好。[3]

如何开始平衡场景的颜色

在开始场景镜头之间的匹配之前，要有规律地调整并考虑调色策略。如果不够小心，你会围着这个场景的所有镜头打转，因为你把匹配的目标镜头从本来固定的一个切换到另一个，然后你可能改变想法，在第三

1　戴维·赫西（Dave Hussey）高级调色师，美国著名调色公司 Company 3 的创始成员之一，主要负责广告和音乐 MV 调色，作品包括有艾克尔·杰克逊的《Black or White》，Lady Gaga 的《Bad Romance》等巨星的著名 MV。

2　鲍勃·斯莱葛（Bob Sliga），美国的资深调色师，从事胶片和数字调光调色 30 多年。

3　在国内普遍极其糟糕的放映环境下，问题可能更大，请读者们自行分辨和决定。

个镜头上重新开始工作，并最终导致三种完全不同的色调。

在开始平衡场景前，通过播放场景挑选你认为最能代表该场景的镜头。调整这个有代表性的镜头并确定它的风格（千万不要在这个镜头上纠缠过多的时间，以免人眼的适应性干扰你做出错误的更改），然后将其作为与其他镜头的基础比对目标，作为基础图像的参考，并匹配整个场景的镜头。

关于选择代表性镜头的原则：当你观察一个场景时，记住，主镜头往往情况很好，因为这个镜头通常把所有出现在该场景的演员都囊括在内，提供了场景周围环境的信息。然而，有时候双人特写镜头或故意的近镜特写，可能也是一个不错的起点。这一切都取决于镜头使用的角度。

选择一个具有代表性的镜头的原因是：在深入挖掘（调色）场景中的其他镜头之前，你要利用它来定义场景的基本风格。一旦落实了基本的色彩平衡，曝光值和反差比例，你可以使用该（代表性）镜头作为单一的参考，评估场景中的其他镜头，如图 9.4 所示。

选择此镜头作为主镜头

图 9.4　选出一个主镜头用来比较场景中的所有其他镜头，这样场景匹配会更容易

选择一个单独的镜头是关键。理想情况下，你可以把想要实现的调整都放在这个镜头上进行，调整并锁定[1]这个镜头，然后开始调整时间线上的其他镜头，把它们和第一个调整过的镜头做对比，把它们调整成看起来一样。

如果匹配镜头时不是与固定的同一个参考静帧做比对，相反，如果当前画面的比对参考一直是前一个画面，那你可以结束这个"打电话"的游戏，调整结果会导致场景中每个镜头的色彩平衡和对比度都会微妙地偏移。如果每对匹配的镜头做得不够好，场景中最后一个镜头将会和第一个镜头大相径庭。

> **注意**　实际上你需要将两到三个镜头放在一起播放给客户看，让客户满意场景的色调，这是很好的做法。最重要是要保证最终调好的每个镜头都和主镜头看上去一样即可。

要清楚自己想要调整什么。例如，你可能想回避场景平衡，特别是在场景中第一个镜头非常戏剧性，与最后一个镜头不能完美匹配的情况下。然而，典型的场景会更容易匹配，从组织的立场来看，要均匀地平衡整个场景。

有时你需要将差异分开

理想情况下，你可以随便选择场景中任一镜头作为你的主镜头，并对其进行一系列的调整直到该镜头调整完美。然而，如果组成这个场景的镜头是一堆大杂烩，有曝光良好或不好的镜头，那你可能要拆分开这些不同的镜头：要分辨该场景中最佳镜头的理想调整，并考虑在最差镜头上做最好的调整，评估两组调整结果之间的局限性。所以，这种场景匹配不尽如人意的地方在于，场景的流畅性和一致性往往比颜色漂亮更重要。

这个原则有一个很好的例子：外景拍摄车内的场景。这通常需要覆盖多个角度，由于照明条件不同，每个角度的灯光都潜在巨大差异，比如太阳位置的移动，建筑物或公路立交桥的阴影移动位置而导致光照不同。这些有潜在照明变化的镜头，可能会被任意剪辑在一起以配合场景叙事，并根据故事需要进行组合形成最终影片。正如调色师乔·欧文斯（Joe Owens）[2] 所说："剪辑服务于故事，它由别人创造出来。"[3]祝你好运。

1　指不再修改。
2　乔·欧文斯（Joe Owens）加拿大著名调色师，创立并管理网站：http://www.prestodigital.ca/。
3　也指出调色师没有选择。

组织你的调整

请记住，在完成场景平衡后你可以用额外的校正来发挥创意，风格化画面。如果每个镜头之间都已经做好均匀的匹配，下一步就是风格化调色。

大多数调色软件允许调色师将多个调整应用到一个镜头上，有效地将几种不同的调整分层综合在一起，创造最终调色。鉴于色彩校正这种复合的可能性，下面介绍两个组织调整的一般方法，每个方法各有优缺点。

一次过做完色彩平衡与风格化

如果正在创建的调色是相当自然和（或）相对简单的话，你可以选择把平衡场景和风格调整整合在一个校正中。

这种方法通常最快并完全适合于任何项目，特别是你对场景的大多数镜头没有做太多校正，只需做一级调整的情况下尤其适用。

然而，这种"单一调整"的方法，（可能）会让之后（新增的）调色版本更具一点挑战性，尤其是场景平衡和创建风格在同一个校正（层或节点）上，在这种情况下，突出的风格改变将要求你重新平衡场景。例如，如果最初创建了高对比度的画面风格——压低阴影和推高高光——而客户之后想回到对比度较低的版本，那通常要对整个场景的所有镜头修改初始调色。

在另一方面，如果你熟悉客户和项目的特点，预计后续的修改并不大，这种方法（单一调整）就不是什么大问题。只要客户不要求推翻之前调好的图像数据，就可以再添加调整，把新增的校正附加到场景内的每一个镜头。

先做色彩平衡，再做风格化调整

如果你所做的项目有更长的制作周期，而且会频繁并持续地多次审片不断修订，那以下这个方法比较适用。

我们的想法是分开两步调整。在第一遍严格地完成校正，实现良好的、中性的、有利于之后工作的色彩平衡。在此阶段中，最好避免过于极端的反差或色彩调整，因为这将限制后面的调整。这个步骤的目的是确保场景中的所有镜头看起来都不错，而且互相匹配。

做完第一步，你要第二遍继续调整场景，用一套完全独立的校正来创建风格化的效果。理想情况下，你可以创建一套"风格"调整，然后应用到整个场景。因为之前场景已经平衡好了，这些调整可以同等地应用于每一个镜头，对吧？

遗憾的是，可能某些镜头中一些独特的元素并不适合直接套用风格化调整。例如，相同场景，一件黄色衬衫明显地出现在其中一个角度，但其余四个角度并没有出现，那这个黄衬衫镜头就要特殊处理，以适应之前的"柔和的冷色调风格"。此外，如果使用遮罩或 Power Windows 来做风格化调整，那么你可能需要针对每个镜头来重新调整遮罩参数，以适应每一个镜头。记得反复检查，留意你的风格化调整是否需要对场景中的某个镜头进行定制调整。

虽然这种方法需要多一点时间，若场景需要不断修订，起码你还能保留原来的校正成果。例如，如果客户本来要求天空是饱和度高，带有温暖的橙色，后来却要求天空变蓝色，饱和度降低，在之前的基础上你可以很容易地重做风格化调色，无须重做场景平衡调整。如果客户然后要求提高高光，天空要青色的，并压低暗部做冷色调的夜晚处理或任何其他的变化，你可以高效地做出这些调整而且无须重新修改基础的校色。

如何从一个镜头匹配到另一个镜头

现在我们已经介绍过不同的场景平衡方式，现在进入匹配镜头的实际操作。

事实上，调色师最需要培养的是高效匹配镜头的技能，首要的是通过评估图像来分辨两个镜头之间的差异，并通过实际操作来反复学习。当你学会发现两个镜头之间的差异时，那么实际的调整会变得相当简单。

有各种不同的工具可以帮助匹配两个镜头。三种最常用的镜头对比方法如下。

- 先观察目标镜头，再观察参考镜头。
- 使用分屏功能同时比较两个图像。
- 比较两个镜头的波形。

接下来，让我们深入介绍每个方法。

从视觉上比较镜头

我发现我最常用的比较镜头的方法通常也是最简单的方法。有时我只是来回地切换镜头，比对当前镜头与之前的镜头，从一个剪辑点到下一个剪辑点。

又或者直接点击镜头或在时间线上搓擦浏览，如果需要比对的镜头不是相邻的，我会直接挑选目标镜头，挑选地切换镜头。这听起来有点凑合，但我不想总是抓一个静帧只是为了看两个镜头的匹配程度，尤其如果它们是彼此相邻的镜头。

需要平衡的两个镜头如果是相邻的话，我也很喜欢连着一起播放，看看匹配是否流畅。如果是非常棘手的匹配，我也可能会限制回放，把这对相邻镜头的前后镜头函括在内并启用循环播放，在多次循环播放的同时思考两个镜头之间的问题，看看有什么不妥的地方。

用静帧图库比较镜头

另一种特别有用的方法是，利用调色后的主镜头来评估场景中的每个镜头，在不同的调色软件中，主镜头调色后通常被存储在 Still store，Image gallery，Storyboard，Memories 或 Reference image 中，不同的软件有不同的机制，这样，我就能与项目中的所有镜头进行比对[1]。每一个现代的调色软件，会提供"Still store（静帧存储）"或"Gallery（静帧图库）"，这是镜头匹配的必备工具。

抓取一个参考静帧，通常就只是一个按钮的操作。大多数应用程序不限制存储数量，允许你将静帧存储到文件夹中，它们通常使用缩略图或海报画面显示在软件中（你也可以对它们进行文本排序）。许多应用程序只能每个项目存储一组静帧，但一些调色软件允许你在任何项目中都能存储或导出单个静帧图像，这样对一系列的工作或多卷项目很有用。

> **注意** 通常，软件界面会有静帧图库的操作窗口，方便你直观地浏览每个静帧的缩略图。宽泰的 Neo 调色台，会在小的 OLED 上显示当前调用的参考图像，对应控制该图像的导航和调用。

通常来说，双击"Gallery（静帧图库）"的缩略图即可加载静帧（图 9.5），或使用调色台上的按钮来浏览静帧（通常是一对标记了"previous/next（上一个或下一个）"的按钮）。

加载静帧后，可使用调色台按钮或键盘命令来切换静帧的打开或关闭状态。

图 9.5 达芬奇 Resolve 的"Gallery（静帧图库）"。每个缩略图既是参考静帧也能保存该镜头的调色参数

---

1 作者介绍了不同调色软件的静帧图库，因为考虑到读者使用不同软件，所以作者都一一列出。Still store，Image gallery，Storyboard，Memories 或 Reference image 对应的是静帧存储库、图库、故事版、记忆库、参考图像。

FilmLight Baselight（通过其"Gallery（静帧图库）"界面）和宽泰 Pablo（通过"Storyboard（故事板）"）采取不同的方法来保存参考图像。它们不是储存单个静帧，它们储存整个镜头的参考。这意味着任何时间你都可以更改（切换）参考图像到另一个相同的画面，无须抓取另一个静帧。

> **注意** Autodesk Lustre 采用相反的方法。在 Lustre 中，你可以在保存调色参数的"Grade bin（调色文件夹）"中调用参考静帧。功能是相同的，只是以不同的方式来观察。

某些系统，包括达芬奇 Resolve，FilmLight Baselight 以及宽泰 Pablo，这些静帧除了参考以外还能存储调色参数。在比对镜头时，可以拷贝和粘贴静帧里的调色参数，你可以直接使用它（或单独拷贝粘贴）作为起点再进一步修改，以创建匹配。

切换开启或关闭全画幅尺寸的参考静帧

如果把分屏滑动的参考静帧尺寸设置改成 100% 全画幅，你可以在关闭或打开之间切换全画幅的参考静帧，与时间线上的另一个镜头做比较。

全画幅切换的目的（不是用分屏方式），是超越人眼适应性的限制。你会发现，如果长时间观看同一个图像，你的眼睛会适应该图像的整体色温，你基本上"看不出差别"。这些人眼特性使评估图像变得困难，也增加了匹配镜头的难度。

在两个图像之间快速来回切换，能防止人眼"再次平衡"某个图像的微妙色偏。这往往用于整个画幅之间切换，调色师看一眼即可察觉出两个镜头之间的基本差异。

人眼适应性在起作用

人眼对色彩的适应性会对调色过程构成麻烦，如果你不相信请尝试以下实验。加载一个相对中性的场景，将高光往橙色推，让场景变暖。把高光的橙色推到你认为"颜色很暖但不严重"就停下来的程度。现在你坐在那里，长时间观看这个画面。循环播放片段，甚至可以将这个温暖的颜色应用到同一场景的其余镜头，观看这个场景几分钟，然后写下调色记录，记住你对这个场景的暖色程度的判断。

现在，离开座椅并走出你的调色间。到外面去晒晒太阳或喝杯茶。随后回到工作间，坐下来再看看你之前一直在调整的图像。我猜在你休息之后，你的色彩平衡印象可能会和之前写下的调色印象有所不同。带着"新的"眼睛，你不会被早些时候的眼睛适应性所蒙骗。

适应性是不争的事实，这也是一些调色软件设有"White spot（白点定位）"功能的原因之一。软件能自动校准中性的白色区域，这样你就可以"刷新"调色师的眼睛。另外，一些调色师会在显示设备上打开一个白色的静止图像，在工作过程中被人眼适应性误导时，他们可以看一眼这个白色的图来帮助自己判断。

使用分屏对比

来回切换当前镜头和参考图像是一个很好的比对方式，然而，在同一个屏幕同时观看两个画面的相同对象也是很有用的。例如，如果需要匹配女演员的肤色，两个镜头之间相同人物的肤色匹配很棘手，你通常可以用分割画面进行比对。

分屏控制可以让你移动并划分参考静帧与当前镜头之间区域。通过调整分屏比例，调色师可以将每个镜头的共同元素（演员的皮肤，海滩上的沙子，天空的蓝色）各分割一半，方便直观地比对和调整这些元素，直接将当前画面（图 9.6，右侧）匹配参考静帧画面（图 9.6，左侧）。

通常情况下分屏显示会带有不同的控制参数，用于切换分割屏幕的方式（水平或垂直）或改变分屏滑动的方向（上下或左右），还能对任意一边的图像重新构图，取决于调色师需要看到多少画面内容（图 9.7）。

此外，某些调色软件有更特别的分屏比较机制，如达芬奇 Resolve 能在静帧库中抽出某个节点并应用到当前播放游标所在的镜头上，然后再做对比。

图 9.6　使用分屏方式对比参考静帧（图的左侧）与当前画面（图的右侧），并排比较两个图像

图 9.7　Adobe SpeedGrade 的分屏设置，调色师可以自定义参数

使用多个播放游标

　　一些调色软件还能在时间线上添加多个播放游标（Playheads）（图 9.8）。这种比较方式通常会提供多种观看模式，比如，调色师能来回切换每个播放游标所在的画面，或者分屏显示不同播放游标所对应的画面与当前游标的画面做比对。这个做法的好处是调色师可以拖拉或播放多个播放游标及其对应的画面，参考静帧的比对不仅限于单个画面。

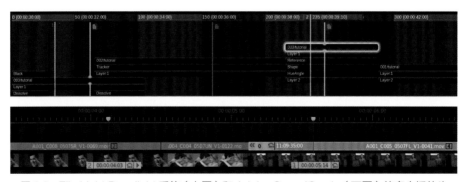

图 9.8　FilmLight Baselight 系统（上图）和 Adobe SpeedGrade（下图）的多个播放头

　　通常，调色软件会提供一个额外的选项用于支持多个播放游标同时显示多个全画幅画面（画面对应游标所在位置的），可以以两个画面的方式显示或以网格方式显示。

　　用播放头的效果和分屏分割画面类似，实际上是同时比较两个或多个完整的图像。有些调色软件支持通过视频输出发送到广播监视器来显示多个画面，但有一些软件只在电脑显示器的 UI 界面支持多画面显示。

不同的调色软件支持不同数目的播放游标。为了便于比较，Autodesk Lustre 允许调色师使用两个播放游标，Adobe SpeedGrade 可以使用两个或三个，而 FilmLight Baselight 系统允许在同一条时间线上使用的播放游标多达 9 个。通常情况下，如果要观察所有（播放游标上的）镜头同时播放的状态，可以把播放游标捆绑在一起进行同步播放。请参阅你所用软件的说明书，了解更多可用选项的信息。

多画面视图模式

另一种比较镜头的方法，Autodesk Lustre 可以让调色师在"Storyboard mode（故事板模式）"选择显示多达 16 个画面，方便使用多布局的视图来评估时间线及镜头的调色结果。对于多镜头同时观看，达芬奇 Resolve 也有独特的分屏设置，它带有多种观看选项，如图 9.9 所示。

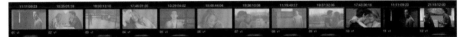

图 9.9　使用达芬奇 Resolve 的分屏功能 Split screen，使用显示选定片段的模式，
在浏览窗口用全屏网格显示所有选定的镜头

这个功能不需要管理时间线上的播放游标，你只需选择一组镜头来设置比较即可。

故事板模式

Lustre 也有一个时间线故事板模式，它有一套强大的方法，能根据不同的标准选择和查找镜头并给镜头排序。它会显示为临时重组的时间线，只显示调色师想使用的镜头。

宽泰 Pablo 也有一个故事板模式，但它更多用于调色管理而不是用于观看。调色师可以把选中的镜头组合在一起，或项目中每个镜头第一帧，可以保存用于以后调用。使用故事板模式，用户可以加载一个参考图像，将其翻转或分屏观看，或者用它来复制调色效果，粘贴到当前调整的镜头上。

达芬奇 Resolve 的光箱（LightBox）视图，可以显示时间线上所有片段的缩略图，缩略图的大小可变（图 9.10）。

这些缩略图同样可以用于镜头成组、拷贝调色参数或在光箱（Lightbox）视图中直接在对应片段的缩略图上调色，调色效果直接输出到监视器。你可以对时间线和光箱（Lightbox）视图设置不同的筛选选项，根据不同的条件显示对应的片段。

你在寻找什么

当你开始对比两个要匹配的镜头时，要找出它们之间的区别。本节将一步步介绍并实践这个过程，让这种观察本能成为你的第二天性。如同每一门手艺一样，需要实践打磨无数次才能做到这一点。当然，无数电影的旅程都是由第一个镜头开始……

首先，我们只用肉眼来观察和比较镜头。虽然视频示波器是特别有用的精确匹配工具，但我们前面已经讨论过，视觉上的匹配比数字上的匹配更重要，所以，肉眼匹配是一项基本技能，要训练自己能在监视器上评估两幅图像并匹配它们。

图 9.10　达芬奇 Resolve 的光箱（Lightbox）视图，显示时间线中所有片段的缩略图

比较反差

一个好的镜头匹配的起点是比较每个镜头的反差比例。如前所述，一个镜头的反差比例将影响以后如何开展色彩平衡调整，所以，首先进行必要的对比度调整是理想的步骤。

首先让黑位和白位排列整齐。在参考图像和匹配镜头之间来回对比，观看图像最暗和最亮区域的相似程度。这些比较将决定你是否要对暗部或高光的对比度做出调整。

观察每个图像的中间调，比较每个图像的平均亮度。这种比较能判断是否有必要调整中间调的对比度。图 9.11 显示同一场景拍摄的两个镜头，左边是调色后的参考镜头，右边是未调色的镜头。

图 9.11　同一个场景，调过色的左侧镜头与右侧未调色的镜头。图像的黑位和平均的中间调都需要匹配

通过观察图像，我们可以很清楚地看到未调色镜头的黑位比调色后的镜头高，我们从女演员夹克的阴影部分得出这个结论。此外，第二个镜头看起来比第一个亮很多。因为这两个图像的天空很亮，这告诉我们未调色镜头的中间调比较高。基于这些比较，下一步可以开始调整暗部和中间调的对比度，平衡这两个镜头。

比较色彩平衡

完成合理的反差匹配之后，紧接着就是比较颜色。如果说反差的比对是简单呆板的，那色彩的比较就是棘手复杂的，因为我们需要把感知错觉考虑进去。幸运的是"如果它看起来像匹配好的，那么它就已经匹配了"的标准就是工作要求，所以在某个特定的点，要学会放手并相信自己的眼睛。

在参考图像与要匹配的镜头之间来回反复地播放。尝试调整整体画面的色彩平衡而不是集中在某个特定的元素上。当你观察图像的同时，看看是否能发现其中颜色最不同的区域。颜色变化最多的部分到底是在图像的最亮高光，还是在中间调？这些思路将指导你做出相应的色彩平衡调整。

这里有个不错的提示，大多数色温的变化是灯光的差异造成的，所以，很有可能对高光的调整频率会较高，其次是一些中间调调整，通常对暗部的调整并不多（除非是由于摄影机的原始设置造成了每个镜头的暗部阴影不平衡）。在另一方面，如果一个镜头给你带来很多麻烦而你又找不出原因，那你要检查暗部的色彩平衡。（暗部）细微的不平衡会导致中间调呈现奇怪的偏色，很难调整好。

图 9.12，左图是调过色的参考镜头，而右图是同一场景拍摄的镜头。

图 9.12　左图镜头已调色，它是右图镜头的参考画面，右图是同一个场景的反打镜头，没有调色

两个镜头之间的差异是微妙的，通过比较两个镜头之间整体的光感，不难看出，未调色的镜头比参考画面更暖一些（更多橙色）。特别观察人脸的高光，你可以用这个高光与参考画面的脸部高光做对比，更能凸显出未调色镜头更偏暖。

这个镜头也是个很好的例子，说明画面中的主导色彩影响人对场景色温的感知。例如，穿橙色衬衫的男演员绝对会让场景变得更暖，同样，背景的干草地也是会让镜头变暖的元素。然而在这种情况下，让整个场景的色温变冷可以更好地匹配镜头。将高光往蓝色（或青色）方向推就可以完成。如果高光调整会导致很假的蓝白色，那将中间调往蓝色（或青色）调可能比调整高光更合适。

比较饱和度

其实饱和度是色彩分量的一个特征，我在这里单独提及饱和度，这是因为学会如何独立评估饱和度很重要。这是由于当你在尝试找出自己该做哪些操作、该调什么时，色彩平衡和饱和度的强度容易混淆。

我们要提防这种情况：图像的色彩平衡是正确的但饱和度不够。大家很容易会直接调整色彩平衡来创建匹配，但实际上，色彩平衡其实可能会导致饱和度提升。最终会导致图像出现不匹配的色彩偏移（尽管偏色可能很微妙）。有时，忽略（或隐藏）色彩平衡调整，只对整体图像增加饱和度就能得到正确的结果。图 9.13 的一组图像反映出这一原则。

图 9.13　两个镜头的色彩平衡和对比度匹配得不错，但饱和度没有匹配好

图 9.13，右图的饱和度比左图低。这个差别并不是很明显，但如果你仔细观察男演员制服上红色的边和男演员的皮肤，就察觉到右图的颜色要比第一个暗得多。另一个需要比较的元素是绿色，右图中零散的绿色草地与左图背景上焦点以外的树。虽然很微妙但很重要，对整体图像饱和度的调整能相对容易地解决这个问题。

用矢量示波器寻找和判断饱和度的差异其实是很简单的事，这里我想指出的是学习用肉眼在视觉上分辨细微的差异，这样能提高工作效率，你要知道什么时候该观察示波器来分析图像。

检查异常情况

如果对整个镜头匹配感到满意，最后要多看一眼。要考虑有没有任何一个突出或干扰的元素？有时，一个异常生动的元素（饱和的红色、黄色和品红色的物体往往会造成这个问题）出现在其中一个角度，而在另一个角度却没有，这是一个很好的例子。当你面对这种情况，要问问自己（或客户）是应该突出该对象还是要使用一个单独的校正处理这个对象，以确保它不会分散观众的注意力？通常情况下这是需要首先解决的问题，这时可以用二级调色来解决问题。

调整，进行对比，重复

根据对比度和色彩平衡工具的交互关系，镜头匹配也是一个迭代过程。不要害怕来回调整对比度和颜色，因为每次的改变都会对另一个镜头产生微妙的影响。只有确保工作速度快、效率高，才能避免进入死循环，不让你的眼睛适应你自己的调整。

此外，知道何时停止调整是很重要的。这是因为人眼的适应性，在一堆镜头上耗时过长会导致你完全失去客观性，你会发现你对它们的调整越来越难，最后不知道自己到底在做什么。如果你在一个镜头上花费超过几分钟的时间，会开始感到沮丧，建议你往前继续工作，前进到另一个镜头。

我也有一个"第二天规则"。如果某个场景一直在给我添麻烦，我会把它放在一边，继续往前工作，先处理下一个新的场景。我会在第二天早上第一时间观察这个问题镜头。很多时候，我会马上发现问题是什么，最终在一两分钟内解决它。

不要认为你可以一次性完美地解决所有镜头。通常情况下，在完成这组镜头前，最好在一个场景内多次反复，并停留在不同的镜头上。这是调色复审会议非常重要的另一个原因。这是一个很好的时机，你可以通览每个场景，并对在之前忽略了的地方进行最后微调。

使用视频示波器比对镜头

我们已经讨论过如何用肉眼来判断镜头的差异，现在我们看看如何使用视频波形来判断。感性的匹配也是有潜在风险的，有很多情况你很难通过肉眼直观地看出来，你需要用示波器才能分析和查出两个镜头之间的问题。另外，如果你需要进行精确的调整，比如匹配产品的颜色或采访的背景，使用示波器是稳定且可靠的、达到特定目标的最快方法。

用波形监视器做对比

你可能已经猜到，最好用波形监视器，并将它切换到"Low Pass（LP）"模式来匹配对比度，或者使用分量示波器，设置为YRGB显示模式，同时显示亮度通道和红绿蓝通道。利用示波器进行镜头比对是很简单的事情，因为对比黑位和白位就是对比底部和顶部的波形。此外，中间调通常体现为密集群的状态，所以对比波形的中间调高度就能找出中间调的差异。

当使用波形监视器比较图像时，你可以在两个全画幅的画面之间来回切换，观看它们的整体波形。而另一种使用波形监视器对比镜头的方法是分屏显示，波形监视器可以分析分屏模式下的波形信号，并且是分别对应两个画面的波形（图9.14）。

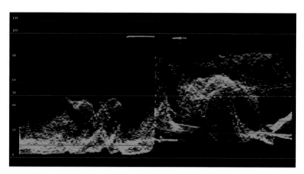

图9.14 在波形监视器上进行分屏对比，分析波形。中间锐利的线条是两个画面之间的分界

这让调色师可以直接比较示波器的每个波形，让暗部、中间调和高光的匹配调整非常容易，根据参考波形对齐底部、顶部和中部，所有的调整都会变得轻松。

用矢量示波器做对比

对比和匹配颜色是不同的情况。对于比对两个镜头的色度分量，矢量示波器是最好的工具。而对比两个图像的最佳方法，通常是在全画幅之间切换并对比所得的波形图。在图9.15中，矢量示波器的波形图，如图9.12所示，冷色调和暖色调镜头并排。

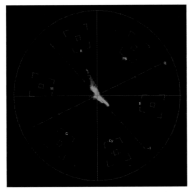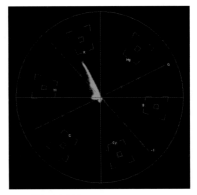

图 9.15　这是图 9.12 的矢量示波

　　在这两个波形图之间切换可以容易地看出，左侧波形图的色彩平衡已经做好了，这是因为波形集中在十字线，同样你会注意到丰富的蓝色对应波形的一端，朝向蓝色靶位伸展。另一方面，右侧的波形图明显偏向黄色（或红色）的靶位，几乎没有看见蓝色波形的存在。如果你之前对于这些镜头的整体色彩平衡的差异有过任何疑问，看完波形图后就毫无疑问了。

　　当你用矢量示波器做镜头匹配时，使用分屏来评估的意义不大，除非你要调整其中一个镜头的色彩平衡控制。使用矢量示波器在分屏的情况下，运动的波形（当前运动镜头）会部分叠加在静止的参考波形上。然而，这可以是一个微妙的评估方法。

　　有些外置视频示波器，可以抓取波形信号的静帧，可以把这个波形图静帧叠加在当前镜头的波形上来帮助分析视频信号（图 9.16）。

　　当使用矢量示波器进行比较，请记住以下几点。

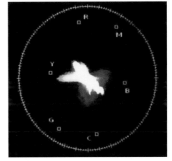

图 9.16　哈里斯（Harris）VTM 系列的视频示波器，它能把另一个镜头的波形图静帧与当前镜头的波形叠加在一起，方便调色师分析波形。在此波形图中，参考波形显示为红色，而当前的波形分析显示为绿色

- 色彩平衡的比较相当容易，可以通过整体图像的波形与矢量示波器中心点之间的偏移来判断（通常是用十字线标识）。已经匹配的镜头，波形通常会在同一个方向偏移，偏移的距离也会接近一致。然而这并不容易看出来。

- 各个元素就色相一致性之间的对比会有点模糊不清，通常以每个矢量波形的偏移角度做参考。例如，一个特定的偏移向红色靶位延伸，而另一个镜头也类似，不过它的波形往红色靶位的左侧偏了一些，这可能是个提示，信号表明某个特定的元素可能并不匹配。

- 比较两个图像的饱和度是所有对比中最简单的一项。由于饱和度在矢量示波器上体现为波形图的总直径，所以你只需要简单地比较两个矢量波形的整体尺寸，就能知道饱和度的调整是否必要。

　　最后，使用 RGB 或 YRGB 分量示波器，让高光和阴影的色彩平衡对比变得相当容易。类似的波形监视器，无论是在全屏或分屏都可以对比差异（图 9.17）。

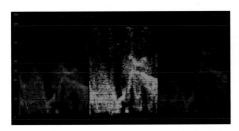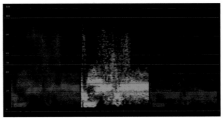

图 9.17　这是图 9.12 的 RGB 分量示波图

当比对 RGB 分量波形时，你要观察红绿蓝波形的顶部、中部和底部彼此是否对齐。如果图像的三个通道都偏移，而理想的匹配结果是，其中一个图像的通道偏移应该是类似于目标图像的通道偏移。

在图 9.17 中，可以看到两组波形从顶部到中间调的明显区别。在左侧的波形中，蓝色通道更高（更强），而在右侧，蓝色通道更低一些（更弱）。

两个镜头要匹配到多接近？

当你在高效工作并希望很好地完成镜头匹配，但有个很好的问题：匹配到什么程度才够好？

虽然，问题的答案是由你（被允许）的工作时间的多少来决定的，你的最终目标是做出有说服力的镜头匹配，在流畅观看影片时确保没有任何一个镜头会单独跳出来即可。

你不需要绝对精确地匹配每个镜头的每个颜色相同的元素，虽然这是理想的目标，不过，以切合实际的方法做场景评估，最终可能会为你腾出更多时间。但是，你必须紧密地匹配每个场景中所有的元素，让它们播放时看起来好像是一致的。

然而，这个建议并不是糟糕的场景平衡的借口。创建一个令人信服的镜头匹配并不是一件小事（工作量其实很大——译者注），它需要高效的实际行动。我的主要观点是，不要让自己沉迷于每一对镜头的每一个细节，做完一个调整后继续增加调整，再添加二级调色匹配每个元素。除非有特定的理由一定要这样做，不然，对小细节过于投入可能会适得其反，它一定会增加工作时间（可能是几天），影响工作进度，而且你对小细节所做的平衡调整可能没有人会注意到。

在本章的开头我们提到了避免出现连续性错误的重要性。避免出现连续性错误是很关键的，但是，大多数观众对微妙的连续性错误的忽略令人惊讶（例如，一个镜头的影子比较长，另一个镜头的影子比较短，观众通常察觉不到这种差异）。

也就是说，对客户的特定需求保持高度敏感性是很重要的。通常会有这种情况，制片人、导演或摄影师对场景内某个特定元素很敏感，但你认为这个元素并不重要，那你就要考虑到这一点，当你再次调整场景时你应该咨询客户的意见。

沿着这些思路，请记住以下几点。

- 养成评估整体图像的习惯。即使是中景镜头，一个女演员在画面的中心，她周围的环境也会对图像产生影响。永远记住，你要调整的是整体画面。
- 摄影机覆盖的角度不同，光线需要变化。例如，一个高对比度的主镜头，其中一个演员是在高光中，他后面是一片阴影，但下个镜头是大特写，直接切到这个在高光中的演员的脸部。当镜头切换的时候，肯定会出现整体曝光的差别，但这个镜头设计是故意的。也就是说，你可能需要压暗这个特写镜头，防止这个镜头切换时过于刺激观众的眼睛。
- 一般情况下，感官上的匹配比实际数值的匹配更重要，需要考虑到我们的眼睛是如何处理由强烈的环境颜色包围的主体。这种情况时常发生：当你用视频示波器精心匹配每个镜头，但你只听到客户说"我不知道，它们看起来还是不太一样……"而且他们抱怨的次数会比你的预期更加频繁。另一个原因，有可能是观看模式的问题，对比两个全幅的整体画面，来回切换会发现不一致的地方，若用分屏推拉的方式观看的话，这种差异可能不会出现。
- 匹配不同演员的肤色特写时，要注意演员的肤色不能过于接近。这听起来可能很容易，但演员的肤色本身是各不相同的，最后完成匹配时，你可能会让每个演员的肤色看起来是一样的（这种画面既不真实又无趣）。为了帮助避免这种情况，在"Still store（静帧库）"或"Gallery（静帧图库）"中储存一系列参考静帧是很有价值的，可以及时调用这些参考，分别对比你当前项目中每个演员的肤色，使每个演员的肤色都保持一致。

高效率的场景平衡技巧是要意识到收益递减的阈值。学会知道何时该继续工作，何时该停止。

何时停止一级校色并进入二级调色

良好的一级校色同样非常重要，如果两个镜头的基底不同，那它们完全不可能用一级校色来调和，你可能需要进行二级调色才能匹配好。例如，如果你平衡一个镜头，这个镜头是在拍摄周期结束三个月后拍摄的，现在这个镜头是白色的朦胧的天空，而场景的其他镜头中天空是明亮的蓝色，匹配镜头的唯一途径是使用二级调色隔离白色的天空，并给天空添加一些颜色。这是一个用现代科技解决问题的好例子，以前出现这种情况只能将错就错或全部重拍。

另一种例外，这也很重要，就是节目里的白色、黑色或灰色背景，你需要对出现过这些颜色的每个镜头进行匹配，或节目中某些特定元素（如衬衫或某种形式的产品）必须精确地在镜头间匹配。在这种情况下，结合使用视频示波器精确地评估画面是至关重要的，这样除了帮助你精确匹配还能证明给客户看你正在进行非常精确的匹配工作。

当颜色匹配不能满足需要时，使用降噪和颗粒

有时你已经将两个图像的对比度和色彩匹配好了，但无论多么仔细你仍然无法完全匹配得很好。很多时候，也可能是视频噪点或胶片颗粒的差别导致的。

有时最好的解决办法可能是使用降噪，尽量减少令观众分散注意力的视频噪点。然而，有些时候，如果某些镜头过于"干净"，你需要为画面增加视频噪点或胶片颗粒来匹配镜头。

在很多情况下，你需要将曝光完美干净的镜头与一个很多噪点的场景做匹配。这个情况经常发生，比如要把晚一些拍摄的镜头插入到原来的场景，或者剪辑师把完全不同的镜头混剪在一起。

你还可以在随后的镜头上找到越来越多视频噪点，因为阳光不断减少，有时被迫要在一个下午 4 点拍摄的原始素材上增加噪点，让它的画面颗粒匹配下午 6 点 30 分拍摄的镜头。

循环利用调色数据

记得要经常重复播放镜头。这是经常出现的情况：你将一个镜头的调色效果应用到项目中相近的镜头上。这个方法将节省你的时间和精力，防止重复的调色工作，白费力气。循环利用调色参数通常在以下情况下最为有效。

- 若场景中每个镜头都仔细拍摄，覆盖多个角度（通常是叙事性的电影制作），那么循环利用调色参数会很有效。如图 9.18 所示，主要镜头有两个（A 镜头），有一个过肩的反打镜头（B 镜头）和一个特写（C 镜头）。只要在覆盖范围内，任何特定角度的灯光都没有改变，你可以自由地拷贝角度 A 的调色到其他所有对应角度 A 的镜头。在下图 5 个镜头中，只需要做三个调色。

A　　　　　　　　B　　　　　　　　C　　　　　　　　A　　　　　　　　C

图 9.18　不同角度的镜头由大写字母表示。相同的 A 镜头共用相同的调色，C 镜头也是。B 镜头需要单独调色

- 如果故事片的拍摄场景都经过精心布光，各个角度的色彩和曝光应该彼此接近。如果是这样的话，你在角度 A 上创建的调色可以作为角度 B 和 C 的调整起点，我喜欢把这个做法称之为"好运气"。如果我很幸运，那么，在其中一个角度的调色就能直接套用到下一个角度，我可以继续往前工作。但是，通常情况是每一个角度都需要单独调整。尽管如此，从一个相对接近的调色开始着手有时可以节省时间——除非这个调色并不如你想象中那么接近。其中诀窍是不要花太多时间调整拷贝过来的调色参数；在某种意义上说，这可能会比从头开始更快。
- 在纪录片方面，他们会使用脸部特写镜头。在一段采访中，你可以将调色参数应用到所有同一对象的脸部特写镜头。当心，某些摄影指导会不断调整摄影机和灯光，我曾经试过在一段采访中对同一位对象进行了七次不同的调色，因为每次的灯光都是不同的（以下是对摄影指导的提示：请不要这么做，除非的确需要故意改变灯光。）
- 还有很多室外拍摄的镜头。所以，存储一些外景镜头的调色参数（静帧）并不是一个坏主意，每当这些镜头在同一位置重新出现，这些之前存储的静帧就能发挥作用。
- 电视商业真人秀更是如此，这些节目通常是创造性地循环利用不同素材（包括外景镜头和剧照等）

进行再创作，（独特视觉效果的）15 分钟项目可以拉伸成 23 分钟。在做这种类型的项目时，我通常会保存很多调色参数供将来使用。这里说的技巧并不是要你过分依赖这些调色静帧，因为（如果你存储过多的静帧）很快你就会发现，想要找到需要用的静帧就像大海捞针一样。在电视节目上工作了几个小时后，你就能分辨出某种类型的镜头可以用上与其对应的参数了。

所以，对比了这些循环利用调色参数的理由后，让我们来看看在不同的调色软件中如何实现。

校正与调色

在这本书中提到的几乎每一个调色系统，都能将多个校正组织成整体的调色。它们遵循这个规律，每个单独的校正相对于图像来说就是一级或二级调整，集合所有单一的调整为图像创建画面的整体外观（或色彩风格）。这种关系表示为以下各种方式。

- FilmLight Baselight 系统的时间线采用一系列的横条，放置在素材下方，表示该镜头应用到的校色（在 Baselight 它们被称为 Strips）。
- Adobe SpeedGrade，校正层与全尺寸的片段一样，直接放置在镜头的上方，但它们提供相同的功能。
- 达芬奇 Resolve 以节点表示每个调整，连接一起以创建整体调色。
- Autodesk Lustre 通过对层编号来组织额外的二级调色，它在被排练在主界面的小键盘上。

请浏览你所用软件的帮助文件，以了解这个流程的工作原理和详细信息。作为参考，以下各节讨论内容笼统地说就是用不同的方法来管理调色参数、存储一个镜头的调色参数或者将其复制到另一个镜头等不同的管理方法，循环利用调色参数。

复制和粘贴

在大多数情况下，将一个镜头的调色参数应用到下一个镜头，最简单的方法就是复制和粘贴。每款调色软件都有一个拷贝调色参数的缓冲区，可以将其粘贴到选中的镜头或时间线上播放游标放置的镜头。

> **贴士** 在达芬奇 Resolve 中，你可以在 Color（调色）界面的时间线上选择缩略图，然后将鼠标移到想要获得对应调色参数的镜头，在这个镜头的缩略图上单击鼠标中键。

此功能通常对应于调色台的一系列按钮，取决于你所用软件的设计，你也可以使用键盘快捷方式。例如，达芬奇 Resolve 具有 "Memories（记忆）" 功能，可以用调色台按钮或键盘快捷方式保存并调用。达芬奇 Resolve 有各种各样不同的管理方法，可以把任意镜头的调色参数拷贝到另一个镜头。

拖曳式的调用方法

有些调色软件提供拖曳方式的复制和粘贴。例如 FilmLight Baselight 系统采用了一系列的横条（称为"clips（片段）"），这些片段与时间轴上的镜头相关联，表示哪些调色参数被应用于镜头之上。如果你用鼠标调色的话，这条 "clips（片段）" 可以拖放至时间线上的其他镜头。

将调色参数保存到 "Bins（文件夹）" 或 "GALLERIES（静帧图库）"

所有专业的调色软件都有各自的调色参数管理机制，把调色参数保存到某种文件夹以备将来使用。它们的名称不同："Bin（文件夹）""Gallery（静帧图库）""Tray（抽屉或文件盒）"，但目的都是为调色参数建立中央存储库，方便将来循环使用。

大部分 "Gallery（静帧图库）" 和 "Bin（文件夹）" 界面都会有直观的管理区域，存储和显示调色参数的缩略图。或者允许用户用文件夹来管理。Autodesk Lustre 的方法更复杂，它提供层级管理，调色师可以根据调用户、场景、项目来自定义管理，或者你自己创建文件夹，总之，取决于调色师的管理方式。

此外，某些调色系统会提供 "快速检索" 界面，用于存储一系列调色参数，可以用调色台的按钮立即调用。这种功能的例子包括以下内容。

- 达芬奇 Resolve 在 "Gallery（调色）界面" 有一组存储库，你可以把调色参数存储在对应的英文字母（A-Z）中，通过快捷键或调色台调用对应的参考静帧。

- FilmLight Baselight 提供"Scratchpad（调色效果暂存库）"，可存储 20 个调色参数（可通过数字小键盘调用）。
- 在 Assimilate Scratch，镜头可以被添加到"Tray（抽屉）"中，它可以用于导航[1]，也能把这些镜头的调色参数应用到时间线上的其他镜头。
- 宽泰 Pablo 允许用户创建并保存"storyboards（故事板）"，无论这个镜头是被选定的还是封装在项目中的。

许多调色软件还允许调色师在其他项目中使用之前保存的调色参数。例如，Adobe SpeedGrade 有一个"Look browser（Look 色彩风格浏览器）"，用于保存和检索调色参数，供以后使用。Assimilate Scratch 允许调色师把任何项目的调色参数都保存到磁盘。达芬奇 Resolve 有一个"PowerGrade"选项页面，无论打开哪个项目，保存在这个页面的调色参数都可以调用。在宽泰 Pablo，你在任何一个项目都能调用"Storyboards（故事板）"。最后，Autodesk Lustre 用"Global grade bin（全局调色参数文件夹）"管理和分享多个用户和项目的调色参数。

调色参数的进阶使用

很多专业调色师会有一套常用的操作和"秘密武器"——调色参数来帮助自己，也方便将来使用。你会发现，在解决常见的画面问题时你自己会经常重复相同的调色手法，如果每次你都要需要添加一个 S 曲线、使用中等尺寸的遮罩，或使用相同的红绿蓝通道的高光衰减曲线，每次都要从头开始重复这些工作是没有意义的。相反，建立一套自己的预设，比如在曲线工具上预设控制点，或者设置一些你自己常用的形状遮罩，在调整时你就能直接应用并自定义调整它们，这样会比从头开始更快速，更轻松。

另一种策略是创建自己的调色参数和效果库。当有客户在身边，客户希望看看"如果这个镜头用 Bleach bypass（漂白）风格会是怎样的？"同样，现在有许多固定的风格类型，如果你手头上有这些预设的效果就可以快速地应用它们，看看客户的反应。如果他们讨厌某个风格，你可以直接删掉，并不会浪费很多时间。关闭效果后，（对于客户的要求或喜好）我们就有一个好的起点，可以进一步自行调整以达到调整目的。

创建成组镜头

另一种策略是出于调色管理的目的，将一系列的镜头链接在一起组织调色。如果你所用的调色软件支持这个方法，你就能实现以下任何操作。

- 在纪录片中，对所有相同对象的采访的脸部特写镜头成组。
- 同场景中特定角度的镜头成组（所有 A 机位将都是一个组，B 机位是另一组，C 机位是另一组）。
- 将项目中所有重复出现的环境镜头成组。

创建镜头组后，在对所有镜头同时调色时，可以自动或手动调整调色参数对组内每个镜头的影响。

镜头分组的一般工作原理是，让调色师选择一系列的镜头（如自动排序，查找操作或手动挑选），并创建某种成组表达关系。以下几种成组的方法，取决于你的调色系统能否实现。

- 达芬奇 Resolve 的"（Groups automatically ripple）成组自动波纹"，更改校正时会影响组内的所有镜头。当修整调色时，你可以改变要修改的实际值，通过百分比方式或数值偏移量的方式，或覆写整个调色。[2]
- FilmLight Baselight 的"（Groups automatically ripple）成组自动波纹"，会更改组内所有其他镜头。当组内镜头的调色参数不同时会被修正，通过增加的 Strips 反映出刚进行的调整，组内镜头本来的调色会被改变。
- 宽泰 Pablo 的片段成组，提供不同的"（Ripple）波纹"选项，可以选择"All（所有的）"调色，也可以选择"Top（叠加）"调色参数，或只是更改"Base（基本）"的调色。波纹模式的选项包括"Trim（修剪）"改变现有的参数，"Add（添加）"是在已调色的基础上继续添加调整，而"Replace（替换）"

1　即方便切换镜头。

2　达芬奇 Resolve 版本 11 的成组调色有新增功能，新加了类似 FilmLight Baselight 的管理方式。

是用新的调色覆写组内的其余镜头。
- 使用 AdobeSpeedGrade 不具有成组工具，它是层级调整的方式。

由于实际操作的差别很大，我建议查阅所用软件的帮助文档，以获取更多成组操作的详细信息。

分别管理风格

许多调色软件提供了多种不同的方式将调色应用于图像，无论调色系统是使用图层、节点、调整层、"Additional scene（附加场景）"或者 Track（时间轴）调色方式，都可以在每个片段上分别添加调色。无论什么方法，一些调色师通常分开两组来管理：首先是每个镜头的色彩平衡，然后另外一组是整个场景的风格调整。

这是非常灵活的专业工作流程，提供了极大的灵活性，特别是如果客户改变了 5 次想法，你依然能很快地做出调整。第一步先是把镜头调至中性状态，然后在平衡好的基础上应用风格化调整，使用分组功能或图层管理机制马上做出调整。客户不喜欢他们在周一要求的深蓝色低调风格？好的，使用单独的一个校正将整个场景调成的浅蓝色，同时保护暗部，我们不需要重新调整每个镜头。图 9.19，演示如何在 Adobe SpeedGrade 中使用调整图层来做相同的步骤。

图 9.19　在 Adobe SpeedGrade 叠加调整图层（命名为"Romantic Fade grade"），
将它覆盖时间线上的四个镜头，这个风格效果就能应用到已被切开的场景

当然，你也会发现这种分两步的方法会比简单地镜头匹配和风格化更费时，它对吝啬的客户来说有点不现实。尤其是，如果客户在定义一个画面风格时他想在漫射的高光增加更多暖色，或在中间调多添加一点蓝色，但是一级校色就能轻松完成这种调整。

事实上，一个中性的调色和一个风格化的调色，其中的区别有点像纪录片，纪录片客户不需要太异域风情的色调（图 9.20）。在这种情况下，尽量保持你的主要调色简单、有效、准确即可。

底线是制作周期。如果你正在处理的项目有良好的预算，而且客户在开始时没时间盯着你工作，你可以利用这段时间提前平衡每个场景。一旦客户参与工作，你可以与他们合作，一起风格化整个场景，并在必要时修改两个或三个版本，让客户买账。记住下面这个方法，当这个镜头看起来已经完美平衡好，当你在做风格化时将整个场景的反差或颜色往相反的方向推进，这个镜头可能去失去平衡，所以即使你已经预调色，你可能仍然需要继续调整那些问题突出的镜头，以保持良好的平衡。

图 9.20　图像的三步调整（顺时针方向）：第一步简单的一级校色，用一个校正就能实现；第二步更风格化，可以用一组二级调色来完成（或者不必用一组）；第三步高度风格化，独立调整风格化，方便以后使用这个风格

　　例如，达芬奇 Resolve 提供"Track grade（时间线调色）"功能[1]，允许一次性将调色应用到时间线上的每个片段。前一种情况是，如果你在做商业广告，你可以先独立平衡时间线上的所有镜头。然后当客户到达时，你可以使用"Track grade"，将风格化的调整叠加到之前的调整上，集中调整风格（图 9.21）。其他调色系统也有类似的功能，使用成组、复合或嵌套片段或调整图层来完成。

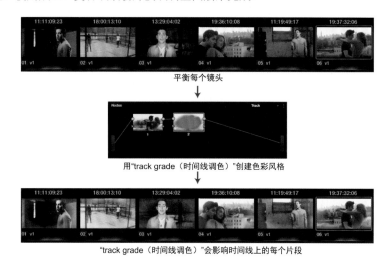

图 9.21　在达芬奇 Resolve 中，先平衡 MV 的每个镜头，然后使用 Track grade，将一个色彩风格调整一次性应用于整个时间线

　　另一个要考虑的是，调色工作流程并不是"非此即彼"，调色是没有固定规则的。如果客户想让影片的主要风格是微妙的暖色，对比度稍微高一点，那你可以干脆在一级调整上做出这个效果，在影片多个场景上直接用一体化的调色（节点或层）去完成。然而，当客户改变主意，他们想让整体画面变冷色调并提高黑位，只要在初级校正时你没切掉或过度压缩有价值的图像细节，在一级调整上叠加新的调色，这是完全可以接受的。如果你过度压缩了黑位，那么你需要返回并更改你的一级调整以适应新的风格，或在一级调整的节点或层上应用一个"Before（之前）"调整[2]。

场景匹配的实例

　　在这最后一节中，我们将看看如何利用这一章的所有概念来完成一个实际例子的场景平衡。要做到这一点，我们来看看劳伦·沃克斯坦（Lauren Wolkstein）[3] 的短片《Cigarette Candy》其中 5 个镜头序列。

1.　首先，选择一个你会优先调整的主镜头，先浏览时间线上的所有镜头，如图 9.22 所示。

图 9.22　未校色的镜头序列

2.　在此序列中，你开始镜头 1 的调色，一个广角镜头画面上有两个演员，海军男演员和金发女演员（图 9.23）。这个镜头的优点是显示了两个主要人物还包含了很多周围的环境。

3.　现在调整这个镜头。这是 RED R3D 转换成 DPX 序列的素材，转码工作人员为了避免裁切，提高了暗部和压低了高光，所以你要做的第一步是拓展对比度并压低暗部到 2% ~ 3% 之上，提亮天空

1　在节点操作区域的右上角。

2　在达芬奇 Resolve 中提供"Add before current node（在当前节点添加串行节点）"操作。

3　劳伦·沃克斯坦（Lauren Wolkstein），美国女导演、剪辑、编剧、制片。

到接近 100%，获得一些暗部密度和高光能量。

图 9.23　未校色的镜头 1

4．摄影指导告诉你，整个场景是发生在下午晚些时候，但降低阴影会令观众看起来更接近于晚上，那么你可以提高中间调，同时调整暗部，让阴影再回到图像最初的位置。

5．在这个过程中，你能找回一些图像颜色，但也需要增加更多的饱和度，以获得更丰富的颜色，像男演员的制服和院子里的树叶。

6．你将为场景添加一些"黄金小时"的暖色，通过将 Hightlight 稍微推向橙色，如图 9.24 所示。

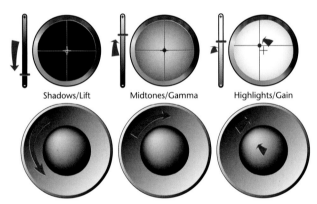

图 9.24　镜头 1 的一级校色操作

调色后这个镜头看上去更有活力（图 9.25）。

图 9.25　调色后的镜头 1

7. 完成这些操作，抓取一个参考静帧，你要用这个静帧来比对它的下一个镜头（图9.26）。

8. 下一个镜头是个相反的角度，过男演员的肩膀，朝向金发女演员。甚至不用参考静帧就能很容易看出这个反打角度更暗一些（图9.27）。

这个镜头这么暗的其中一个原因是它没有天空，所以，不管你做什么，它也不会有之前镜头中那种明亮高光，但是这还不是全部。画面的中间调明显暗，很明显这一幕是在当天晚些时候拍摄的。

图 9.26　镜头1调色后被保存成参考静帧

图 9.27　评估镜头2

9. 匹配对比度，你可以来回切换当前的画面与参考静帧，同时用肉眼和波形监视器来对比，但由于本书是纸质打印的，我们使用直观的分屏方式，并比较这两个图像亮度波形（图9.28）。你可以调整分屏，让海军男演员同时出现在两个图像，一半是没校正的和一半已校正的，这样易于快速创建准确的平衡。

图 9.28　分屏对比镜头1和镜头2，用肉眼和波形监视器来观察对比

10. 看到差别以后，很容易就能看出你应该如何调整对比度：降低暗部，提高中间调，稍微提亮一点高光，让图像和波形都匹配参考静帧（图9.29）。

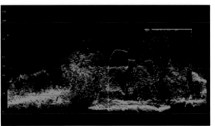

图 9.29　镜头2匹配镜头1的对比度之后的画面。请注意分屏波形是如何变成一整个的连续波形

11. 下一步，比较两个图像的矢量示波器波形。这时你可以设置参考静帧为全画幅，来回切换，同时

在视觉上和矢量示波器上比较两个图像（图 9.30）。

图 9.30　比较矢量波形，镜头 1（上方图）和镜头 2（下方图）

12. 从这个比较中，可以评估出需要增加饱和度才能让未调色镜头的矢量波形匹配参考静帧的波形。

你还可以知道，该把中间调往橙色推多少才能匹配前一个镜头的暖色。通过矢量示波器上的波形对应十字线偏移量就可以判断（图 9.31）。

图 9.31　镜头 2 匹配镜头 1 后的画面

13. 看序列中的下一个镜头，你可以能会注意到它在没被调整的状态下，看起来非常接近第一个镜头。
要看看你的运气是否够好，试着把第一个镜头的调色参数拷贝过来，然后把结果与参考静帧做对比（图 9.32）。

图 9.32　分屏对比镜头 3（左侧）和镜头 1（右侧），可以用肉眼或波形监视器中对比观察

14. 从波形上来判断，它们非常接近但不太完美。你需要提高一点中间调来匹配反差。此外，从视觉上观察两个画面上女演员的毛衣，新镜头的毛衣有点红，把之前（步骤 6）的 Highlight 调整去掉就能匹配好（图 9.33）。

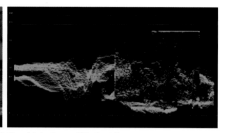

图 9.33　调整镜头 3，匹配镜头 1 的色彩和对比度后的画面

15．在这一点上，观察时间线上的后两个镜头，看看是否有更多的复制粘贴可以做。

时间线中第四个镜头与第一个镜头是同一个角度，所以复制粘贴就可以得到精确的匹配。但不要过于自信了。尽管镜头是相同的角度，外景云朵遮挡或者反光板位置改变等多种因素很容易导致画面差异。幸运的是，在这个场景中不是特例，你可以在图 9.34 中看到。

16．时间线中第五个和最后一个镜头，与第三个镜头是同一角度，事实上它直接延续了同样的镜头（图 9.35）。因此，你可以拷贝第三个镜头的调色参数到第五个镜头上，完成完美的匹配。

图 9.34　将镜头 1 的调色参数拷贝到镜头 4，因为它们是同一个角度拍摄的

图 9.35　镜头 3 的结尾和镜头 5。镜头 5 是镜头 3 的延续，所以你可以使用相同的调色参数，节省时间

这是个很好的例子，这说明了只从缩略图并不能完整地了解整个镜头（或故事）。即使两个镜头的出点侧重于完全不同的对象，但每个镜头的入点都是金发女演员。这就是为什么要在调色工作开始前先播放或拖拉游标观察整个镜头，以确保你要做的调色决定是正确的、是基于整个镜头内容的，而不仅仅只适用于第一帧。

17．现在，你已经调整了序列中的所有镜头，最好从头播放整个序列两三次，观察调色后的镜头是否衔接。图 9.36，对比序列中所有镜头调色前和调色后。

最后一点：对于这个相对中性的平衡工作（即在调色过程中你没压掉或裁切亮度或色度分量），随后要修改色彩风格也会相当简单。

图 9.36 5 个镜头的序列，调色前（上图）与调色后（下图）

注意 在静止时，镜头看起来像完美匹配过了，但播放时会显现出轻微的不一致，所以，播放整个场景始终是很好的步骤。如果你发现任何差异，需要马上继续工作，做出修改。这些细微的调整会帮助项目的最后润色。

镜头 1 和 4 是个很好的例子，有些元素会影响整个场景。现在，已经扩大了反差，饱和度也增加了，焦点人物背后的红色和蓝色的气球有点太分散注意力。由于场景已经平衡好了，在镜头 1 上使用二级调色隔离这些气球，并降低一点它们的饱和度，让它们弱化对海军男演员的影响。做好这步调整后，轻松地复制它并应用到镜头 4，完成调整。

但是，不要简单地认为镜头匹配永远是这么容易的。每当你做出这种全局性的变化，应该多次播放整个场景，以确保你的调整没有在不经意间影响（或放大了）那些不应该吸引注意力的物体。

关于秉承工作时间表的最后一些提示

如果你在做自己的项目，你可以随意控制调色时间。然而，如果你要与客户一起工作，你需要学会时刻注意时间。当然，你可以在一个特定镜头上花一个小时，把这个镜头调得非常漂亮，但是客户可能不会因此而高兴，因为时间越长费用越高。下面是一些友好的贴士。

因为整个调色过程十分有趣，客户很容易会忽略时间的流逝。若让他们（客户）自由发挥，有些人会将所有预算花在影片的第一个场景。我想表达的是，学会高效的调色（手法）很好，但沟通是其中的关键。学习阐述和预测客户的喜好，这样你能直截了当地进入工作状态。还有，婉转地提醒客户工作时间的问题。

习惯在工作中保持一定的节奏。如果你在某个镜头上停滞了，应该把这个镜头记下来并继续往前工作。（之后再返回这个镜头）你会有好运气——相信我。

最后，要谨记，往往在最后一轮的审片也是会有修改的可能。不要着急，只要你仔细观察场景中的前后镜头，你就可以减少这个情况。如果某个镜头很跳，不要害怕重新调整，大胆地修改。

第 10 章

质量控制与广播安全

"广播安全"在本书的多个章节中被多次提及。我们直接使用这个概念的前提是假设大多数视频专业人士对于视频信号标准的重要性已有大概的认识。然而,本章旨在深入探究广播安全的含义,从而使调色师可以将理想的影像更完整地呈现出来,并教会你如何用最恰当的方式处理非标准的影像。

数字 Y'C$_B$C$_R$ 视频信号对信号的过冲和下冲有着明确界定的范围,这部分在正常容限范围内的信号处理是基于模拟视频录制方式的。诚然,人们很容易认为,由于该信号范围是由 BT.709 界定的,所以我们可以使用全范围的码值来实现更宽的对比度。但是,每当调色师对用于广播投放的影片调色时,都必然会受到当前投放网络[1]标准的约束。

对于新手来说,如果被测量的信号的亮度和色度值在参考黑和参考白之间的规定范围内,那么,该视频信号就被认为是广播安全的或者说是广播合法的。数字视频信号可以用通用单位来测量,比如百分比,另外也可以模拟方式显示,即 IRE 或毫伏,也可是以 8 比特或 10 比特数字码值显示(在 10 比特视频的 0 ～ 1023 码值中,通常的广播合法范围是 64 ～ 940)。

如果你没有广播级工作环境的工作经验,估计你不能理解广播合法问题所带来的各种烦恼。这是因为,现在所有的消费级和专业级摄影机都能够录制超白和非常饱和的色彩,而且在制作的各个环节(包括采集、编辑、输出到磁带光盘或者是数字母版文件)也都没有任何关于广播合法的错误提示。而且,在大多数情况下,用现在的消费级蓝光盘、DVD 和磁带记录设备有能力回放此种信号水平(levels)[2]的影像。而且,在正确设置菜单的情况下(这通常是个难题),消费级显示器也能回放此种信号水平的影像[3]。

尽管,在制作生产中对于广播安全标准的执行是如此不靠谱,但是在项目最终交付时保证影片的广播合法仍然是重中之重[4]。如果你忽视广播安全,负责专门投放网络的广播工程团队会很恼火,而且你的项目很有可能在技检环节被退回调整。这绝对是需要规避的风险,特别是在项目的交付期限内,至少你还希望有回头客吧。

即使你的影片项目不是用于广播交付,保持视频的广播安全也可以保证影片的亮度和饱和度在各种显示设备上看起来都比较靠谱。很多显示科技产品在消费领域和专业领域是通用的,包括 LCD,DLP,等离子还有 OLED,它们各自都有不同的菜单选项来让用户选择如何将视频输入信号的上下边界缩放,从而符合当前设备的参考黑和参考白。值得注意的是,鉴于消费类视频设备的能力千差万别,它们的制造商并没有提供关于超标信号处理和回放的任何细节。

如果你要将影片项目归档到模拟磁带格式,例如 Beta SP 磁带,非法值会造成很明显的问题。另外,如果你的亮度和色度信号过"热(高)",你就要面临磁带时码信号受干扰的风险,最坏的情况是视频同步完全丧失,导致乱码信号。

在开始对任何一个投放到广播平台的影片调色之前,一定记得从你要交付项目的广播公司获取技术参数。项目交付之后,广播公司的视频工程师会对你提交的影片进行技术审查,检查影片的视频信号是否有不合广播网标准的地方。

网络技术的要求通常覆盖面颇为广泛,包括但是不限于以下方面。

* 合法来源的媒体格式,包括影片中有多大比例的"低质量"媒体格式是可接受的。
* 被认可的母带格式。
* 被认可的多卷提交方式。

---

1 本章所述的网络并不是指因特网,而是指广播网(也称电视网),特此说明。

2 含超白及高饱和色彩。

3 原作者的潜台词是广播安全不被重视。然而,广播安全需要被重视的一个很重要的因素是:在视频传输的过程中一部分数据位要留给辅助信息和同步,不可能全部显示。

4 通常,调色属于画面质量处理的最终环节,所以请一定保证影片的广播安全。但是在调色环节之后的完成片和编码交付环节依然有一堆技术陷阱等着我们,本书只限于讨论调色环节所以不做赘述,还请各位读者注意。

- 被认可的视频格式，宽高比和信箱模式。
- 被认可的彩条，千周频率，场记信息，时码和倒计时要求。
- 隐藏式字幕和音频要求，包括针对立体声和环绕声道的详细音轨分配。
- 视频信号要求。

甚至磁带标签和带盒都可能有具体要求，没有正确交付影片的制片公司可能会遇到麻烦。虽然这些规矩听起来很苛刻，但规矩和标准的存在能保障你的影片项目可以在紧张的交付时限内顺利地播出。

为了避免你的项目被广播公司退回，最好的办法就是尽可能符合技术要求。

广播安全和 HDR 视频的未来

本章所述的各种广播安全标准的简明摘要，是质量控制和广播安全的最低平均水平和标准。当下，你会被要求坚持遵循这些标准，而新兴显示技术的出现（主要是 OLED 和激光投影仪），特别是高动态范围影像的出现会引起对一些问题的必要性质疑，甚至可能要保留裁切界限外的信号。视频成像权威专家和作者查理斯·波伊顿（Charles Poynton）指出，数字码值从 4 到 1019 的全范围信号（full-range）（如下一节中所述）是完全有可能发布（播出）和显示的（必须选择正确的电视菜单设置），这就是说，未来的视频信号会有更多额外的头部空间，可以保留更多的高光，而不是数字代码值从 64 至 940 的裁切视频。

这并不是指"全范围信号（full-range）可以用于广播，数字码值 1094 将成为新的理想的高光水平"，而是指允许图像的"闪光点（即高光点）"会有一些额外的发挥空间。此外，可用于广播的趾部空间会提供额外的信号用于保持暗部细节，否则暗部细节将被压掉。总的结果，相当于为观看端扩展动态范围，但更重要的是在进行母带制作时不裁切视频信号的头部空间和趾部空间，用波伊顿的话说，"让未来的高动态范围视频广播安全"。

我深信，增加反差和更明亮的高光是我们行业追求的理想目标，更多的高光可以让影片更亮，我本人会欣然接受这些新的广播标准。然而在写这篇文章的时候，我们仍然处于以现有标准来实现广播合法的环境，所以本章的接下来讲解的标准和建议仍然适用。

为最终要做胶片输出的项目调色

当输出图像序列送去印片时，你还需要观察被允许的最小和最大信号界限，好让自己知道在调整反差和色彩时，图像的哪个部分将被切掉。DPX 和柯达 Cineon 图像序列是 RGB 编码的，并且定义了图像用于胶片输出时的最小和最大的两个值。这些值被称为 Dmin（黑点）和 Dmax（白点）。

在胶片打印时，通常这些值设为 96 Dmin 和 685 Dmax（假定是 10 比特图像），除非你的印片设备与众不同。提前检查后期公司或胶片实验室的设备，以确定它们有没有特殊要求这也是至关重要的。查阅有关图像数据合法界限的说明文档，避免意外地切掉了需要的图像信息，节省整理时间和提高图像质量。

调色软件的示波器范围跟 Dmin 和 Dmax 值的对应关系通常是：0% 映射 Dmin 值的 96，100% 映射 Dmax 值的 685，其他图像线性缩放落入 Dmin 和 Dmax 值之间。还是老生常谈——认真阅读所用调色软件的说明文档，了解关于这个问题的更多细节。

视频信号的标准和限制

本章，我们将诊察视频信号超标的各种情况并介绍纠错方法。不同的播出机构有不同的标准，所以，对于特定的影片，建议你提前确认是否有特殊的、针对性的质量标准或特别的传输要求。很多播出机构都需要制作方签订"可交付"协议来规定影片需要怎样交付。这个协议通常包括最终成片的标准和要求等技术信息。

本节指出了需要注意的标准，并介绍了一组行业共识的（和足够保险的）指导方针。

> **注意** 如果你对更多详细信息感兴趣，推荐两个很好的资料：《PBS 技术操作说明书》（www.pbs.org/producers）和《BBC（英国广播公司）全球电视节目传输技术标准（BBC DQ (Delivering Quality) TV Delivery for BBC Worldwide）》（www.bbc.co.uk/guidelines/dq/contents/television.shtml）。

用数字标尺测定 Y'C$_B$C$_R$

虽然大多数示波器和调色工具默认使用百分比、IRE 或者毫伏，但用于支持这类分析的 8 比特、10 比特和 RGB 编码视频系统数量持续增长，因此数字编码标准还是很容易理解的。比如达芬奇 Resolve 的示波器可设置显示数字码值，这样就能直接评估图像的数字信号水平，这对于理解图像数据在软件中是怎样进行内部编码很有价值。

要记住的重点是：Y'C$_B$C$_R$ 编码视频本质上是试图在数字领域内重建一个模拟标准。因此，整个数值范围的每部分要被分配到视频信号的特定部分，这和模拟视频的传统定义是一样的。而 RGB 编码的图像没有这些历史习惯需要保持一致，所以通常可以直接使用有效的全数字数值范围。

每通道 8 比特的 Y'C$_B$C$_R$ 数字编码

8 比特 Y'C$_B$C$_R$ 的视频是怎样编码的？以下是对它的值的描述。

- 8 比特的整体范围是 0 ～ 255（包括 0）。
- 超黑的范围是 1 ～ 15（不使用，除非用于偶然的摄影机噪点）
- 亮度信号范围是 16 ～ 235。
- 超白的范围是 236 ～ 254。
- 对于两个色差通道（Cb 和 Cr），每个色差通道的范围是 16 ～ 240。
- 在 0 和 255 的数据不可用，这些值是留给同步用的。

每通道 10 比特的 Y'C$_B$C$_R$ 数字编码

以下的值描述了 10 比特 Y'C$_B$C$_R$ 的视频是如何编码的。

- 10 比特的整体范围是 0 ～ 1023（包括 0）。
- 超黑的范围是 4 ～ 63（不使用，除非用于偶然的摄影机噪点）
- 0 ～ 3 和 1020 ～ 1023，只限用于同步。
- 亮度信号的范围是 64 ～ 940。
- 超白信号的范围是 941 ～ 1019。
- 对于两个色差通道（Cb 和 Cr），每个色差通道的范围是 64 ～ 960。

每通道 12 比特的 Y'C$_B$C$_R$ 数字编码

同样，以下的值描述了 12 比特 Y'C$_B$C$_R$ 的视频是如何编码的。

- 12 比特的整体范围是 0 ～ 4095（包括 0）。
- 超黑的范围是 16 ～ 255（不使用，除非用于偶然的噪点）
- 0 ～ 16 和 4080 ～ 4095 只限用于同步。
- 亮度信号的范围是 256 ～ 3760。
- 超白信号的范围是 3761 ～ 4079。
- 对于两个色差通道（Cb 和 Cr），每个色差通道的范围是 256 ～ 4079。

RGB 数字编码

8 比特的 RGB 色彩格式可用三种方式编码。

- 全范围，每通道 8 比特的 RGB 将颜色从 0 ～ 255 编码。"白色"对应的 RGB 编码的三个值为：255 － 255 － 255。
- 全范围，每通道 16 比特的 RGB 将颜色从 0 ～ 65535 编码。
- 演播室范围，8 比特 RGB 将颜色从 16 ～ 235 编码（这并不典型，不具代表性）。

> **用于图像处理的其他数字标准**
>
> 使用 12 比特图像数据的数字电影摄像机越来越多。此外，大多数现代的图像处理软件能够实现 32 位浮点运算，这是由小数点后的精度来代表的，也就是某种调色或合成软件的精度。虽然 12 比特数据和 32 比特图像处理流水线在保留图像细节上已经做得很棒了，但这些数据并不像本章描述的那样用于信号分析。
>
> 有趣的是，图像处理程序（例如合成软件）常使用 0 到 1 范围的图像处理值，来表示通过各种参数来控制的整数（8 或 10 比特）图像信号值，其中 0 代表最小值（黑），1 代表最大值（白）。所谓的超白值（如果有的话）是由浮点运算得到的超过 1 的分数值来保存的。

参考白

参考白，是在亮度分量中所允许的最亮的白色，通常在 10 比特视频中对应数字码值 940，一般来讲是 100 个单位，在数字标尺上为 100%，在采用模拟值的示波器上是 100 IRE（或 700 毫伏）。

> **注意** RGB 源素材一般不会存在这个问题，其 8 比特 RGB 最高电平（255，255，255）通常按比例对应于 100%（IRE 或 700 毫伏）的最大视频信号。

你会发现，在为大部分影片调色时，你最常做的修改就是合法化每个镜头的白电平，对大多数摄影机原始素材来说，是通过补偿超白电平来调节。

在评估每个镜头的白电平时，你必须了解参考白（图 10.1，左图）和超白（也称作头部空间）的差异，超白是波形监视器顶部从 101% 到 109% 的区域（图 10.1，右图）。虽然大多数普通的和专业的数码摄像机可以记录超出 100% 的白电平，并且非编软件很乐意保留这些超白电平（前提是它们在素材中存在的话），但是目前在大多数广播节目中，超白并不允许使用。

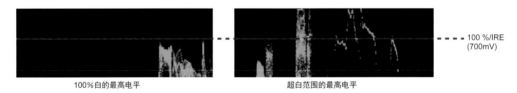

100%白的最高电平　　　　　　超白范围的最高电平

100 %/IRE
(700mV)

图 10.1 两个波器图反映出来的顶部波形信息：100% 的最大白电平（左图）和超白（右图）

参考白最有效的测量方式是将波形监视器设置为低通（LP，LOW PASS），这种常用模式会过滤掉视频信号的色度信号，只显示亮度信号。另外，YRGB 分量示波器也可以提供相同的亮度分析结果。

如果制作母带，你必须限制信号参考白的最大电平，一方面是为了避免违反质量控制标准，另一方面，网络也会裁剪信号的这部分。即使只是创作简单的个人影片并将其上传到网络视频服务器（因特网），你永远无法预测影片播放时的流媒体设备和显示设备是怎样的组合。尽管网络视频、DVD 和蓝光光碟能够容纳超白电平，但你并不能确知每个用户端的设置。

> **注意** 除了网络的默认限制，标准也存在地区差异。2013 PBS 技术操作规范，规定参考白为 100%，而 2011 年的《BBC 全球电视节目传输技术标准》中明确了稍宽松的亮度范围：－1% 到 103%（即－7mV 到 721mV）。

参考白（REFERENCE WHITE）VS 弥散白（DIFFUSE WHITE）

鉴于参考白是图像中允许的最白，那么数字信号中的绝对白电平应该保留给那些额外的高光（这些高光可能对应直接光源或其他自发光体）。正因如此，在调色时并未利用那些允许使用的、靠近上边界的合法范围时（无疑这是一种浪费），弥散白概念的引入就变得颇具价值。弥漫白是在镜头前的反光板的亮度水平，也是光线从云层中经漫反射而得的亮度水平，通常比参考白低 10%。调色时区分弥散白和参考白，可以让你在图像中维持"仅仅是明亮的"和"闪耀的亮斑"这两个部分之间的细节对比。

不要太保守的情况

有趣的是，欧洲广播联盟（EBU）的 R103 － 2000 建议标准（主要用于使用 PAL 制视频标准的广播装置）[1]建议亮度信号范围为－ 1%（IRE 或 6 毫伏）到 103%（IRE 或 735 毫伏）。尽管标尺上限处可以留有额外 3% 的范围用于意外调整量，但是如果你为广播（电视台）用的影片调色，我建议你：千万别养成这个习惯，不要让视频信号达到如此高的上限。

需要保守的情况

另一方面，对于所允许的最大白电平，一些播出端显得更为保守。对你的影片项目做亮度质量控制的工程师可能会是个坚持细节的人，那你就要考虑将参考白保持在比 100% 低 1 到 2 个百分点的位置。这并不是太让人郁闷的折中。所以在这个前提标准下，（当你对影片合法化时）有助于确保亮光点或高光控制在 100% 范围内（因为调色软件的广播安全滤波器并不总是那么完美）。

字幕的不同参考白标准

许多播出端要求：电子生成字幕的亮度峰值不超过 90%（IRE 或 642 毫伏）。这样做的原因后面将会介绍。

参考黑

与参考白相应的参考黑，即信号中允许的最深的黑色。对于所有的数字信号，在 10 比特视频中，参考黑对应于数字码值 64，单位 0 也是通用的，在数字标尺中为 0%，在模拟信号的示波器内为 0 IRE 或毫伏。

数字信号允许的趾部空间是参考黑色以下的黑色区域，在广播中会触发质量违规，也会被裁切。（趾部空间在视频信号中也称为下冲（undershoots）或超黑（blacker-than- black），对应于先前的模拟信号规定。）

不同情况下，参考黑的水平位置应该在哪里？这仍然存在着困惑。而行业先驱者很早之前针对模拟信号公布的标准已不再适用。引用《2013 年 PBS 技术操作规范》来简单描述这个话题，其中该操作规范已有明确说明："在亮度示波器中，黑电平必须设置为 0 V。在任何数字类的提交中都不允许黑色的设置（Black Setup，关于 Setup 请见下文）。"

有趣的是，你和你的客户可能会喜欢过度压缩的黑，但并非所有的广播机构都乐于接受这种风格。再次引述《2013 年的 PBS TOC（技术操作规范）》，"不得出现明显有异议的黑色裁切"。值得重申的是，当使用每通道 8 比特的数字压缩时，过分的黑位压缩很难平衡，结果就是在广播图像的暗部会出现难看的色块。

"Setup（设置）"是什么

在模拟磁带和 Y′P_BP_R 的时代，"Setup（设置）"是值为 7.5 IRE 的、略高于参考黑的黑电平设置，即视频信号所允许的足下空间。然而，这个标准只用于在北美使用的 NTSC 视频，它使用了 Beta 分量标准（如输出到模拟 Beta SP 磁带格式时）并通过模拟 Y′C_BC_R 连接。7.5 IRE 的黑色电平有时也被称作"Pedestal（基座）"。

当通过模拟 Y′C_BC_R 输出 PAL 制（或在北美以外的国家为 NTSC 制），使用 Beta 分量或 SMPTE/N10 分量标准时，参考黑总是 0 IRE（或毫伏）。

今天，只有在模拟磁带录像机上播放存档视频时，这些知识才有意义。当使用模拟磁带机输入（或输出）视频时，通常由视频接口卡的驱动程序控制"Setup（设置）"，而磁带机可能通过硬件开关或菜单设置来做到这一点。然而对于数字视频，"Setup（设置）"的概念不再存在，它应该隐退于历史的垃圾堆之中。

色度水平

设置最小和最大亮度值的指导建议只与黑位和白位相关，而设置合理的色度就更复杂了。

1　European Broadcasting Union（EBU）Recommendation R103 － 2000，即 EBU 建议技术标准文档 R103 － 2000。

数字和模拟分量视频设备能够记录和保留极度饱和的色彩值，可能达到甚至超过 131 IRE。

如果这种情况出现在视频信号中，非编系统将尽量捕捉和保留这些过度"火爆"的颜色值。但如此高的色度值可不是好事，因为它们可能会导致讨厌的人工痕迹，如损失图像细节，或者会在过饱和区域的色彩边界之间"出血（bleeding）"。

当这种浓烈的色度与亮度被编码形成模拟复合信号并用于广播时，将会产生更多的问题。出于所有这些原因，电视广播设备对于可接受的色度饱和度有着严格的要求。

色度可以使用矢量示波器来测量，以及在各种专门的色域示波器中，通过将波形监视器设置为 FLAT（FLT）监测模式。所有这些内容将在本章后面有更详细的描述。

> **注意** 很多硬件上的刻度范围之所以在白之上和黑之下留下了额外 40 个单位的空间，就是为了这种可超过 131 IRE 的能力。

关于色度标准的几点建议

如果你为特定的广播公司提供母带，一定要注意询问他们的特殊规范。如果还有疑问，这里有两点建议。

- **色度峰值**，由暂时（也称为瞬态）高光和色彩峰值限制，不应超过 110%（IRE 或 785 毫伏）。有些广播网可能允许瞬态峰值高达 112%（IRE 或 800 毫伏），但千万不要认为这是理所应当的。
- **平均色度**应限制在 100%（IRE 或 700 毫伏）或以下，这取决于它所在区域的亮度。

不幸的是，过饱和的色度通常非常容易出现（想想你最喜欢的加饱和度操作），所以，当你提高饱和度或对某种颜色的色彩平衡做较大调整时，要格外小心谨慎。

导致非法色度的原因

造成非法色度的原因有三个。

- 信号中，有一部分色度分量超过了建议的最大水平。你可以用矢量示波器专门监看这一指标。
- RGB 或 YRGB 分量示波器对每个解码后的色彩通道的测量值，超过了 100%（IRE 或 700 毫伏）或低于 0%（IRE 或毫伏）。
- 亮度分量（使用波形示波器测量）和色度分量（使用色域或矢量示波器测量）的组合，超过建议的 110%（IRE 或 785 毫伏）最大水平，或是低于 -10%（IRE 或 -71 毫伏）最小水平。波形示波器设置为 FLAT（FLT），分析显示的是亮度和色度的复合信号，这时可以同时分析高光和暗部边界的色度。

这些是引起非法色度的主要原因。然而当评估和调整画面时，你可以预知这些容易引起非法色度的三种情况，如下所示。

- 某些颜色容易过饱和。我发现高能量的红色和蓝色是造成"下冲"（非法饱和度低于 0）的罪魁祸首，同时黄色和深蓝色天生容易造成"过冲"（非法饱和度在 100%（700 毫伏）以上），即使当时图像的其他颜色完全合法，这些情况还是会发生。[1]
- 在图像中，同一区域同时出现高亮度（明亮的高光）和高饱和度时，特别是图像中高于 85% 到 90%（在波形监视器上看）的区域，必然会造成非法化。这是一件让人相当烦恼的事情，因为这正是调色师喜欢做的（比如给明亮的天空添加色彩，为高光加颜色），而且很难检测每个零散的像素。
- 高饱和的暗部阴影也是造成非法色度的来源。在技术上，色彩饱和度可能出现在图像的低亮度水平位置，而绝对黑色也被公认为完全去饱和度。即使零以下的饱和度区域在任何显示设备上都会被裁切至 0，但是大多数广播网仍然判定此情况为非法。

当你在工作时，每次调整都要观察色度水平，这样做非常重要。

RGB 水平

对于如何将 Y'C$_B$C$_R$ 视频信号转化为 RGB 分量，大多广播设备都有特定要求，而任何 RGB 编码颜色通道如果高于 100%（IRE 或 700 毫伏）或低于 0%（IRE 或毫伏），都会被认为超出色域。这一标准出自《2013

1　这里的下冲和过冲是作者从电子学领域借用的概念。

PBS 技术操作规范文件》。

《EBU 建议标准文档 R103 － 2000》定义了超过最小和最大值但又在接受范围内的容差，引用如下：

> 当电视信号以 YUV 方式操作时，产生"非法"组合是正常的，因为在进行反矩阵变换时，会产生 0% 到 100% 范围外的 R、G、B 信号。理想情况下，在电视信号中不该有非法组合，但经验表明，基于 RGB 信号有类似的容差，这里也可以允许一定的容差存在。

因此，在《EBU 建议标准文档 R103-2000》中，当合成亮度信号在 –1% 到 103%（–7 毫伏到 721 毫伏）范围内时，允许 RGB 在 –5%（IRE 或 –35 毫伏）和 105（IRE 或 735 毫伏）之间轻微浮动。这些标准引用自 2011 年《BBC（英国广播公司）全球电视节目传输技术标准》。

尽管如此，将平均信号水平限制在 0 到 100% 仍然是很好的做法。你可以使用 RGB 分量示波器监看 Y'C$_B$C$_R$ 视频信号的 RGB 转换，以便确定是否存在这样的非法 RGB 值。虽然许多广播网以此作为一项严格的要求，而有一些广播网却允许短暂的小幅越界。你需要提前了解具体的指导方针是怎样的。

> **注意** 以前模拟信号和记录格式中的高 YRGB 电平会带来一个更大的问题，当调整值覆盖了色度和音频介质之间的保护带时，会引起交叉亮度的伪影和音频噪声。这是在制作广播影片项目时为什么需要严格执行标准的主要原因。

与"超黑"亮度电平相似，无论是 LCD、DLP、等离子、OLED 还是其他应用了此技术的设备，低于 0% 的 RGB 电平会被显示设备裁切掉。

而另一方面，高于 100% 的 RGB 电平将如何显示，是难以预料的。很多现代显示技术，只要选择了相应的菜单设置，便能够显示这类头上空间（headroom）。保险起见，最好还是坚持规定的合法范围，以避免意外产生的失真。

色域示波器可以帮助判断

视频示波器制造商，如泰克公司和哈里斯公司，已经开发了多种专业（和专利）的视频示波器标准，专门用于检查复合（亮度＋色度）和分量（RGB 编码）的色域违规。

虽然，色域示波器的功能和其他检测方法多有重叠，比如可以用矢量示波器、波形监视器、RGB 分量示波器这些较传统的示波器来检测，但在色彩校正时，用色域示波器更容易找出图像的故障点，其中的一些内容将在后面章节中介绍。

影响调色师的质量控制问题

以下是品控（QC）违规的列表，作为调色师，你对避免这些问题有直接责任。

- 视频电平（白电平）；
- 黑电平；
- 色度电平；
- 过度的暗部或高光裁切；
- 图像清晰度（要考虑观众看到的图像是否清晰）。

由于视频格式本身的问题，可能会产生其他品控（QC）违规行为。

- 磁带噪点；
- 压缩失真；
- 混淆现象（锯齿）；
- 视频编辑错误（夹帧或场序错误）；
- 图像受损，如噪点、色彩模糊、灰尘或划痕。

而首当其冲的是在最初拍摄时，便已经产生的质检（QC）违规行为。

- 焦点（是否对实了）；
- 白平衡（是否设定正确）；
- 摩尔纹（数码照相机或者扫描仪等设备上的感光元件出现的高频干扰，会使图像出现彩色的高频率条纹）。

基于上述原因，许多大型的后期制作公司都有自己的输入和输出质量控制流程。所有导入设备的素材，都将进行下列检查：对焦、白平衡、信号裁切，或者在拍摄过程中应该修正却没有修正的其他问题。这也给剪辑师和调色师一些警告信息，使他们在开始工作的时候有所注意。举个例子，剪辑师可能需要避免一些特殊的镜头，否则，为了那些公认难以处理的特定场景，调色师需要分配额外的时间来处理这些问题。

影片在最终播出之前，后期公司可能还会对已完成的影片自行质检（QC），抢先检查问题，从而避免在广播公司检测环节中出现错误。不过无论如何，在交付之后，广播公司都会再次执行质检（QC），对影片进行三重检查。

曾经有一段时间，QC 技术员要把整个影片看一遍，在监看时配备一套示波器，这些示波器在发生错误的时候就会出警告。而现在，有各种基于硬件、软件的数字视频示波器，它们都有能力完成自动质检——扫描整个影片项目，记录任何检测到的质量违规情况，以及违规发生的时间码，形成列表。

无论是什么情况，一旦有质量违规列表，你需要再次详细检查已完成的影片项目，进一步调整和纠正，使影片最终符合要求。

将信号合法化的六个固定步骤

正如对影片中的每个镜头单独调色一样，对图像而言，最可靠的方法仍然是对每个镜头单独合法化，而广播合法化的过程可以分为几个步骤完成，这取决于影片的性质、色彩校正的类型。为帮助你更有效地进行调整，可参照下面的工作流程。

1. 在调色软件中使用广播合法的设置（有时称为 clippers（限幅器）），或者使用柔化裁切（Soft Clip）[1]，通过合法化处理，压缩或者裁切那些界限外的干扰信号，并为你正在做的调色提供一个安全区。部分调色师喜欢关闭 clippers 来工作，当工作完成时再打开，而我更偏向于在工作的时候打开，这样一来，我便可以在 clippers 的自动调整下随时看到自己的调色效果。

2. 当你进行反差调整时，通过调整 Highlights（Log 调色模式）或 Gain、Shadows（Log 调色模式）或 Lift，单独合法化每个镜头的白电平，在这个过程中，你需要随时参考波形监视器和直方图。对于大多数质检来说，亮度偏移是最显著的错误，所以，可能要根据收片广播公司所采用的最保守标准来进行这些调整。

> **注意** 在某些情况下，广播公司会对退回去的影片节目收取费用，所以最好在项目交付之前完成纠错。

3. 当你在调色时，要观察矢量示波器并监视每个镜头的饱和度，确保饱和度没有超过示波器建议范围。而合法化图像不一定是直接降低饱和度的值，尽管有时这是最快的解决方案，如果大部分是合法的，只有某些特定的色度非法，那你可以参考以下两个更有针对性的调整步骤。

4. 使用二级调色或色相曲线来手动调整那些在矢量示波器上超标的饱和度。红色、洋红色、蓝色和黄色是产生偏移的主要因素，所以要特别留意。

5. 将波形监视器设置为 LUMA（或 FLAT），或者某种类型的色域示波，检查过饱的高光和暗部，因为这两个区域会在复合广播中产生问题。如果有必要，你可以通过使用 Shadows Saturation（暗部饱和度）、Highlights Saturation（高光饱和度）工具或二级选色来分离高光，又或者用饱和度 Vs. 亮度曲线，降低每个片段的高光和暗部的饱和度，不影响其他合法的中间调区域。

6. 如果你正处于往返工作流程（Round-trip Workflow），并将最后调色完成的影片返回到非编系统，

---

1 在很多调色系统都有 Soft Clip 工具，而达芬奇 Resolve 中文版的曲线工具栏，Soft Clip 工具对应的中文是柔化裁切。

那么可以应用广播合法滤镜（filter）或效果（effect），又或者在非编系统上进行广播安全设置，将调色软件漏掉的零散超标信号合法化（因为没有限幅器是完美的）。如果你要将影片输出到磁带并且需要额外的安全性（保证绝对合法），可以使用一个内联的硬件合法器来限制从视频接口输出的偏离值。

在细节上监控和合法化饱和度

为达到广播水平，保持图像的整体饱和度固然重要，其中，如何控制图像高光和暗部的饱和度尤为重要。

稍稍提醒一下，我们会经常应对视频信号中各部分饱和度的问题，而广播安全是"视情况而定"的。有的广播公司相当宽容，而另外一些则非常严谨。正因为如此，与你要交付节目的电视台负责技审的视频工程师保持沟通是很有必要的。他们会提醒你哪些东西需要留意，并且给你更具体的指导——哪些信号水平是被允许的，哪些是不被许可的。

在修复潜在问题之前，你要先知道问题在哪里，示波器会协助你的修正工作。这里有几种不同分析饱和度的方法，用于识别和解决具体的问题。

利用矢量示波器，发现并修复超标的饱和度

通常，我们使用矢量示波器观察影片的整体饱和度。从示波器中心到靶点的距离表示饱和度，配以数字百分比的形式呈现出来。

快速随机抽查色度合法性的保守方法，是将矢量示波器 75% 的 R、Mg、B、Cy、G、Yl 靶位连接成线，形成一个边界（图 10.2）（R、Mg、B、Cy、G、Yl 靶位即红、紫、蓝、青、绿、黄）。当矢量示波器的波形在这个边界内，便可以确定该电平是合法的。

这是个简单的经验法则。实际上，所允许的饱和度电平范围并不容易界定。通常情况下，在一幅图像中，偏高的饱和度电平被允许在图像的中间调，而偏低的饱和度电平则被允许在高光区和暗部。最重要的是，允许饱和的极值随色相而变化，这些极值在暗部和高光区又并不相同，如图 10.3 所示。

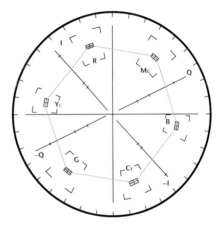

图 10.2　蓝色线表示合法波形的外边界，这是在矢量示波器内合法化饱和度的一般经验法则

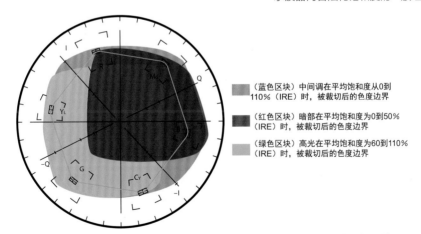

（蓝色区块）中间调在平均饱和度从0到110%（IRE）时，被裁切后的色度边界

（红色区块）暗部在平均饱和度为0到50%（IRE）时，被裁切后的色度边界

（绿色区块）高光在平均饱和度为60到110%（IRE）时，被裁切后的色度边界

图 10.3　三种不同影调区域的色彩编码界限，显示了不同的饱和度裁切阀值，取决于重叠的亮度强度。注意，不同的色相有不同的阀值，取决于图像的亮度

使用矢量示波器监测色度的唯一局限，就是不能判断高饱和波形所对应的影调区域，不能分析高饱和究

竟是在高亮区还是在低亮区。幸运的是，我们可以利用另外一个工具——波形监视器。将波形监视器设置为
FLAT（FLT）便可以帮助调色师进行判断，我们将在本章后面进行讲解。

如果你的图像信号非法（信号位于矢量示波器的外部边界），下面介绍多种解决方案，可根据实际情况选用。

直接降低 Saturation（饱和度）的值

这是最简单的方法，不过，如果遇到棘手的镜头，简单地降低 Saturation（饱和度）、降低整个画面的饱
和度估计不能解决问题。所以，先忽略这个简单又快速的解决方式，来看其他处理方法。

使用二级调色隔离非法颜色

有时你可能会有遇到一两个片段，画面一直都有饱和度超标的顽固颜色。虽然黄色和洋红色也时常成为
干扰色，但问题最多的通常都是红色。如果降低整个画面的饱和度来修正这个问题，最终整体图像饱和度会
降低，但这并不是你想要的。

图 10.4，整体图像的饱和度是不错的，画面的不足之处：光线打到女演员肩上的毛衣，这导致青色高光
超出了矢量示波器中青色靶位的内框。这不仅不可能通过任何广播公司的质检，还可能会被自动限幅器削平。

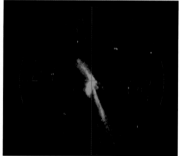

图 10.4　原始的未校正的图像

降低整体饱和度可以修正青色高光，但会降低整个图像的色彩强度，改变画面效果。事实上，如果修正
目标只是那一小部分的非法颜色，那么冲淡整个画面的饱和度是不必要的。

在这种情况下，最简单的解决方案之一是用 HSL 选色进行二级调色，隔离出高饱和范围的值（图
10.5）。通常，使用滴管工具在不合格的区域上采样就可以了。但需要确保你的键控蒙版是相当柔和的，这
样你的校正才能与图像融为一体。

如果你比较手动和自动这两种合法化图像的方式，就能发现手动方式的优势。如图 10.6，上图使用手动
合法化，它包含了更多的图像细节，你可以清楚地看到衬衫的编织式样，而且没有将细节人为压平。下图则
是自动信号裁切的版本，所有的细节都被合法化、强制削平。这是因为，对过饱和的色度和过曝的高光都是
使用同样的信号裁切来处理画面细节的。

图 10.5　使用限定器隔离出饱和度非法的区域。只要将目标隔离，
便很容易降低违规色彩的饱和度

图 10.6 上图，用 HSL 选色将女演员的肩膀颜色**手动合法化**。下图，用广播安全过滤器（或限幅器）将肩膀颜色**自动合法化**

对解决特定色相而造成的非法问题，这是一个主要的处理手法。

对过度饱和、过于明亮的颜色做键控

对于一个完整的色相范围即将超标，你仍然可以使用 HSL 选色来校正。不过在这种情况下，你需要关闭色相限定控件，只使用饱和度和亮度限定控件，便于隔离落在特定范围内的色相。

然后，通过降低饱和度的值，让即将超标的物体回到合理水平，这是很简单的操作（图 10.7）。

例如，下面有一辆警车，红光和蓝光交替，与广播合法建议的矢量示波器靶位相比，它偏移了很多（图 10.8）。

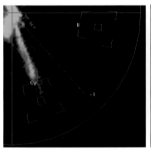

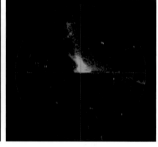

图 10.7 降低选区范围的饱和度，减少女演员肩上的青色高光　　**图 10.8** 高饱和的警车频闪灯肯定不是广播合法的

不论何种色相，要想"捕捉"所有的非法值，你可以设置一个忽略色相的键控，在最亮的高光区找到饱和度最高的颜色；你只需关掉色相限定控件，手动调整饱和度和亮度限定控件（图 10.9，左图），以隔离出图像中违规的区域（图 10.9，右图）。

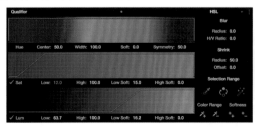
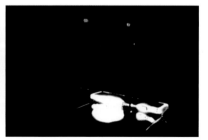

图 10.9 左图，是达芬奇 Resolve 的选区设置，用于隔离最亮和最饱和的像素点。右图是键控蒙版，降低选区的饱和度使目标物体合法化，不影响画面的其他部分

在有快速的、不可预测的灯光改变的情况下，如音乐会的演出舞台或者拉斯维加斯的夜景，到处都是闪烁的霓虹灯（我敢保证这些都是超标的广播非法），针对这些情况，上述方法是比较好的处理方式。

利用色相曲线或者 VECTOR（矢量）工具，降低特定的过饱和颜色

这个方法只能在调色软件中使用，使用色相曲线来控制特定颜色的色相、饱和度和亮度（图 10.10）。这些曲线在第 5 章有详细介绍。

图 10.10 达芬奇 Resolve 曲线面板中的色相 Vs. 饱和度曲线

使用色相 Vs. 饱和度曲线，你可以对应需要合法化的颜色在曲线段中添加控制点（图 10.11）。

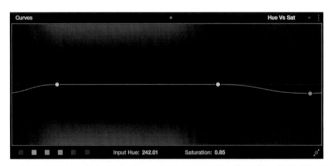

图 10.11 调整色相 Vs. 饱和度曲线，选择性地降低汽车的红色。先放置两个控制点
隔离出曲线上的红色区域，然后将第三个控制点向下拉，即可降低图像中红色的饱和度

用这种方法效率很高。另外，由于是使用曲线而非蒙版，当我们很难对违规物体使用 HSL 选色，或者用 HSL 选区会带来锯齿状边缘、出现人工痕迹明显的蒙版时，色相 Vs. 饱和度曲线会很有效。

然而，当你需要大幅度合法化一个狭窄的色相范围时使用色相曲线是危险的，因为柔和的过渡很容易影响目标以外的区域。举个常见的例子，当你试图降低红色元素的饱和度但最终人物肤色的饱和度也同样被降低了，这是因为红色与皮肤的色相值相近。在这些情况下，使用 HSL 选区效果可能会更好。

> **注意** 宽泰 Pablo（在它的"Fettle"曲线界面）提供了一种色彩采样方式，可以显示对应于采样像素的曲线区段，为色彩采样提供了指示。

发现并修正高光和暗部的过饱和

波形监视器（WFM，Waveform Monitor）是一个非常宝贵的工具，当将波形监视器设置为 FLAT（FLT），可以监控图像在高光区和暗部区外部边界的饱和度。在 FLT 模式下，波形监视器看起来非常不同——图像的饱和度与亮度波形重叠，这种方式下，由于不同厚度的波形图对应不同的显示高度，你可以看到高光、中间调和暗部的饱和度情况。

比较下面的波形监视器的波形图：当波形监视器设为 LP，图 10.12 的上图，只显示亮度信号；分析相同的图片，当波形监视器设为 FLAT 时，如图 10.12 的下图所示，色度和亮度信号都显示。

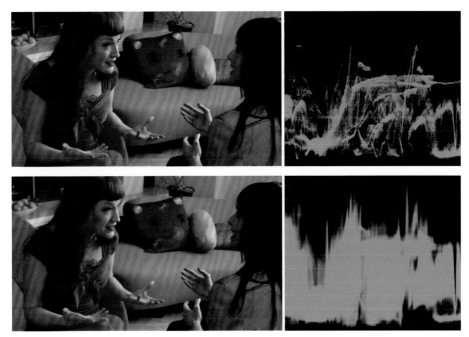

图 10.12　上图，波形监视器设置为 LP (LOW PASS)，只显示亮度。下图，相同的图像，
波形监视器在 FLAT(FLT) 模式下，亮度和色度信号都显示

在 FLAT(FLT) 模式下，较厚的波形图表示该区段色调饱和度更高（如图 10.12），反之表示低饱和度（图 10.13）。

图 10.13　将波形监视器设定为 FLAT(FLT) 分析低饱和度图像，图像波形较薄

为何这如此重要？事实证明，图像的中间调比高光和暗部具有更高的饱和度。你可以通过调低整体的饱和度水平来合法化图像，不过这有可能矫枉过正，把一个色彩丰富的镜头限制住了。在处理高饱和度的画面时，知道如何观察（示波器）以及降低目标元素的饱和度是很重要的，反之，你也可以提高所需元素的饱和度。

在波形监视器中分析饱和度是十分重要的（正如接下来你会在 RGB 分量示波器看到的）。举个例子，图 10.14 的饱和度水平在矢量示波器上看起来完全没问题。

事实上，我们很难在这个图像的高光区发现高饱和，我们只能在 FLAT（FLT）模式的波形监视器上才能监测得到（图 10.15）。

如果项目的技术标准很严格，那么在调整 Saturation（饱和度）工具时，一定要在波形监视器中留意高于参考白、低于参考黑的饱和度范围。

因为你所遵循的特定的质量控制标准定义了"过度"的真正含义，所以你需要使图像与特定的广播标准相符合。极其严格的广播公司可能不允许任何偏移，然而，算得上比较通情达理的、遵循《EBU 技术标准 R103 － 2000》的广播公司，可能会允许下至 −5 和上至 105% 的偏移。

图 10.14 根据矢量示波器，这个图像的饱和度是合法的

图 10.15 打开波形监视器的"Saturation（饱和度）"控制，反映出高光处出现过饱和现象

如果在高光或（和）暗部有需要去饱和的部分，以下给出了一些解决方案。

通过降低高光，保持原饱和度

通常，图像中高光与饱和度交叉的部分是皮肤的高光区。因为皮肤是半透明的，明亮的高光往往导致亮橙色集中。橙色集中可能是电影摄影师经过深思熟虑之后确定要追求的效果，但也有可能仅仅是偶然的情况。但如果你选择保留这种画面效果，那你就必须采取措施以确保这些区域不会因合法化而被裁切。

图 10.16 中的图像便是一个完美的例子。女人脸上高光区的饱和度在矢量示波器中看起来还不错。

图 10.16 原始图像的饱和度似乎完全合法

但将波形监视器设为 FLAT（FLT）时，你可以看到有个位置的饱和度，向上偏移至 100%IRE 之外（图 10.17）。

要保持高光的饱和度以及"金色发光"的效果，仅仅降低 Highlights 便可以做到简单的修正。这个操作可能会降低整体饱和度，所以你可能需要增加整体的饱和度以做补偿（如果你正在使用 RGB 处理方式），以及你可能需要增强中间调的对比度以防止图像变暗（图 10.18）。

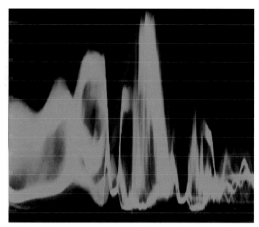

图 10.17　将波形监视设为 FLAT（FLT），显示了饱和度偏移
（超标）到 100%（IRE 或 700 伏）之外了

图 10.18　降低白位，稍微提高中间调的对比度并补偿图像的整体饱和度。这些小改变对
画面的影响很少，却可以将高光区的饱和度降至可接受的水平内

　　最后的调整结果，保留了所有高光区的颜色（事实上，高光区如果不是由于合法化被裁切的话，可能会有更多的颜色），其代价是牺牲没有人会在意的那几个百分点的亮度。

使用高光饱和度和暗部饱和度工具（HIGHLIGHTS/SHADOWS SATURATION CONTROLS）

　　通常情况下，对于过饱和的高光和（或）暗部，最简易的解决方法是将其消除。但这会产生干净的白色高光和中性的黑，当然这可能是你需要的效果。鉴于上述原因，一些调色软件允许调色师通过选择影调范围来修改饱和度（图 10.19）。

图 10.19　在 Adobe Speed Grade 中，影调范围按钮[1] 在 Look 选项卡的顶部，每个影调中都有
对应的饱和度滑块，这样，你便可以通过简单的饱和度调整，更改目标影调区的饱和度

　　请查阅文档，了解你所用的调色系统的更多功能。

使用 HSL 选色，降低特定高光或者暗部的饱和度

　　因为有一部分调色软件缺乏专门的"Highlights/Shadows Saturation（高光或暗部饱和度）"控制工具。于是，便有了另一种更为灵活的手法：利用 HSL 选色，关闭色相和饱和度限定控件，在需要降低饱和度的区域（高光或暗部区域）制作亮度键，进行二级调色。

1　即 Overall，Shadows，Midtones，Highlights。

例如图 10.20 的高光区，有很大部分的饱和度是非法的。

图 10.20 原始图像，高光区饱和过度

使用 HSL 选色，仅用亮度限定控件隔离出最亮的部分（图 10.21，左侧）。创建一个蒙版只隔离出需要去饱和的大致区域（图 10.21，右侧）。

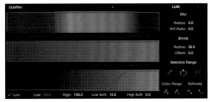

图 10.21 左图，HSL 选色只设置了亮度键。右图，生成的蒙版隔离出了最亮的高光区，准备执行去饱和操作

现在，仅仅通过降低饱和度就能合法化图像。通常情况下，你会降低一半左右的饱和度，然后重新调整选区控制，以涵盖更宽或者更窄的范围，如果有必要，将大多数（有可能不是全部，视乎具体情况）的饱和度偏移控制在 100%（IRE）之内。

在这个例子中，我们需要降低饱和度，使之接近 0%，消除高亮区的饱和度偏移（图 10.22）。

图 10.22 降低窗户高光的饱和度，合法化信号

此技术不仅用来合法化图像。对于图像的不同影调区，你可以随时用这个方法来自定义控制饱和度。

顺便提一下，如果你仔细观察，在图 10.22 中还有低于 0%（下冲）的暗部，为了使图像能完全地广播合法化，这部分的饱和度也需要消除掉，这样一来，你的调整就会完成得更完美。

一举两得的办法之一，是使用 HSL 选色隔离出中间调，然后反相蒙版或者选择外部选区，再降低最亮的高光和最暗的暗部区域的饱和度。如果你打算降低暗部区域的饱和度，（选区）要尽量柔和，因为很容易在不经意间把暗部的饱和度去得太过分，会导致画面的丰富度大大下降。还有要特别注意皮肤色调，要确保不会让人脸变得苍白。

使用饱和度 VS. 亮度曲线

最后一个方法（如果你的调色系统支持），利用饱和度 Vs. 亮度曲线降低图像中过饱和的部分（图 10.23）。

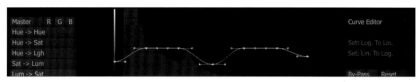

图 10.23　如 Assimilate Scratch 的饱和度 Vs. 亮度曲线所示（图片的左下角），
它允许用户在整个图像影调范围上精确地控制饱和度

这是一个非常灵活的方法，用这条曲线的额外好处是，在同一个操作中除了可以降低高光和暗部的饱和度，还可以选择性地提高图像中任意位置的饱和度。

RGB 色彩空间合法性与 RGB 分量示波器

最后还有一种饱和度问题，它与高光和暗部出现有害饱和度这两种情况比较类似，但它和这两种情况的体现方式有所不同。你需要观察分量示波器中的红绿蓝波形，任何超出 100%（IRE 或 700 伏），或者低于 0%（IRE）的部分都要注意。再次提醒，在 RGB 分量示波器中，波形的偏移量取决于你所遵循的质量控制标准。

如果你不遵循严格的标准，请记住，虽然在很多情况下，有限的 RGB 偏移是没问题的，但在一个或多个颜色通道中，过于强大的峰值可能导致多余的人工痕迹或图像细节的丢失（图 10.24）。

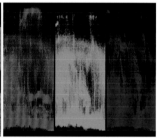

图 10.24　RGB 分量示波器显示，图像中红色和蓝色通道中不必要的饱和度超出 100%

部分调色软件和大多数非线性编辑系统都有"RGB Limiting（RGB 限制）"这个过滤器（或滤镜）或设置，用来将项目广播合法化，它基本上能把低于或高于 RGB 分量示波的不在合法范围的任何颜色信息裁切掉。依靠软件或者硬件限幅器来裁切信号水平虽然有效，但依然会在裁切时产生讨厌的人为痕迹。

一如往常，你可以按实际需要来手动校正图像中的这些区域，这样才能确保可以得到想要的效果。

如果一段素材在 RGB 分量示波器中有超出 100% 或者低于 0% 的偏移，可以选择下面的几个解决方案。

对视频示波器信号进行过滤，消除伪瞬变

在视频示波器中监看时，可以发现将 Y'C_BC_R 转化为 RGB 信号的数学转换过程，会导致轻微的出界瞬变，尽管这在实际的广播和传输中不会造成问题，但是却会在示波器中触发错误。这让我们很难做出漂亮的创意性调色，因为这些瞬变错误总是警告你后退，不要做太多（真实情况其实是没有必要后退的）。基于这个原因，《EBU 建议技术标准文档 R103—2000》指定，"……在所有测量通道上使用合适的过滤器……IEEE-205 指定了合适的过滤器"。

此外，泰克（Tektronix）已经确认了这个问题，在他们的色域示波器内有一个专门的低通滤波器可以消除"假警报"。欲了解更多信息，请参阅泰克（Tektronix）关于钻石示波（Diamond）和闪电示波（Lightning）的说明。

中和高光以及暗部的偏色

此方法属于"太简单但又容易忘记"的那一类。对应于 100% 的图像区域，这部分通常是实际中的纯白色。由此可见，对应于 0% 图像区域应该是纯黑色的。鉴于这两点，要校正超出或低于分量示波器界限的尖峰，一个很简单的方法就是采用色彩平衡控制或者使用 RGB 曲线，通过平衡这三个通道来消除高光和暗部的色偏。

降低高光以保持原饱和度

如果你在调的是日出、日落或者一些其他色彩鲜艳的图像，你想让画面尽可能地丰富多彩，但是过高的亮度致使图像颜色非法了，这时有一个简单的办法，就是减弱高光的亮度。

我知道，你希望图像明亮些，但要记住降低高光可以让整个图像保留更多的饱和度，尽管损失了一点亮度，但这样能使图片更为明艳。若操作得当，这必定是一个极佳的权衡。

降低高光和暗部的饱和度

鉴于 RGB 尖峰的产生是由于高光和暗部的外部边界的着色[1]，正如前一节所讨论的，只需降低高光和暗部的饱和度便可以解决问题。为此，你可以使用 Shadows saturation（暗部饱和度）和 Highlights saturation（高光饱和度）工具来处理（如果你所用的调色系统有这些工具的话）。另外，你也可以使用 HSL 选色，将高光和暗部的非法饱和度隔离出来，然后降低该区域的饱和。

使用曲线工具，合法化 RGB（通道）

最好的（方法）当然留在最后。针对色域外的 RGB 偏移，最简单的修正手法之一是在红绿蓝曲线中（先确保 RGB 曲线没有联动），在靠近顶部的位置增加控制点以防止其他部分受到影响，然后对应 RGB 分量示波器中"出界"的颜色通道，将顶端的控制点向下拖，直到顶部违规的颜色通道波形全都在 100%（IRE）之下（图 10.25）。

图 10.25　在红色和蓝色曲线顶端附近创建控制点并拉低顶端的控制点，使超限的红色和蓝色通道向下落回至 100% 以内。一些软件将这种调整称为"knee（拐点）"或"Soft clipping（柔化裁切）"，用来描述这种操作所提供的温和衰减

其结果可能会明显改变高亮区的颜色（几乎都会这样），但最终图像是合法的（图 10.26），如果需要的话，你可以将它作为一个起点继续下一步的调整。

图 10.26　恰当的调整顺利地限制了红色和蓝色通道，同时不影响图像的其他部分

学会用曲线精准地调整图像的饱和度，能让你做出更多富有创意的效果，同时也能维持安全的视频信号用于广播。而由此获得的图像在大多数监看设备中的显示效果也更具备可预测性。

针对亮度和 RGB 的柔化裁切（SOFT CLIPPING）

达芬奇 Resolve 提供柔化裁切（Soft clipping）工具，让你可以压缩顶部和底部的信号，可以从过曝高光

1　即高光或暗部的色彩过多

和欠曝的暗部恢复出细节，在碾轧图像顶端和底部信号时能保证原来的反差和调色结果，这便是该功能的优点，但这并不是一个成熟的合法器，因为它对色域违规不做任何合法化处理。

图 10.27 的反差被大幅度拉伸，这使画面更立体更有活力。但高光和暗部被大幅度裁切。

图 10.27　高对比度的调色把图像细节的边缘（波形两端）裁切了

曲线工具区的柔化裁切，通过提高 Low Soft（暗部柔化）和 High Soft（亮部柔化）[1] 的参数，可以从顶端高光和低端暗部恢复出图像细节的同时，又能保持原来的图像反差（图 10.28）。该工具超出了曲线顶部和底部的控制点的范围，除了这个特点以外，该效果类似于碾轧（Roll off）RGB 曲线的顶部和底部。

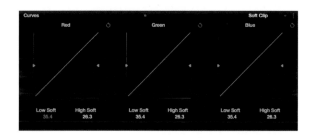

图 10.28　用柔化裁切恢复图像细节并控制信号电平，同时保持整体画面的高对比度和饱和度

使用柔化裁切，会让画面产生"静止"的辉光（Glow）而不是锯齿边缘，使用这个工具还能减少高光和暗部边缘的饱和度。

用于广播色域监控的其他视频示波器选项

各家制造商会生产不同的外部硬件示波器，它们具备不同显示类型以及色域超标的警告方式。尽管传统上来说调色师不会在工作过程中使用这类示波器（色域校验曾是视频工程师的职责），时下大多数现代调色系统配有视频示波器能进行各种色域监控，它们会使视频信号的严格合法化变得更容易，特别是如果你手头的项目最终用于广播的情况。

色域示波器主要用于监测复合信号（亮度与色度被编码在一起用于发布）的电平，复合信号在被示波器监测前要完成 RGB 转换，从 $Y'C_BC_R$ 信号数学转换为 RGB 信号。

1　根据达芬奇 Resolve 12.5 的中文版，在曲线工具区的柔化裁切工具栏，Low Soft 对应的是"暗部柔化"，High Soft 对应的是"亮部柔化"。

泰克（Tektronix）的色域示波器

泰克（Tektronix）拥有三项专利，这些获专利的视频示波器更易于识别和解决特定的色域转换错误。

钻石示波（DIAMOND DISPLAY）

该示波器显示为两个垂直排列的钻石轮廓。该示波器的另一个显示方式称为分离钻石示波（Split Diamond Display），这个显示方式将钻石上下翻转，方便调色师更容易观察中心点，即两个钻石的交叉点（图 10.29）。使用钻石示波可以更易评估图像的中性黑，类似于矢量示波器的中心点。

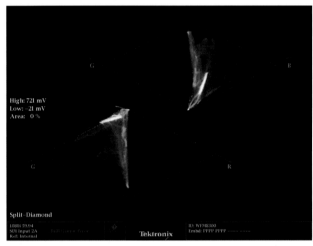

图 10.29 泰克示波器的分离钻石显示方式（Split Diamond Display），现在是针对一路信号的 RGB 转换进行分析，以识别出色域偏移。蓝色被标绘为绿色正不相关，红色被标绘为绿色负不相关

图像的红绿蓝分量在示波器中表示的波形有以下特点。

- 黑表示为中心点，也就是上下钻石的交叉点，尽管它们没有在分离钻石示波图中真正相连。如果上钻石波形的底部、下钻石波形的顶部没有碰到中心区域，就表示当前信号的黑不纯。
- 白是通过上钻石的顶部，下钻石的底部，这两点来表示。如果上钻石中波形图的顶端、下钻石中波形图的底端没有碰到这两点，则表明当前信号的白不纯。
- 整个去饱和的灰色范围，由连接每个钻石的顶部和底部的中线来表示。如果对完全去饱和、由深到浅的灰色图像进行示波，将看到波形全部集中在连接顶部和底部的中线上。这样，如果信号向左或向右发生改变的话，我们就能很容易发现色偏。
- 红色通道的强度是用下钻石的右上边框来表示（标记为 "R"）。
- 蓝色通道的强度是用上钻石的右下边框来表示（标记为 "B"）。
- 绿色通道的强度是用上钻石的左下边框和下钻石的左上边框来表示（分别标记为 "G" 和 "-G"）。

在这个波形图里，钻石的边框表示每个色彩通道的外部合法边界。所有合法色值都在钻石内，而非法色值在钻石外。具体的边界便于区分色值是否合法，能帮助调色师进行判断，从而进行适当的调整。

> **注意** 泰克公司的应用提示文档 25W-1560《防止非法彩色》（Preventing Illegal Colors）（www.tek.com/Measurement/App_Notes/25_15609/25W_15609_0.pdf），详细介绍了钻石示波器的信息和使用方法。

箭头示波（Arrowhead Display）

图 10.30 箭头示波的观察方式是从左向右看（左平右尖，形如箭头），各个边缘线的刻度值表示了其强度。该波图显示了亮度和色度的复合组合，从而标示出图像高光和暗部超出色域的饱和度。

波形的左侧垂直部分表示亮度，黑位在左下角，白位在左上角。水平方向标示的是色度，波形图左侧表示 0% 的色度，而右对角线边缘表示各种目标（靶位）下的最大色度，以便于调色师根据特定品控（QC）标准，选择所需边界。

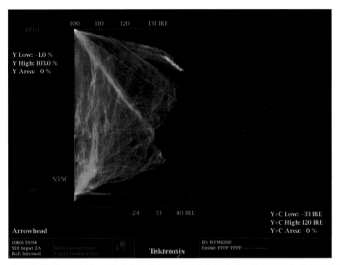

图 10.30　泰克的箭头示波器，针对高光和阴影区域中超出色域的饱和度信号进行综合分析

　　示波器右上的对角边缘线，对应每个品控（QC）标准信号的允许强度，如果有波形超过了这条线（110 IRE 是 NTSC 视频的通用标准），就表示出现了非法色度。而垂直高度所对应的亮度电平（或图像的影调范围）在某位置越线，就表明对应的影调范围出现了过饱和。

　　注意　泰克公司的应用提示文档 25W-1560《防止非法彩色》（《Preventing Illegal Colors》）有详细的关于箭头示波及其应用的介绍。

矛头示波（Spearhead Display）

　　图 10.31 的三角型矛头示波器是用于分析图像的明度、饱和度和码值（LSV，即 Lightness，Saturation 和 Value）。它与箭头示波器相似，但矛头示波器主要用于综合分析信号值在不同信号水平出现的 RGB 错误和过饱和情况，以便于纠正超色域（溢色）错误。

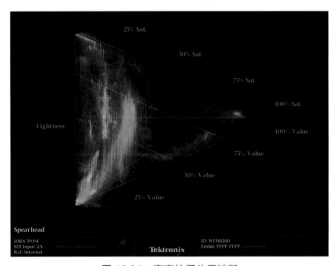

图 10.31　泰克的矛头示波器

　　三角形的左侧垂直线表示亮度（黑色在最底端，白色在顶部）。向右上方的斜线标示出饱和度（0% 在左上顶点，100% 在右顶点）。三角形中向右下方的斜线标示出信号码值。

有关这方面的详细信息，请浏览泰克公司网站（www.tek.com）。

哈里斯（HARRIS）[1] 数字色域虹膜示波器（Iris Display）

哈里斯公司的 Videotek 系列示波器拥有一系列专利的色域显示图，用于检查 RGB 或复合信号的色域错误，被称为数字色域虹膜示波器（Digital Gamut Iris display）（图 10.32）。

虹膜示波器可设置 RGB 或复合信号两种监控模式，但这两种模式使用相同的布局，其形状像眼睛的虹膜一样。内边界代表合法范围内的最小信号强度，而外边界则代表合法范围内的最大信号强度。

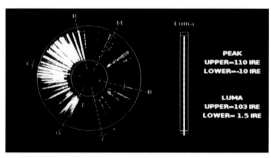

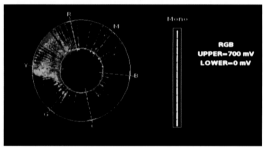

图 10.32 哈里斯数字色域虹膜示波器在复合信号（上图）或 RGB（下图）两种监测模式下使用相同的布局

示波图由内外边界之间的一系列信号摆幅组成。围绕圆周的角度表示所分析信号的色相，这点与矢量示波器类似。通过这种方式，超出内外边界的非法色度就很容易被发现，便于调色师修正。

以合法值创建数字图形和动画

要知道，在对影片调色时，视频素材并不是造成信号非法的唯一来源。不管是在非编软件还是在完成片系统中制作标题或图形时，你都需要慎重考虑所用的颜色。

典型的 24 比特 RGB 图像，每通道为 8 比特。换句话说，每个通道具备 256 种颜色（0 — 255）。当你将图像导入到一个被设置为 $Y'C_BC_R$ 编解码器的 Final Cut Pro 序列中时，色彩值被转换进 $Y'C_BC_R$ 色彩空间（对 8 比特视频来说，这个范围是 16 — 235，16 以下和 235 以上的码值被留给其他数据使用）。当发生这种情况时，RGB 色彩可能会太过明亮和过饱和，而它们可能会转换成超出播出标准的亮度和色度水平值，尤其是在作为标题使用时。

为什么标题比较特别？

很多人都会有疑问，"为什么标题的亮度和饱和度要比视频信号的其他部分保守得多？"这是因为标题的颜色大多是纯色，文本的每个字母与周围背景颜色有着高对比的锐利边界。当 RGB 转换为 $Y'C_BC_R$ 时，这些高对比度的边界就表现为亮度的急剧变化。如果这些变化太剧烈，可能会导致播出问题。图 10.33 显示了关于这个问题的例子。

---

1 哈里斯公司现更名为 Imagine Communications。

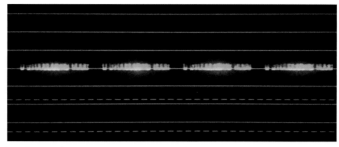

图 10.33　如图，这是外置示波器的 RGB 分量示波，是由高对比度字幕图形导致的波形偏移。每个色彩通道
波形顶部的明亮平坦区域表示图形（为合法被衰减至 0.65 毫伏）的最高水平值。它上面的细微偏移
（毛刺状）表示出对该信号编码时会出现的峰值

这种高对比度的边界会导致波形监视器的亮度波形顶部出现微小而模糊的偏移，或者在色彩分量示波器中导致红绿蓝分量看起来比图像本身的实际情况高得多。这个问题不只出现在图形中，在高对比度的黑白摄影作品或报纸上使用扫描图像的标题和图片中（黑色文字和附近白色的半色调混淆）也可能出现同样的问题。

虽然结果可能在广播监视器上看起来完全正常，但是它们不一定广播合法。所以当为字幕和图形选择颜色时，你必须比做其他校色调整更小心。因此，大多数广播公司都首选 235，235，235 为最大的白色值（如此波形监视器分析会得到 93%/IRE）。为了保证你交付给客户的完成品一定处于安全范围，这种亮白的色值应该是可用在标题上的最大值。然而一些广播机构是非常严格的，规定所有字幕都不能超过 90IRE。为了较易于适应这些要求，可以使用 RGB 颜色值 224，224，224 来创建波形为 90% 的白电平。

要注意的是，如果在使用图像编辑软件时担心白色将会看起来发灰，这是因为观众感知的白色与字幕周围颜色的亮度有很大关系。为了证明这一点，如图 10.34，其上方文字的亮度和底部文字的亮度完全一致。

图 10.34　上下两个图像，字母拼写的
"SAFE（安全）"部分是相同的。相对反差使
字母在黑色背景浅灰色呈现为白色

导入图形时，对白色的处理

当你将 RGB 图像或数字媒体文件转码成 Y'C$_B$C$_R$ 格式时，所有 RGB 色彩值都被调整为相应的 Y'C$_B$C$_R$ 色彩值。理想情况下，软件会把导入的图形的白色值（255，255，255）重映射为 100%/IRE（700 毫伏）。这也是合法广播信号的最大值。黑色（0，0，0）应该被映射到 0%/IRE/ 毫伏。如此，使全部有效值都被映射在合理范围内。

在其他应用程序中选择颜色，用于广播

颜色选择是一个比较复杂的课题。当你为用于广播节目的静态或动态图形做设计时要记住：输出视频后的图形颜色会比你的电脑显示器更加鲜艳。

许多图像编辑软件都有某种形式的视频色彩安全滤镜（video color-safe filter）。例如 Photoshop 有 Video>NTSC Colors filter（视频 >NTSC 颜色滤镜），它会自动调整来创建达到安全水平的图形颜色。当用这个滤镜查看颜色修改前后的变化时，每个样本都会显示修改后的颜色值。

一般情况下，当你在做基于 RGB 的图像编辑，并在广播视频项目中使用广播级设计软件创建标题和插图时，请记住，要避免那些特别明亮饱和的色彩，还要注意原色和间色[1]（红、黄）应当比其他色彩要黯淡一些。

虽然工具可以帮助你管理颜色的合法性，但是如果认真选择调色板。将会得到更好的结果。

1　原文 Primary 是指原色，即红绿蓝；原文 Secondary 是指间色、合成色，即黄品青，此处并不是指调色中的一级校色和二级调色，特此标注。

如果你已经在软件里存了很多图形，你也不必浪费时间重新处理它们。你可以随时在调色软件中对其进行调整。要知道如果要在全片完成之后再将某个图形或者标题合法化，可能会出现一些较暗或者饱和度不够的不合法颜色。

调色软件中的广播安全设置

如果你的调色软件缺少能对整体项目进行处理的广播安全或者限幅器设置，那就有必要为整个时间线建立一个单独的合法化调整，防止出现非法信号。

调色系统允许调色师在整个时间线上使用一个单独的调色节点或层，使其可以适用于前面所述的多种调整，例如柔化裁切或其他有必要的调整。下面，用三个例子演示如何在不同的调色系统实现上述处理。

- 达芬奇 Resolve 的 Track（时间线）调色模式，可以让调色师在整个时间线上建立一个新的调色控制。在这个调色控制里，你可以使用曲线工具区的 Soft Clip（柔化裁切）来压缩图像的高光和暗部，保留更多的图像细节，也可以按你需要来进行合法化。
- 使用 Adobe SpeedGrade 可以添加一个叠加调整层。这一层可同时调整时间线上的多个片段，并且可以使用所有工具（包括 fxLegalizeNTSC 和 fxLegalizePAL 的 look layers（效果层））对影片中的所有片段进行合法化。
- FilmLight Baselight 系统可以拉长调色的 Strips（层），将 Strips 拉长并覆盖整个时间线（图 10.35），这个功能允许你在这个层上调色或应用 Baselight 系统自带的 LUT 进行合法化。

图 10.35 在 Baselight 拉长调色 Strip（层），使之覆盖整个时间线，在影片调色结束时对项目进行合法化调整

当你为广播合法化做调整时，你要始终确保这个操作是整个图像处理流程中的最后一步。

用于合法化的 LUT

专用 LUT 也可以作为合法化工具来处理视频信号范围，对非法的图像数据进行裁切和压缩。例如 Baselight 附带的三个 LUT，就可以用于将视频合法化，输出为数字文件或磁带。

- Full to Legal Scale，即全范围（Full）至合法（Legal）范围缩放。
- Clip to Legal，即裁切至合法范围（在 Baselight 插件版本内是 HardClip 选项）。
- Soft Clip to Legal，即柔化裁切至合法范围（在 Baselight 插件版本内是 SoftClip 选项）。

剪辑软件中的广播安全设置

绝大多数传统的高端调色软件并没有内置的广播合法设置项。虽然有些会有简单的限幅器选项来限制最大信号水平，但如果要很好地限定 RGB 和复合色域以及色度分量，还需要更精确有效的自动调整（工具）。

当然，可靠、有责任心的调色师除了要留意本章前面提到的问题，还要有能力通过手动调整达到对信号质量的最大控制。而软件中的广播安全设置或裁切器，对于自动捕捉越界的零散像素来说仍是必需的安全工具。它们能强制把曝掉的高光或压碎的暗部信号合法化。

如果你的调色软件没有裁切（clipping）工具，那么就要依靠硬件合法器的裁切功能对输出到录像机的视频进行合法化，或者将影片发送到非线性编辑系统里去进行合法化。

大多数非线性编辑系统具有一个或多个广播安全过滤器或效果器，用于对图片进行自动调整，限制非法的亮度和色度值。

广播合法化不是个简单的过程，尽管大多数广播安全过滤器都尽可能达到最佳效果，但这并不意味着它们可以对未校正的素材进行全面合法化。事实上，在做过校正的序列或素材上使用过滤器效果会比较好，它们适用于去除遗漏的杂散信号。

硬件合法器

如果你的影片通常是输出到磁带，那你可以在视频输出接口和录机之间接入一台硬件合法器（如哈里斯 / 利奇（Leitch）DL-860）。它的优点在于你可以获得实时的亮度、色度和 RGB 限制，而且也不用太担心在日常调色中常见的零星非法像素。

但是，使用硬件合法器不允许手动调整项目中的单个素材，然而对每个素材分别调整有利于突出图像细节以及可以将色彩溢出和高光过曝现象最小化。硬件合法器对信号的处理是"一刀切"。

此外，硬件合法器不是万无一失的。在项目中使用其他调整，再加上基本的合法化处理，可以得到（比用硬件合法器）更好的结果。

如何在编辑软件使用广播安全过滤器

理想情况下，首先你要逐个镜头进行调整。然后，如果你的项目是基于文件的完成策略（即最后交付数据文件），通常需要将调色软件输出的文件送回非线性编辑系统，这样就可以在渲染或者输出最终项目文件之前使用必要的广播安全过滤器（以及添加标题、动画，或完成前必须添加的效果）。

大多数编辑软件需要你从两种广播安全过滤器的使用方法中选择一种。你可以为时间线上的每条素材分别添加一个广播安全过滤器，从而针对个别素材的特定问题使用各种设置。或者也可以将时间线整个做嵌套，并在嵌套上应用广播安全过滤器，这样的话只设置一次就够了。

AVID Media Composer 和 Symphony 的广播安全设置

为了监控广播合法化，Avid 拥有一系列可视化的警告指示器——Safe Color setting（安全颜色）设置，还有可以将素材片段或整个序列进行广播合法化限制的 Safe Color effect（色彩安全效果器）。此外，Avid 软件也能调色，并带有专用色彩校正效果器和内置视频示波器。

Safe Color（色彩安全）设置

Avid 色彩安全（Avid Safe Color）对话框里有三对参数，每当素材或序列中添加一个新效果时，它们都被 Safe Color（色彩安全限制器）使用作为默认选项，当视频素材越界时，色彩警告将显示错误图标。

- Composite (Low and High)（复合选项（高或低）），用来设置亮度和色度复合信号的上下边界。弹出的菜单可以用来选择在 IRE 中指定单位或者使用数字值有 8 或 10-bit 的范围可供选择）。
- Luminance (Low and High)（亮度选项（高或低）），用来为信号的亮度分量设置上下边界。弹出的菜单可以选择在 IRE 中指定单位或者使用数字值（有 8 或 10-bit 的范围可供选择）。
- RGB Gamut (Low and High)（RGB 色域选项（高或低）），用来为信号的 RGB 转换设置上下边界。弹出的菜单中可以选择在 IRE 中指定单位 IRE 或者使用数字值（有 8 或 10-bit 的范围可供选择）。

两个弹出菜单中显示的三组参数，可以用来切换复合 / 亮度信号和 RGB 色域，在源监视器叠加的图像上显示安全颜色警告，或者忽略。

Safe Color Warning（色彩安全警告）

当在 Safe Color（安全颜色）设置中选择了警告弹出选项，项目的画面上就会出现有颜色标示的图标。此图标用来指示图像出现越界错误（图 10.36）。

最多有五个指标用来警告分量出现越界问题。每个指标有三个可能的位置。处于中间表示该成分处于合法值，处于指标上边和下

图 10.36 在 Avid Media Composer 和 Symphony 中的 Safe Color（色彩安全）预警指示

边分别表示该指标过高或过低。指示的颜色标示如下。

- 黄色＝复合。
- 白色＝亮度。
- 红色＝红色通道。
- 绿色＝绿色通道。
- 蓝色＝蓝色通道。

SAFE COLOR LIMITER EFFECT（色彩安全限制效果器）

该效果器将色彩安全设定为默认值。你可以将这个效果器直接应用到序列中的某一段，也可以将其叠加到整个视频轨道上，使其应用于整个序列范围，（只）使用一组设置来合法化整个项目。

422 SAFE（422 安全）

通过选择信号限制和色度二次采样的运算精度，这个选项允许你在运算精度和速度之间做选择。禁用此选项可加快处理速度，得到更好的实时效能，但也可能会让轻微瞬变逃脱合法化处理。

源监视器分析

Safe Color Limiter effect（色彩安全限制效果器）可以在源监视器中显示伪色，从而得知哪些像素是被裁切掉的。红色、绿色和蓝色标示出受 RGB 色域裁切影响的图像区域。黄色表示正在裁切的有问题的复合信号，而白色则表示被裁切的亮度偏移。用户可以自定义这些设置是否禁用。

COMPOSITE/LUMA LEVELS（复合或亮度水平）

- Composite L and H（复合 H 和 L），可分别设置亮度和色度复合组合的上下界限。弹出菜单允许自行设置 IRE 或者数字码值（8-bit 或 10-bit 范围）为指定单位。
- Luma L and H（亮度 H 和 L），可设置信号 RGB 转换的上下界限。弹出菜单允许自行亮度 H 和 L，可设置信号 RGB 转换的上下界限。设置 IRE 或者数字码值（8-bit 或 10-bit 范围）为指定单位。

RGB LEVEL（RGB 水平）

RGB Gamut H 和 L（RGB 色域 H 和 L），可分别设置信号的 RGB 转换的上下限。弹出菜单允许自行设置 IRE 或者数字码值（8-bit 或 10-bit 范围）为指定单位。

Adobe Premiere Pro 广播安全设置

Adobe Premiere Pro 中有两个用于广播合法限制的视频过滤器，它同样也作为内置视频示波器和一组非常有效的色彩校正滤镜的补充。

Broadcast Colors（广播色彩）

Broadcast Colors effect（广播色彩效果器）很简单，它有三个参数用于合法化视频素材。

- Broadcast Locale（广播区域设置）是一个弹出式菜单，可选择视频标准。包括 NTSC 和 PAL 制。
- How to Make Color Safe（如何使色彩安全）是一个弹出菜单，包含了衰减越界视频信号的两种不同方式，以及标示越界部分信号的两种方法。Reduce Luminance（降低亮度）可使色域外的像素变暗，从而实现复合错误合法化，Reduce Saturation（降低饱和度）也可以减少复合错误。Key Out Unsafe（显示不安全区域）和 Key Out Safe（显示安全区域）可以显示图像中哪些部分需要修正、哪些部分不需要修正，这样你就可以采取手动措施。
- Maximum Signal Amplitude（最大信号幅度）可指定信号的最高水平，单位是 IRE。范围为 90 ～ 120IRE。

VIDEO LIMITER（视频限幅器）

该效果器为限制越界的视频信号，提供了更细节的控制。

- Show Split View（显示分屏视图），提供修正或未修正版本的视频分屏显示选项，它可以通过图像评估信号限幅的影响。

- **Layout（布局）**是一个弹出菜单，用于选择修正 / 未修正的分屏画面方向，可以水平或垂直。
- **Split View Percent（设置分屏比例）**，可调整修正 / 未修正分屏画面的宽度，默认为 50%。
- **Reduction Axis（缩减轴）**是一个弹出菜单，可供自行选择对何种信号分量进行合法化。选项包括 Luma（亮度），Chroma（色度），Luma and Chroma（亮度和色度复合），或 Smart Limit（智能限幅）来合法化整个信号。根据你选择的设置，接下来的两个参数名称将发生变化。
- **Luma/Chroma/Signal Min（亮度 / 色度 / 最小信号）**可设置允许的最小视频信号，这取决于缩减轴的设置。
- **Luma/Chroma/Signal Max（亮度 / 色度 / 最大信号）**可设置允许的最大视频信号，这取决于缩减轴的设置。
- **Reduction Method（缩减方式）**是一个弹出菜单，通过选项可对自定义的视频信号范围进行压缩，而不是进行裁切。选项包含高亮压缩、中部压缩、暗部压缩、高亮和暗部压缩，以及全部压缩（默认）。

Final Cut Pro X 的广播安全设置

Final Cut X 中有专门的色彩合法化效果器，名字很直接，就叫 Broadcast Safe（广播安全）。为使它正常工作需要一些特定的使用方式。在 FCP X10.0.9 版本中，根据 Final Cut Pro X 的图像处理流程，所有应用于视频素材的效果器（或滤镜）是优先于色彩控制来进行处理的。这意味着，在你应用广播安全效果器时，可免受颜色参数带来的改变，以此保护素材。首先，必须将需要进行合法化的视频素材打包成复合片段并应用广播安全效果器，这样就可以优先于对这些素材所做的调整进行合法化。

广播安全效果包含三个参数。

- **Amount（数量）**：指定最大信号值，按百分比，高于设定值的信号将被合法化。
- **Video Type（视频类型）**：根据项目标准，选择 NTSC 或 PAL 制式。
- **Fix Method（解决方法）**：确定以何种方式减弱信号，来实现被检测信号的合法化。两种选择：Reduce Luminance（降低亮度）和 Reduce Saturation（降低饱和度）。

Final Cut Pro 7 的广播安全设置

为支持 Final Cut Pro X，FCP7 已被 Apple 公司放弃，但在撰写本文时它仍在普遍使用。除了一批专门的色彩校正滤镜，适用于高质量的色彩校正之外，Apple Final Cut Pro 具有大量用于监控广播信号合法性的功能，包括内置视频示波器，以及当亮度或色度超出界限时能提供简易警告的范围检查选项；还有两个视频滤镜，可以单独应用于需要合法化的视频片段，或应用于整个嵌套序列，使用一组设置来合法化整个影片。

Final Cut Pro 7 对图像的白电平处理

当对导入了 RGB 图形的项目进行合法化时，Final Cut Pro 中有一组特殊设定来确定这些媒体文件的最大值是如何被缩放的，这称为处理超白，可以在序列设置中找到。

- **White (the default setting)（白电平（默认设置））**：在导入图像中，Final Cut Pro 7 重新映射白值（255,255,255）到数字 100%，通常是最大的广播合法信号。这是大多数影片项目的推荐设置。
- **Super-White（超白）**：Final Cut Pro 7 映射白值（255,255,255）到数字 109%，缩放色码值来扩展成由 $Y'C_BC_R$ 色彩空间支持的超白值。此设置在以下情况下推荐使用：当你想匹配其他已经存在于序列中的超白电平素材，或者你没打算让影片合法。

请记住，你可以随时更改此设置，所有序列中的 RGB 素材、Final Cut Pro 生成器（包括标题生成器）将被自动更新，以适应新的亮度范围。

Range checking（信号范围检查）

Final Cut Pro 7 在 View menu（视图菜单）中有两个选项，用于在浏览窗口和画布中显示警告，标示越界值。但用户不能选择提示警告的阈值范围。

- 在菜单上选择 Range Check（范围检查），选择下拉菜单的 Excess Luma（超亮），会显示一个黄色感叹号，警告当前帧有超过 100% 的亮度值。带有箭头的绿色图标指示当前帧有 90% ～ 100% 的亮度值，同时，带对勾的绿色图标表明该帧亮度合法。
- 在菜单上选择 Range Check（范围检查），选择下拉菜单的 Excess Chroma（超色度），会显示一个黄色感叹号，警告当前帧有非法的色度电平。带有复选标记绿色图标表示当前帧色度合法。此选项考虑到亮度和色度之间的复合交互作用。

当这些选项被启用时，浏览窗口和（或画布）中会出现斑马条纹，以指示哪些像素具有非法值。红色斑马条纹对应的是非法值，而绿色斑马条纹表明像素临近非法值。

在 Apple Final Cut Pro 7 中选择颜色

如果你正使用 Final Cut Pro 7 中的标题生成器来创建标题或者图形，那么重新调整颜色使色度合法，会比较容易，因为你可以通过生成器以交互方式观看范围检查的斑马纹，以及矢量示波器来改变使用的颜色。只需在浏览器中打开文本生成器素材，单击控件选项卡，然后打开 Start（开始）和 End（结束）颜色控制参数，显示 HSB 滑块。从这些滑块中，你可以同时观察斑马纹和矢量示波器，交互改变色彩值，以使色彩合法化。

当手动改变色彩来实现广播合法时，对于任何已有的非法色度色彩，可以降低饱和度或者降低亮度。对于一般的视频合法信号来说，如果图像的一部分既过亮又过饱和，那么就比较麻烦了。每个色彩的调整幅度取决于它的色调。正如你所看到的，有些色调要比其他色调更容易出现非法现象。跟随示波器的指引，并记住，处理视频中的标题图像时要比处理其他图像时更保守谨慎。

Broadcast Safe Filter（广播安全滤镜）

Broadcast Safe Filter（广播安全滤镜）在其试图保持项目中的值具有合法性时，会比较棘手。该滤镜尝试进行一系列不同的调整，尽可能多地保留图像细节和饱和度，同时仅对其所需进行限制，而不是简单地钳住图像中过饱和以及过亮的值。

- 当你使用自动模式之一时，它会进行压缩而不是钳位，亮度值在 100% 以上，尝试尽可能多地保留细节之后，调整结果出现了信号亮度从 100% 衰减到 95% 的现象。
- 广播安全滤镜提供了选项，可以将在波形示波器中 50% 以上的高饱和度区域变暗，对于将图像中过饱和且明亮的区域合法化来说，避免过度去饱和是有必要的。
- 基于过饱和像素的亮度，它试图尽可能不去减少图像饱和度。基于图像中间区域的去饱和比高亮区域的去饱和要少。
- 它不会自动减少黑的饱和度。如果有必要，你必须手动使用 Desaturate Highlights/Lows filter（高光或暗部的去饱和滤镜）。
- 对于在图像中间部限制非法色度值来说，广播安全滤镜效果不是特别好。

它包含五组参数，将在接下来的章节中描述。

MODE（模式选择）

MODE（模式选择）弹出菜单提供了六个选项。每个设置都标有其允许色度的最大百分比。

> **注意**　请注意，即使该滑块已禁用，但看起来并没有被禁用。

当你在菜单中选择底部五个预设中的一个时，除了 Reduce Chroma/Luma（降低色度 / 亮度）滑块以外，

Luminance Limiting（亮度限制）以及 Saturation Limiting（饱和度限制）的部分自定义滑块会被禁用。

虽然饱和度限制额会随着所选设置的变化而各有不同，但每个选项都将限制亮度最大为 100%：

- In-house（内部），最大允许 130% 的色彩饱和度。对于大多数广播公司而言，这意味着允许无法接受的非法值。
- Normal（正常），最大允许 120% 的色彩饱和度。对于大多数广播公司而言，这将允许不可接受的非法值。
- Conservative（保守），最大允许 115% 的色彩饱和度。对于大多数广播公司而言，这将允许不可接受的非法值。
- Very Conservative（非常保守），最多允许 110% 的色彩饱和度。对于较宽容的广播公司而言，这也许是一个可接受的限制。
- Extremely Conservative（极端保守），允许最大只有 100% 的色彩饱和度。在大多数情况下，这是一个很好的保守设置。
- The Custom—Use Controls Below [may be unsafe]（自定义——**使用下面的控制选项可能不安全**）选项，让你可以使用亮度限制和饱和度限制的部分滑块来创建自定义的限制设置。如果你从 Mode（模式）菜单中选择任何自动设置，这些滑块将被禁用。

LUMINANCE LIMITING（亮度限制）

在 Luminance Limiting（亮度限制）中的参数可用于自定义视频信号的亮度分量合法化方式。

- Enable（Luminance Limiting）（启用（亮度限制））打开该组的三个滑块。
- Clamp Above（上钳位）决定两种行为。在 Start(Threshold)（开始（阈值））和 Clamp Above（上钳位）之间的所有亮度值，会被压缩到最大输出值。任何高于该设置的亮度值，将会被钳至由 Max.Output（最大输出）滑块指定的值，为限制过亮的亮度值，它们将阻止平滑压缩。一般来说，压缩比钳位能保留更多细节，但是它对图像的影响更多。
- Max.Output（最大输出）指定滤镜允许的最大亮度值。根据上钳位滑块的值，任何更高的亮度值，要么被压缩，要么被钳位。
- Start (Threshold)（启动（阈值））指定开始压缩非法亮度的百分比。降低该值可在图像介于合法与非法之间的部分得到较为柔滑的衰减，但所得到的调整会影响图像更多的部分。

Saturation Limiting（饱和度限制）

通过修改 Saturation Limiting（饱和度限制）的参数，你可以对过饱和值的压缩或限制方式进行自定义。

- Enable (Saturation Limiting)（启用（饱和度限制）），开启后能打开该组的前三个滑块。
- 与亮度控制一样，Clamp Above（上钳位）决定两种行为。Start（Threshold）（开始（阈值））和 Clamp Above（钳位以上）之间的所有色度值被压缩，由最大输出决定最大值。该设置之上的色度值，均被钳位到 Max. Output（最大输出）滑块指定的值。
- Max.Output（最大输出）指定该滤镜所允许的最大色度值。根据 Clamp Above（上钳位）滑块指定值，任何高于指定值的色度值，要么被压缩，要么被钳位。
- Start（Threshold)（启动（阈值））指定开始压缩非法亮度的百分比。降低该值，可在图像介于合法与非法之间的部分，得到较为柔滑的衰减，但所得到的调整会影响图像更多的部分。

REDUCE CHROMA/LUMA（降低色度/亮度）

无论模式菜单如何设置，饱和度限制的部分控制项中，Reduce Chroma/Luma（降低色度/饱和度）滑块始终可用。

合法化任何图像，都将以某种方式改变它，但该滑块可以控制对图像中过饱和部分的合法化方式。

- 降低该值是降低非法值的饱和度，大于将其变暗。
- 提高该值是使非法值变暗，大于将其去饱和。

为了更好的控制，这里还有一个专门的 RGB 限制滤镜——RGB Limit filter，可以在视频滤镜的色彩校正文件夹中找到，它提供的选项用于钳住低于指定阈值的电平，以及调整用于合法化信号中这些区域的方式

（降低图像饱和度或者调整亮度水平之间的变化比例）。

RGB LIMITING（RGB 限制）

本节中的参数允许对 RGB 转换进行限制。

- Enable（**启用**）选项，用于启用此组中的一个参数。
- Max RGB Output Level（**最大的 RGB 输出电平**），规定了允许 RGB 信号分量的最大值。

RGB 限制滤镜

还有一个专门的 RGB 限制滤镜，用于额外的 RGB 限制控制。每个参数都可以单独启用。

- Clamp Levels Below（**下钳位电平**），允许指定最小的 RGB 电平。
- Clamp Levels Above（**上钳位电平**），允许指定最大的 RGB 电平。
- Desaturate（**去饱和**）或 Darken Levels Above（**暗化水平之上**）这两个选项如前所述，它们与在 Broadcast Safe filter（广播安全滤镜）中的 Reduce Chroma/Luma（降低饱和度 / 色度）滑块的作用效果相同。

第11章

《Color Correction Look Book》新书内容节选

如果你已经将《调色手册》（《Color Correction Look Book》）的内容消化掉了，那么接下来就可以学习《色彩校正风格宝典（Color Correction Look Book）》(www.peachpit.com/cclookbook)（下面简称《风格宝典》）。后续的部分侧重于如何做出色彩预置，介绍各种各样极具创意的调色技术，你可以通过这些调色手法来满足客户提出的既独特又出乎意料的特殊要求。

这些调色手法的介绍是按该风格的英文首字母顺序排序的，你可以用于音乐录影带（MV）和广告调色，或者在一些常规项目中进行再创作，又或者营造回忆或白日梦等效果。根据调色师的能力，通过运用所有这些技术手法，都可以创造出更加疯狂的、有创意的画面风格。每一项技术都完全可以自定义，调色师可以根据特定的调色需要来量身定制。更重要的是，调色师可以将这些技术混合和搭配，从而创建独特的画面效果。

在《风格宝典》所讨论的全部风格中，本书提前展示了其中三种风格，如果你觉得这几个风格很有意思，那么《风格宝典》还有更多其他有意思的色彩风格等着你。在《风格宝典》中，你将会了解到以下色彩风格或调色手法。

其中，调色风格有：漂白风格（bleach bypass looks），蓝绿互换（blue-green swap），（模拟）交叉冲洗（cross-processing simulation），日调夜处理（day-for-night treatments），双色调和三色调（duotones 或 tritons）。而胶片质感的处理手法包括有：模拟不同的胶片类型，模拟胶片的反差，胶片闪烁（film flashing），消除饱和度过高的假色（flattened cartoon color），模拟复古胶片风格（vintage film looks）。

画面处理的手法有：遮罩的模糊和染色（blurred and colored vignettes），辉光（glows），高光溢出（blooms），薄雾风格（gauze looks），颗粒（grain），噪点（noise），质感肌理（texture）。镜头炫光（lens flaring）和杂光（veiling glare），漏光（light leaks）和颜色流溢（color bleeds），还要处理绿屏抠像合成。除了这些还有单色风格（monochrome looks）的处理，锐化（sharpening），着色（tints）和偏色（color washes），暗部色调（undertones），自然饱和度（vibrance）或目标饱和度（targeted saturation）。

着色与偏色

> 色彩是光的痛苦与快乐。

——约翰·沃尔夫冈·冯·歌德（1749-1832）[1]

在调色师众多基础的调色风格之一就是着色（Tint）或偏色（Color wash），根据需要来酌量添加。着色和偏色之间的区别不大，两者都是由相同原因引起的：对图像色彩通道的不对称强度做加强或减弱，使通道水平放在原始水平的上方或下方。在数字调色中，着色就是调色师故意造成的偏色。

色彩滤镜是如何工作的？

在开始创造人工着色之前，让我们先思考一下我们需要模仿的原始光学现象。多年来，电影摄影师（以及视频摄像师）在拍摄时，一直使用光学滤镜来给图像增加颜色。在调色系统中、在成功地再创造出这些逼真的滤镜效果之前，首先要理解这些滤镜（无论是染色还是吸收型滤色镜）是如何影响画面的，这对我们的调色十分有帮助。

- **彩色滤片**（Chromatic filters）能提升或降低图像色温的滤光片。既可以校正也可以创造出一天中不

1　约翰·沃尔夫冈·冯·歌德（Johann Wolfgang von Goethe），德国著名思想家、作家、科学家，他是魏玛的古典主义最著名的代表。1774年发表的《少年维特之烦恼》使他名声大噪。

同时间的光感。

- **吸收型滤色镜**（Absorptive filters）能增加图片中某一种颜色饱和度的滤镜。我们使用这种滤镜来增强某种色调，例如叶子的绿色和天空的蓝色。当将滤镜放置在镜头前面的时候，这类滤镜阻止被选择波长的光线，允许其他波长的光线通过。其结果就是堵塞对应波长的颜色通道，当拍摄的时候这就使画面整体产生了一个故意的偏色。

实际效果往往比描述更容易。图 11.1 显示了一张图像的三个版本。最上面的图像是在午后日光条件下拍摄的。尽管摄像机的白平衡被手动设置为日光，整体画面仍然是偏暖的光感。

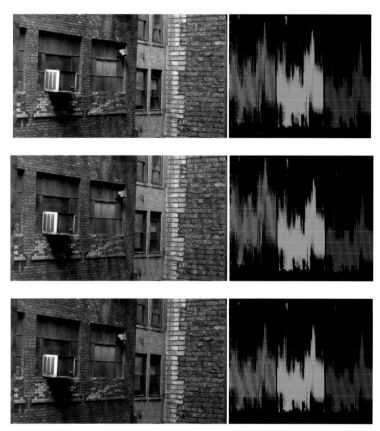

图 11.1 顶部的图像没有使用滤光片，在日光条件下拍摄。中间的图像被着色了，由于镜头前面放置了雷登 85C 滤光片。底部的图像是使用雷登 80D 滤光片之后拍摄的

中间的图像在拍摄时设置了相同的白平衡，但镜头前放置了雷登 85C（Wratten 85C）滤片，雷登 85C 是"暖色"片（低温片），因为它阻止蓝光并强调红光和绿光的混合色，从而提供橙色偏色，类似于由钨丝灯产生的低色温光线。

最下面的图像设置了同样的白平衡，而镜头前面放置了雷登 80D（Wratten 80D）滤镜。雷登 80D 滤镜强调蓝光，类似于较高的日光色温。偏蓝色的光线中和了图像中的暖色调，并且使白色变得更白。

> **注意** 雷登滤光片是根据弗雷德里克·雷登命名的。他是英国发明家，并且开发了雷登光学滤光片的整个系列。他在 1912 年将他的公司出售给了伊士曼·柯达。

光学滤镜如何影响色彩

相比于改变色温来说，这些滤镜更大的用处在于光学过滤。例如，使用滤镜的时候，光的着色强度会非线性地应用在整个图像的影调范围内。这就意味着图像较亮部分更易受滤镜的影响，而图像较暗部分则受其影响较小。纯黑区域受滤镜影响最小。

使用分量示波器来比较未过滤和已过滤的图像色彩波形，可以验证这一点。在图 11.2 中，一个标准的广播条形测试图被拍摄了两次，一次是将白平衡设置为中间档（即中性，左侧图），一次是在镜头前面放置雷登 85 滤光片（右侧图）。每个测试图都是并排放置的，这方便使用 RGB 分量示波器对其做同步分析。

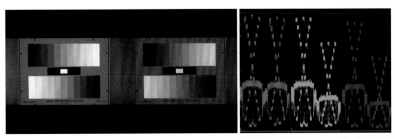

图 11.2　分别使用中性白平衡（左侧图）和雷登 85 滤光片（右侧图）拍摄同一张标准的白平衡测试图

仔细查看波形图顶部的两条波形（即测试图表最亮的部分），你会注意到以下几点。

- 左侧图（未过滤）和右侧图（过滤）在蓝色通道上的两条波形偏离得特别多（由于蓝色通道被过滤最多），大约相差 29%。
- 底部的两条波形几乎是一样多的，在蓝色通道的黑位位置，波形的最大差别大约是 4%。
- 你也可以看到，虽然绿色通道也被大幅度过滤，但红色通道却几乎不变。

显然，滤片对图像高光部分产生了强烈的影响，导致高光的色彩通道不平衡，但到中间调时滤片的影响减弱了，对图像最暗的阴影部分几乎没有影响。

光学滤色片如何影响反差

由于光学滤色片会阻挡光线，所以它们对图像的对比度也有影响。而影响的大小则取决于着色的突出程度和光学器件（滤片）的质量。对于色彩来说，这种变暗也是非线性的，滤片对白位的影响大于黑位。

检查波形监视器中的波形图（图 11.3，右），你会看到两张图的白点相差大约 18%，中间点（用每个灰色条表示，对应那条横着的从左到右波形）大约相差 13%，黑点只相差 3% 到 4%。然而，我们可以通过增加曝光来弥补由此产生的影响。

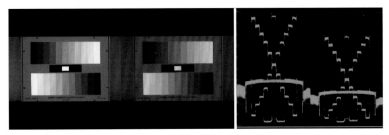

图 11.3　在波形监视器中比较未过滤和已过滤的灰度测试图。注意滤镜是如何减少曝光总量的

使用色纸给灯光着色

如果不在相机镜头前使用滤镜的话，你也可以通过直接在灯的前面放置色纸来间接地将被摄对象着色。因为图像只会被滤波工具照亮的那一部分所影响，所以这样做的结果是产生了一个更为有限的偏色。对于镜头的滤镜来说，使用色纸完成滤色是一个减法过程。在简单的照明条件下，所有的灯具都使用相同颜色的色纸滤波，产生出均匀的色温。由此对现场产生的滤波效果类似于使用滤镜。

你可以通过使用不同的打光来模拟混合照明，从而令图像的不同区域产生不同的偏色。利用 HSL 选色来隔离图像中不同的颜色区域，并对每个区域做单独的调整。

对胶片进行着色和调色

对于胶片保护主义者来说，数字的着色和调色与早期的调色方法（即利用物理手段在黑白胶片上添加颜色）意味着完全不同的东西。这些内容在《色彩校正风格宝典》关于老电影回顾章节中有涉及。但是，现在我们已经了解了这些术语源于特殊的胶片着色技术。《电影的胶片着色和胶片调色（Tinting and Toning of Eastman Positive Motion Picture Film）》（伊士曼柯达，1922）对这些术语做了非常具体的定义：

- 胶片调色（Toning），被定义为"通过让一些有色化合物全部或部分取代胶片正片上的银粒图像，从而使这些由色片组成的图像的高光或清晰部分，不被上色并且不受影响"。
- 胶片着色（Tinting），被定义为"将胶片浸泡在有染料的溶液中，并使其对色片上色，使整个图像在屏幕上蒙上一层均匀的颜色"。

而数字调色师不再需要使用硫化银（为了产生出棕褐色色调）来增强图像的黑色，也不再需要为了产生出橙红色色调而使用铀亚铁氰化物了，也不需要将胶片浸泡在苯胺染料溶液中来给高光着色了。现在，这些处理已经可以通过使用图像数学处理和合成来实现了。

人工着色（TINTS）和偏色（COLOR WASHES）

当给图像着色时，问问自己想对图片做多大的改动，需要做成什么样的色调。当然，这里没有错误答案，只有画面效果是否合适以及是否符合客户期望。然而，以下这些问题可以帮助你理清哪种着色方法适用于当前的场景。

- **对整体图像做快速偏色**：把 Offset 推向你想偏向的颜色。要注意这个操作会污染黑位和白位，但你可以看到偏向的颜色和图像的原始颜色混合在一起的效果。
- **在保留一些原始颜色的基础上创建极端的着色**：组合使用 Midtones 和（或）Highlights；或者，抓取该镜头已经被单色着色的一个颜色版本，或使用纯色块或带颜色的蒙版，使用 Hard Light（强光）和 Add（添加）进行合成叠加。
- **单色着色，替换图像中所有的原始颜色**：先降低图像的饱和度，然后使用色彩平衡控制（类似于《Color Correction Look Book》中介绍的双色调调色手法）将颜色增加回来。用 Gain 将高光着色，用 Shadow（暗部）为暗部着色。注意，对暗部着色时有可能会使阴影变亮，因为色彩混合会通过某些颜色通道。
- **对某个影调范围内部分着色**：使用 HSL 选色的亮度限定控件，将需要添加的影调区隔离出来，然后使用合适的 Lift、Gamma、Gain 根据需要来增加颜色。或者使用 Log 调色模式（自定义高光和暗部的影调区域）直接添加偏色。所有的这些技术都和先前在这一章节中介绍的 Undertones 手法相似。

> **注意** 这部分涵盖的着色和偏色在更加现代的环境中的应用。如果你想了解历史上是怎样使用着色和偏色，可以查看《风格宝典》中关于老旧（复古）胶片风格的章节。

- **只对高光和中间调进行着色**：如果你的调色软件支持 Multiply（相乘）、Overlay（叠加模式或 Soft Light（柔光）合成模式，你可以用一个纯色块和原始素材进行不同程度的混合。
- **只对阴影和中间调进行调色**：使用 Screen（滤色）或 Lighten（变亮）合成模式来将原始图像与颜色蒙版混合。

> **谨防非法色度**
>
> 下一节涉及很多合成模式，使用它们很容易产生非法亮度或者非法色度。如果优先考虑广播合法，那么请多留意你的示波器。如果你要创建大胆的视觉风格，那么进行一系列的调整时你可能要压缩和（或）降低高光饱和度，以确保最后成片的视频信号合法，在完成交付后没有 QC 违规问题。

用合成模式着色

如果你用色彩平衡控件调整后没有得到满意的调色结果，你可以尝试使用合成模式（也称为混合或转换模式）为图像着色。当你将纯色发生器（或色块、纯色层）与原始图像混合时，合成模式处在最佳工作状态。

使用合成模式创建的调色，可以通过降低纯色块的饱和度，或者提升图像的亮度来调节合成效果，又或者通过调整纯色块的透明度来减少效果，使它（纯色）对最终结果的影响降到最低。

图 11.4 展示了一些常用的合成模式，结合纯红色块对图像产生影响。

图 11.4　最顶部的图片是原始的图像（原作者的狗 Penny）和颜色发生器（纯色块）。接下来是用纯色块与原始图像
进行合成，6 张图分别是用 Multiply（相乘），Screen（滤色），Overlay（叠加），Soft Light（柔光），
Darken（变暗）和 Lighten（变亮）这 6 种合成模式后的画面效果

选择不同的合成模式，画面结果将会有很大不同。每种合成模式与图像的组合公式决定了纯色块怎样影响画面，以及色块会被画面哪些部分限制。你不需要理解这些基本的数学运算，但是多了解一些常见模式产生的效果是很好的。十二种普遍采用的合成模式中，其中七种对于调色效果来说都是很有用的，它们是 Multiply（相乘），Screen（滤色），Overlay（叠加），Hard Light（强光），Soft Light（柔光），Darken（变暗）和 Lighten（变亮）。

关于更多合成模式的信息，包括它们使用背后的数学运算，请查阅《视觉效果 VES 手册（The VES Handbook of Visual Effects）》（焦点出版社（Focal），2010 年），它提供了对于每一种合成模式的"行业标准"公式列表，出自这个不错的网站：www.dunnbypaul.net/blends/。

> **注意**　记住，一些合成模式是处理器密集型操作，所以，在使用它们的时候可能会带来画质的损失。
> 然而，使用这种方法你却可以获得独特的混合颜色，这是用其他技术很难实现的。

MULTIPLY 相乘

在当你想通过叠加纯色块、对图像的白位产生最大影响，对图像的较暗部分产生较小的效果，而对黑位没有一点影响的时候，在这个情况下 Multiply（相乘）模式很有用。白点一点点被着色，所有的中间调都变成了原始颜色和着色颜色的混合颜色。纯黑色不会受影响。

Multiply（相乘）模式将每个图像的像素对相乘在一起。任何重叠的黑色区域仍然保持黑色，而图像中逐渐变暗的区域在相乘后会使图像变暗。相反，图像重叠的白色区域则 100% 曝光。

这对图像的对比度产生了很大的影响。随着纯色块饱和度和亮度的增加，图像对比度有逐渐变暗的趋势。除非你的目的是使图像变暗，否则当纯色块的饱和度降低时，Multiply（相乘）产生的效果稍会缓和，而且图像亮度也会有所提升。

SCREEN 滤色

Screen（滤色）模式几乎和 Multiply（相乘）是相反的。当你叠加一个纯色块，需要让纯色块对图像的黑位影响最大，对图像较亮的部分作用较小时，使用 Screen（滤色）合成模式很有用。这时黑位会被着色，中间调成为原始色和纯色块的混合颜色，白位略受影响。

Screen（滤色）合成模式实质上是 Multiply（相乘）的相反。重叠的白色区域仍然保持白色，逐渐变亮的区域使图像变亮。相反，图像重叠的黑色区域 100% 曝光。像 Multiply（相乘）一样，Screen（滤色）也对图像的对比度有很大影响，随着纯色块的饱和度和亮度的增加，图像对比度有减轻的趋势。减少纯色块的亮度是将这种影响降到最低的最好方法。

OVERLAY 叠加

对于被着色的图像来说，Overlay（叠加）模式是可用的合成模式中最干净和最有用的方法之一。它用一种很有意思的方式，它组合了 Multiply（相乘）和 Screen（滤色）这两种合成模式的效果：它 Screen（滤色）了图像亮度超过 50% 的部分，Multiply（相乘）了图像亮度低于 50% 的部分。结果导致图像中间调被影响得最多，而白位略受影响，黑位不受影响。

还有一个好处就是，Overlay（叠加）模式对于底层图像的对比度影响很大程度上仅限于中间色调，而对白位的影响程度较小。

降低纯色块的饱和度和（或）提高其亮度，会增强中间调和白色；若增加纯色块的饱和度或降低亮度，则降低中间调和白色。做这些操作会导致中间调分布的非线性变化。

> **注意** 根据 Overlay（叠加）模式的工作原理，若使用中性灰（饱和度 0%，亮度 50%）的纯色块与图像进行 Overlay（叠加）合成，它对图像造成的改变最小。

HARD LIGHT 强光

Hard Light（强光）合成模式创造出来的着色比其他合成模式分布更加均匀。用 Hard Light（强光）着色对图像的白位、中间调和黑位都有很大的影响。当你想创造出一个非常极端的色调时，这是一种很有用的方法。Hard Light（强光）合成模式与深色滤片（Sepia filters）或浅色滤片（Tint filters）不同，然而，纯色块与底层图像的原始颜色仍然是有相互作用的。

纯色块的饱和度和亮度决定了图像不同部分受影响的程度。高饱和度的纯色块对白位产生更大效果，而高亮度的纯色块对黑位的作用效果则最大。

Hard Light（强光）合成模式对图像的对比度也有影响，正如你在示波器中可以看到的，该模式会降低白位和提高黑位。白位和黑位受纯色块影响的程度，取决于叠加色块的强度。

SOFT LIGHT 柔光

Soft Light（柔光）合成模式是 Hard Light（强光）模式的温和版本。二者不同的是，Soft Light（柔光）对绝对的黑色没有影响。当你需要在白色和中间调上制作一个更均匀的偏色，而这个偏色止于阴影，但不影响图像的绝对黑色，那么这种情况下可以使用 Soft Light（柔光）。

Soft Light（柔光）合成模式对图像对比度的影响类似于 Overlay（叠加）的效果。

DARKEN 变暗

只有每个重叠像素对最暗的时候，对最终的图像才有影响。结果通常是除了着色，还有其他更多的图像效果。Darken（变暗）合成模式可以被当做一个工具使用，用来创造其他不寻常的视觉风格，正如在《风格宝典》"Flattened Cartoon Color（消除饱和度过高的假色）"章节的内容。

LIGHTEN 变亮

每个重叠的像素对在最亮的时候，对最终图片的影响是：每个图像最亮的那一部分被保留下来。用色块进行着色时，这对矫平所有阴影值是有实用效果的，这些阴影比叠加蒙版之后的颜色更暗。

创建用于着色的颜色蒙版

结合纯色块和合成模式进行着色的这个做法，对于非编系统和合成软件来说是最陈旧的调色伎俩之一。一些调色系统不能生成色彩蒙版，或缺少在指定位置[1]生成纯色块的能力。如果是这种情况不需要担心，这里介绍一种很简单的调色小方法，你可以自己制作纯色块，不需要导入颜色静帧来作为色彩蒙版。

在以下示例中，用达芬奇 Resolve 制作一个纯色块，用于着色。另外，你也可以在其他任何一个软件中使用这项技术。

1. 与往常一样，根据具体需要，在着色之前先给图像调色。

2. 为创建着色，你需要"叠加"另外一个校正，这个校正也是以同样的方式来使用合成模式，将这个校正和先前的校正组合在一起的。在达芬奇 Resolve，通过使用"Layer Mixer（图层混合器）"将两个节点输入组合在一起。

3. 完成节点的设置（即调色），选择最底部的节点（图 11.5 的节点 3），然后使用任何一个对比度控制工具来压掉整个视频信号，将整个图像压到纯黑。

4. 下一步，这一步很重要，使用任一可用的控件来保存这些被裁切过的数据。大部分现代调色系统都是 32 位浮点运算的图像处理，这意味着被裁切的数据在操作与操作之间[2]，都会被保存起来。事实上你并不想要这样，因为它有可能会毁了一个又理想又平滑的蒙版。所以在达芬奇 Resolve 中，你可以使用 Soft Clip（弃失羽化）做一个小小的调整，来保存被裁切过的数据。

5. 在调整完图像之后（图 11.5 的节点 4），你需要再增加一个节点。现在你要将步骤 3 的纯黑色变成一个色彩蒙版。在这个校正里，你可以使用 Master Offset 和色彩平衡控件来将黑色变成其他你需要的颜色。

6. 最后，鼠标右击 Layer Mixer（图层混合器），然后选择一个你需要的合成模式（图 11.5）。在这个例子中，用 Multiply（相乘）模式加上一个深红色的蒙版能产生生动的画面。

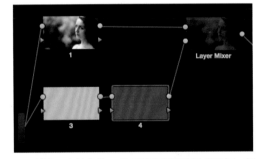

图 11.5 创建一个纯色块，然后将它和原始图像叠加一起

在 Adobe SpeedGrade 中着色

Adobe SpeedGrade 有各种各样 Look Layers（风格层），look layers 带有很多这些选项，所以不需要制作专门的颜色蒙版。fxSepiaTone, fxTinting 和 fxNight 都可以提供不同的着色方法。

暗部色调（UNDERTONES）

我们视觉感知到的色彩几乎从来不是它物理上真正的样子。这一事实使色彩在艺术中处于相对最中等的位置。

——约瑟夫·亚伯斯（1888–1976）[3]

1　即特定的层或节点。

2　原文是 "operation to operation"，指紧接着的前后操作步骤。

3　约瑟夫·亚伯斯（Josef Albers，1888 年 3 月 19 日—1976 年 3 月 25 日），出生于德国后移居美国，是德国画家、设计师、极简主义大师，也是美国"绘画抽象以后的抽象"及"欧普艺术"（OP Art）的先驱。

暗部色调（Undertones），是我用于一个特定的商业风格的名字，这个色彩风格在广告片中尤其受欢迎，因为它的使用特点让它和大预算制作的电影有所关联。

染色或者洗色都是对整体图像的偏色，虽然你可以控制这种偏色，不影响高光或阴影。暗部色调的不同之处在于，它针对于图像中某一狭窄的影调区间而制作的特殊偏色。经常在那种阴影区范围比较大的图像使用。

这有几种可以用来创造暗部色调的不同方法，每种都各有优势。

如何制作暗部色调

对图像的某个影调区染颜色，最简单的方法就是使用任意一个工具（如 Offset）先对整个画面添加颜色，然后使用相邻的色彩平衡控件来抵销不要偏色的影调区。下面的例子使用 FilmLight Baselight 系统进行演示（图 11.6）。

图 11.6　使用 Offset 添加颜色，为画面铺上大片的暗部色调，然后中和暗部区和高光区

使用 Film Grade 调色模式的 Offset 工具，对整体画面增加暖色调的偏色，当然也会对阴影和高光有影响。然后转换到 ShadsMidsHighs 选项页，这时的 Shadows 和 Highlights 只会影响高光和暗部，不会影响中间调。

这或许不是最具针对性的调整方式，不过这些调整在大部分软件中都可以又快又简单地完成，并且当你想对图像中间调增加大片暗部色调时很有用。

使用曲线工具为特定影调区制作暗部色调

制作暗部色调的诀窍，使用曲线工具和一组控制点，在某个色彩通道里定位某个影调范围并增强或降低该范围的颜色通道。若要制作更加复杂的视觉效果，尝试保持图像中较暗的阴影部分颜色不变，这可以让调色与未调色的阴影区域产生某种对比。

图 11.7 在蓝色绿色通道都用了三个控制点，在相当狭窄影调区的提高了这两个通道的值。

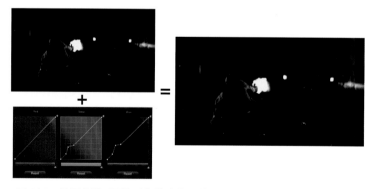

图 11.7　使用曲线对图像暗部偏亮的区域制作暗部色调，营造额外的偏色

贴士　请记住，我们知道曲线穿过中间交叉的网格线时它正好处在中性状态。制作底色时，你需要将大部分曲线钉在这个中性的位置上。

选择性增强的结果让画面暗部铺上了蓝绿色，这与原来自然的灯光颜色产生了很好的对比。保留底部的黑、中间调以及未受影响的高光，这样处理不会产生太夸张的偏色，我们还能能保留一个干净的图像。

这个手法能帮助画面建立色彩对比，让画面变得更生动。

由于曲线平滑的数学衰减，使曲线成为一种建立暗部色调非常好的方式。而且在做暗部色调处理后，画面的其他区间过渡不容易出现压缩或颤动的边缘。

用 LOG 调色模式、五路和九路色彩控件制作暗部色调

Log 调色模式控件，在《调色师手册》的第 4 章有所描述，可以对正常化后的图像的特定区域"染色"。例如，图 11.8 已经做过高反差调色，现在客户想让阴影有点蓝绿色调。

图 11.8 在增加暗部色调之前的原始色调

在之前的调色基础上增加一个图层，并且在 Film Grade 使用 Shadows, Contrast 和 Highlights 的 Pivot 工具控制来限制影调区，这个影调区域会被 Midtones 影响，这样你便可以对图像的次暗区增加一点颜色（图 11.9）。

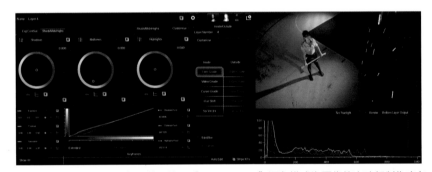

图 11.9 在 Baselight 调色系统，使用"Film Grade"调色模式为图像的次暗部制作底色。当你改变基础的 Pivot 数值时，注意 LUT graph 的曲线是如何展示这一点的

同样的，如果你的调色软件有五路调色控件，例如在 SGO Mistika 中的"Bands"（图 11.10，上部）；或者可选择的九路控制，当被用于 Autodesk Lustre 和 Adobe SpeedGrade 时（图 11.10，底部），可以使用它们的自定义设置来完成同样的事情。例如，在 SpeedGrade 的 Look tab，当你切换到 Shadows, Midtones 或 Highlights 影调区时，M/H 和 S/M[1] 滑块允许你重新定义图像三个影调区的重叠边界。

使用这些滑块，你可以以将 Look tab 下的所有一级校色工具限制到一个狭窄的影调区内。

在单个操作（节点或层）中，制作暗部色调的同时避开肤色

当你要用夸张的颜色作为暗部色调，而这个色调会影响画面中的人物，这种做法未必会讨喜。以下是常用的手法，能帮助在上述情况下避免暗部颜色影响人脸肤色。

---

1 M/H 即 Midtones/Highlights，中间调区或高光区。S/M 即 Shadows/Midtones，暗部区或中间调区。

如何完成这个操作取决于调色系统的功能，如果你在一个操作中创建调整，很简单的一个方法就是使用 HSL 选色尽量将图像的肤色隔离，然后反转蒙版创建选区（图 11.11）。然后使用你的限定器来调整暗部色调所影响的区间。

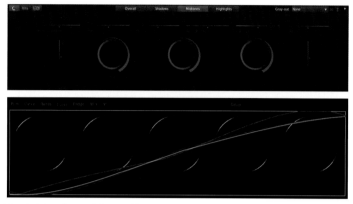

图 11.10　Adobe SpeedGrade 的 Shadows, Midtones 和 Highlights 工具（上图），以及在 SGO Mistika（下图）的 Bands controls 工具组，可以在特定的影调内做出色彩调整

图 11.11　在同一个节点（或层）内使用 HSL 选色，避免暗部色调处理影响肤色

正如以前经常说的，在此类调整中隔离肤色时并不需要一个完美的键控。你最需关心的是皮肤的中间色调及高光部分，除了这些以外的选区是固定的。然而，在暗部色调的影响下，阴影部分会看上去更加真实，所以忽略暗部选区也是可以的。此外，羽化键控边缘，使用 HSL 限定器的柔化或者模糊控制，可帮助保护色彩轮廓线避免出现锯齿状边缘影响画面。

不要忽视肤色

请记住，当你沉迷于保护肤色这类操作的时候，其实你是在增加图像分割的可见性。对于暗部色调和未被调整的肤色之间的差异矫枉过正，会使图像看上去人工的痕迹过重。所以你可以考虑增加一点暗部色调到演员上，让他们能看起来"自然地在同一个场景中"。

使用 HSL 选色制作暗部色调

另一个方法是使用亮度限定控件来隔离较暗的中间调或者较亮的阴影区域，在这个次暗区添加颜色制作暗部色调（图 11.12）。

当使用 HSL 选色来制作暗部色调的时候，使用亮度限定控件的 Tolerance（公差）或者 Softening（柔化）工具将蒙版边缘羽化，这是个很好的想法。这些操作会让被调色和未被调色的区域之间有很好的平滑过渡，记得要避免出现光晕，也可以增加一点模糊来消除蒙版残留的毛糙，这是常用的方法。

图 11.12　使用 HSL 选色来隔离图像的影调区，用于制作暗部色调

这种方法允许你使用三路色彩平衡控制，它会使得你得到你想要范围的色彩变得更容易。当然，能最好地发挥这些工具的前提是一个干净的键控蒙版。

用复合操作排除肤色，制作暗部色调

如果你使用 HSL 选色创建暗部色调，你可能需要增加附加的 HSL 选色和布尔操作，从组合到一起的暗部色调键控上隔离肤色。不同的调色软件处理的方式也不同，以下演示使用达芬奇 Resolve 的 Key Mixer（键混器）来实现这个操作的。

首先，你需要设置一个节点树，在一级校色后，用两个节点分别制作两个选色键控，然后通过使用 Key Mixer（键混器）节点将两个蒙版组合到一起，然后把合成的键控输出到之后将会用来制作暗部色调的节点（记住，键控输入端是一个小三角形，在每个节点的左下角）。图 11.13 展示了这个节点树设置情况。

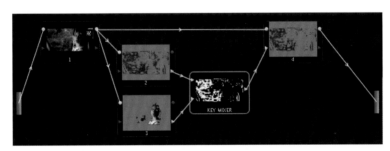

图 11.13　使用 Key Mixer（键混器）将蒙版相减，将女演员的脸部蒙版从先前建立底色键控中减去

图 11.14 是这个操作过程更详细的展示。左上角的键是原始的暗部色调蒙版。左下角的键控是女演员脸部被减掉的键控。

事实上，完成减法，你需要挑选连接线，从节点 3 运行到 Key Mixer（键混器）（在图 11.13 中突出的黄色），然后打开 Key（键）工具区（在 Color（调色）页面），所以它被冠名为"Input Link 2（输入连接 2）"。点击反转复选框，然后点击 Mask 选择钮（图 11.15）；第二个蒙版将被从第一个中减去，正如图 11.14 中右面图像展示的那样。

这样的操作保证了干净的、未被改变的肤色，而面包车和窗外的背景仍然受到偏蓝的暗部色调影响（图 11.16）。

暗部色调不只是绿色

然而，"宣传片"风格经常在暗部色调中引入橄榄绿，上述方法比上一节的方法更通用。例如，如果你想做一个着淡蓝色的日调夜效果，将一点蓝色引入图像又不需要大量调色，这是一种很好的手法。

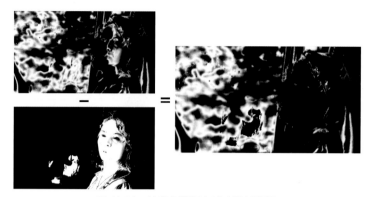

图 11.14 　从底色蒙版中减去脸部蒙版

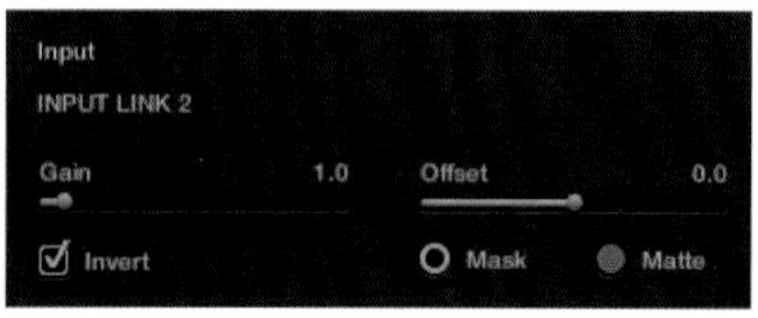

图 11.15 　在达芬奇 Resolve 的 Key（键）工具区，选择 Mask，反相和设置第二个键控，在应用 Key Mixer（键混器）的时候从第一个键中减去第二个键

图 11.16 　最终效果，整个背景染了蓝绿色，而前景演员不受影响

自然饱和度和目标饱和度（Vibrance 与 Targeted Saturation）

> 饱满、饱和的色彩，这样的情感意义是我想要避免的。

> ——卢西安·弗洛伊德（1922–2011）[1]

对整个图像来说，简单的、线性增长的饱和度并不总能产生有吸引力的画面。而针对特定区域处理饱和度的增减却可以创造出更多有意思的、生动的效果，所以你得选对画面中的关键区域。

自然饱和度

摄影软件，例如 Adobe Lightroom 它有一个饱和度控制选项，其作用对象为图像中低饱和度的颜色。这个控制被称为自然饱和度（Vibrance），它排除图像中的高饱和度区域，也包括肤色色调，并且允许你在不会过饱和的情况下精细地丰富图像。

如果你的调色软件没有 Vibrance，以下介绍另一些取得相同结果的方法。例如，SGO Mistika 有一个 Sat vs. Sat（饱和度 Vs. 饱和度）曲线，它允许用户基于图像内部饱和度，做出一些有针对性的饱和度调节（图 11.17）。这是一种极其灵活的控制方法，因为它允许调色师做出多种调节。

1　卢西安·弗洛伊德(Lucian Freud)表现派画家，英国最伟大的当代画家之一。祖父是大名鼎鼎的心理学家西格蒙德·弗洛伊德。

　　如果没有这类的曲线，使用 HSL 选色也能制作自定义的 Vibrance 效果。关闭色相和亮度限定控件，只留下饱和度限定控件，你可以用它来锁定画面中饱和度中等到偏低的区域。

　　当你做这个操作的时候，图像中饱和度的实际范围看上去或许会很窄，这个取决于饱和度是如何映射到限定符控制上的。在图 11.18 中，饱和度中等的区域被分离出来，这区间的饱和度出现在远离限定器的左侧。

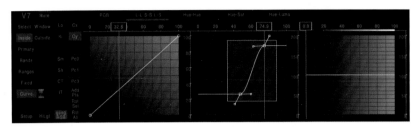

图 11.17　SGO Mistika 中的 Sat vs. Sat（饱和度 Vs. 饱和度）曲线

图 11.18　分离饱和度，限制在整个饱和度限定控件的左侧

　　重要的是，为了避免引入人工痕迹保证饱和度限定范围的边缘，可以调整柔化或模糊进行羽化边缘。要小心不要因为过量的饱和度而污染图像的阴影部分。因为我们的理念是只调整较低和中等区域的饱和度，为的是在不影响不该被提高饱和度的区域，在这个情况下实现色彩上的提升（图 11.19）。

图 11.19　从左至右：原始图像进行了"Vibrance"操作，只应用于低饱和度区域的
较窄范围的饱和度提高和应用在整个图像的相同饱和度的提高

　　另外一个提示，这个操作有时可能会对肤色有压制的效果。这种情况也可以调整的，取决于你的调色系统有没有混合蒙版的处理能力。例如，在达芬奇 Resolve 中你可以通过键混器（Key Mixer）将一个蒙版从另外一个蒙版中减去（图 11.20）。当你做这步操作时，要确定不会把肤色选上，因为任何边缘最终都可能会过饱和，需要注意。

　　尤其是应用于颜色较暗的图像上，Vibrance 操作是一个非常好的、可以得到漂亮的暗部颜色却不会让你觉得夸张的方法。

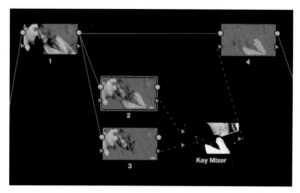

图 11.20　使用达芬奇 Resolve 的 Key Mixer 节点（键混器）[1]，忽略皮肤部分

目标饱和度，有针对性地提高饱和度

在另一方面，调色师 Giles Livesey，他的作品有《古墓丽影（Lara Croft: Tomb Raider）》《僵尸肖恩（Shaun of the Dead）》和多得数不过来的商业广告，他分享了另外一个针对特定的饱和度调节的手法：把某个区域作为目标，针对这些区域的饱和度进行强化可以实现广告调色风格。

这和 Vibrance 处理方式相同，做一个饱和度限定器并分离出图片中最高饱和度的区域，确定使用限定器的柔化来保持边缘被很好地羽化。这些完成了之后就可以提升饱和度了，如图 11.21 展示的那样。

图 11.21　针对性调整饱和度前后的图像

特别是带有光泽的产品拍摄，这看上去会给人印象尤其深刻，我会用"出挑"来形容这样的图像品质。然而，这也可以是一个给其他类型的拍摄增加饱和度光泽的很好的方法，当你寻找一点额外的某些东西但又不想使得图像看上去全是可塑性的时候（图 11.19）。

请记住，当你使用这个方法时很容易会出现非法信号，如果一定要使用这个方法记住使用限定器。

1　根据达芬奇 Resolve 的中文版，Key Mixer 节点＝键混器。

欢迎来到异步社区！

异步社区的来历

异步社区（www.epubit.com.cn）是人民邮电出版社旗下 IT 专业图书旗舰社区，于 2015 年 8 月上线运营。

异步社区依托于人民邮电出版社 20 余年的 IT 专业优质出版资源和编辑策划团队，打造传统出版与电子出版和自出版结合、纸质书与电子书结合、传统印刷与 POD 按需印刷结合的出版平台，提供最新技术资讯，为作者和读者打造交流互动的平台。

社区里都有什么？

购买图书

我们出版的图书涵盖主流 IT 技术，在编程语言、Web 技术、数据科学等领域有众多经典畅销图书。社区现已上线图书 1000 余种，电子书 400 多种，部分新书实现纸书、电子书同步出版。我们还会定期发布新书书讯。

下载资源

社区内提供随书附赠的资源，如书中的案例或程序源代码。

另外，社区还提供了大量的免费电子书，只要注册成为社区用户就可以免费下载。

与作译者互动

很多图书的作译者已经入驻社区，您可以关注他们，咨询技术问题；可以阅读不断更新的技术文章，听作译者和编辑畅聊好书背后有趣的故事；还可以参与社区的作者访谈栏目，向您关注的作者提出采访题目。

灵活优惠的购书

您可以方便地下单购买纸质图书或电子图书，纸质图书直接从人民邮电出版社书库发货，电子书提供多种阅读格式。

对于重磅新书，社区提供预售和新书首发服务，用户可以第一时间买到心仪的新书。

用户账户中的积分可以用于购书优惠。100 积分 =1 元，购买图书时，在 ⌈ 0 ⌋ ⌈ 使用积分 ⌋ 里填入可使用的积分数值，即可扣减相应金额。

纸电图书组合购买

社区独家提供纸质图书和电子书组合购买方式，价格优惠，一次购买，多种阅读选择。

社区里还可以做什么？

提交勘误

您可以在图书页面下方提交勘误，每条勘误被确认后可以获得 100 积分。热心勘误的读者还有机会参与书稿的审校和翻译工作。

写作

社区提供基于 Markdown 的写作环境，喜欢写作的您可以在此一试身手，在社区里分享您的技术心得和读书体会，更可以体验自出版的乐趣，轻松实现出版的梦想。

如果成为社区认证作译者，还可以享受异步社区提供的作者专享特色服务。

会议活动早知道

您可以掌握 IT 圈的技术会议资讯，更有机会免费获赠大会门票。

加入异步

扫描任意二维码都能找到我们：

异步社区

微信服务号

微信订阅号

官方微博

QQ 群：436746675

社区网址：www.epubit.com.cn

投稿 & 咨询：contact@epubit.com.cn